U0590737

李先逵 著

中国建筑工业出版社

图书在版编目（CIP）数据

四川民居／李先逵著.—北京：中国建筑工业出版社，2009（2022.10重印）
(中国民居建筑丛书)
ISBN 978-7-112-11709-3

Ⅰ.四··· Ⅱ.李··· Ⅲ.民居－建筑艺术－四川省 Ⅳ.TU241.5

中国版本图书馆CIP数据核字（2010）第000255号

责任编辑：吴宇江
责任设计：董建平
责任校对：兰曼利　陈晶晶

中国民居建筑丛书
四川民居
李先逵 著
*
中国建筑工业出版社出版、发行(北京西郊百万庄)
各地新华书店、建筑书店经销
北京圣彩虹制版印刷技术有限公司制版
北京中科印刷有限公司印刷
*
开本:880×1230毫米　1/16　印张:22½　字数:720千字
2009年12月第一版　2022年10月第四次印刷
定价:168.00元
ISBN 978-7-112-11709-3
(39397)

《中国民居建筑丛书》编委会

总序——中国民居建筑的分布与形成

陆元鼎

先秦以前，相传中华大地上主要生存着华夏、东夷、苗蛮三大文化集团，经过连年不断的战争，最终华夏集团取得了胜利，上古三大文化集团基本融为一体，形成一个强大的部族，历史上称为夏族或华夏族。

春秋战国时期，在东南地区还有一个古老的部族称为“越”或“於越”，以后，越族逐渐为夏族兼并而融入华夏族之中。

秦统一各国后，到汉代，我国都用汉人、汉民的称呼，当时，它还不是作为一个民族的称呼。直到隋唐，汉族这个名称才基本固定下来。

历史上的汉族与我国现代的汉族的含义不尽相同。历史上的汉族，实际上从大部族来说它是综合了华夏、东夷、苗蛮、百越各部族而以中原地区华夏文化为主的一个民族。其后，魏晋南北朝时期，西北地带又出现乌桓、匈奴、鲜卑、羯、氐、羌等族，南方又有山越、蛮、俚、僚、爨等族，各民族之间经过不断的战争和迁徙、交往达到了大融合，成为统一的汉民族。

汉族地区的发展与分布

汉族祖先长时间来一直居住在以长安京都为中心的中原地带，即今陕、甘、晋、豫地区。东汉——两晋时期，黄河流域地区长期战乱和自然灾害，使人民生活困苦不堪。永嘉之乱后，大批汉人纷纷南迁，这是历史上第一次规模较大的人口迁徙。当时大量人口从黄河流域迁移到长江流域，他们以宗族、部落、宾客和乡里等关系结队迁移。大部分东移到江淮地区，因为当时秦岭以南、淮河和汉水流域的一片土地还是相对比较稳定。也有部分人民南迁到太湖以南的吴、吴兴、会稽三郡，也有一些迁入金衢盆地和抚河流域。再有部分则沿汉水流域西迁到四川盆地。

隋唐统一中原，人民生活渐趋稳定和改善，但周边民族之间的战争和交往仍较频繁。周边民族人民不断迁入中原，与中原汉人杂居、融合，如北方的一些民族迁入长安、洛阳和开封、太原等地。也有少部分迁入陕北、甘肃、晋北、冀北等地。在西域的民族则东迁到长安、洛阳，东北的民族则向南入迁关内。通过移民、杂居、通婚，汉族和周边民族之间加强了经济、文化，包括农业、手工业、生活习俗、语言、服饰的交往，可以说已经融合在汉民族文化之内而没有什么区别。到北宋时期，中原文献中已没有突厥、胡人、吐蕃、沙陀等周边民族成员的记载了。

北方汉族人民，以农为本，大多安定本土，不愿轻易离开家乡。但是到了唐中叶，北方战乱频繁，土地荒芜，民不聊生。安史之乱后，北方出现了比西晋末年更大规模的汉民南迁。当时，在迁移的人群中，不但有大量的老百姓，还有官员和士大夫，而且大多是举家举族南迁。他们的迁移路线，根据史籍记载，当时南迁大致有东、中、西三条路线。

东线：自华北平原进入淮南、江南，再进入江西。其后再分两支，一支沿赣江翻越大庾岭进入岭南，一支翻越武夷山进入福建。

东线移民渡过长江后，大致经两条路线进入江西。一支经润州（今镇江市）到杭州，再经浙西婺州（今金华市）、衢州入江西信州（今上饶市）；另一条自润州上到升州（今南京市），沿长江西上，在九江入鄱阳湖，进入江西。到达江西境内的移民，有的迁往江州（今南昌市）、筠安（今高安）、抚州（今临川市）、袁州（今宜春市）。也有的移民，沿赣江向上到虔州（今赣州市）以南翻越大庾岭，进入浈昌（今广东省南雄县），经韶州（今韶关市）南行入广州。另一支从虔州向东折入章水河谷，进入福建汀州（今长汀县）。

中线：来自关中和华北平原西部的北方移民，一般都先汇集到邓州（今河南邓县）和襄州（今湖北襄樊市）一带，然后再分水陆两路南下。陆路经过荆门和江陵，渡长江，从洞庭湖西岸进入湖南，有的再到岭南。水路经汉水，到汉中，有的再沿长江西上，进入蜀中。

西线：自关中越秦岭进入汉中地区和四川盆地，途中需经褒斜道、子午道等栈道，道路崎岖难行。由于它离长安较近，虽然，它与外界山脉重重阻隔，交通不便，但是，四川气候温和，土地肥沃，历史上包括唐代以来一直是经济、文化比较发达的地区，相比之下，蜀中就成为关中和河南人民避难之所。因此，每逢关中地区局势动荡，往往就有大批移民迁入蜀中。而每当局势稳定，除部分回迁外，仍有部分士民、官宦子弟和从属以及军队和家属留在本地。虽然移民不断增加但大量的还是下层人民，上层贵族官僚西迁的仍占少数。

从上述三线南迁的过程看，当时迁入最多的是三大地区，一是江南地区，包括长江以南的江苏、安徽地区和上海、浙江地区；二是江西地区；三是淮南地区，包括淮河以南、长江以北的江苏、安徽地带。福建是迁入的其次地区。

淮南为南下移民必经之地。由于它离黄河流域稍远，当时该地区还有一定的稳定安宁时期，因此，早期的移民在淮南能有留居的现象。但是随着战争的不断蔓延和持续，淮南地区的人民也不得不再次南迁。

在南方入迁地区中，由于江南比较安定，经济上有一定的富裕，如越州（今浙江绍兴）、苏州、杭州、升州（今南京）等地，因此导致这几个地区人口越来越密。其次是安徽的歙州（今歙县地区）、婺州（今浙江金华市）、衢州，由于这些地方是进入江西、福建的交通要道，北方南下的不少移民都在此先落脚暂居，也有不少就停留在当地落户成为移民。

当然，除了上述各州之外，在它附近诸州也有不少移民停留，如江南的常州、润州（今江苏镇江）、淮南的扬州、寿州（今安徽寿县）、楚州（今江苏淮河以南盱眙以东地区），江西的吉州（今吉安市）、饶州（今景德镇市），福建的福州、泉州、建州（今建阳市）等。这些移民长期居留在州内，促进了本地区的经济和文化的发展，因此，自唐代以来，全国的经济文化重心逐渐移向南方是毫无异议的。

北宋末年，金兵骚扰中原，中州百姓再一次南迁，史称靖康之乱。这次大迁移是历史以来规模最大的一次，估计达到三百万人南下。其中一些世代居住在开封、洛阳的高官贵族也陆续南迁。这次迁移的特点是迁徙面更广更长，从州府县镇，直到乡村，都有移民足迹。

历史上三次大规模的南迁对南方地区的发展具有重大意义。三次移民中，除了宗室、贵族、官僚地主、宗族乡里外，还有众多的士大夫、文人学者，他们的社会地位、文化水平和经济实力较高，到达南方后，无论在经济上、文化上，都使南方地区获得了明显地提高和发展。

南方地区民系族群的形成就是基于上述原因。它们既有同一民族的共性，但是，不同民系地域，虽然同样是汉族，由于南北地区人口构成的历史社会因素、地区人文、习俗、环境和自然条件的差异，都会给族群、给居住方式带来不同程度的影响，从而，也形成了各地区不同的居住模式和特色。

民系的形成不是一朝一夕或一次性形成的，而是南迁汉民到达南方不同的地域后，与当地土著人民融洽、沟通、相互吸取优点而共同形成的。即使在同一民系内部，也因南迁人口的组成、家渊以及各自历史、社会和文化特质的不同而呈现出地域差别。在同一民系中，由于不同的历史层叠，形成较早的民系可能保留较多古老的历史遗存。如越海民系，它在社会文化形态上就会有更多的唐宋甚至明清各时期的特色呈现。也有较晚形成的民系，在各种表现形态上可能并不那么古老。也有的民系，所在区域僻处一隅，地理位置比较偏僻，长期以来与外界交往较少，因而，受北方文化影响相对较少。如闽海民系，在它的社会形态中会保留多一些地方土著特点。这就是南方各地区形态中保留下来的这种文化移入的持续性、文化特质的层叠性，同时又有文化形态的区域差异性。

历史上，移民每到一个地方都会存在着一个新生环境问题，即与土著社群人民的相处问题。实际上，这是两个文化形体总合力量的沟通和碰撞，一般会产生三种情况：一、如果移民的总体力量凌驾于本地社群之上，他们会选择建立第二家乡，即在当地附近地区另择新点定居；二、如果双方均势，则采用两种方式，一是避免冲撞而选择新址另建第二家乡，另一是采取中庸之道彼此相互掺入，和平地同化，共同建立新社群；三、如果移民总体力量较小，在长途跋涉和社会、政治、经济压力下，他们就会采取完全学习当地社群的模式，与当地社群融合、沟通，并共同生存、生活在一起。当然，也会产生另一情况，即双方互不沟通，在这种极端情况下，移民被迫为了保护自己而可能另建第二家乡。

在北方由于长期以来中原地区和周边民族的交往沟通，基本上在中原地区已融合成为以中原文化为主的汉民族，他们以北方官话为共同方言，崇尚汉族儒学礼仪，基本上已形成为一个广阔地带的北方民系族群。但是，如山西地区，由于众多山脉横贯其中，交通不便，当地方言比较悬殊，与外界交往沟通也比较困难，在这种特殊条件下，形成了在北方大民系之下的一个区域地带。

到了清末，由于我国唐宋以来的州和明清以来的府大部分保持稳定，虽然，明清年代还有“湖广填四川”和各地移民的情况，毕竟这是人口调整的小规模移民。但是，全国地域民系的格局和分布都已基本定型。

民族、民系、地域在形成和发展过程中，由稳定到定型，必然需要建造宅居。宅居建筑是人类满足生活、生存最基本的工具和场所。民居建筑形成的因素很多，有社会因素、经济物质因素、自然环境因素，还有人文条件因素等。在汉族南方各地区中，由于历史上的大规模的南迁，北方人民与南方土著社群人民经过长期的碰撞、沟通和融合，对当地土著社群的人口构成、经济、文化和生产、生活方式，礼仪习俗、语言（方言），以及居住模式都产生了巨大的影响和变化。对民居建筑来说，由于自然条件、地理环境以及社会历史、文化、习俗和审美的不同，也导致了各地民居类型、居住模式既有共同特征的一面，也有明显的差异性，这就是我国民居建筑之所以呈现出丰富多彩、绚丽灿烂的根本原因。

少数民族地区的发展与分布

我国少数民族分布，基本上可以分为北方和南方两个地区。现代的少数民族与古代的少数民族不同，他们大多是从古代民族延伸、融合、发展而来。如北方的现代少数民族，他们与古代居住在北方的沙漠和山林地带的乌孙、突厥、回纥、契丹、肃慎等民族有着一定的渊源关系，而南方的现代少数民族则大多是由古代生活在南方的百越、三苗和从北方南迁而来的氐羌、东夷等民族发展演变而来。他们与汉族共同组成了中华民族，也共同创造了丰富灿烂的中华文化。

我国的西北部土地辽阔，山脉横贯，古代称为西域，现今为新疆维吾尔自治区。公元前 2 世纪，匈奴民族崛起，当时西域已归入汉代版图。唐代以后，漠北的回鹘族逐渐兴起，成为当时西域的主体民族，延续至今即成为现在的维吾尔族。

我国北方有广阔的草原，在秦汉时代是匈奴民族活动的地方。其后，乌桓、鲜卑、柔然民族曾在此地崛起，直至 6 世纪中叶柔然汗国灭亡。之后，又有突厥、回鹘、女真等在此活动。12 ~ 13 世纪，女真族建立金朝。其后，与室韦—鞑靼族人有渊源关系的蒙古各部在此开始统一，延续至今，成为现代的蒙古族。

在我国西北地区分布面较广的还有一个民族叫回族。他们聚居的区域以宁夏回族自治区和甘肃、青海、新疆及河南、河北、山东、云南等省较多。

回族的主要来源是在 13 世纪初，由于成吉思汗的西征，被迫东迁的中亚各族人、波斯人、阿拉伯人以及一些自愿来的商人，来到中国后，定居下来，与蒙古、畏兀儿、唐兀、契丹等民族有所区别。他们与汉人、畏兀儿人、蒙古人，甚至犹太人等，以伊斯兰教为纽带，逐渐融合而成为一个新的民族，即回族。可见回族形成于元代，是非土著民族，长期定居下来延续至今。

在我国的东北地区，史前时期有肃慎民族，西汉称为挹娄，唐代称为女真，其后建立了后金政权。1635 年，皇太极继承了后金皇位后，将族名正式定为满族，一直延续至今即现代的满族。

朝鲜族于 19 世纪中叶迁到我国吉林省后，延续至今。此外，东北地区还有赫哲族、鄂伦春族、达斡尔族等，他们人数较少，但是，他们民族的历史悠久可以追溯到古代的肃慎、契丹民族和北方的通古斯人。

在西南地区，据史书记载，古羌人是祖国大西北最早的开发者之一，战国时期部分羌人南下，向金沙江、雅砻江一带流徙，与当地原著族群交流融合逐渐发展演变为羌、彝、白、怒、普米、景颇、哈尼、纳西等民族的核心。苗、瑶族的先民与远古九寨、三苗有密切关系，经过长期频繁的辗转迁徙，逐步在湖南、湖北、四川、贵州等地区定居下来。畲族亦属苗瑶语族，六朝至唐宋，其先民已聚居在闽粤赣三省交界处。东南沿海地区的越部落集团，古代称为“百越”，它聚居在两广地区，其后，向西延伸，散及贵州、云南等地，逐渐发展演变为壮、傣、布依、侗等民族。“百濮”是我国西南地区的古老族群，其分布多与“百越”族群交错杂居，逐渐发展为现今的佤族等民族。

我国西南地区青藏高原有着举世闻名的高山流水，气象万千的林海雪原，更有着丰富的矿产资源，世界最高峰珠穆朗玛峰耸立在喜马拉雅山巅，从西藏先后发现旧石器到新石器时代遗址数十处，证明至少在 5 万年前，藏族的先民就繁衍生息在当今的世界屋脊之上。

据史书记载，藏族自称博巴，唐代译音为“吐蕃”。公元 7 世纪初建立王朝，唐代译为吐蕃王朝，族群大多居住在青藏高原，也有部分住在甘肃、四川、云南等省内，延续至今即为现在的藏族。

羌族是一个历史悠久的古老民族，分布广泛，支系繁多。古代羌族聚居在我国西部地区现甘肃、青海一带。春秋战国时期，羌人大批向西南迁徙，在迁徙中与其他民族同化，或与当地土著结合，其中一支部落迁徙到了岷江上游定居，发展而成为今日羌族。他们的聚居地区覆盖四川省西北部的汶川、理、黑水、松潘、丹巴和北川等七个县。

彝族族源与古羌人有关，两千年前云南、四川已有彝族先民，其先民曾建立南诏国，曾一度是云南地区的文化中心。彝族分布在云、贵、川、桂等地区，大部分聚居在云南省内，几乎在各县都有分布，比较集中在楚雄、红河等自治州内。

白族在历史发展过程中，由大理地区的古代土著居民融合了多种民族，包括西北南下的氐羌人，历代不断移居大理地区的汉族和其他民族等，在宋代大理国时期已形成了稳定的白族共同体。其聚居地主要在云贵高原西部，即今云南大理地区。

纳西族历史文化悠久，它也渊源于南迁的古氐羌人。汉以前的文献把纳西族称为“牦牛种”、“旄牛夷”，晋代以后称为“摩沙夷”、“么些”、“么梭”。过去，汉族和白族也称纳西族为“么梭”、“么些”。“牦”、“旄”、“摩”、“么”是不同时期文献所记载的同一族名。建国后，统一称“纳西族”。现在的纳西族聚居地主要集中在云南的金沙江畔、玉龙山下的丽江坝、拉市坝、七河坝等坝区及江边河谷地区。

壮族具有悠久的历史，秦汉时期文献记载我国南方百越群中的西瓯、骆越部族就是今日壮族的先民。其聚居地主要在广西壮族自治区境内，宋代以后有不少壮族居民从广西迁滇，居住在今云南文山壮族苗族自治州。

傣族是云南的古老居民，与古代百越有族源关系。汉代其先民被称为“滇越”、“掸”，主要聚居地在今云南南部的西双版纳傣族自治州和西南部的德宏傣族景颇族自治州内。

布依族是一个古老的本土民族，先民古代泛称“僚”，主要分布在贵州南部、西南部和中部地区，在四川、云南也有少数人散居。

侗族是一个古老的民族，分布在湘、黔、桂毗连地区和鄂西南一带，其中一半以上居住在贵州境内。古代文献中有不少关于洞人（峒人）、洞蛮、洞苗的记载，至今还有不少地区保留“洞”的名称，后来“峒”或“洞”演变为对侗族的专称。

很早以前，在我国黄河流域下游和长江中下游地区就居住着许多原始人群，苗族先民就是其中的一部分。苗族的族属渊源和远古时代的“九黎”、“三苗”等有着密切的关系。据古文献记载，“三苗”等应该都是苗族的先民。早期的“三苗”由于不断遭到中原的进攻和战争，苗族不断被迫迁徙，先是由北而南，再而由东向西，如史书记载说“苗人，其先自湘窜黔，由黔入滇，其来久有”。西迁后就聚居在以沅江流域为中心的今湘、黔、川、鄂、桂五省毗邻地带，而后再由此迁居各地。现在，他们主要分布在以贵州为中心的贵州、云南、四川和湖南、湖北、广西等各省山区境内。

瑶族也是一个古老的民族，为蚩尤九黎集团、秦汉武陵蛮、长沙蛮的后裔，南北朝称“莫瑶”，这是瑶族最早的称谓。华夏族入中原后，瑶族就翻山越岭南下，与湘江、资江、沅江及洞庭湖地区的土著民族融合而成为当今的瑶族。现都分散居住在广西、广东、湖南、云南、贵州、江西等省区境内。

据考古发掘，鄂西清江流域十万年前就有古人类活动 ，相传就是土家族的先民栖息场所。清江、阿蓬江、酉水、溇水源头聚汇之区是巴人的发祥地，土家族是公认的巴人嫡裔。现今的土家族都聚居于湖南、湖北、四川、贵州四省交会的武陵山区。

我国除汉族外有少数民族55个。以上只是部分少数民族的历史、发展分布与聚居地区，由于这些少数民族各有自己的历史、文化、宗教信仰、生活习俗、民族审美爱好，又由于他们所处不同地区和不同的自然条件与环境，导致他们都有着各自的生活方式和居住模式，就形成了各民族的丰富灿烂的民居建筑。

为了更好地把我国各民族地区民居建筑的优秀文化遗产和最新研究成就贡献给大家，我们在前人编写的基础上进一步编写了一套更系统、更全面的综合介绍我国各地各民族的民居建筑丛书。

我们按下列原则进行编写：

1. 按地区编写。在同一地区有多民族者可综合写，也可分民族写。

2. 按地区写，可分大地区，也可按省写。可一个省写，也可合省写，主要考虑到民族、民居、类型是否有共同性。同时也考虑到要有理论、有实践、内容和篇幅的平衡。

为此，本丛书共分为18册，其中：

1. 按大地区编写的有：东北民居、西北民居2册。

2. 按省区编写的有：北京、山西、四川、两湖、安徽、江苏、浙江、江西、福建、广东、台湾共11册。

3. 按民族为主编写的有：新疆、西藏、云南、贵州、广西共5册。

本书编写还只是阶段性成果。学术研究，远无止境，继往开来，永远前进。

参考书目：

1.（汉）司马迁撰．史记．北京：中华书局，1982.

2. 辞海编辑委员会．辞海．上海：上海辞书出版社，1980.

3. 中国史稿编写组．中国史稿．北京：人民出版社，1983.

4. 葛剑雄，吴松弟，曹树基．中国移民史．福建：福建人民出版社，1997.

5. 周振鹤，游汝杰．方言与中国文化．上海：上海人民出版社，1986.

6. 田继周等．少数民族与中华文化．上海：上海人民出版社，1996.

7. 侯幼彬．中国建筑艺术全集第20卷宅第建筑（一）北方建筑．北京：中国建筑工业出版社，1999.

8. 陆元鼎，陆琦．中国建筑艺术全集第21卷宅第建筑（二）南方建筑．北京：中国建筑工业出版社，1999.

9. 杨谷生．中国建筑艺术全集第22卷宅第建筑（三）北方少数民族建筑．北京：中国建筑工业出版社，2003.

10. 王翠兰．中国建筑艺术全集第23卷宅第建筑（四）南方少数民族建筑．北京：中国建筑工业出版社，1999.

11. 陆元鼎．中国民居建筑（上中下三卷本）．广州：华南理工大学出版社，2003.

前 言

在全国各省区中，四川是个较独特的地区，除了它是一个自然地理环境封闭围合的盆地，同其他地区的交通联系十分困难而外，更重要的是它有着源自与中原文化不同的独有特色的三星堆文化之巴蜀文化，并经历代演化发展，特别是在封建社会末期明清之际的“湖广填四川”大移民活动中与移民文化相结合而自成一系。也就是说，巴蜀文化既是在一个相对封闭的环境中形成的，又是在不断吸收外来移民文化中变化发展的。这就是巴蜀文化传承与开放并重的典型特征。这一点必然反映到四川建筑文化尤其是四川民居中。

与其他各地民居相比，四川民居确有许多与众不同之处。特别是那强烈的山地地域特色和浓厚的山水环境乡土气息，集中地体现了巴蜀传统建筑文化品格。尤为令人感兴趣和惊异的是，尽管南北各省移民来到四川带来了各地丰富多彩的民居文化，但在巴蜀土地上经几百年的交流融合在传承先前巴蜀文明的基础上又渐而形成一种新的巴蜀文化，各省居住文化似可在其中找到自己的影子，但面对的又却是在别一番天地中自成体系的川味十足的山地民居体系。此种建筑文化现象实为罕见。与此同时，四川民居形态丰富多样，不论场镇聚落群体或是宅院组合单体，不拘法式，“僭纵逾制”，富于创造，手法大胆泼辣又不乏幽默风趣。而且，不论平原、丘陵、山地、河谷等自然条件如何变化，一切因地因时因人因材制宜，选择环境并适应环境又与周围自然环境共生共荣，体现了人与环境相互依存的“天人合一”的自然观与环境观。在建筑类型和风格上，与北方宫殿府邸建筑影响力较大相比，在四川则是民居建筑的影响力占有举足轻重的地位。四川民居风韵独到自成体系，谐和环境融于自然，植根民间质朴率真，古风遗意独创鼎新，兼收并蓄多元融合。这些建筑文化品格特征和丰富多彩的营建理念手法值得我们认真研究总结。

四川民居的研究始于20世纪40年代抗战期间以梁思成先生为首的中国营造学社入川之时，而其中刘致平先生则是四川民居研究的拓荒者，调研足迹遍及川内尤其川西、川南各地，调查大小住宅一二百所，仔细测绘的有六十余所，著有《四川住宅建筑》十万余言。书中明确指出，“四川盆地住宅建筑在清代初年由于闽、粤、湖广、赣、黔、陕等处移民入川的结果，它的式样和内容更加丰富及多样化”，“与他省他处住宅相比则决然有特殊风貌”。刘先生的论著成为四川民居研究的基础文献及经典之作，也开创了后世四川民居研究之先河。惟以遗憾的是该书的大量调研测绘图照不幸遗失，难以与文字对照通读，殊为可惜。

至20世纪50年代末和60年代初，四川民居研究又有了第二个阶段的发展。其时，以重庆建筑工程学院建筑系建筑历史教研室暨中国建筑科学研究院与重庆建筑工程学院建筑系合办的建筑理论及历史研究室重庆分室的辜其一、叶启燊、邵俊仪等先生为主，在条件极为艰苦的情况下，不仅组织了对成渝地区大量农村、乡镇住宅的调研，而且还深入到川西高原对藏族、羌族等少数民族住宅建筑进行调查研究，收集、测绘了不少宝贵资料。

“文革”结束后，反思对传统建筑文化包括传统民居遭受破坏的损失，有识之士再次发出保护和研究四川古建筑民居的呼吁。以中国西南建筑设计院徐尚志设计大师为代表，提出了“风格来自民间”的理论，鼓励向民居学习。在20世纪80年代初，在川内又兴起一股四川民居研究的热潮，甚至吸引了清华大学汪国瑜、李道增等一批教授学者来川调研四川传统建筑民居及场镇聚落，并发表不少研究成果，扩大了四川民居在全国的影响。笔者也正是在这个时候，加入了四川民居研究的行列，曾涉足川东、川南偏远山区农村进行民居的田野考察。此后，更有不少新一代的年轻学者投入到民居学术的研究中。这是四川民居研究的第三阶段。

自20世纪90年代以来，在中国建筑学会民居学术专业委员会的推动下，全国的民居研究学术活动迎来了前所未有的新局面。1994年5月，由重庆建筑工程学院建筑系主办，在重庆和阆中召开了全国第五届中国民居学术会议，使更多的海内外学者身临其境感受四川民居的美好乡土环境和艺术魅力，同时这种对于民居的热情也引起了建筑行政主管部门的关注和重视。四川省建委专门组织全省有关力量，对四川民居进行广泛的调研、测绘。经数年的不懈努力，于1996年编辑出版了以图册形式为主的《四川民居》一书，对四川民居的发掘、整理、保护与研究起到了重要的作用。与此同时，还有不少民居研究成果问世，使这个时期成为四川民居研究具有重要发展的高峰阶段。在四川的高校、科研机构以及设计院所中，民居研究的学术地位与成果以及在建设实践中的保护应用都得到长足的发展。

进入新世纪后，在安徽民居西递、宏村列入世界文化遗产名录名单以及建设部、国家文物局评审中国历史文化名镇名村的推动下，关于民居的研究更加扩大了领域范畴，深化了内涵本质。从着重个体和技术层面的研究演绎到聚落整体及人居环境研究，进而从民居地域主义创作理论影响到建筑城市现代化方向与进程，更不用说在建设社会主义新农村中将要产生的重要指导作用。笔者撰写本书的目的，也正是为适应这一时代对民居研究的要求，力图从建筑文化学和人居环境学角度对四川民居研究作一新的探讨，以期推进地域主义建筑理论引领建筑现代化富于中国特色的创新。

审视以往的民居研究，较多的是从建筑史学或建筑学专业的角度出发，并偏重于建筑个体及其平面组织形制、结构构造做法等方面，而较少与社会学、民俗学、民族学、心理学、行为学等人文科学相结合进行多学科的综合研究，也较少与聚落规划学、人居环境学、建筑文化学等学科发展新方向相联系。而现在的民居研究正在逐步深化，以狭义与单学科研究走向广义的聚落与人居环境以及综合的、更加广阔的多学科研究领域发展。同时，作为一个较特殊的幅员广大、丰富多彩的四川民居体系至今还没有一本较为系统的论著。因此，在撰写本书时力图在系统全面上竭诚而为，争取在综合分析及理论观点创新上有所突破。除了希冀对四川场镇聚落和民居形制类型进行较为科学合理的分类外，在内容安排上着重加强了民居群体聚落与自然环境和历史人文环境关系的分析，特别是对四川广大乡村地区少村庄多场镇的建筑现象以及场镇聚落的空间形态、环境景观构成及特色等重点进行了探讨和阐发。对少数民族民居，着重选择了藏族、羌族、彝族、土家族的民居为代表进行简明扼要的总结分析。在对民居地域特色的分析中也试图从平面空间组合关系、空间结构要素构成及其人居环境的地理人文因素与审美心理特征，来探求和总结民居生成的客观规律及建筑经验，其目的是尽可能地挖掘四川民居的文化内涵及其理论价值。这才是最重要最有意义的。

作为传统民居，它是过去农耕文明社会的产物，现在成为一种宝贵的物质文化遗产。对四川民居的研究可以从建筑文化角度正确认识理解四川的社会历史和巴蜀传统文化精神，有助于宣传弘扬巴蜀建筑本土文化。正如刘致平先生在《中国居住建筑简史》中所说：“对于四川住宅建筑……这些劳动人民创造出来的物美价廉的、趣味亲切的建筑，确是有许多高妙的理论以及特殊的成就，值得我们仔细深入的学习。”“ 我们对于四川等地建筑必须多多地深入观察找到它的特点，及促成特点的各种条件，然后才能领会它的妙处之所在。”所以，只有懂得民居建筑文化的特点和价值，才会真正懂得保护与弘扬。民居作为不可再生的文化资源，应当得到珍惜和科学的保护。这也是撰写本书的目的之一。

与此同时，民居作为乡土建筑的重要部分，是地域特色的主要代表，而地域特色是建筑最为本质的东西，也是一种建筑文化最可宝贵，最有价值，最为精彩的地方。这就是“特色理论”的意义。1999 年第二十届世界建筑师大会发表的《北京宣言》指出，展望 21 世纪世界建筑的发展趋势，是地域建筑现代化及现代建筑地域化。可见对地域化的理解是一个十分重要的关键词。这正是克服建筑城市千篇一律、建筑文化趋同弊病的一剂良药。世界建筑的丰富多彩来自地域文化的多样性，而民居研究可以在现代化建筑创作中为寻找地域主义出路给以许多有益的启示。

诚然，如何在城市建筑现代化创作实践中，更好地弘扬借鉴四川民居的建筑理念、手法、特色等还需要我们作出更大的努力。但是我们的新建设既然植根于这同样美丽富饶的巴蜀大地上，我们就应无愧于前人去努力向民居学习，创造出新时代的富有山地风情特色的巴蜀新建筑来。

李先逵　谨识

二〇〇九年八月六日

目 录

第一章　自然人文环境

第一节 自然地理条件

四川省及重庆市位于我国西南地区。在行政区划上，重庆市已从四川省划出，列为中央直辖市。但从自然地理环境上，仍属于四川盆地的主要组成部分。四川省介于东经 97° 21′ ~ 108° 31′ 和北纬 26° 03′ ~ 34° 19′，东西长 1075 公里，南北宽 900 公里，面积 48.5 万平方公里，人口 8723 万。重庆市介于东经 105° 17′ ~ 110° 11′ 和北纬 28° 10′ ~ 32° 13′，东西长 470 公里，南北宽 450 公里，面积 8.2 万平方公里，人口 3235 万（截至 2007 年底）。该地区北邻陕西、甘肃，西接西藏自治区，南毗贵州、云南，东连湖北、湖南。川西高原多为藏族、羌族、彝族等少数民族居住。川南、渝东南等边远地区有土家族、苗族等少数民族居住。四川盆地内几乎为汉族居住。在面积和人口方面，本地区都是我国最大的省市之一，而且自古以来也是我国大西南和长江上游的经济产业中心及商贸中心。

一、地形地貌特征

四川及重庆地跨青藏高原、横断山脉、云贵高原、秦巴山地、四川盆地几大地貌单元，地势西高东低，由西北向东南倾斜，为我国地形三大阶梯从青藏高原到长江中下游平原的过渡地带。全省地形大致以阿（坝）、甘（孜）、凉（山）三个少数民族自治州的东部边界为线，划分为川西高原和四川盆地两个具有显著差异的地貌部分，其面积约略相等，分别占全区面积的一半。但其人口分布却相差悬殊，盆地内城镇乡村聚落密集，居住人口占 95% 以上。

四川盆地是我国四大盆地之一，是典型的外流型盆地，大致呈菱形，东西宽 380 ~ 430 公里，南北宽 310 ~ 330 公里，面积达 17 万平方公里，海拔 300 ~ 700 米，盆缘山地 10 万平方公里，四周均为海拔 1000–4000 米高山和山地所环抱。除盆地底部龙泉山以西为川西成都平原、眉山—峨眉平原，约占总面积的 7% 以外，盆地内多为丘陵低山，加上河流密布，沟谷纵横，地形地貌变化剧烈，形态丰富。大体以嘉陵江为界，川中以西部分以方山丘陵为主，以东部分由数条东北西南走向平行褶皱山脉岭谷形成山地复杂多样地貌亚区。具“一山二岭一槽”及“一山三岭二槽”的特征，山岭间谷地宽缓，丘陵平坝交错分布，其华蓥山主峰海拔 1704m 米，为盆地内最高峰。

盆地边缘地区大多以 1500 ~ 3000 米中低山为主，但也有不少高山，岷山主峰雪宝顶海拔 5588 米，为边缘区最高峰。主要山脉北及北东缘为米仓山、大巴山，东及东南缘为神农架山、巫山、大娄山、七曜山、武陵山，西及西南缘有大小凉山、大小相岭、大雪山、邛崃山，西北缘主要为岷山、龙门山等。川西南凉山州地区为山原地貌，海拔高达 4000 米左右，其中安宁河谷为省内第二大平原，是该区主要聚居地。川西北高原地区为青藏高原东南缘和横断山脉的一部分，海拔在 4000 ~ 4500 米，其最高峰大雪山贡嘎山海拔达 7556 米，为四川省第一高峰，也是世界著名高峰。此区内主要山脉有巴颜喀拉山、牟尼芒起山、雀儿山、沙鲁里山、岷山、大雪山等。川西甘孜州一带多高山深谷，川西北阿坝州一带多丘谷相间，沼泽广布。

四川盆地及其周边的高山峻岭围合，与外界相对隔离的这种独特地理环境特征，世所罕见。四川古称“巴蜀之地”，川东为巴，川西为蜀。自古巴山蜀水多险阻，又称“四塞之国”。其交通往来极为困难艰险，自古就有“危乎高哉！蜀道之难难于上青天”之说。

四川又称“千河之省”，山多必带来河流众多，有大小河流 1400 多条。而且水量丰富，可开发水能资源居全国之首。长江自西北青藏高原而来，从西至东流经盆地南部贯穿川内全境。长江三峡以上称川江，自宜宾以上称金沙江。有雅砻江、岷江、大渡河、沱江、嘉陵江、渠江、涪江、赤水河、乌江、大宁河等十余条支干流注入长江。水路交通舟楫之便，自古就十分发达通畅，也是沟通外界出入的主要黄金水道。唐代诗圣杜甫有诗云“窗含西岭千秋雪，门泊东吴万里船”，“即从巴峡穿巫峡，便下襄阳到洛阳”，就是这种山川态势和交通状况的生动写照。

在如此复杂多样的山地河川的地形地貌条件下，要选择适宜聚居的地方，历代巴蜀人民积累了丰富的生存经验，除了巧妙地结合地形的种种手法外，在聚落分布上则首先要考虑选择较佳的有利地理环境，特别是平缓坡地、台地或谷地。

除了前述山地地理环境外，四川盆地还有几种突出的地理特征。一是山区丘陵谷地间的小盆地，四川俗称为“坝子”或“平坝”。这种坝子大小不一、星罗棋布地分布在广阔的盆地方山丘陵和山区中。二是河弯冲积扇缓坡地，尤其盆地底部一些河川，曲折蜿蜒，形成大的河弯，称为“沱”或“回水沱”，多为船只停泊处，并在河弯内凹处出现大片滩涂冲积扇，地势显得开阔舒展，俗称“河坝”。如川东的古代巴国之所以命名为巴，其中一说便是因所居之地古渝水弯曲如“巴”字而来。这种沱及河弯冲积扇分布十分广泛。三是河流台地。因各种侵蚀等原因，多沿河岸形成多级台地，其中二级三级台地便成为聚居和农田果林的主要场地，经上千年的人工经营开发更是成为一种具有人文地理特征的地貌景观。四是多峡谷，如著名的瞿塘峡、巫峡、西陵峡，号称“长江三峡”。此外，还有嘉陵江小三峡、岷江小三峡、大宁河小三峡等等，众多的巴蜀三峡扼交通要道，景观奇特，也常吸引人们去开发经营建设。

四川地形地貌不同于其他任何地区，地理特征十分独特，丰富多彩，不仅高原、山地、丘陵、平原、盆地、草地、湖泊等类型均兼而有之，而且名山大川精彩纷呈，自然景观美不胜收，到处都有各色各样的优美山川景色，形成巴山蜀水得

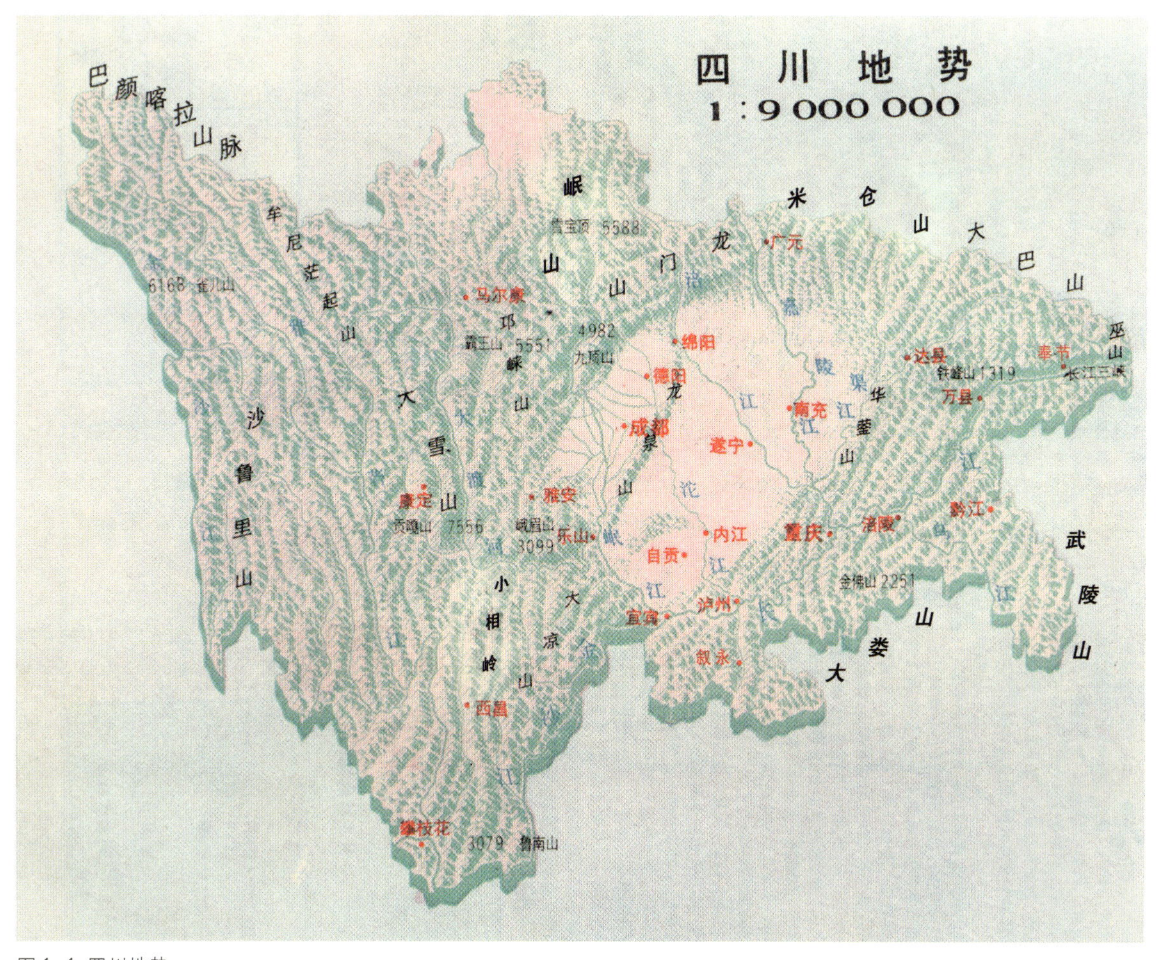

图 1–1 四川地势

天独厚的地方山水文化。如峨眉天下秀、青城天下幽、夔门天下险、剑门天下雄、九寨天下奇，都是堪称世界级的山水风景大观。这些山水文化都对四川的居住文化产生了深刻的影响。绮丽多彩的巴山蜀水为四川山地民居不仅提供了生长的根基土壤及营造物质材料，而且赋予了多彩多姿的建筑形态及生机盎然景色优美的自然环境。复杂变化的山区自然条件并未束缚制约土生土长的民居的发展，反而成为启迪激发民居建筑文化创造活力的动因（图 1–1）。

二、气候特征

四川位于亚热带范围，四川盆地北有秦岭、大巴山阻挡寒潮侵袭，而夏季东南季风又可长驱直入，因不同的地形地貌和不同的季风环流的交替影响，形成独特的气候类型。四川盆地属中亚热带和北亚热带湿润季风气候，川西高原是典型的高原气候，川西南山地有完整的垂直气候分带。

盆地由于地形的封闭状态，气温较同纬度长江中下游地区偏高 2 ~ 4℃，具有冬暖、夏热、春旱、秋雨、湿度大、云雾多、日照少、无霜期长等特点。年平均气温在 17 ~ 19℃，冬季最冷气温在 0℃左右，夏季最热月气温可达 35℃以上。重庆地区夏季可达到 40℃，有的年份甚至连晴高温达到 44℃，被称为长江流域“三大火炉”之一，而且夏季长达 4 ~ 5 个月。

盆地内及其边缘降水量大，全年平均达 1200 毫米。因夏季东南季风的影响，在西部和西北部盆地边缘山地一带如乐山和雅安等地年降水量达到 1500 ~ 1800 毫米，为中国突出的多雨区，有“西蜀漏天”、“华西雨屏”之称，雅安也被称为“雨城”。但雨量全年分配不匀，多在 6 ~ 10 月份。充沛的雨水常因夜晚温度较低而形成川中多夜雨的现象。夜雨大概占雨量的 70% 以上。唐代诗人李商隐的诗句“巴山夜雨涨秋池”，确是自古以来的真实写照。因此全川湿度很大，相对湿度常在 85% 以上。全年大部分时间是湿热天气，为解决闷热的不适，对房屋的自然通风和除湿避潮成了迫切而普遍的要求。冬季虽绝对温度不低，但因湿度大，也使人倍感阴冷，尤其早晚更甚，也需要适当的采暖。

此外，全年无霜期长达 280 ~ 350 天，盆地内霜雪少见，长江河谷一带甚至全年无霜期。因此，十分宜于各种农作物的生长。但盆地云雾大，阴天多，也是国内少见的。重庆一直号称“雾都”，川西也有“蜀犬吠日”之说。日照之少，盆地年日照量仅为 900 ~ 1300 小时，为中国各地日照量最低值。尤其秋冬季节，很少见到多少晴日天气，有时几乎整天都笼罩在低云浓雾之中。因此，在这样的气候条件下聚落建筑对选择朝向的要求也不是那样严格讲究。

但在盆地周缘山地因高山峡谷强烈的反差，气候垂直分布明显。中山以上一般是夏凉冬寒，霜冻期长，秋冬时常雨雪交加，因此房屋的保温取暖是必须考虑的。川西高原地区是高寒地区，除川西南山地海拔较低的河谷地区呈亚热带、温带气候特点外，大多数地区全年气温都较低。但在日照方面，这些地区全年日照量都在 2000 ~ 2500 小时，较东部盆地多出一倍以上。相应气候分干季和雨季，较为干旱少雨。

第二节 物产资源

一、农业经济物产

四川盆地在由海盆——湖盆——陆盆的形成过程中，沉积了丰富的铁、磷、钾等，土质多为红紫色黏土，这是我国最肥沃的自然土壤，故四川盆地又称之为“赤色盆地”或“紫色盆地”。紫色土面积达 14 万平方公里，为全国紫色土最集中的地方。自古以来，四川自然环境优越，温和多雨，山川秀丽，土地肥沃，物产丰富，农业经济十分发达。早在秦汉时期，即大量开垦种植。修建于两千多年前的都江堰古代水利工程，至今仍发挥着巨大的灌溉防洪作用。晋常璩《华阳国志 · 蜀志 · 卷三》称：“蜀沃野千里，号为‘陆海’，旱则引水浸润，雨则杜塞水门，故记曰：

水旱从人，不知饥馑，时无荒年，天下谓之‘天府’也。”是“土植五谷，牲具六畜”，“桑蚕麻苎”之地。“蜀”字本义就是桑蚕的象形字。四川自古号称“天府之国”，成为我国著名的农业产区和天下粮仓，促进了社会经济不断发展，也为四川民居的生长和发展提供了重要的经济基础和物质条件。

四川盆地的农业土地利用率高达 30% ～ 40% 以上，是中国最大的水稻、油菜产区。成都平原面积达 9000 平方公里，农产富饶。广大丘陵地区层层梯田，少有闲地，稻作可一年两熟。山区小麦、玉米、薯类等作物产量甚高。各类蔬菜瓜果四季均有所收获。长江三峡的川橘早已闻名于世。涪陵、泸州一带的新鲜荔枝远在唐代作为贡品上送宫廷杨贵妃品尝的故事流传千古。其经济作物尤其丰富，以多种经营发达称著，如蚕桑、柑橘、油桐、白蜡、苧蔴、五倍子、银耳、黄连等产量均居全国第一。其他如棉花、甘蔗、花生、芝麻，豆类以及茶叶、中草药材等都有大宗出产，促进了农副产品加工业的兴盛与发展。此外，养殖业、副业以及各类作坊手工业也相当发达。广大农村以养猪为主，产量全国第一。养牛、羊、鸡、鸭、兔、鱼及养蚕等十分广泛。这些在小农经济社会以家庭副业和个体经营为主的生产活动无疑会对民居建筑产生十分重要的影响。

由于复杂独特而又差异很大的地理环境，加上四川移民成分的多样性等原因，物产的地方特色共性和个性都十分突出，形成特别有乡土气息的川味文化。如中外闻名的川菜、麻辣烫、火锅等饮食文化，享誉名酒之乡的五粮液、剑南春、泸州老窖等酒文化，茶馆遍及城乡的茶文化等等都深刻地融入城镇乡村社会生活之中。除了这些共性之外，广大的山区以及各地丰富的土特产都名著一方，自成一绝，乡土个性特色十分鲜明独到，如涪陵的榨菜，资阳郫县的豆瓣，永川的豆豉，汉源的花椒，大竹的醪糟，江津的米花糖，内江的蔗糖，阆中的保宁醋，通江的银耳，达县的灯影牛肉等。在用的方面手工业制品也表现了地方物产的丰富独特性，如荣昌的夏布，万县的皮革，

图 1–2 川藏川滇茶马古道

江安的竹器，成都的蜀绣，南充的丝绸等等。这些不同地区的农业、副业、手工业生产方式对于具有地域特色的民居聚落建筑的布局、形态、做法等的形成发展都会起到举足轻重的作用。

虽然巴蜀农业文明因群山阻隔封锁不可避免地具有某种封闭性和静态性，但巴蜀先民早就有对外开拓、不畏难险的勇气，以栈道、水道等各种方式与外界打通交流渠道。司马迁《史记》有载，古代巴蜀已是“栈道千里，无所不通”。北出秦岭、大巴山与秦陇文化关中地区及中原地区相通，东出三峡，跨越盆地，与荆楚文化江汉平原及吴越文化相连，往西则有“藏彝走廊”茶马古道（图 1–2），往南则有古西南丝绸之路。这些都大大促成了盆地与四方的交通联系和经济文化交流。加上环境的多样化和生物多样化，以及历代巴蜀移民的不断更新，演化交融，形成了巴蜀文化勤劳巧思、兼收并蓄、勇于开拓的优秀传统品格特征。

二、地质植被

正如一方水土养一方人一样，民居建筑是土生土长的文化，它的发生、发展和演化，都离不开所赖以生长的本土根基。不仅仅地形地貌条件是民居形态千变万化的依据，而且地质条件和植被状况也对之产生积极的促进作用，同时也为民

居提供用之不竭的材料源泉，也是民居个性特征的本色表现所在。

四川盆地土质大部分属红黏土和紫色土，一些平原、坝子地区也有水稻土和冲积土，这些土壤主要作为农业土壤，适宜耕作，也是孕育巴蜀竹篱茅舍，流水潺潺绕屋的“林盘文化”的生长地。周围山地及川东岭谷多为红壤、黄壤、棕壤之类，主要为森林土壤，是生态良好的山地植被和山区“梯田文化”的生长地。这些山区土壤分布广泛丰富，有的红黏土可以烧制砖瓦陶瓷，如川西的古代“邛窑”即为有名的窑口，有的夹杂风化的页岩，具有一定的强度。在高原地区广泛分布高山草甸土，适宜牧草灌丛的生长。

盆地岩质主要是侏罗纪至白垩纪的紫红色砂岩、页岩岩系。山地广泛出露古生代的石灰岩、板岩、片岩，以及灰岩、石英岩、沙泥岩和砾岩。局部地区如雅安、简阳等地有花岗岩，南川、峨眉等地有玄武岩。石灰岩分布区多为岩溶喀斯特地貌，如川南兴文的石林，三峡地区的“天坑”、“地缝”，成为世界自然遗产奇观（图1–3）。

四川的矿产资源也十分丰富，有煤、铁、天然气、石油、盐、石膏等。在巴蜀历史上具有最重要影响的是盐矿。川中盐岩矿储量达2～3亿吨。据载川盐开采至少有三千多年历史。以自贡为中心的自流井开采技术已十分先进，有名的燊海井掘深已达千米以上（图1–4）。三峡地区巫溪宁厂井盐的开发早在先秦以前就已影响到川外荆楚广大地区。从井盐开采兴起的盐业、盐道、盐商，对社会发展、人口变迁和城镇聚落及民居的发展都具有广泛而深刻的推动和影响。

四川的土壤气候、特殊的地理位置和地形环境都十分适宜各类植被的生长，处处青山绿水，遍地植被茂盛。四川植物近万种，从中亚热带、北亚热带、温带直到寒温带、寒带各类气候区的植物，包括各种阔叶林，针叶林及竹林灌丛草等等，都有广泛的分布。这是不同于其他省区少有的植被特征，古老而特有的种属之多也为中国其他地区所不及。

阔叶林是四川盆地及周缘山地的主要地带性植被。既有偏湿性常绿阔叶林，也有偏干性常绿阔叶林。前者如青杠、桢楠、刺果米槠、大头茶、华木荷等，后者有滇青杠、高山栲和多变石栎等，多分布于川西南山地。既有常绿、落叶阔叶混交林，也有次生类型的低中山落叶阔叶林，如麻栎、桤木、峨眉栲等。在川西高山峡谷及山原边部还生长有亚高山落叶阔叶林，如白桦、山杨等。其中山地硬叶常绿阔叶林（高山栎类林）为西南特有的植被类。

四川针叶林类型之多居全国首位。它是四川经济价值较高的主要用材林，其中低、中山针叶林多分布在盆东平行岭谷和盆地周缘山地，如各种松林、杉木、柏木、川板木等。亚高山常绿针叶林和落叶针叶林多分布于川西高山峡谷中，其中云杉、冷杉是四川分布广、蓄积量大的主要用材林。铁杉与槭、桦等常构成色彩艳丽的“五花林”，形成如九寨沟风景区那样特殊的自然景观，

图1–3a 三峡地区天坑

图1–3b 三峡地区地缝

图1–4 自贡盐都燊海井

又称观赏林（图1–5）。四川垂直植被带中，海拔最高的是红杉，属亚高山落叶针叶林，主要分布在川西高原地区。

还值得一提的是四川植被一大特征是四川生长的各类果木的种类之多，大概也是中国其他地区少有的。从平原、丘陵地区的桃、李、梨、苹果、柑橘、柚子、荔枝等到山区的柿子、白果、板栗等几乎应有尽有，经济树种还有白蜡、油桐、漆树、皂角、棕藤等。此外，四川的中草药达4000种以上，产量也在全国前列。这些都是川内经济价值较高的植物。

图1–5 九寨沟之秋

四川植被第三个重要特征是竹林灌丛草等的丰富多样性。四川盛产竹子，产量占全国的1/5。主要有楠竹、斑竹、寿竹、水竹、黄竹、白夹竹等，品种繁多，常成片成林成山，广泛分布于盆地内和盆周低山区，如著名的蜀南竹海（图1–6）和巴山竹海面积都达数万亩。国宝大熊猫主食的箭竹主要分布于岷山、邛崃山、龙门山的高山针叶林地区。

图1–6 蜀南竹海——云山叠翠

四川灌丛主要是山地灌丛，如四角柃木、川灰木、白栎、子桑等，广泛分布于盆地各处及高山峡谷中。亚高山灌丛如杜鹃、秀丽梅、地盘松等分布于盆周山地及川西高原高山峡谷。高山灌丛分常绿灌丛和落叶灌丛两种，如百里香杜鹃、柳、金露梅等，分布于川西高原高山峡谷中。四川草甸也大多分布在川西高原河谷、高山峡谷和沼泽地区。

四川植被还保存了不少远古时代孑遗幸存的珍稀品种，如水杉、银杉、珙桐、桫椤、泡桐等，被列为国家一级、二级重点保护植物数量亦名列国内前茅。这些生物的多样性和丰富性都是人居环境的重要内容和民居特色构成的影响因素。

三、地方材料

四川举目是山，开山采石，就地取材，是土木之事建房修路必然之举。盆地的四川民居绝大多数是采用穿斗木构架体系，一些山区也有石墙或夯土墙承重的房屋。川西高原的藏族、羌族多采用砌石墙建筑，凉山州的彝族有不少采用夯土墙，川东南的土家族、苗族则多为吊脚楼式木构建筑。山区石材来源十分丰富，因土多属砂岩和页岩，硬度不高，开凿较为容易，川人多呼为“泡砂石”。粗加工的条石，一般多为断面一尺见方，长约二尺，常俗称为“连二石”，又叫“小连二”，稍长者叫“大连二”。一般用条石砌筑的墙表面精加工的有美观的纹路，未经加工的叫毛石墙，用不规则石块砌筑的叫乱石墙。这种砂页岩色呈紫红，在有的地方如邛崃、乐山、宜宾一带，其紫红色鲜艳深沉，砌筑石墙堡坎、台基等，十分自然生动，成为地方一大特色。硬度稍大的青石分布也极广泛，多制成片材，以青石板铺筑地面。山区基岩较稳定的地区，常稍加平整基地，木构房屋柱基只需略加垫石便可建造起来，完全不用另造基础，地基处理十分简便。四川石灰岩资源丰富，烧制生石灰质量很高，在建筑上用途更是广泛。

有些红黏土和风化的细页岩形成的土质适宜烧制青砖和小青瓦，在各地都有生产。夹杂风化砂页岩的黏土也多用于山区的版筑土墙。至于河砂、鹅卵石等材料更是遍地皆是，用之不尽。

四川森林密布，木材资源从来都十分丰富，不仅自需，而且大量外销，自古由之。杜牧《阿房宫赋》开首即言："蜀山兀，阿房出。"可见当时秦始皇建阿房宫的木材大量来自四川。后世历朝京师大兴土木的用材，其中不乏珍稀贵重木材，多采自蜀地，然后放筏，沿水道送出。四川木材资源不仅量大，而且种类繁多，高大巨木，质量上乘，各种松、杉、柏、杨、槐以及香樟、楠木等贵重木材都是可供选择的建筑用材。尤其如楠木这样的高级用材，不仅材质细密，花纹美观，而且香气清新，材料坚硬。据说，用楠木所建的房屋，不生虫，不结蛛网，且利于人身心健康，历代都是皇家贡木。以前四川大量出产，惜历代砍伐甚剧，至今已几乎殆尽。建于明代正统年间的四川平武报恩寺，全寺七座大殿，均由珍贵的上乘楠木建造，乃为国内孤例。数百年来一直余香不断，历经多次地震，至今完好无损。

此外，遍布全川各地的竹林资源十分可观，除生长于山林间，广大乡间房前屋后都有成片的种植。竹子不仅是各种生活用品和工具、家具制作的轻便耐用材料，也是用途广泛的建筑用材。有一种所谓"捆绑式结构"的房屋几乎全部是用竹材建成的。在民居中，除了大量采用小青瓦屋面外，还有不少乡村的草顶农房采用稻草或芭茅草扎结作为屋顶覆盖材料。这些地方性材料也是随处即有，来源甚广。成都平原盛产水稻，稻草取之不竭。所盖的稻草屋顶工整且十分考究，既美观简朴，经久耐用，而且居住舒适，冬暖夏凉。此外，四川各地都有桐树、漆树生长，盛产桐油和土漆，是建筑油漆装饰广泛使用的材料。可以说，四川传统民居建筑所需的砖、瓦、灰、砂、土、石及各种木材、竹材等无一不是取材于本土。这些多种多样、取之不尽、用之不竭的地方材料，在各地具体运用中又各有不同的侧重。

第三节 建置沿革与社会发展

一、行政建置历史沿革

四川古称"巴蜀之地"，大体上是川西为蜀，川东为巴。"巴"和"蜀"既是国名又是族称和地域名。不过巴蜀的地域范围并非一成不变，在历史上与行政建置区划有一个变化过程，有时整个盆地连同周边地区都通称为蜀，有时治辖范围还包括陕南汉中盆地及湘鄂云贵部分地区。

巴蜀文化是中华文明重要的组成部分，是有别于中原文化并与之相互影响，非常先进而又富于地域特色的一种民族文化。成都附近著名的广汉三星堆文化遗址距今 2800 ~ 4800 年，有着高度发达的青铜文化，把古蜀国历史推进到五千年前，至今还有不少涉及中华文明起源的文化之谜有待进一步解开。

四川古属梁州，又称"华阳之地"。有许多美丽的传说，如伏羲为其母华胥游华阳时所生。据古文献相传蜀族源于古氐羌人，兴起于岷江上游及汉中盆地，其蜀山氏与黄帝族通婚。传说大禹生于四川，"禹生西川石纽"，现北川县有"禹沟"、"大禹故里"圣迹。夏商之际历蚕丛、柏灌、鱼凫三代蜀王，建立古蜀国，以成都平原为中心创造了高度发达辉煌的三星堆文明。西周至春秋历杜宇、开明王朝，移治成都为蜀国都城。"巴"的称呼，含地域、族称、国名多义。古时巴地除川东地区，还包括汉中盆地、鄂西、湘西、黔北等广大地区。故巴族来源甚多，学术界也有多种论说。殷商卜辞有"巴方"。史籍载称，巴人助周武王伐纣有功，以其宗姬封于巴，建"巴子国"。春秋战国时期，鄂西南古称夷水的清江流域一带有"廪君之巴"。古称渝水的嘉陵江、渠江流域及三峡地区有賨人的"板楯之巴"。还有涪陵乌江一带的"枳巴"。后诸巴、百濮等融合，并在江州（今重庆）以为都城建立巴国。至此时，古文献中开始出现巴蜀合称的记载。公元前 11 世纪，巴国和蜀国都曾参加过武王伐纣。巴人历来喜乐舞，性剽悍，史籍载：“巴师勇锐，歌舞以凌殷人。”至今，在渠江流域仍流传古代“巴渝舞”余风。

公元前316年，秦惠王派司马错、张仪灭巴蜀，按其郡县制设置巴郡和蜀郡。张仪即筑城成都、江州、阆中等地。秦昭王时，派蜀郡太守李冰兴修都江堰水利工程，成都平原得灌溉之利。又开盐卤、建粮仓、修五尺道，促进经济日渐繁荣。入汉后富庶发达超过并代替了原喻为天府的关中地区。诸葛亮在《隆中对》中称：“益州险塞，沃野千里，天府之土。”这是最早见于史载的记蜀地为天府的赞词，后即成为四川乃“天府之国”美名的由来。公元前106年汉武帝置全国十三州刺史，改巴蜀二郡为益州，并管辖云贵等地。西汉新莽时期和东汉末曾有短暂地方割据。至三国鼎立，刘备据蜀称帝，史称“蜀汉”，建都成都，263年为曹魏所灭。西晋初年将益州以东又划出梁州。两晋南北朝时期，改朝换代频繁，行政建置多有更改，但与中原地区相比，战乱相对较少，社会经济也有发展，州、郡、县数量也有所增加。秦时四川设2郡19县。汉时5郡二属国，下领62县。至南北朝郡州县划小，一州只领数县，地方制度变化。至隋设24郡，170县。

至唐统一天下，唐太宗贞观元年（627年）分全国为十道，益、梁二州为剑南道和山南道。唐玄宗开元二十一年（733年）又分十五道，剑南道划分为剑南东道和剑南西道，加上山南道，并称“剑南三川”。此外，发展府制，增置州县。唐时的四川，社会经济已是十分发达，成为唐帝国的粮食后方战略基地，“安史之乱”时唐玄宗因此选择出逃四川避乱。五代时期，建前蜀和后蜀地方割据政权。

宋真宗咸平四年（1001年）改制在蜀地设置益州路（后改成都府路）、梓州路（后改潼川府路）、利州路和夔州路，称之为川峡四路，简称“四川路”，“四川”自此得名。宋徽宗大观三年（1109年）诏书正式使用“四川”一词，得官方认可，设“四川宣抚使”、“四川制置使”等官职，下仍置府州县制。此时四川有县186个，辖688个镇。此两宋时，四川商品经济发达，农业、手工业和商业发展，城市繁荣，农村集镇蓬勃兴起，成为宋代经济主要支柱。

重庆古称江州、巴州。南北朝改楚州。隋初取古渝水（嘉陵江）之意，名渝州。历唐至宋徽宗时改名恭州，因1189年，南宋孝宗第三子恭王赵惇先封于恭，后又继帝位为光宗，即升州为府，取双喜临门喜庆之意，遂改名重庆府，沿用至今。此后，重庆一直是川东经济政治文化中心，迄今已有820多年历史。

元至元二年（1286年）在成都设“四川行中书省”，简称“四川行省”，是为四川建省之始。同时下置道、路、府（州）、县，并大加减并，基本形成现在各县的分布格局。在川西少数民族地区则开始实行土司制度。

明代设全国十三行省，四川行省辖区还包括贵州北部及云南东北部，并在川西高原设立军屯卫所。政区大体省以下设府（州）县两级制，有13府、22州、111县。明末，红巾军首领明玉珍率农民军占领重庆称帝，国号“大夏”，辖区扩及鄂、黔、滇、陕部分地区，为重庆历史上第二次为都。

清代分全国为18个行省，并对川、黔、滇三省界进行调整，基本确定了现在的四川省界，并对川西少数民族地区实行“改土归流”，加强统治。行政建置为省以下设道、府（州）、厅、县。全川共5道、12府、17州、161厅县。明清时期，由于大规模移民及川江水道经济的发展，川东的农业、商贸、手工业等经济水平已逐渐超过川西。清中叶后，整个四川经济恢复超过历史水平，农业、手工业扩大，后期已出现资本主义因素萌芽。

入民国，川内军阀混战，各自为政，后分别设成都市（1928年）、重庆市（1929年）、自贡市（1934年）及16个行政督察区，并划出西康省，实行川、康分治。

新中国成立后，在重庆市设中共中央西南局，以云、贵、川、藏为西南区。四川地区划分为川西、川东、川北、川南四个行署和重庆市及西康省，均直属大区管辖。后撤行署和西康省，恢复四川省建制。重庆由中央直辖市改为省辖市。"文化大革命"后，随改革开放行政建置名称变化甚大，不少县镇升格为市、区，以前的乡场也大多改名为镇。1997年，重庆市批准为中央直辖市，辖区扩至巴渝地区万县、涪陵和黔江等地。

二、民族及分布

四川是个民族大省，据2000年全国第五次人口普查统计，四川少数民族人口为415万人，其中世居的少数民族主要有14个，即彝族、藏族、羌族、土家族、苗族、回族、蒙古族、傈僳族、满族、纳西族、布依族、白族、壮族、傣族。

聚居的少数民族主要是彝族、藏族、羌族、土家族和苗族。少数民族聚居区主要集中在川西高原和川西南高山峡谷地区，以及川东、重庆东南山区。主要有川西的凉山彝族自治州、甘孜藏族自治州、阿坝藏族羌族自治州及木里藏族自治县、马边彝族自治县、峨边彝族自治县，北川羌族自治县和茂县、汶川；川东重庆的黔江酉阳土家族苗族自治县，秀山土家族苗族自治县、石柱土家族自治县、彭水苗族土家族自治县。其中，凉山州的彝族人口181万人，是全国最大的彝族聚居区。甘孜州和阿坝州藏族人口122万人，是全国第二大藏区。羌族人口30万人，是全国唯一的羌族聚居区。重庆东南地区土家族人口142万人，苗族人口52万人。此外，还有80多万少数民族呈散居或杂居形式分布在川南、川东、川东北等地的20多个县市的百余个民族自治乡。四川少数民族地区所占面积达30多万平方公里，几达全川面积的60%以上。在这些地区有着独特的自然面貌和气候条件，他们的居住建筑形态以自己独特的方式适应所处环境，创造了富于民族特色和地域特色的居住文化，是民族文化中的奇葩。

第四节　四川移民活动

一、历次四川移民活动概况

现今的四川人可以说绝大多数认为自己的祖辈不是四川土著，而是从湖广等外省迁入进川的。凡是问一些老辈人，特别是在县镇以下乡村，都可能是这种回答，有的甚至还保存有家谱祖牒，记载有从多少代，从什么地方来的，进川始祖是谁，都是有根有据的。尤其有不少人会说，祖宗都是"湖广填四川"来的，祖籍是湖北麻城孝感乡。有的会说，祖籍是来自江西、安徽。而川西、川南还有不少四川的客家人，都是从福建、广东迁徙而来。在四川人当中，真正要找寻祖源在宋元以前的所谓土著的川人是极为稀少。所以，今四川人十之八九不是老川人，多半是湖广移民或其他省移民的后裔。据清末《成都通览》对当时成都人口构成所作的统计称："现今成都人，原籍皆外省人。"其中，湖广占25%，河南、山东占5%，陕西占10%，云南、贵州占15%，江西占15%，安徽占5%，江苏、浙江占10%，广东、广西、福建占10%，山西、甘肃占5%。这些都是清代移民。在同一时期内，居民省籍来源如此广泛，皆不约而同迁入同一个省区的移民现象，在中国移民史上也是十分罕见的。但四川的移民活动，历史十分悠久，早在先秦时期就已开始，史不断代，为巴蜀大地注入多地域文化养分，所谓"蜀地存秦俗，巴地留楚风"，而实际远不止此，巴蜀文化内涵更为丰富广博，异彩纷呈。

1. 移民原因

在历史上造成多次大规模外省移民入川的原因是多方面的。首先是战乱和社会动乱，尤其是长期大规模战争引起的人口锐减。历史上四川曾有一种说法："天下未乱蜀先乱，天下已治蜀后治。"其意指四川远离封建王朝统治中心，山高皇帝远，地方割据势力常引发动乱，而四川的平定治理又颇费时日，常晚于其他地区。这也说明四川战乱的频仍。由于四川盆地特殊的地理环境和气候条件，周围高山峻岭、封闭围合、交通阻塞，不管是外乱或是内乱，都会引发移民潮。外乱即发生在川外的战祸。历史上中原地区发生战乱，如有名的"永嘉之乱"、"安史之乱"、"靖康之乱"，以及改朝换代的农民起义、军阀混战等，大量贵族、士族及平民为避乱而入蜀。内乱即发生在盆地内的战事，或四川内部各派系争斗，或川外军事势力攻入，这在四川历史上多次发生。如在四川民间流传影响深远的南宋末年抗元的合川钓鱼城之战，明末清初所谓的“八大王张献忠剿四川”等，这些战乱，造成大量老百姓逃亡死伤，加上尸横遍野引起的瘟疫流行，稼穑不耕而饥馑灾荒，虎豹灾患食人尤甚，人丁骤减，十不存一。事后，为恢复地方经济，发展生产，必以移民为主要之策。

其次是四川作为天府之国，不仅宜于耕种，出产富饶，而且幅员广阔，景色优美，水土宜人，对于生产生活都十分有利。而在盆地内水陆交通也都方便，于百业商贸交易运输发展有优越的环境条件。四川这一块自古以来的风水宝地，对外界的确有许多诱人之处。特别是在每次动乱结束后，地广人稀，田园荒置，移民入川后可以“插标占地”，即自己随便插立标志，便可划定属于自己产权的土地。凡先到者便可以获得较多的土地，这也是十分吸引外省移民而令其趋之若鹜。所以在明清移民中常常出现先入川一人，后兄弟、亲戚、乡友获知消息后便接踵而至的现象，以至清代移民络绎不绝，长达百年之久。故四川流行一句俗语，叫做“老不进广，少不进川”。意思是四川土地肥沃，物产丰富，气候温和湿润，生活舒适，十分宜于居住，年轻人一进入四川，就在这里安家落户，不想再离开了。

第三是官方的支持倡导，组织推动。四川因其富庶，开发甚早，唐宋以来即为经济文化发达的先进地区，历代为封建王朝主要的粮食贡品赋税财源基地。如南宋王朝能以半壁江山与金元对峙，主要依托四川的支撑。其时，巴蜀人口已近千万，占整个南宋人口的1/4，可是其财赋收入却占整个南宋的1/3，供应军粮也占1/3。四川成为南宋坚守抗敌的主要经济基地。合川的钓鱼城之战南宋军民抗元坚持战斗达36年，使号称“上帝之鞭”的蒙古大汗皇帝蒙哥死于城下，从而影响当时的世界形势，而南宋政权也晚亡数十年，故有“蜀亡则宋亡”的历史遗训。因此后世的统治者都很重视对四川的经营。特别是清初，为恢复生产，广招流民垦荒，并给以耕牛、种子、口粮等资助。同时朝廷颁发诏令以地方官府出面，组织湖广等处移民“奉旨入川”，发给通行证，沿途方便。有的甚至是整村整乡的民众集体移民，入川选地，“听民开垦”，予以政策实惠，如开垦田亩，永给为业；开垦地亩，准令五年起科；滋生人丁，永不加赋等。[1]在政府组织移民的推动下，移民活动在清代乾嘉达到盛期，持续时间也最长。

2．移民路线

由于四川蜀道之难，四周崇山峻岭险阻，移民入川，拖家带口，肩挑背磨，跋山涉水，路途艰辛，可想而知。一般来说，移民路线大多是从四川的北、东、南三个方向，以水旱路两种方式入川。这些入川道路大多经千百年的开拓经营，成为四川盆地与外界沟通联系的主要通道，移民对这些通道的开拓发展也是有贡献的。

从水路而来，主要是东及东南方向沿长江以舟楫行水或经三峡栈道穿过三峡，到达川东的巫山、奉节、万县等地，或从清江溯江而上，从湖北恩施、利川再至四川万县或黔江地区。这条路线是绝大部分湖广移民所走路线。明清时期称湖北和湖南为湖广行省。这条水路是从湖北入川最便捷的也是移民最多的一条路线。广东、福建的客家移民也有不少经湖南从这条水路入川的。这也是历史上从东边江汉平原进入巴蜀地区的军事武装势力行军的路线。进到三峡地区以后，可溯长江而上，至涪陵、重庆，进一步扩散至川西及全川各地，也可从三峡栈道网散布至川东、川北各处。

其时，三峡地区有四通八达的栈道。不仅是从北边通往关中地区穿越秦巴山地有栈道，早在先秦以前三峡栈道即有开发，主要因盐业而兴。以三峡地区巫溪宁厂盐井为中心，为引盐井水卤熬制，在崇山峻岭间开设盐道，兼作商旅军事诸用途。这些栈道常沿溪河距河面几十米高处的悬崖峭壁上，或凿岩槽开路，或打孔眼架设悬挑的木栈道，宽的甚至可以跑马行军，沿途还有关隘要塞驻守接待之设。川陕古栈道是中国古代除长城、大运河外的又一伟大建筑土木工程。三峡栈道以巫溪为中心，南下大宁河至巫山以通长江，东可至湖北房县、兴山，以通江汉，西可至城口、达州，接巴山栈道以通汉中、关中，北可至陕西镇坪、湖北竹溪，经老河口直到中原，形成跨越数千里钩连四方的发达三峡栈道网（图 1–7、图 1–8）。在移民路线上，三峡栈道网使三峡地区与川东连成了一个整体，对于广大巴地的开发起到了巨大的作用。

从四川北边陕、甘入川方向，包括中原及北方地区经陕入川，则都是走旱路沿古老的秦巴山地的七大古栈道，进入巴蜀腹地。这些栈道开凿年代也相当久远，早在春秋蜀王时期为通秦地，就有五丁开拓栈道迎美女运金牛的故事。四川的大诗人李白亦为此发出感叹：“地崩山摧壮士死，然后天梯石栈方钩连。”这七大古栈道，既是巴蜀地方政权同历代中央王朝京师之间主要的联系通道，同时也是商旅移民及政治军事活动的主要

图 1–7 古代三峡栈道

图 1–8 夔门天下险

路线，这就是历史上著名的“川陕驿道”。有许多历史重大事件、文物古迹传说，如三国时代诸葛亮六出祁山伐魏等脍炙人口就的故事都发生在这些地区。

七大古栈道，秦岭地区有四条，大小巴山地区有三条。

秦岭栈道是：陈仓道，又称故道、散关道，从陕西宝鸡出大散关越秦岭到汉中勉县，路线最长；褒斜道，从宝鸡斜谷到汉中褒谷口，历史上颇负盛名；傥骆道，又名骆谷道，从陕西周至骆谷到汉中洋县傥谷，最为险要；子午道，从陕西长安县子午谷到西乡县子午镇，再折西至汉中。

巴山栈道是：金牛道，又名石牛道、剑阁道、五丁道，从汉中经勉县、宁强越龙门山七盘关到四川的广元、昭化，过剑门关，经梓撞、绵阳，到成都金牛坝，或沿嘉陵江河谷至阆中，再西折经三台、中江到成都，这是历史上自陕入川的主干道（图 1–9、图 1–10）；米仓道，从汉中至米仑北，越米仓山，到四川米仓南的南江县，至巴中，向西经阆中、三台直到成都，或向南沿巴河、渠江、嘉陵江抵达重庆；洋巴道，又名荔枝道，为历史上最著名的给唐杨贵妃由四川往长安送鲜荔枝的驿道，也叫小巴简道，从长安沿子午道至陕西西乡县，过镇巴越巴山至四川万源，经达州，直到涪陵。唐时，涪陵称涪州，有专为皇家种植贡品的荔枝园。

上述七条川陕古栈道基本上与四川盆地内主要的交通线都联系在了一起。从这个方向入川的移民仅次于川东方向。

从南面贵州方向入川的移民，多为广东、广西、福建及湖南的客家人和湖广人。自古川黔的交通也主要是因川盐外销而开拓的盐道。从自贡沿釜溪河、沱江到泸州，一路南下至叙永到贵州毕节，称永宁道；一路沿东南到合江，沿赤水河南下直达贵州习水和仁怀茅台镇，称合茅道。这里形成了两个著名的盐商口岸，前者称永边岸，后者称仁边岸。叙永、合江皆称川南门户。此为川黔西线。早在汉武帝时，为经略黔滇，曾派大

将唐蒙出使夜郎国，即取道此线，故又称“夜郎古道”（图1-11）。

中线即为从重庆綦江的东溪镇，越大娄山，过娄山关，经贵州桐梓直达遵义、贵阳。此为黔、湘、桂、滇经黔地入川的干线，也是有名的川黔古道。清代曾在东溪设县为移民治所地。

川黔东线则从涪陵，溯乌江而上至酉阳龚滩镇，再经秀山至贵州松桃、铜仁、镇远等地。这三条路线虽是因盐而起的商旅之道，也是经黔入川的主要移民路线。这些古道所经之处都是山高水险，道路崎岖，非历经千辛万苦而不能达至所到，而移民的开拓为之作出了重要贡献。

上述从东、北、南三面移民入川的古栈道、驿道、盐道，这些主要线路无论水路、旱路虽都极其艰辛，但却未能挡住外省移民四川的步伐。同时，川内主要交通线路的形成也是与这些移民线路的联系密不可分的。它们共同构成一个有机的交通网络整体，并对四川城镇乡场聚落及人口的分布、发展和演变有着巨大的影响。

3. 移民活动

四川是一个典型的移民大省，近代人口构成几乎绝大多数祖辈原籍来源于省外，其中影响最大的是明清之际的两次所谓“湖广填四川”，所占移民人数比例最大。一般所称四川移民有案可查，有据可依的主要是指这两次移民活动。但在这之前，因各种原因，历史上在巴蜀大地上也发生过多次大规模的移民活动，对巴蜀文化及城乡面貌都产生过深刻的影响。从战国后进入封建时代以来，四川历史上主要经历了六次大移民。

第一次大移民，发生在秦灭巴蜀到秦灭六国统一天下之后。据《史记·秦始皇本纪》、《华阳国志·蜀志》所载，公元前316年，秦大将司马错率大军伐蜀灭巴，以张若为蜀守，后二年“移秦民万家实之”。秦灭六国后又迁六国贵族富豪入蜀，似有流放之意，又兼令其充实地方。公元前238年，秦始皇平嫪毒之乱后，令其舍人“夺爵迁蜀者四千余家”。这前后近百年，加上留驻的秦军兵士诸人，迁蜀者数量当不下十万之众，在当时全国人口不多的情况下，这个数量也是十分可观的。

第二次大移民，起于东汉末年到东晋时期。东汉末年，群雄割据，天下大乱，中原成了战火纷飞之地。河南南阳一带有数万民众避乱入蜀，

图1-9a 广元巴山栈道

图1-9b 金牛道

图1-10a 剑门古栈道

图1-10b 剑门古蜀道翠云廊

图1-11 合江夜郎古道唐蒙出使纪念亭

被割据地方的益州牧刘焉收编为“东川兵”，成为刘焉称雄一方的主要军事力量。另据《三国志》载，公元211年，韩遂、马超等地方将领在关中起兵反叛，领“关西民”数万家投汉中张鲁，后继入蜀。三国时代刘备、诸葛亮率数万军民占据益州，刘备称帝，史称“蜀汉”，鼎立一方近半个世纪。诸葛亮治蜀有方，经济恢复，生产发展，其间不乏入蜀避乱者。西晋元康七年（297年）陕甘大旱，略阳、天水等六郡数万家被称为“秦雍流人”的流民举义入蜀就食。其后元嘉五年（311年）发生著名的“永嘉之乱”，迫使晋朝南迁建康（今南京）建都，是为东晋。这次动乱造成历史上第一次大规模中原汉人南迁的移民浪潮。此时，入蜀的秦雍流人拥其首领李特之子李雄在成都称帝，史称“成汉”。之后，又迁大量秦雍之地僚、氐等部族入蜀。成汉后期，又有十万余户僚民由贵州入蜀，对四川的人口构成产生持久性的重大影响。

第三次大移民，发生在唐中叶，天宝四年（755年）“安史之乱”后。这是继西晋末年之乱又一次规模更大的北方及中原、关中地区汉人向南迁徙避乱。南迁扩散的主要地区包括江南、淮南、江西、湖南、福建以及岭南等地区。此外，也有部分移民经汉水到汉中入蜀，或沿长江而上，过三峡入蜀。唐王朝也因多次动乱，前后有玄宗和僖宗从长安入蜀避乱，随迁人群除了官员、贵族、士大夫及众多将士兵丁，还有不少普通平民百姓。事后虽有回返，但亦有相当数量留驻下来成为真正的移民。据史载，唐天宝时蜀地人口92万，巴地人口35万，全川共有人口仅127万。[2]

第四次大移民，始于北宋靖康元年（1126年）金兵大举南下侵袭中原，攻破京城汴梁，掳走宋王朝钦徽二帝，史称“靖康之乱”。与西晋末年类似，宋王室南迁临安（今杭州）为都，是为南宋。相应大量中原百姓及各阶层人等，举家举族南迁，成为中国移民史上规模及范围最大的一次移民活动。其中到四川避难者为数不少。据李世平《四川人口史》，在动乱的几十年间，入川难民总数可能达到二百万人以上。

第五次大移民，发生于元末明初至明中叶，也就是所谓第一次“湖广填四川”。本来，四川的人口在经过前后几次移民以及南宋百余年的生息发展，据有关资料，到南宋末年已近千万人。但后经川人的抗金抗元长达近半个世纪的战争，人口锐减，经济残破，至元末不曾有明显恢复，人口不足百万。元末红巾军起义，全国又是二十多年的动乱不息。湖北红巾军明玉珍率部入川，随军有不少湖北地区乡民，到地广人稀的巴蜀地区开垦务农，成为“湖广填四川”之肇始。明玉珍在重庆称帝，建立“大夏”国，1371年为明太祖朱元璋派兵所灭。虽其政权存在不过九年，但却招引不少楚民入川，并多称之为来自湖北麻城孝感乡。此举在四川移民史上具有深远意义，从此揭开了“湖广填四川”移民浪潮的序幕。据吴宽《刘氏族谱序》：“元季大乱，湖湘之人往往相携入蜀。”（《匏翁家藏集》卷四）这是第一次“湖广填四川”的真实写照。

明初洪武四年（1371年），鉴于四川多年战乱，“人物凋耗”，为尽快安定局面，恢复生产，官府开始进行有组织的移民活动。这些移民大多为来自湖北、湖南即两湖的湖广人，也有两广及陕甘等省的移民。据清学者魏源《湖广水利论》：“江西填湖广，湖广填四川。”这第一次“湖广填四川”，主要源头是“江西填四川。”因为经宋至明的战乱，两湖平原已是人口稀少，土地荒芜，而江西地处战乱之外，经宋元时期的发展，成为当时中国第一人口大省。明初推行移民政策，江西人口大量流入湖广，出现所谓“江西填湖广”的移民现象。而湖北麻城即成为当时联系江西、安徽等省的一个重要的移民中心和中转集散地。此次移民潮直至明中叶方告衰微。据史家考证，明初四川平定后约80万人，至洪武二十五年（1392年）达到180万人。仅经过二十余年，推算四川人口大致移民有80万人左右。而到明末，四川人口已达到400万以上，其人口增长多为移民原因。[3]

第六次大移民，始于明末清初至乾隆嘉庆达于盛期，历时百余年，南北各省多有移民入川，但多数仍是湖广人，规模较前更大，持续时间更长，这就是所谓第二次“湖广填四川”，在四川移民史上对近代的影响最大。自明中叶起，四川战祸不断，先是明正德年间农民起义，遍及全川，大量破产农民及盐工参加义军。后又有多次地方土司叛乱反明，攻重庆，逼成都。明末农民起义，天下群雄混战。农民起义军领袖张献忠部数次入川，后在成都称帝，国号“大西”。在四川流行张献忠“八大王剿四川”的说法，足见农民起义军与地方割据武装势力以及官军斗争的残酷。后张献忠在清军围剿下在西充阵亡，其余部孙可望等又入川与清军抗争。闯王李自成撤离北京，兵败湖北身亡，其侄孙李来亨率部十数万人入川割据三峡地区，号称“夔东十三家”，坚持联明抗清二十多年。1673年，降清明将吴三桂发动“三藩之乱”，四川又兵戈四起。清廷为平定四川，战事连连，各方残酷厮杀前后持续四十多年，使四川遭受了一场极大浩劫。“民无遗类，地尽抛荒”，据有关资料，清初统计四川税户仅存9万丁户，折算总共大约只有50万人左右，实是“土满人稀”。[4]

康熙七年（1668年）四川巡抚张德地上疏朝廷称：“查川省孑遗，祖籍多系湖广人氏，访问乡老，俱言川中自昔每遭劫难，亦必至有土无人，无奈迁外省人民填实地方。”（《明清史料丙编》）。据《四川通志》：“蜀自汉唐以来，生齿颇繁，烟火相望。及明末兵燹之后，丁口稀若晨星。”康熙二十三年（1684年）朝廷发《招民填川疏》，下令以两湖移民入川。自此开始有组织的大规模“湖广填四川”移民运动，并制定一系列优惠政策，奖励官员招民入川垦荒。据谭红《巴蜀移民史》和李世平《四川人口史》等研究推算，此次移民人数超过五百万，使四川人口激增，至嘉庆二十年达到四川历史上未有之高峰，几近1700万人。除多数为湖广人之外，其他南北各省移民包括闽粤赣的客家人也不在少数。

在此次移民大潮中，各地入川移民先后从不同方向入川，为择条件好的田地开垦，在川内也还不断再迁，“占地报亩，成为花甲”（亦称飞地），以致形成如清嘉庆《江安县志》所载，呈“五方杂处，俗尚各从其乡”的混居局面。同时各地带来不同特点的先进生产技术和文化，使四川充满活力，经济逐步恢复，继唐宋以后，再次成为全国经济文化发达的地区。各代移民在长期交往相互融合中形成新的四川人，承续巴山蜀水历史人文流风遗韵，并不断创造发展新的巴蜀文化。

二、移民与巴蜀文化

四川历次的大移民，特别是明清以来的两次“湖广填四川”大移民，为四川的历史文化和社会面貌带来了根本性的变化，对巴蜀文化的演变发展带来了深刻的影响。这也是四川民居建筑文化品格特征及发展规律的重要基础和形成的原因。它的意义和作用主要包括以下几个方面。

第一，大移民带动了全川性的普遍开发，社会经济文化有了更加广阔的发展。四川山川秀美，土地肥沃广阔，能开垦的土地很多，人口的增加为开发创造了必要的条件。明清之前，历史上四川人口最多的时期在南宋。但经济发展仍偏重于川西，向来是川西农业经济高于川东。川东地形条件不如川西的平原和低丘宜于稻作，多为半农渔猎旱地经济，曾有蜀令“巴亦化其教而力务农”[5]之说。清代移民遍及全川，而川东、沿长江一线常为移民先入为主的地区，他们带来了开发梯田的技术，其时有载，“楚粤侨居之人善于开山，……竞达数十层梯田”（严如熤《三省边防备览》卷八）。这使川东山地的垦荒开发得到诸多有利条件，以至发展成为川东的“梯田文化”（图1-12），同时也使三峡以上的长江沿岸码头建设兴旺，人口繁盛，城镇发展，聚落增多，促使水道经济的发达。据乾隆《巴县志》载，当时重庆已是“商贸云屯，百物萃聚”的水陆大码头。到清中叶以后，四川人口总数已超过历史最高水平，而川东人口迅速增长，山地不断开发，耕地逐步超过川西，以重庆为代表的川东经济已渐渐超过以成都为代表的川西经济，其时重庆府上交官府的赋税已高于成都府。此后，整个四川经济在全国已占有举足轻

图 1–12 川东梯田文化

重的地位。

第二，巴蜀文化本质上是不断更新的本土文化与移民文化相结合的复合型文化。什么是真正的四川土著，在历史上向来不易分辨。就巴文化而言，即使在巴文化形成之初，也是有盆地外的如宗姬之巴、廪君之巴等的融合。大概只有一直居住在嘉陵江、渠江流域古称渝水的賨人即板楯蛮和涪陵水会的枳巴可称作其时的土著民族。所以，什么是土著，只能说上一时代的原住民相对于后一时代移民，即为土著。应当说，本土文化也是一个相对概念。一个地区的族群在先一个时期融合形成的文化对后一个时期的移民来说就是具土著性质的本土文化。它吸收融合了移民文化后，或者说移民文化渗透到当地文化后，逐渐又融合形成新一代本土文化。如此往复演进，不断更新，不断发展。广义的巴蜀文化就是一个生动的文化学例证。正如刘致平先生所说："四川的文化于是糅合了各省作风，赤色盆地的确是历代各族文化的大熔炉。"[6] 尽管明清"湖广填四川"移民是大量的"换血式"的大移民，也不能简单地看成是纯粹的移民文化。每一次大移民入川，虽然他们与以前的老土著川人血缘关系甚少，但他们长期居住在巴山蜀水的山川环境并受到巴蜀文化的潜移默化，尤其以后更在血缘上与当地人通婚成家，必然在带来多彩多姿外来文化的同时，体现出长期积淀并自然传承下来的巴蜀文化品格性情来，成为一种复合型本土化的移民文化。

第三，凝聚和发扬了勤劳智慧，巧思精明，不畏艰险，勇于开拓的巴蜀文化精神。四川人的吃苦耐劳是有口皆碑的。偌大盆地无一闲土，田坎田背都会种满庄稼，一年四季都有出产。虽因大山阻隔和农耕文明不可避免带来封闭性和保守观念，但挡不住自古以来巴蜀先民所具有的突破群山五丁开道的开拓勇气，以及善于适应利用地理环境多样化的聪明才智和创造能力。四川民居形态的多样性，能因地制宜，因材施用，在复杂的地形条件下，以最节省的方式最有效地达到最理想的居住目的和要求，就体现了这一点。

第四，积淀并展现了乐观自信、诙谐风趣、洒脱飘逸、善于交流融合、兼收并蓄、包容与开放相结合的巴蜀文化品格特征。自古巴蜀人性情乐天，即或临阵对敌也以歌舞相向。四川又是道教发源地，相传东汉张陵在西川大邑鹤鸣山创立道教，都江堰青城山为道教第五洞天。四川民间一直受道家文化精神浸染颇深，养成自然放任、不拘成法的豪爽个性。巴蜀民风崇尚仙家道骨的浪漫飘逸风格体现在巴蜀文化各个方面，包括川酒的神韵，川菜火锅麻辣的豪爽，四川方言的南腔北调等等，形成特别的雅俗不拘的"川味"。四川移民来自天南地北，长时间杂居互处，各地外来文化相互影响，兼容并包，融合交流，取长补短，互利互惠，共生共荣。移民中除了普通百姓，也有不少工匠、艺人、商贾、郎中，文人、士族等，带来各地区文化技术经验，在招民垦殖的大开发中正好大展身手，为适应新的生活环境而毫无约束地创造更新。四川民居不拘一格，无定法式，似乎随心所欲，随遇而安，形态多变，有强烈的自身地域风格，虽有各省带来的影响，但又有所不同而自成一格，不能不说与巴蜀文化的上述品格特征有关。

第五，巴蜀文化的差异性和互补性促成了多样统一的丰富性与生动性。自汉代文翁兴学以来，四川的文风大盛，代有传扬。唐代多出蜀相，历代名人雅士有不少佳话典故流传。文化的兴盛对建筑亦有巨大影响。以成都为代表的蜀文化和以重庆为代表的巴文化或称"巴渝文化"，自古以来就有明显的差异和区别，甚至是正背不同的。所以巴蜀文化这一称呼是个相辅相成的概念。蜀地平川坡缓，农业经济发达，文风鼎盛，“多斑彩文章”，“有夏声”，古代文人名士迭出，如汉代的司马相如，唐代的李白，宋代的苏东坡，近现代的巴金、郭沫若等。成都风格是“尚滋味”，“好辛香”，性柔和，诙谐精敏，语音轻软，喜游乐休闲。而巴地山高水险，商贸交通码头文化发达。古代巴人即“刚勇好舞”，民风淳朴厚重，“少文学”、“喜巴渝舞”，“下里巴人”的成语概括了巴人性情粗犷。重庆风格是“喜辛辣”，重侠义，性豪爽，刚烈耿直，言语硬朗，似川江号子的奔放。而且，自古便有“巴有将，蜀有相”说法。近现代的开国元帅中朱德、刘伯承、陈毅、聂荣臻四人都出自川东地区。尽管两地经济背景和文化风格有如此大的差异，但在长期的交往相处中，能相互学习，相互补充，求同存异。移民入川后不仅继承保持了巴蜀文化的这种品格特征，而且在某种程度上丰富发展并增强了它们的互补性，使新的巴蜀文化显得更加生动活泼与统一和谐。这些文化因素的影响自然也会投射到居住建筑文化中去。

第六，四川民居自成体系，具独特的巴蜀风格，是移民文化本土化的综合产物。民居是供给人居住使用的，它的布局、构成、形态和模式，除了受环境条件等自然因素的影响和制约外，更重要的是，它还要受民居的主人即使用者的筹划与支配。这就必然与人的生产生活方式、风俗习惯、心理行为、思维方式及审美意识等人本因素有关，也与彼时彼地的社会状况、宗族关系、经济条件、技术水平等社会因素有关。影响民居的自然因素可以视为外因，影响民居的人本因素和社会因素可以概括为人文因素视为内因。这两者相辅相成，共同作用，推动民居的演变与发展，这才使得不同地域、不同民族、不同时代能够创造出如此多样富于不同特色的民居。这其中相对来说，自然因素变化要稳定一些，最为活跃的因素主要是人文因素，而人文因素最直接的又是移民因素。移民可以把其原居住文化从一地移植到另一地，并与移居地发生居住文化碰撞，产生“杂交”优势，从而生出新的居住形态。尤其是历史上的大规模移民运动，这种影响是十分深刻的。因此，移民文化对民居变化发展产生的影响值得加以认真考察研究。

中国历史上发生过多次大规模移民，至少有永嘉之乱、安史之乱、靖康之乱之后三次全局性大移民以及“湖广填四川”大移民。前三次大移民使大量中原及北方汉人南迁，并形成若干汉民族的民系，如越海民系、湘赣民系、南海民系、闽海民系、客家民系等。这些民系都有着自己独特的居住文化体系。但四川的移民活动，特别是具有重大影响的明清大移民与上述中原移民活动特点不同，它不是整个宗室家族的集体迁徙，到新移居地又是聚族而居，而是以较为零散的家庭，甚至少数个人的流动的方式，即或有集体移民现象，家族性也不多。特别是入川后各地移民大多交错杂居，相互影响融合，因而没有产生新的民系，而是经过长期的交融后进而又汇入到汉族北方主体民系之中，但又显现出与北方及中原汉族许多不同的地方，有着自己的不断承续的巴蜀文化地域特征。四川民居大多是清代以来的留存，是明清大移民建设的产物，已是融合了南北各省之长，并结合巴蜀本土风情，自成一格的巴蜀民居体系，展现出独具个性的地域特征，有着与众不同的巴蜀文化品格。

注释：

[1] 清嘉庆．四川通志．卷 115．职官志·政绩．

[2] 唐．新唐书．卷 40．地理志．

[3] 葛剑雄主编．中国移民史．第五卷．福州：福建人民出版社，1997．

[4] 蒙默等编著．四川古代史稿．成都：四川人民出版社，1989.445．

[5] 晋．常璩．华阳国志．

[6] 刘致平．中国居住建筑简史．北京：中国建筑工业出版社，1990.127．

第二章　四川民居源流

第一节　远古及巴蜀时期

四川自古以来就是一方美丽而神奇的土地。早在二三百万年前长江三峡还未完全形成之际，就已有古人类在这里出现，繁衍生息。在长江三峡地区的巫山县庙坝乡龙骨坡发掘出古人类化石，考古学上命名为“巫山人”，距今204万年，说明四川盆地也是原始人类起源地之一。迄今在川境内发现的旧石器时代遗址多处。20世纪50年代发现的“资阳人”，距今2～10万年，属早期新人类型。这些旧石器时代的原始人还只能选择天然洞穴作为遮风避雨和抵抗洪水猛兽的栖身之所。不过可以相信，这时的人类大致已经产生了如何维护自己的庇护空间的意识和观念。

到新石器时期，四川省境内已发现的原始人聚落遗址200多处，遍布川内各地。此时人类的生活已从渔猎采集活动进化到耕牧方式，出现原始氏族公社，居住则从流徙散居过渡到聚居。其中最有代表性的是距今约6000年前的巫山大溪文化遗址。该处位于长江边二、三级台地，其墓葬形制特点反映出当时的居住呈现规则的南北向布局。其时尚处于母系氏族公社时期或向父系过渡的时期，地面房屋布局构造等细节还不及差不多同时的西安半坡村遗址清楚。但可以说，大溪文化至少是四川远古居住建筑的起源时期（图2–1）。

建筑历史的起源可以认为是首先从居住建筑开始的，然后才是供祭祀的神台建筑，即“社”作为一个副源头。以木构体系为基本特征的中国建筑的产生，与中华文明的起源一样，应当是“多源合流”的。除了黄河流域文明源头外，在长江流域源头中一个重要的文化源头就是古巴蜀文明。因此可以说远古巴蜀居住建筑文化，也是中国木构建筑体系起源的多源中的一支源流。

四川古代文明开化起于何时，至今在史学界尚无定论。据考古发掘，充满神奇色彩的距今约5000年的广汉三星堆文化遗址，其先进程度令人惊叹，说明古巴蜀文明并不晚于北方黄河流域文明，还有许多历史文化之谜。但从甲骨文记载中

图2–1　三峡巫山大溪文化遗址

图 2-2 成都广汉三星堆文化遗址

图 2-3 成都金沙文化遗址

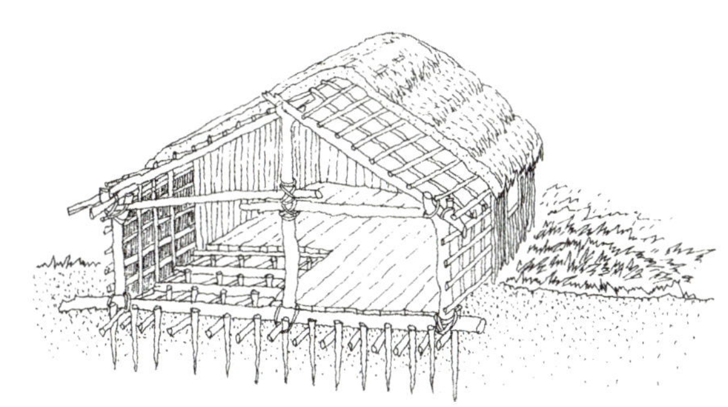
图 2-4 成都十二桥商代干栏建筑遗址

可确切地得知，蜀在殷商时期已是西南的一个大国。广汉三星堆遗址，可能就是古蜀国的都城。考古发掘证明，其无比灿烂发达的青铜文化和金手杖、面饰等，其文明程度之高当为华夏文明之翘楚。三星堆即三个连续的人工夯筑的土台，其内发现古代居住区房屋遗址，分布密集，房屋平面多为圆形和正方形，一般小间房屋面积为 10 余平方米，可能为小家庭居住。最大的房屋有 60 余平方米，可能为母系族长所居或召集会议的“公所”。房屋外围结构的柱子排列规则，内柱则无序可循。这反映出木结构体系尚不成熟。但整个房屋已建于地面，比西安半坡遗址的浅穴有明显进步。三星堆遗址晚期已出现长方形建筑和间的划分，还有贮物的窖坑，入口有敞门斗的处理，并注意朝向东南或西南方向。这些都说明对房屋的采光、通风、向阳、防雨等功能要求有了进一步的提高，同时也反映出在使用上从母系家庭向父系家庭过渡的迹象，社会的私有财产观念逐步形成。这与中原地区从仰韶文化过渡到龙山文化的特征极为相似（图 2-2）。

其后的成都金沙文化遗址承续了三星堆文化，属商晚期至春秋早期，为古蜀国又一都城所在（图 2-3）。在此之前，成都平原已发现至少有五座史前古城，可见三星堆文化时期筑城保卫聚落已是较普遍的现象。金沙遗址发现的城池筑城技术与北方不同，为平地起夯，斜坡堆筑，把成都为秦张仪筑城的历史推前了 1000 多年。金沙遗址规模宏大，发掘出的墓葬达数百座，分布在十几个居住区的数十座房屋基址，特别是有由七座房屋组成的大型宫殿或宗庙的建筑群，大门西南朝向，长 88 米，宽 49 米，呈前朝后寝的四合院布局。大的宫殿建筑面积达 500 平方米，且以树皮、草盖做两坡水屋顶。结构上均为木骨泥墙，木柱承重，其柱径达 30 厘米，明显表现出木构技术的进步。比金沙遗址更早发现的成都十二桥商周时期干栏居住建筑遗址，典型反映了川西平原湖沼地区的居住形态，已具有后世四川民居的雏形（图 2-4）。这种底层架空，楼面上住人的干栏建筑，适应所处环境，满足防潮避水的使用要求。其干栏构架规整，方形榫卯加工制作准确，可见木构工艺技术的水平达到了相当的高度。到春秋战国时期，据出土的明器陶屋可知，也多呈干栏式形态，但屋顶已出现四坡水瓦顶式样，建筑技术水平和建筑质量都有了长足的进步，与中原地区的发展水平不相上下。

第二节　秦汉至唐宋时期

蜀国都城在东周末春秋时期，因“一年而所

居成聚，二年成邑，三年成都”而得名成都，至今已2500多年。而文献记载大规模筑城活动在秦灭巴蜀后，秦王接受张仪主张，令蜀郡守张若按秦都咸阳格局兴筑成都。“仪筑成都，以象咸阳”，并“与咸阳同制”，为史籍所载。[1] 此为四川城市规划之开始。全城分东西两部分，东为大城，是郡治所在之政治中心，西为小城，是县治及商业居民区。故成都又称为“层城”或“重城”。其城周12里，城垣高7丈。在中国古代城市规划布局中成为一种特有的类型。2000多年来，成都名不改，地不变，这在中国城建史上独一无二。后李冰父子兴修都江堰，使成都平原变成名副其实的天府之国，加上“秦民万家入蜀”，相应城市建设十分活跃，同时也带来了秦地民风习俗包括居住方式的种种影响。从公元前310年开始，先后新建了成都（在今成都市区南），郫（今郫县郫筒镇）和临邛（今邛崃县临邛镇）三座城池。

至汉武帝时，改筑成都城池，在原小城基础上筑南小城，蜀王城称为北小城，加上因纺织业发达设置锦官而建的办公居所称为锦官城，三城相连成大城，称为“新城”。西汉末年，成都已成为仅次于长安的全国第二大城市（图2–5）。其时成都作为蜀郡中心城市，必然带动各地城镇的发展。这应是四川城市建设进入封建社会以来的第一个高潮。尤其是汉景帝时，蜀郡太守文翁在成都石室兴学倡教，开创我国地方公办学校之先河，其时人才辈出，文风鼎盛，经济与文化俱增繁荣。中国自古就有文人名士参与建筑活动的传统，社会文化的发达必然会大大促进两汉时巴蜀建筑文化的提高与发展，形成四川古代建筑发展的一个高峰。在遗留至今的大量汉阙和出土的汉代画像砖、画像石和汉明器上，可以明显看出当时的建筑繁荣盛况，其间也反映出民居发展的风貌和水平（图2–6、图2–7）。

成都郊区牧马山出土的一块大型汉代画像砖，生动地表现出一座四川典型的庭院式住宅的全貌，弥足珍贵，是十分难得又可靠的实物资料，使我们得以真切认识汉代四川民居的风采（图2–8）。因为木结构房屋很容易毁损，2000多年前的汉代木构不可能遗存到现在。但从这块汉

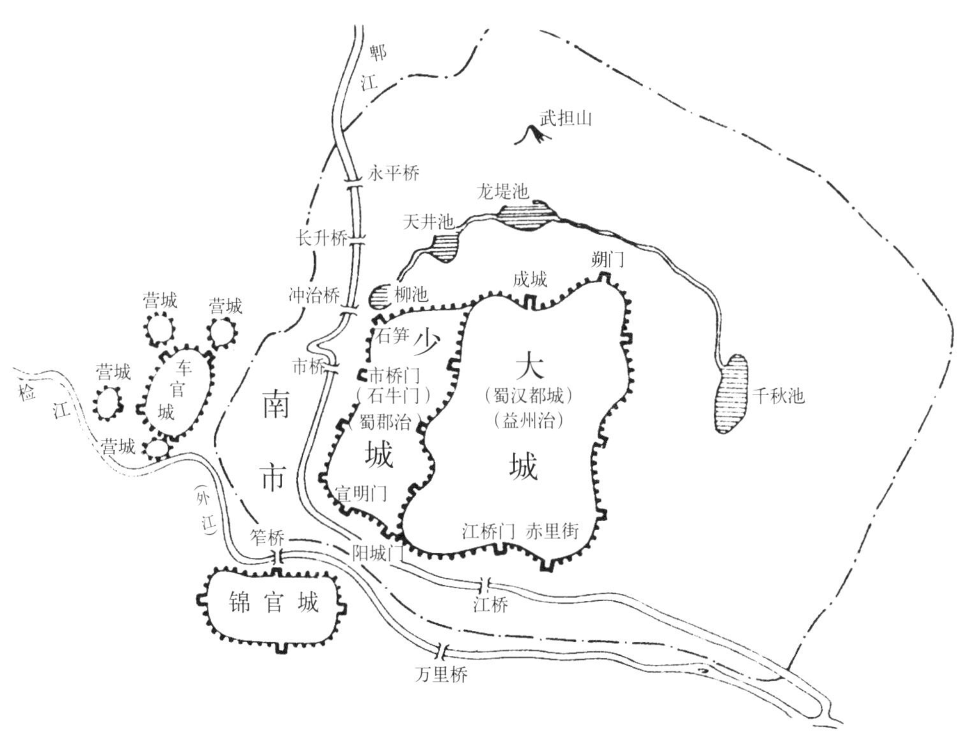

图2–5 汉代成都城区图

大门　四川德阳画像砖

作为说书场的民居

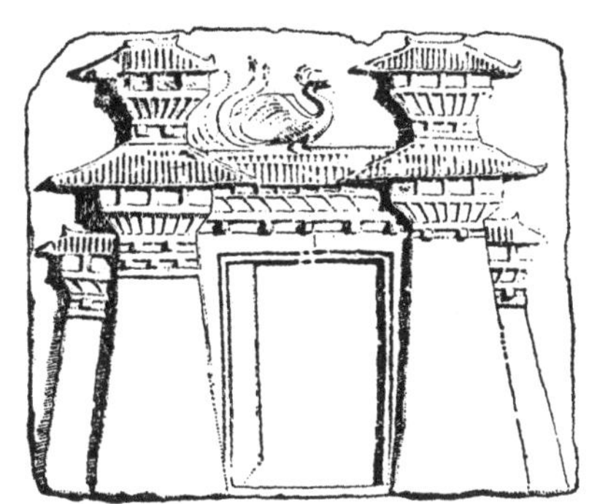
门阙　四川德阳画像砖

有屋顶平台的民居，内有人正在娱乐

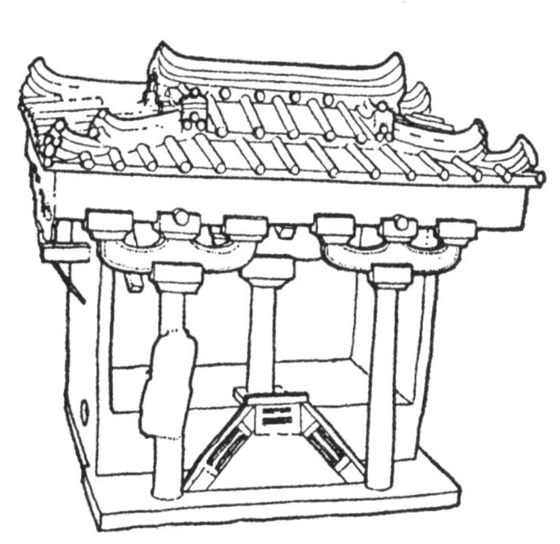
四川成都牧马山出土东汉明器

图 2–6 四川出土汉画像砖石明器图

代画像砖上可以看到，该住宅主体正厅堂为三开间，按古制属于“士”以下及普通商贾平民之宅第，为一般常见的住屋形式，具有一定的代表性。该宅以檐廊划分为一主一副两列院落，每列院落又划分为一大一小两个小院，一共有四个庭院空间。这样就自然形成前庭、后院、杂务、库贮四区，功能十分明确。

主轴线上入口大门及二门均呈悬山式屋门，并有门廊。前小院中有两只斗鸡。过二门后即为

图 2–7 四川宜宾黄伞溪东汉崖墓

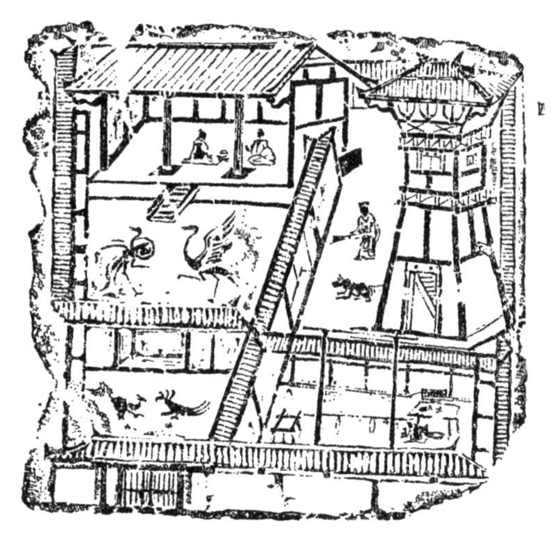

图 2-8 成都郊区牧马山出土大型四合院汉画像砖

内院，宽大宏敞，是该宅的主院落。正面厅堂面阔三间，坐于设有数步台阶的低矮台基上。厅堂为开敞式，堂中二人似主宾会谈，均席地而坐，想必地面应铺设架空的木地板，反映汉时的生活习惯。敞堂及周围回廊的做法符合四川炎热多雨的气候特征。院坝中央，两只孔雀之类的大鸟正在欢跳，正所谓“双鹤舞于庭，倡优舞于前”，反映汉代富足人家的生活场景。厅堂结构系抬梁式木构，七檩悬山屋面，脊饰端部略为起翘，与前庭门屋相似。这种脊端部做法恰似后世四川民居屋顶上所谓的“老鹰头”做法一样。木构架上可见檐柱上设弯形插栱，或用挑枋支撑宽大檐口。

副轴线上也分前后二院。前为杂务院，设厨灶及佣人居处，有水井一口，小院空间安排紧凑。并与入口前院相通，进出便捷。后院则异常宽阔，主要用于仓储、防卫，其主要建筑是一方形三层阙式木构望楼，屋顶为庑殿二阶式，为汉代屋顶典型特征。檐下有雄大斗栱结构。顶层四面设窗，可登高眺望。中层封闭似作为库仓。底层供守卫杂工等住用。院中有一人正在扫除，还有一护院家犬。高大的望楼，既可仓储防潮，又可瞭望防守。

这些场景在许多汉画像砖石和陶屋明器中都有表现，可见当时的庄园生活状况。此种建筑式样大概是后世川中民居多在宅旁砌筑碉楼以策安全的源起。由此可知，设置廊庑庭院，重门厅堂，室内席地而坐，以周回廊连接，建造望楼是当时汉代很通用的一种建筑制度。此外，在一些汉崖墓和汉阙上仿木的做法也可看出某些木构结构及斗栱制作制度。可以推断，秦汉以来，巴蜀民居的居住制度和木构技术水平已与中原地区无大差异，但在具体做法上还是显出自己的特色。

秦汉时川东的发展不及川西，其时的江州（今重庆）为郡治所在。秦举巴蜀，张仪在筑成都的同时也兴筑重庆、阆中城。晋常璩《华阳国志》不仅记载“仪城江州”，而且描述汉时的江州“皆重屋累居”，而郊野一带多“结舫水居”。可知近代重庆地区的吊脚楼民居据山而布的层叠景象，早在2000多年前的汉代已经形成。这种民居类型也可能是川东山地河谷一带民居普遍使用的居住方式。除了江州之外，汉时川东经济文化较发达的另一中心城区是宕渠郡（今渠县）。这些地区遗存至今的汉代实物主要是汉阙为多，其汉阙均为仿木构形式，雕饰图案丰富，其工艺之精为中原汉阙所不及，如著名的渠县沈府君阙、冯焕阙，重庆忠县丁房阙、乌杨阙，川西还有雅安高颐阙、绵阳平阳府君阙等，从这些汉阙中的图案和仿木做法上，可以看出其时的建筑发展水平，包括居住建筑的制度和建造水平，对于等级较高的士大夫及以上的贵族官宦宅第来说，川东与川西应当无大的差别（图2-9、图2-10）。

及至魏晋南北朝时期，社会多动乱，政权更替频繁，相对稳定的时局不长，经济多有萧条。仅川西平原还保持局部的发展。晋左思《蜀都赋》有载：“邑居隐赈，夹江傍山，栋宇相望，桑梓接连，家有甘泉之井，户有橘柚之园。”可见此时尚有兴旺之气象。在成汉地方政权后期，由于大量贵州僚民入蜀，使曾逐渐减少的干栏式宅制又一度发展起来，不过这种干栏建筑形态多以贵州山地民族吊脚楼式形态为主，而非原川西平原殷周时期的干栏形态。这种吊脚楼形态使川东“重屋累居”的宅制变得更加丰富多样，并一直影响到后世。

唐宋时期是封建社会鼎盛成熟的时期。此时

四川经济繁荣，文化发达，居于全国前列。巴蜀建筑发展也达到一个新的高峰，从汉代的雄浑、朴实、简练的作风，经魏晋南北朝的变迁，到唐宋时代，更趋于雄健、宏丽、明朗、成熟，建筑造型和装饰手法更加丰富灵巧，精细华富，建筑群体及院落组合更加宏大多变。在四川遗存的不少唐宋摩崖石刻中有大量建筑图像的表现。如大足北山石刻有一幅晚唐的西方净土经变图，反映出布局宏大的寺观宅院的各种复杂变化的组合，建筑形象十分丰富，木构斗栱装饰刻画逼真生动。这幅以建筑表现为主要题材的经变图真切地再现了唐代四川建筑发展高峰期盛景场面和达到的高度水平（图 2-11）。此时，民居建筑式样更加丰富，但等级制度也更加严格。在宅制上的发展主要表现为宅园的兴起。这也是与经济文化的发展紧密相连的。达官贵人大建私家园林，将池榭亭台、堂轩楼阁、花木山石布置等引入住宅，盛极一时。此也成为巴蜀园林的先声。《全蜀艺文志》所载唐宋的合江园、运司园、钤辖东园等都是一时的名园。据古文献载，当时成都城内宅园十分普遍，一般宅院也可以看到沿街红杏出墙，亦如杜甫诗赞曰："花重锦官城。"李白在《上皇西巡南京歌》中畅吟道："九天开出一成都，万户千门入画图。草树云山如锦绣，秦川得及此间无。"成都坝子的新繁"东湖"和广汉"琯园"，就是唐代宰相李德裕和房琯的宅园，至今原址尚存可寻。崇庆的"罨画池"更多保存了唐宋遗迹，相传曾为陆游所居。眉山"三苏祠"乃宋代大文豪苏东坡的私家花园别墅（图 2-12、图 2-13）。唐时的成都因玄宗幸蜀而改为"南京"，有"扬一益二"之说，即天下城市扬州第一，成都第二。其时，成都城内里坊已达 120 个，并第一次改用砖石建造罗城。

宋代城市经济空前发展，临街设店，商业街的形成已成风气。城市店宅合一的街坊布局在宋代开放的城市建设中成为一大特色。中国第一批纸币"交子"首发于成都，这是世界上最早出现

图 2-9 渠县汉冯焕阙

图 2-10 雅安汉高颐阙

图 2-11 大足北山石刻晚唐净土经变图

图 2-12　眉山三苏祠百坡亭

图 2-13　眉山三苏祠启贤堂

的纸币。在“交子”上还印有当时市内房屋的形象。其时商贸手工业发达，并有夜市出现。宋高宗时，成都街道已开始改泥土路为砖铺路，并成为西南大都会，是当时全国五大都市之一。宋李良臣《东园记》描述成都兴盛景象:“素号繁丽，万井云错，百货川离，高车大马决骤于通逵，层楼复阁荡摩乎半空。”四川出产丰富，商品经济的发展也推动了物产加工业生产性建筑的发展，改变了城镇聚落的面貌。特别是因商业手工业发达，行业作坊建筑成为新建筑类型得到长足进步。如制盐业出现了先进的卓筒井，造纸业有了雕版印刷作坊。在遂宁地区制糖业发达，作坊即达 300 多家。这些作坊都与住宅结合在一起，增加了民居建筑的丰富性和不同的特色。

而广大农村住宅，尤其山地河谷丘陵地区，仍是干栏式吊脚楼民居为多，但楼居规模和建造技术都有很大发展。《唐会要》九十九载：“南平蛮者东与智州，南与渝州，西南与涪州接，部落四千余户，山有毒草沙虫及蝮蛇，人并楼居，登楼而上，号为干阑。”宋乐史《太平寰宇记》载：“今渝之山谷中有狼猺，乡俗构屋高树，谓之阁阑。”再如，《蜀中广记 · 上川南道》载：“川北板楯蛮……依树积木以居其上名曰干阑，干阑大小，随其家口之数。”可见这种因地制宜，经济适用的民居形式仍广泛被使用。

与此同时，随着农业、手工业、商业的发展和人口的增加，宋代四川地区的城市更加繁荣，农村集镇也蓬勃兴起。不少城市都因其特产成为一方的中心城市，如南充、阆中成为与成都比肩的另一丝织中心，梓州（今三台）成为新兴的纺织业中心。此外，农村集镇大量涌现。可以说近现代四川的一些主要城市和老县城以及农村场镇绝大多数都是在唐宋时期奠定的基本布局和地址位置。

第三节　元、明、清时期

南宋末四川抗元，战事破坏尤甚，人口散失大半，有元一代不足百年，经济建设终未有起色。明代四川经济有所恢复发展，并大事建设州县，四川建筑又有长足发展。如明中叶建的平武报恩寺，原本是土官建造的府邸宅院，后因僭越制度降罪而改为报皇恩的寺庙，其建造质量和艺术水平达到前所未有的高度，历多次地震而无损坏，至今仍可列为四川古建筑的榜首，全楠木制作，在全国也不多见（图 2-14）。但明末清初的战乱，又使生灵涂炭，房屋尽毁，以至“庐舍为墟，虎狼昼行。”据清初有关文献资料的记载，成都其时也是“官民庐舍劫火一空……馆舍皆草创……城中茅舍寥寥”。[2] 全川其他地方也大抵如此。所以能有幸存下来的四川明代建筑已是十分难得，而明代民居若有遗存则更为稀罕。现在四川的古代民居绝大多数都是清代所建。犍为罗

图 2–14 明代平武报恩寺

城镇、资中铁佛镇、江津中山镇等一些场镇为明代布局留存实例。古城阆中、昭化，巫山大昌镇，巴中恩阳镇等不少城镇也还保存了数量可观的明清民居片区。还有不少交通不甚发达，地处偏远的农村乡场仍有不少优秀的明清民居建筑实例。

明清时期的四川民居发展变化有许多值得注意的现象和特点。

一是伴随移民入川人口剧增，经济逐渐恢复发展，城镇建设土木大兴，形成四川古代建筑自汉与唐宋以来的第三个鼎盛发展的高潮。除了在唐宋时期城镇聚落的基础上更加扩展增修外，还兴建了不少新的场镇和侨乡侨居。成都经过康熙、乾隆年间两次重建扩建，逐渐得以恢复往昔的繁荣。重庆不仅是全省水陆码头的交通枢纽，而且是各省移民集散的中心，以八省会馆著称，并形成城门“九开八闭”的完整体系。近现代四川城镇乡场的分布格局、规模数量和位置选址可以说基本上是在这一时期确定形成的（图 2–15、图 2–16）。

二是建筑类型普遍增多，场镇建设更加兴旺发达，丰富多彩。按各省移民生产生活不同的要求和商贸经济流通交易的需要，涌现出更多的新的建筑类型。如大量的酒肆茶馆店铺，尤其川人喜欢喝茶摆龙门阵，大小茶馆遍布城乡；各行各业手工作坊，如榨油房，酿酒糟房、泡菜园、酱园、织房、蚕房、染房、磨房等等种类繁多。特别是新兴的会馆建筑成为一大风尚特色，其各地移民所建联络乡谊的同乡会馆，如陕西会馆、湖广会馆、广东会馆、江西会馆、福建会馆等等，其数量之多，类别之繁，规模之大，可以说是冠于全国。此外，寨子、寨堡建筑也兴建不少，乡间山区更

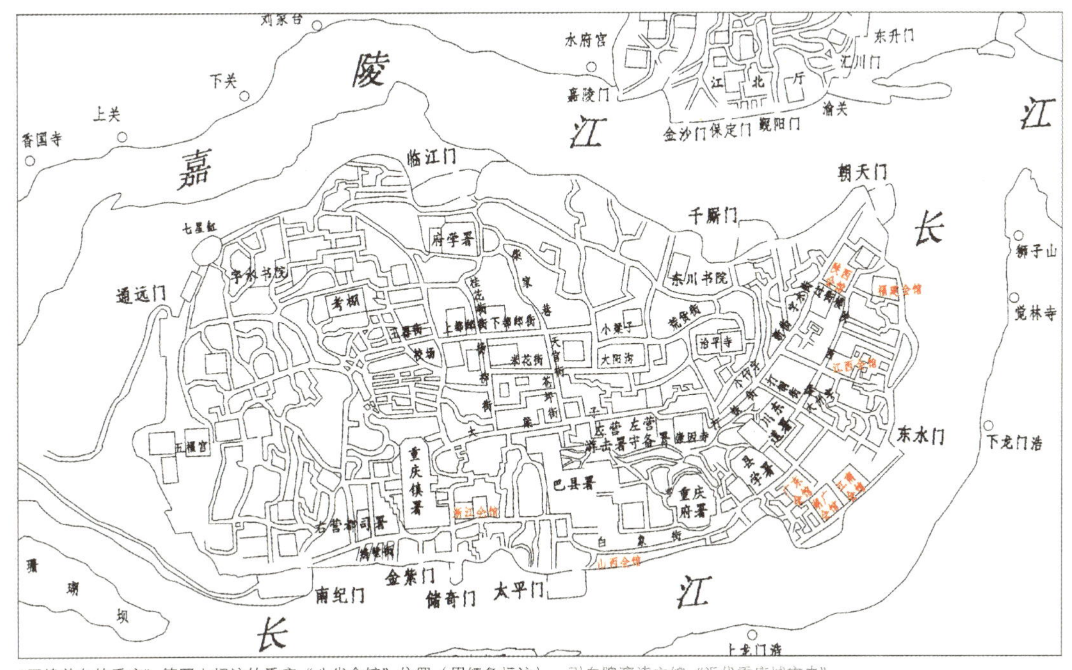

《开埠前夕的重庆》简图上标注的重庆“八省会馆”位置（用红色标注） 引自隗瀛涛主编《近代重庆城市史》

图 2–15 清代重庆城区图

图 2-16 重庆出城门官道七牌坊

为常见。特别是清中叶四川白莲教农民起义，清廷为推行筑堡结寨政策镇压义军，川内大兴建寨子之风。现存寨堡建筑，大多修建于此时。这些类型的建筑也常常和民居的发展交织在一起，如会馆建筑也有一定的居住功能，寨堡建筑战时避难防卫，平时居家屯田。

三是经长期的适应和交流，四川民居的地方特色独创性和融合性增强，既具各省影响的个性，又更多地具有“川味”巴蜀文化特征的共性，形成有山地特色的四川民居体系。由于元末明初和明末清初两次“湖广填四川”外省大规模移民，使四川民居文化渗入了各省的文化成分。特别是四川清代民居受陕西、湖南、湖北、广东、江西、福建的影响很大，一方面不同移民住居“俗尚各从其乡”呈现出各自相异的差别。加之境内地大物博，各地地形气候也有差异，川东、川西、川南、川北的民居形态也不尽相同，都有自己不同的个性。另一方面，通过多年相处，取其所长，在同样的生活环境和自然条件的影响和作用下，兼收并蓄，融合发展，渐至大同小异，熔于一炉，自然而然共同体现出川味十足的山地民居风格，进而形成新一代的巴蜀民居文化。

四是这一时期民居发展的主要特征是类型趋于多样，功能趋于复杂，规模趋于宏大，尤其四合院宅制日趋成熟。四川四合院兼具北方四合院和南方四合院之长，其院落大小居南北之间。一般的大型四合院组群多散居在广大农村，并多依据地势环境自由地发展成符合山地条件的多天井、重台重院的各种形态组合，反映了清中期以后川内社会相对稳定，经济恢复，财力增加的社会面貌，也体现了人丁兴旺以后宗族家庭发展的生活状况。

五是城镇乡场沿街联排式民宅，以及店宅合一、作坊住房合一等多种形制逐渐定型化，在各种变通中风格上渐趋协调统一。为充分利用节约宅地，场镇、街道还出现不少多层木构楼房。同时，青砖的应用开始普及，空斗墙、马头墙、封火墙、砖房，以至城墙包砖等成了普遍的建筑现象。

六是四川民居适应所处环境，因地制宜，因材施用，在建造技术上木作、石作、瓦作等各作制度，已形成一整套流行的地方做法。在利用山地地形，适应炎热潮湿多雨气候等方面积累了丰富的经验，各种处理手法更加纯熟多样，并有不少富于地域特色的创造。同时对四川地方材料的运用，更加得心应手，使四川民居与环境融为一体，尤其是对竹材利用很有独到之处。此外，在民居装修、装饰艺术手法上有长足发展，各类建筑雕饰十分丰富多彩并有了自身的特色，制作技术显示了很高的工艺水平。

第四节　民国时期

1840 年鸦片战争以后，中国逐渐沦为半封建半殖民地，外来文化日渐侵入。辛亥革命满清王朝被推翻，民国建立，而军阀混战又连年不断，地方割据严重，西方文化更是乘虚而入。《烟台条约》后，英国在重庆首先设立商埠，从此近代资本主义经济开始进入四川，几千年来的封建社会小农经济被打破。伴随资本主义工商业的发展，工厂、银行、邮局、车站等新兴的近代建筑涌现，增加了更多新的建筑文化元素。建筑风格上引进各种当时西方流行的古典主义、折中主义以及新建筑运动种种外来流派式样，也相应带来了先进的技术和材料。

尤其是一些西方传教士甚至深入到四川腹地

及一些穷乡僻壤，兴建天主教堂、修道院。（图2–17、图2–18）一些官僚买办兴修豪宅官邸，采用西方古典建筑柱头涡卷拱券等式样。有的与传统建筑形式相结合采取中西合璧造型装饰，其中也有结合得较为协调且富有创意的实例。也有的在保留传统民居形式上加以不同的改造，如加大门窗，广泛使用玻璃采光，采用西式古典栏杆、装饰纹样等，甚至整条街、整个乡场以西式拱廊骑楼方式兴建。在沿江的码头港口城市如重庆、万县、泸州、宜宾及成都等近代化程度较高的工商业城市，达官显贵或外侨的公馆住宅则有不少照搬西式花园洋房，反映出典型的“殖民风格”色彩。同时也开始出现供市民家庭居住使用的城市里弄住宅和多层公寓式住宅。这些新的居住形制和做法的变化在城镇的表现较为普遍，而对于广大乡村尽管也会受到这类新潮的影响，但基本上还是延续着传统民居的模式在修建，但在规模和数量上已不见清中叶以来的辉煌高潮景象，而是进入了传统民居发展的尾声和介于中西建筑文化交混碰撞时期。特别是到20世纪30年代后的抗日战争时期，又是中国近代史上一次大移民，北方及东南沿海大量学校机关、工商企业等内迁，约有近2000万人逃难来到四川。重庆作为南京国民政府陪都，城市急剧膨胀扩展，使重庆经济文化迅速发展，成为四川乃至西南地区的工业中心和长江上游最繁华的近代化城市。川内各地包括农村也大量接纳入川外来人口和内迁各种机构。这些都对近代四川建筑包括近代民居的演变发展产生了重要影响。在整个民国时期虽然时间不到半个世纪，但也兴建并保留下来为数不少各种类型风格的住宅实物例证。

图2–17 金堂天主教堂

图2–18 荣昌天主教堂

四川民居作为巴蜀建筑文化的主要组成部分，在独特的相对封闭的自然人文环境中演变发展，历史悠久，自成体系，极富巴蜀地方特色，同时又与外界中原文化、陕甘文化、湖湘文化、江南文化、岭南文化等各地文化不断有着长期的丰富多彩的交流融和，特别是伴随历史上人口的迁徙和王朝的更替，其文化上的相互影响自然会反映到居住建筑文化中而呈现出多样性的特征。这一过程从古巴蜀文化的产生开始一直持续地发展演变，成就了四川民居多彩多姿的历史画卷。

注释：

[1] 晋．常璩．华阳国志·蜀志．

[2] 清．小方壶斋与地丛抄王云蜀游记．

第三章　聚落分布选址与类型特征

第一节 聚落分布

四川及重庆人口众多，名列全国之首，城镇乡场数量规模在全国也是首屈一指。汉族民居从性质规模形态与行政建置相互关系的角度来划分，有三种聚居基本形态。一是县城以上的城镇民居。二是区乡以下集镇的乡场民居。现时建置将以前的“场”基本上都改为镇的名称，但与较大的区以上的建制镇有所不同，建制镇属于城市概念范畴，此种一般集镇为乡村商贸交易集中地居民点属于农村概念的范畴。三是广大乡间的农村民居。前两类城镇民居和乡场民居为街坊聚居式，后一种农村民居主要是自由散居式。

城镇作为规模较大的聚居集中点，都有一个较长的历史发展过程，是逐渐积淀形成的。它们是一定的社会政治、经济、文化条件下的产物，也同特定的自然地理环境和历史人文环境密切相关，既是一定地域范围的商贸交通信息中心，也是地域建筑文化水平发展的代表。

四川的城镇乡场发展经过十分曲折的兴衰起落，随着人口变迁和移民活动而至清代数量大增。据不完全统计，到清末四川的城镇乡场近5000个，其分布格局与位置基本延续至今。其中有十几个主要城镇为历代郡治州府所在地，如成都、重庆、自贡、内江、宜宾、泸州、阆中、乐山、雅安、南充、达州、万州、涪陵等。四川有县城200多个，在宋代已有186个县，与今天县城数量相差无几。而明代以来的县城城址未曾变迁的就有110个县。现今城镇中相当部分都是自秦汉隋唐以来旧址的基础上发展起来的。从中可以看出，这些城镇分布和选址经过了至少上千年的历史考验，一直到今天仍不断扩展，活力盎然，这其中自是有内在的合理性和科学性。从历史演变分析，四川城镇乡场分布的主要规律和特点有以下几方面。

一是盆地内农业最为发达，人口最多，城镇聚落大多集中在盆地内。所谓盆地内是指四川盆地的底部，大致以北边广元，西边雅安，南边叙永，东边奉节这四地为连线，形状似一菱形的大盆，其盆底面积约为17万平方公里，所以四川盆地又称为“菱形盆地”。在这个大盆内所装的城镇占70%，其他城镇则分布于盆地边缘四周山区。

二是沿主要交通线，特别是古驿道、古栈道、古盐道及茶马古道等古商道分布较多。因为按四川盆地的地理特点，历代开辟的按地形条件河川走向所决定的这些交通道路为万山丛中的最佳选择，是四川的生命线，既是与外界沟通的主要渠道，也是川内联系的重要路线。若干次大移民全靠这些道路网络辗转迁徙。因此四川的这些交通线在历史上很少变迁，而是不断扩展，人们的聚居点则随这种扩展以交通网络不断延伸为依托相应地得以形成和发展。

川中城镇乡场沿成渝官道，即成都和重庆古巴蜀最早的两大中心之间的驿道分布最为密集。成渝地区是四川的核心地区，也是农业、手工业、商业综合发展最发达的地区。在川北沿陕入川的金牛道、米仓道和洋巴道，自广元、剑阁、绵阳、阆中、南充、遂宁到成都一带和达州、广安、涪陵到重庆一带分布的城镇历史都很悠久，且代有所增。川南则沿古盐道商道，如从盐都自贡向南入黔的夜郎古道，由宜宾入滇的五尺道一带都有不少的古典场镇分布。川西城镇沿雅安至泸定、康定、理塘、巴塘及道孚、炉霍、甘孜、江达到昌都，然后入西藏地区的川藏茶马古道一线分布为多。而从成都往川西南经雅安、乐山、越西、西昌到会理入云南的南方古丝绸之路，沿线城镇较多。而大多数农村乡场集镇都分布在连接大、中城镇的交通沿线上，在一些主要干道支道两侧分布特别密集。正如《周礼·地官》所记，“田野之道，十里有庐，庐有饮食，三十里有宿，宿有路室，路室有委。”这种情况，也是四川交通沿线上“五里一店，十里一场，三十里一镇”布局特征的写照。

三是沿江河溪流分布的城镇乡场多，规模大。四川多山，古代交通不便，旱路尤为艰险，而水路则显优越，而且江河流经之处也因水利而宜于

图 3–1a 山区农宅独户散居

图 3–1b 川北达县碑庙乡农宅散居

图 3–1c 农村组团式散居

图 3–1d 与耕种田地紧密联系的散居农宅

农业，自然很适合人居。所以四川的城镇乡场绝大多数傍近长江干流支流等水系沿岸。这些城镇基本上都是建在江河第二、三级台地上。越是建在大江大河沿岸的城镇规模越大，两江汇合处的城镇更是如此。四川大小河流众多，所以沿水岸的城镇乡场形成大小水陆码头的数量不少，各具风采，成为聚落形态一大景观特色。如长江沿岸的重庆、泸州、宜宾、涪陵、万县，嘉陵江沿岸的广元、阆中、南充、合川，岷江沿岸的成都、灌县、乐山，沱江沿岸的简阳、资阳、内江。一般的乡场也多临水而建，沿江河溪流沟涧星罗棋布。有的河川汇集之处的坝子分布的场镇格外密集，如乐山五通桥镇地跨岷江、茫溪、涌斯江，为盐业集散的商业重地，在相距不远的数里地范围内分布着五通、竹根、青龙三个场镇，尤显繁盛。

四是坝子、河谷地区有较多的城镇乡场分布。四川是个大盆地，但盆底中又有若干称作“坝子”或“平坝”的小盆地。这种坝子就是山间围合的小平原。成都平原也叫做“成都坝子”。川西多方山丘陵，其间夹杂的坝子，都是有良田好土的风水宝地。川东的平行山脉岭谷间有不少河谷平原，如二山夹一谷，或二岭一谷、三岭二谷。这些条形谷地有的十分开阔，宽者有的可达百十里地，如华蓥山、铜锣山与明月山之间的谷地就是这样。这些谷地也是农业富庶之区。许多场镇就集中分布在这些平坝和谷地，如川北的广元坝子，川东南的秀山坝子，川西南的安宁河谷，都密集地分布着包括县城在内的若干场镇。

广大农村民宅分布也与上述各点相应，盆地内住居为多数，边缘山区为少数。但四川普通农村居住方式与其他各省尤其与北方中原的农村的最大不同之处，主要是自由式散居，很少有像北方那样集中聚居的村庄或营子。一般所谓某某村，其农户都是散居各处，或大分散小集中。四川农村住房大部分是独幢房屋或三合院、四合院，不少是单门独户，散布四野，与周围的竹木树林和院坝组成一个住居单元体。有的三、五户或七、八户形成较大的由几个院落邻近相倚的松散组团。有的大户人家则集数十间房屋组成多进院落的大型建筑组群，形成大院或庄园。它们都具有自成一体的散居特征。这种散居式民居也是四川数量最多的一种民居聚落形态（图3–1）。其主要原因是这种散居方式较为适应四川农村山区地形农田土地耕作分散的实际状况。农宅就近挨靠田地兴建，便于劳作管理看守。耕种的土地分散，农宅自然也跟着一样分散，历史上相沿下来，成为一种制度性的习俗，从而也带来了家庭宗族关系的变化，使四川的小家庭制度格处发达。所谓“父子异居，自昔即然”。四川有“人大分家”的风俗习惯，常有“别居异财，幼年析居”的事情发生。而四川的此种民俗传之久远，据《隋书地理志》载，蜀人之风俗有“小人薄于情理，父子率多异居”。在大户人家大四合院中可以按小家庭分灶吃饭分配院落，而一般农户子女成家则另寻地建宅。这似乎不太合乎封建家族礼教，但究其本质上的原因，乃生产方式的特殊性所使然。此外，导致四川农村住宅散居的另外一个历史原因，就是清代移民政策，官府鼓励移民各自寻垦，又为缓和原住民与外来户的土客关系，在安插外来人口中也自然形成先后交错夹杂和大分散、小集中的格局。从这里可以看出，社会的生产方式和生活方式在很大程度上决定着居住方式，这也是一个普遍的建筑发展规律。

与此同时，我们也可以理解为什么四川的场镇特别多特别发达的原因，这正是同四川农村住宅这种突出的散居现象相紧密联系，因其特别的需求而促成的。广大农村地区分散的农户为求得生活生产用品，需要各种商品交易流通，农村集市必不可少，亦为城乡交流所必需。“场镇利之所在，人必趋焉，便民裕国。”（乾隆《安岳县志》）因此，场镇的发达成为一个农村地区综合发展水平的标志。四川农村集市称为“赶场”，如北方的赶集、南方的赶墟一样。为方便农户和商贩，相邻的场镇把赶场日期相互错开，有的赶

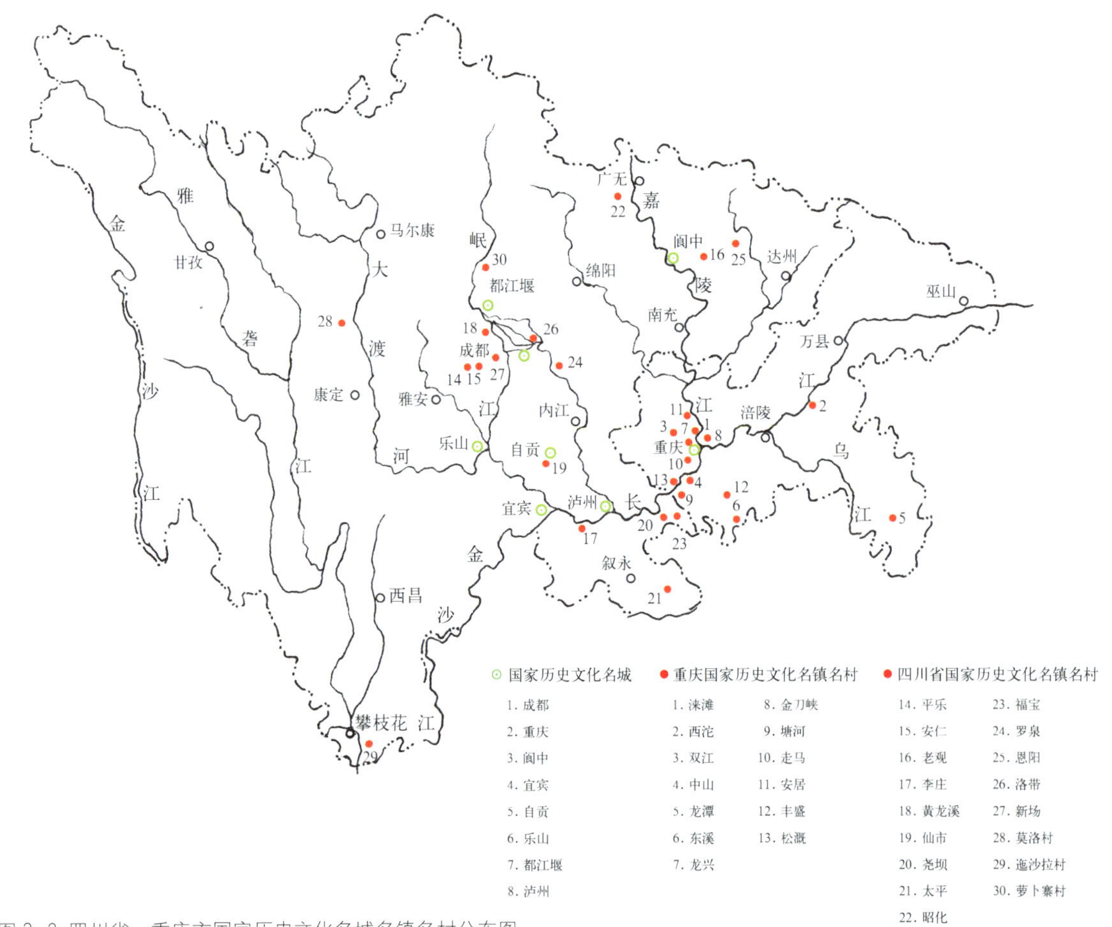

图3–2 四川省、重庆市国家历史文化名城名镇名村分布图

一四七，有的赶二五八，有的赶三六九，这样在农村一个片区几乎不会停止集市交易活动。赶场时，商贩云集，四里八乡人流如织，遇上节庆乡俗，还有各种川戏锣鼓、评书杂耍、舞龙跳神等文化娱乐，场镇内外十分热闹。这是农村经济与文化活动最活跃的形式。由于没有集中的村落同各农户相联系，原可由村落承担的部分社会功能和经济功能就自然加负全部转移到乡场集镇上来。这就大大强化了四川场镇在农村的地位和作用，推动了场镇建设的兴旺与发展。因此，四川的场镇聚落是四川民居中最为精彩、最富特色、最有品位的重要组成部分。四川有不少历史悠久的古镇，它们同一些古城一样，成为优秀的物质文化遗产，受到特别的重视和保护。截至2008年，四川及重庆有国家级历史文化名城8个，国家级历史文化名镇名村30个（图3-2）。

第二节　聚落选址原则

一、要塞原则

这是城市场镇选址的政治军事原则。四川地形复杂多变，关隘重重，河川曲折多峡，险滩连连。加之历史上事故频繁，战乱不断。在来往的交通要道上常有一些要地要塞要冲要津，成为控制一方具有战略意义的据点。既是历代兵家必争之地，又是各级行政管理官衙治所之处，自然汇集绅粮大户、黎民百姓诸多人等而成为大小聚落，历经更替兴衰，屡毁屡建，不断有所复兴。考察四川大多数历史悠久的历史文化名城名镇名村和一些重要聚落场镇的演变发展，几乎莫不如此。这些城镇聚落选址的目的，其中包含着深刻的社会因素和环境因素，特别是着眼于政治上统治的有利实施，军事上攻占的有效控制，从而形成一条聚落选址的要塞原则。例如，川陕交界的广元昭化古城，乃为自古以来由陕入川的主要干道金牛道上的第一道关口，素有“川北门户”之称，是四川最早建立的县城，号称“巴蜀第一县、蜀国第二都”，至今已有2400年历史，当年秦举巴蜀即从此大军压境。秦于公元前316年在四川开始设立郡县制，在此置葭萌县，历代易名，宋初改称昭化至今。古城位于米仓山南麓，以支脉大剑山之余脉翼山为北首，形成军架山、白卫岭、塔子山、刀环山等诸山围合态势，介于嘉陵江、白龙江、清江河三水汇合之处。因其地据雄险，进可攻，退可守，又名“天雄关”。选址建城初始目的即为扼守古道要塞，史称“全蜀咽喉，川北锁阴，虽信夫弹元之域，而有金汤之固也”。[1]相邻不远的川中著名关隘剑门关，号称“一夫当关，万夫莫开”，其管制则有剑阁县治之设，也同样基于类似的选址原则。除扼守山口之外，扼守峡口而选址的场镇也不少，如瞿塘峡上峡口有奉节城，拥有“夔门天下雄”的惊绝，下峡口有巫山大溪镇，具备扼占大江门户的险要。此二处都是重兵驻守的天然关口。类似这样的场镇聚落必然具有军事防卫的意义和作用，从而体现出与众不同的聚居内涵和风貌特征（图3-3）。

图3-3a 广元昭化古城

图3-3b 广元昭化古城天雄关

图 3–3c 剑门天下雄

图 3–3d 三峡奉节古城依斗门

二、码头原则

这是城市场镇选址的经济商贸原则。大多数场镇基本上都是据此来选择营建的。为经济生活所需，物资运输交易是须臾不能离开的，这是一切聚落存在生长的基础。任何场镇不论地处富庶之区，或是偏远之地，必得有一定的交通联系，它们是交通道路网络上的大小节点，而这些节点不同程度地具有“码头”的功能，即货物用品联运进出的功能。四川常常把这种功能突出的城市场镇叫“水陆码头”，即或不通舟楫的也如此称呼，叫“旱码头”。所谓选址的“码头原则”就是根据交通运输、集市贸易与货物集散的便利通畅为要求来确定聚落营建的地理位置，包括它的拓展兴旺前景及发达程度。这表现为三种基本情况。

一是沿江河交通要津的真正的“水码头”场镇。它们常常是联结水陆交通的枢纽点，同时也是货物流通转运的集散地。尤其是二水或三水汇合的江口之处，多是大码头所在。如重庆这样的大码头，“水牵运转，万里贸迁”，不仅在川内首屈一指，在全国也是名不虚传。沿朝天门码头二江四岸汇集川江千帆百桅，号子震天，货物上下，热闹非凡。故川内不少类似的水码头场镇多以“小重庆”誉称。如号称川东北“小重庆”的渠县三汇镇，是居于巴河、州河汇成渠江的河口，故名以实，成为大巴山区山货的集散地，为川东北少有的大镇。类似的例子还有号称川东四大名镇之一的永川松溉镇，长江边的江津白沙镇，嘉陵江、渠江、涪江三江交汇的合川合阳镇等（图 3–4）。

二是沿陆路交会要冲的“旱码头”场镇。这类场镇处于旱路的交通枢纽地位，四通八达，联系各方，为物资贸易交换中心，商贾云集，人流旺盛，聚集能力强。虽无船运，亦有马帮车载，商贩肩挑力行，集市贸易也极兴旺。场镇茶馆酒

图 3–4a 重庆清代朝天门水码头

图 3–4b 重庆山城临江门重屋累居

图 3–4c 江津白沙镇川江朝天嘴水码头

楼店铺林立杂陈，行会帮会，三教九流，一应俱全，热闹景象与水码头无甚两样。如大竹县城不靠河流，称为“旱城”，但它北邻达州，东至梁平、万县，西至渠县，南到垫江、涪陵、重庆，处于十字交叉路口，为古洋巴道必经之地，是古代巴国賨民著名土产“賨布”的原料产地，至今仍为苎麻之乡。又如有“一脚踏三县”之称的重庆九龙坡区走马镇，选址在名叫走马岗即形似走马的山冈上，为古代重庆通往成都官道上的一处连接白市驿站和来凤驿站的幺店子，逐渐发展成为以茶馆文化为主要特色的重要场镇。全长不过二里许的小乡场，兴盛时期茶馆达12家之多，还有戏楼3座。川内有不少小乡场就是由开初的几间幺店子，或一溜“草市”，渐至聚行成街，而为场镇。走马镇沿山脊布局的青石板老街蜿蜒而上，两边街市还保留大量清代木构民居，以小面阔、小进深、小天井、小凉厅为其特色。由于距重庆恰为一天的路程，于此歇脚住店的客商、脚力人等日多，四方乡客摆龙门阵喝老鹰茶，乡土曲艺文化因之而兴，川戏、清音、说书等民俗盛行，成为重庆近郊著名的“民间文学之乡”（图3–5）。

三是因当地土特产或主要物产资源而形成的原产地场镇。由于川内各地的差异，而物产各自形成商品特色，也就促成了不同特色商业场镇的产生与发展。场镇的选址自然就在原产地就近而为之。物产因场镇而兴盛，场镇因物产而闻名。如川盐资源是四川古代一大宗著名出产运销全国各省，四川人称为“盐巴”，可能与巴地最早出盐有关。四川盆地盐资源甚丰，因盐业而兴的城镇乡场比比皆是。

四川凿井煮盐史载起于战国时代李冰治蜀，而三峡盐泉的开发利用也许比此更早。大宁河古称“盐水”，其支流后溪河上的宁厂镇就是因自然盐泉开采而兴的最早的盐业场镇。历代盐务为官府掌控，宁厂镇盐业发展在官府督导管理下，更是财源茂盛，生意兴隆，土木大兴。据史载，明洪武时，其产量居川盐总产量的二成以上。各省流民一两万人在此作砍柴工，在山上伐薪供盐厂之用。在民国时期竟达两三万人，一千多户。在深山峡谷中竟有如此众多盐工，使之成为一典型生产性场镇。据《巫山县志》：“商贾半多客籍。……为两湖人来巫坐贾，……山陕富商俱在巫邑就埠售盐，财源不断，以致各行贸易繁兴。”据有关记载，其时“沿河山坡俱居民铺户接连六七里为断”，[2]且“居室完美，街市井井，夏屋如云……华屋甚多”。[3]场镇形态皆结合陡峭的自然坡坎，半边街，吊脚楼，组合相当自由灵活。形象简朴生动随意，与其他场镇比较确是天然去雕饰的山村别居（图3–6）。

又如江油的中坝镇，其药材交易为大宗产品，成为四川著名场镇之一。这里“凡山之珍，海之错，陆之土药，水之广货，滇楚之布葛铜锡，雍兖之枣栗楠菌，舟运车负，罔不毕集。且其地又产附子，为直省所仅有，故名驰远近，人皆呼为小成都”（道光《江油县志·卷4》）。该场镇两面临水，又兼

图3–5a 重庆九龙坡区走马镇寨门

图3–5b 走马镇过街楼

图3–5c 走马镇外成渝官道

水路之便，客商云集，为求购此地独有的特产附子，即可选址兴场，以“码头”起家发家，称雄一方。

三、风水原则

这是城市场镇选址的文化风俗原则。不仅仅是城镇乡场这样的聚落，就是一般的乡居选址也都十分注重所谓的“看风水”。这既是一种传统的文化观念，也是流行民间的风尚习俗。四川本是山川奇异多变之地，选择宜于人居的理想环境之处自然成为人们美好的追求。

风水文化是中国传统文化的重要组成部分，也是中国建筑文化传统中环境观的重要内容。一般来说，风水作为中国古代关于选择阴宅及阳宅，小至村落房舍，大至城镇陵寝的一种方术理论与操作技巧方法，虽在漫长的历史演变中，有其封建迷信的臆说成分，但就其本质意义上讲，它毕竟是中国人几千年来对居住环境选择营建实践经验的积淀和总结。从文化学和美学来看，有它的积极的意义，从建筑学和城市规划学来看，也有它一定的科学合理的内涵。可以认为，中国风水学说是中华民族“天人合一”自然观的生动具体体现，是中国古典建筑园林规划学三大理论支柱之一。以现代建筑文化观来审视中国建筑文化，可以认为营造学是中国古代房屋建筑学，造园学是中国古代风景园林景观学，风水学则是中国古代人居环境城市规划学。这三者构成中国古典建筑规划理论体系，而风水思想及其风水文化则是贯穿其中具有核心价值观的基本理念。

概括地讲，风水流派主要有形法峦头派（形势宗）和理法方位派（理气宗）。前者讲求观势喝形，根据山形寓意围合态势走向选择吉地，后者讲求崇尚四正，前朱雀，后玄武，左青龙，右白虎，以南北方位定向。四川风水是以山形为主，兼顾方位。形法主要源于江西风水，而四川移民有不少来自江西，想必当有其一定影响。但四川的风水传统却源远流长，唐代是中国风水学说成熟的高峰时期，风水学说以易经为理论基础，而唐时，正是“易学在蜀”。古城阆中是唐王朝全国 24 个观星台中最大的一处，成为皇家观测天象的中心，历代天文学家多聚于此。如汉代的落下闳，东汉的任文孙、任文公父子，三国时的周舒、周群、周巨祖父孙三代人，他们都是阆中人。唐代著名星相家袁天罡、李淳风皆驻于此，并葬于此。这些人都是一代风水宗师。而阆中确是川内一大风水宝地，其古城风水格局堪称风水典例，独步天下。

按风水看大地法“地理五常”龙、砂、穴、水、向的五大基本构成要素的要求，典型的风水环境模式可以阆中古城为代表，可用如下要诀来归纳其主要特征。

前有照，后有靠，青龙白虎层层绕。

金水多情来环抱，朝案对景生巧妙。

明堂宏敞宜营造，点穴正位天心道。

水口收气连环套，南北主轴定大要。

这种体现仁者乐山，智者乐水，德者美人的

图 3-6a 三峡巫溪宁厂镇沿河民居与铁索桥

图 3-6b 巫溪宁厂镇临河吊脚楼

住居追求观念，深入民间，化为风水方术而流行于川内各地。如四川农谚："房盖弯，坟造尖"。意思是说，阳宅应选在山弯避风处，阴宅应选在丘冈避湿处。因此，看风水，相土尝水作为场镇选址的第一步，包括布局规划营建莫不以风水为本。按上述风水要诀，形成选择吉地的操作要领原则，即"背负龙脉镇山为屏，左右砂山秀色可餐，前置朝案拱卫相对，曲水冠带怀抱多情，明堂宽大形如龟盖，天心十道穴位均衡，气脉水口关锁周密，南向而立富贵大吉"，这些原则都是生活实践和审美经验的总结（图 3–7）。

按上述要诀和原则——观照阆中古城山水环境格局确如英国李约瑟博士赞美的中国风水形象是大地的"宇宙图案"。这种人居选址作为"大地人工景观"，其意义在于：一是将自然生成的山水环境用人文精神来点化自然，并与营建的工人环境相结合，使自然环境拟人化，人工环境自然化；二是以生态关联的自然性求得共生，以环境容量的合理性求得共存，以构成要素的协同性求得共荣，以景观审美的谐调性求得共乐，以文脉经营的承续性求得共雅；三是培育山水环境美学观念，灌注人生哲理文化内涵，以期"天人合一"，地灵人杰，追求最为吉祥和美的人居环境，真正体现人与自然和谐共处的生存价值和为生之道，以达成物质与精神相协同的理想文明境界的升华。

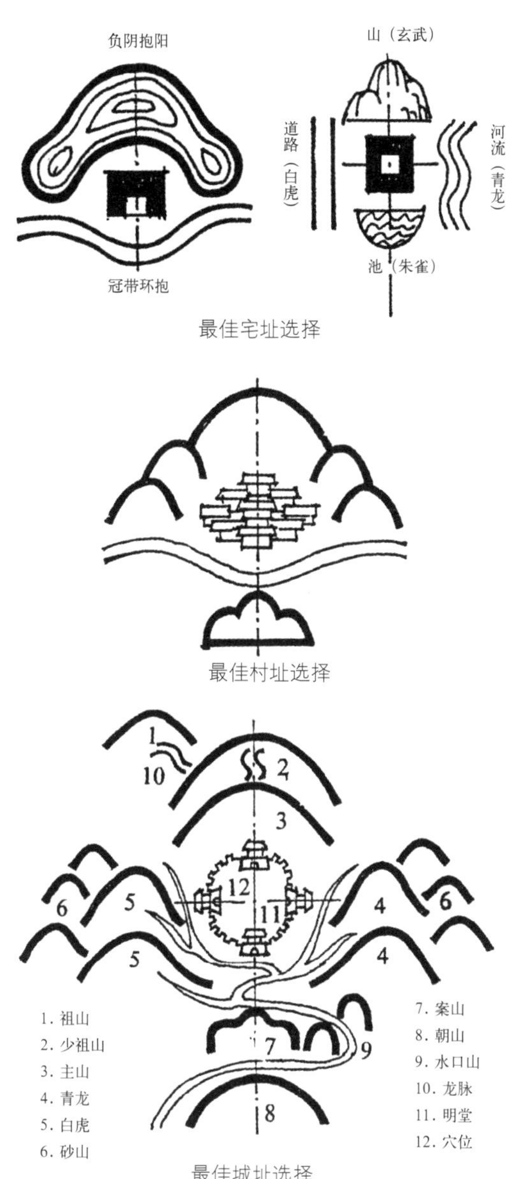

图 3–7 聚落选址风水模式

古城阆中就是前人为我们留下的在风水文化方面的宝贵历史文化遗产。阆中位于川北嘉陵江中游，已有 2300 多年建城历史，自古为巴蜀重镇，金牛道、米仓道交汇于此，曾为巴国都城和四川省治，名胜众多，文物荟萃，至今古城近 2 平方公里，数十条街巷，保存有大量的明清古建民居，是国家级历史文化名城。

一览阆中山水大观，实乃形胜之地，四周环山拱卫，一水三面绕缠。宋《太平寰宇记》："其山四合于郡，故曰阆中。"《资治通鉴 · 汉纪四十二》："阆水迂曲，经其三面，县居其中，取以名之。"按风水宝地之说，"千里来龙，千里作结"，此为山水作结之节点。大巴山脉、剑门山脉与嘉陵江水系于此交汇聚结，且风光如画，美不胜收，"三面江光抱城郭，四面山势锁烟霞"，故有"阆苑仙境"之称。古城坐北朝南，背靠主山蟠龙山是为镇山，为阻挡北方寒风之屏障，并迎纳南来阳光暖气，其后龙脉绵长，大帐气势磅礴，衬托城市景象深远。青龙白虎方位，东有白塔山，西有伞盖山、仙桂山，层层叠叠。南向相对为朝案山的锦屏山，其山形似天马行空，崖壁如锦缎绚烂，成为奇妙之对景，故成为阆中标志，名"阆中山"。城南锦屏山上一望无际，众多姿态万千的砂山其美妙不可言状。难怪唐代诗圣杜甫到阆中客居有感而发，其《阆山歌》诗云："阆州城东灵山白，阆州城北玉台碧。"《阆水歌》诗云："阆中胜事可肠断，阆州城南天下稀。"而阆水三面绕城，碧波蜿转，清流舒缓，是风水之典型的冠带水，其上下水口砂山"天门"、"地户"景色绝佳，历代文人骚客多有赞颂之词。阆中城址于江水之"汭位"，明堂宽阔，择中而建，十字主街位于天心十道之处，建有"中天楼"定位，城南临江朝南津关渡口建有"华光楼"镇水。

《阆中县志》称："阆中为治，蟠龙障其后，锦屏列其前，锦屏适当江水停蓄处，而城之正南亦适当江水弯环处，顾衙团祠庙及市廛庐舍，无一与锦屏相对相当者，则街道倾衺之故也。街道一纵一横，东西横而南北纵，其纵既趋于东南，

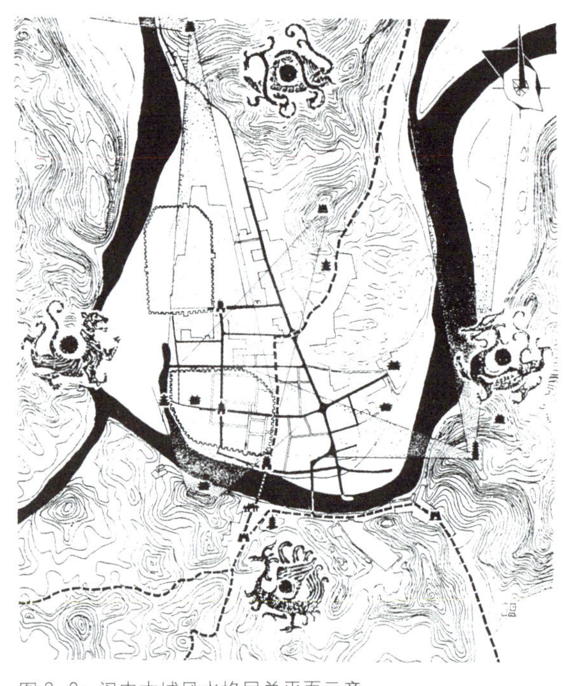

图 3-8a 阆中古城风水格局总平面示意

而锦屏之端然正面者，遂无一相对相当者。"这种布局使城南北纵向干道与风水轴偏离 15° 而朝向东南，是为避免"断龙之脉"、"灭锦屏之气"，并非"措置之乖方，区画之未善"。这实际上是在赋予城市风水文化意象的同时，也兼顾景观与交通便利的协调。街巷常与城周景观成为对景，如笔向街取名即将街的走向对景城东白塔山。其他主街巷大多对景于城外山水佳美之处，开通视线廊道将周围自然美景收纳入城中，足见规划上考虑人工建筑环境与自然美景呼应联系互为对景构思之巧妙。正所谓"地灵人杰"，环境育人，文风鼎盛，代有名人云集，进士状元辈出。历代文人墨客又对阆中的风水文化不断充实丰富的内容。凡此种种风水意象，不一而足。这种赋予城市充分的文化意义，并以"天人合一"及"诗境"的规划思想原则来指导聚落布局营建，创造富于文化个性特色的城镇，是典型的中国建筑风水文化的基本特征（图 3-8）。

阆中还有一处神奇的风水宝地，其选址也堪称一绝，为又一具有风水特征个性的场镇佳例，这就是距阆中城西南约 60 里的天宫院村。此村为纪念唐代的太宗令袁天罡和太史令李淳风而建，这两位风水大师的墓地都选在此地。此风水地形奇巧，主要特征有三：一曰"九龙捧圣"，天宫院村被四周九条蜿蜒似龙的山丘所共拥，九山各负一馒头形山峦似龙头，中间平坝突起一高台，如一顶"圣冠"，名"圣宝冈"，天宫院村即坐落其上，故名"九龙捧圣"。村前有秀美之西河环绕而过。袁天罡墓位北，李淳风墓位南，遥

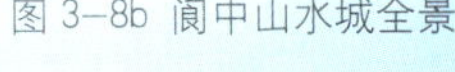

图 3-8b 阆中山水城全景

图 3–8c 阆中山水城的融合

图 3–8e 阆苑仙境之山水

图 3–8d 阆中案山锦屏山

图 3–8f 阆中山水城对景

遥相对，相距 7 里，天宫院村正位其中，三者恰在同一南北轴线上。二曰“麒麟奔日”，袁天罡墓枕北部的观稼山，山形如麒麟吉兽，前有一圆形冈峦喻为天门处之太阳，又有两条小溪于前交汇流入西河。其地气象恢弘，祥瑞灵动，故名“麒麟奔日”。三曰“二龙滚宝”，李淳风墓在南部五里台山，此为呈东西走向的案山，恰于中部凸现一圆形冈峦，两边山梁似巨龙向中部涌动，犹如二龙戏珠，故名“二龙滚宝”。天宫院村号称“中国风水文化第一村”，自唐后历来祭祀不断，周围文物古迹名胜众多。现小村有二百户人家，三条大街，大片明清古建民居。这样的风水宝地村庄聚落在川内实为罕见（图 3–9）。

四川不少城市场镇在历史形成过程中，按照风水模式和原则来考虑聚落和民宅的选址为普遍现象，而且各自都有独具的风水特色，并成为当

图 3–9a 阆中天宫院村

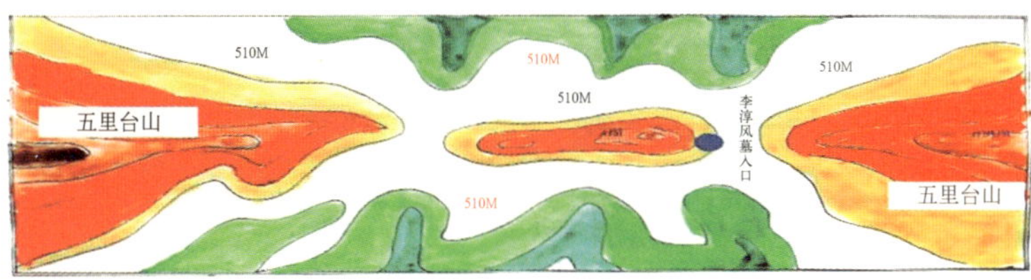

图 3–9b 阆中天宫院村李淳风墓

图 3-9c 阆中天宫院村袁天罡墓

图 3-9d 阆中天宫院村街巷

地福祉的标志和象征。如昭化古城山水围台，其笔架山与翼山被嘉陵江和白龙江蜿蜒分割，地貌态势犹如一幅天然的太极图形，昭化古城即在阴阳鱼的阳极鱼眼上，号称“天下第一山水太极”天成之作（图 3-10）。又如古城大足，城中十字街即天心十道，是整个城镇的正穴，也就是总体布局轴线控制中心及坐标原点。按风水原理，正穴并不在几何中心处，而是“乃明堂龟盖靠上一节”，即为总平面纵横轴十字形交叉点，位置略偏向北。于此点北对龙岗山白塔和北山佛教摩崖石刻，南对南山白塔和道教石刻，形成以城镇入世儒学为轴心，儒、释、道三教同轴的风水大格局，成为中国传统文化典型的空间环境图解模型（图 3-11）。达州则以凤凰山气势雄壮的龙脉大帐和精巧的龙爪山塔沱水口为其风水特色（图 3-12）。巴中则以明堂佳丽，北枕望王山与南龛千佛崖互为对景，及白塔锁水口为其风水特色（图 3-13）。只要留心观察，四川的古城场镇民居几乎无一不

图 3-10a 昭化古城“天下第一山水太极”

图 3-10c 昭化古城太守街

图 3-10b 金牛道上重镇昭化古城

图 3-11 大足古城北山风水塔

图 3-12 达州州河塔沱水口及龙爪塔

图 3-13 巴中老城靠山望王山及宽阔的明堂

与周围的山水环境有着微妙奇巧的构图关系。应该说，风水环境观是“法自然”原则最高层次的体现，是人工环境自然化和自然环境人工化相结合创造具有文化特色人居环境的大手笔。

第三节　场镇类型特征

城镇乡场聚落形态在形成过程中，受到各种因素的影响，其中地形地貌环境条件起着极其重要的作用。因地制宜，随势赋形，融于环境，虽为人作，宛如天成，虽地形千变万化，但无一雷同，聚落就地生长，各异其趣，地域个性特征展露无遗。这大概就是四川城镇乡场具浓烈乡土气息而沁人肺脾的魅力所在。

四川的城镇就总体基本形态而言，可以成都和重庆两大城市的形态为基本模式。一种是成都的平原式，城市总平面大多较为规则，道路以棋盘式方格网布局，以大体坐北朝南方位，由大街到小巷，由小巷再到居住街坊，较为方正规整。如成都老城的宽窄巷子，少城的长顺街区。一般城镇就其街巷平面布局来说，依据其基地大小形状，在平坝地区的，常为一字形（鱼骨式）、丁字形、十字形、井字形、方格网等几种基本形式。另一种是重庆的山城式，城市总平面完全因地形自由展开，道路布局常采取水平方向沿平行等高线条形分布，竖直方向则依山就势沿坡自由分布，配以各种梯道连接，形成城市自由随机的道路网络。位于平坝谷地地势平坦或缓坡的城镇一般为平原式，而山地环境中一般都是大大小小的山城，这种山城式在四川县城以上的城镇中则占相当数量。

四川绝大多数县城以下的乡场集镇在体现上述两种基本形态的原则基础上，其聚落形态变化极为丰富，类型特别多样，特色尤为鲜明。四川民居的精魂和韵味，就多半蕴含在这些散布于巴山蜀水间古色古香的传统场镇聚落之中。四川传统场镇形态可以从不同角度来划分类型，但鉴于山地场镇竖向空间特别发达富于变化，从空间形态构成方式来划分较为贴切，归纳起来，大体有以下八种主要类型。

一、廊坊式场镇

廊坊式街是历史久远的传统建筑形式，即以檐廊相连形成的街坊，早在北宋时期就见诸文献记载，称为“房廊”，明代又称“廊房”。北方曾经普遍修建，如今北京前门亦有“廊房头条”、“廊房二条”等街名，即为旧日遗痕。但这种形式在北方渐次消失，而在南方地区，如四川、江浙一带还保留不少。主要是因为这种建筑形式对南方炎热多雨气候有很好的适应性，反映了高湿热地区建筑的地方特点。在四川大部分地区，尤其川江沿线一带，这类廊坊式场镇十分普遍。但各处不同的具体做法表现出各自的地方特色风格。

广安肖溪镇是完整统一的典型廊坊式场镇，距广安城东北约 60 华里，临渠江之畔。因其总平面中段宽，两头窄，形似船体，故称之为“江边一只船”。该乡场规模不大，南北长约500米，东西宽不足百米，顺等高线布局。据《广安县志》载，该镇于明末清初建，湖广移民肖姓在此垦荒建房，而成聚落。因地处偏僻，人口千余，主要靠水路对外联系，作为周围农贸集散口岸而逐渐形成为一江边渡口小码头。沿江民居多为吊脚筑台，大部分是店宅合一的铺面形式。

这只“船”沿山脚河湾呈带状展开，同大多数小乡场一样，仅一条主街，临街两侧采用排柱大檐廊建筑形式。主街总长350米，街心最宽处在中段为7米，最窄处在两端为3米。上排檐廊中部宽达四步架5米左右，端部三步架3.5米左右，下排廊中部宽三步架，端部二步架2.4米左右。均随街心道路宽窄变化而相应变化。上下两排檐廊顺其地形呈一高一低之势，上排檐廊路面要高出近1米，实则也有利于排水。整个街道为有规律的变截面设计。在街道中段宽处面江一侧设宽大石梯道直达水边，成为一个小码头。这种大檐廊式街是晴雨皆宜的全天候市场，无烈日蒸晒之苦，无雨水张伞湿鞋之烦，并且多引穿堂风驱湿避热，十分凉爽。同时大檐廊赶场时增加了数倍街道商业面积，平时冷场天又是居民休闲摆龙门阵及家务活动的场所，可谓一举多得。此为特色之一。

街中段拓宽，使得街道空间扩大敞亮，利于街市主要空间的各种商业活动，这里商铺集中，又有小码头人流货物上下，空间要求容纳量大。而街两端店面渐少，人货停留不多，仅供出入通行，故可缩窄以省地皮。这种从实际需要出发而又自然随宜，但却又含有精打细算的构思，确有匠心独运之意。此为特色之二。

肖溪镇空间小巧精致，但形象又不失完整优雅。整个场镇各部分有机组合，有头有尾。作为“船头”的场口是一个出彩的空间处理重点。场口设置在北边，面对一条蜿蜒小溪，是为肖溪，又名响水溪，小场镇因此而得名。一座不大的石拱桥跨溪而过紧接一段石板梯道，其上便是一高大精巧的石碑坊耸立在场口形成场镇大门，十分醒目。桥头黄桷老树，浓荫蔽日，半掩场口。小溪夹岸垂绿，隔溪西北小冈阜有文昌宫，古柏森森，成为场口对景。整个场口空间景观丰富，周围环境景色清新秀丽，尺度宜人，优美闲适，好一幅恬淡山居图画。来往乡客每每喜在场口歇脚小憩，浏览四周风光，行路劳顿可消大半。此为特色之三。

场镇南端之“船尾”呈半开敞半封闭状，以一四面通敞的凉厅式建筑衔接街道两侧檐廊，其后紧接四合院式王爷庙戏楼，其架空的底部空间与凉厅檐廊空间完全融成一片。背靠钟家岩的王爷庙主殿前有大台阶恰又作为自然的观众席，这种因地制宜的处理手法为他处戏楼少见。戏楼临江一面又设宽大平台，绕以石栏，为望江景佳处。这一区空间情趣恰与街道商业空间不同，以文化娱乐祭祀为主，二者隔而不离，互不干扰。高大的王爷庙形象生动，江上过客看去，实为肖溪镇标志。此为特色之四（图3–14）。

另一个船形平面的廊坊式场镇是川西乐山犍

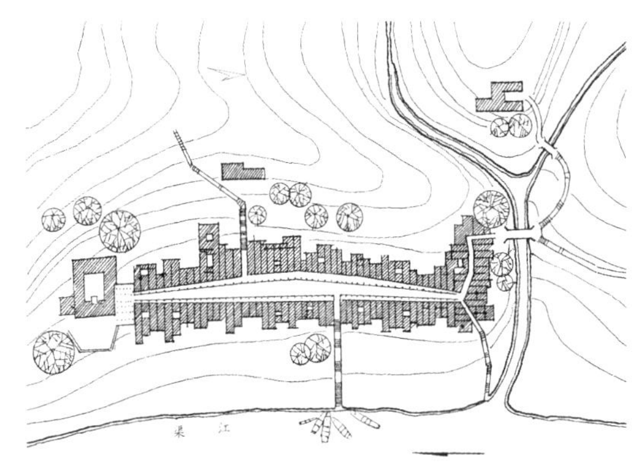

图3–14a 广安肖溪镇总平面图

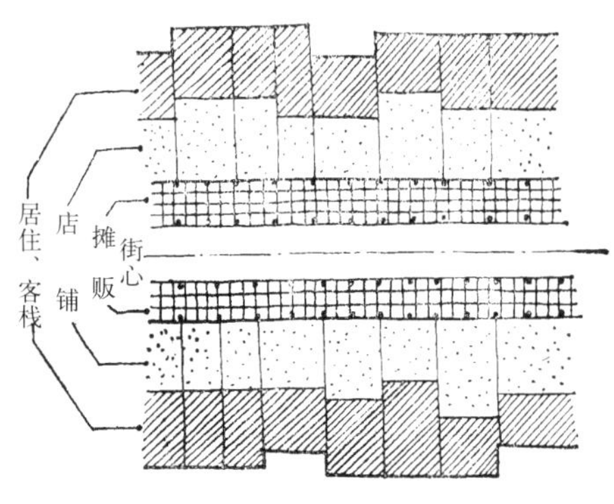

图3–14b 廊坊式场镇功能活动带

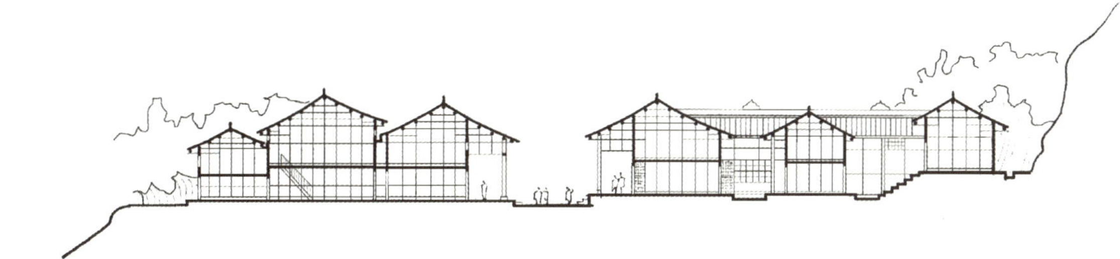

图 3-14c 广安肖溪镇正街横剖面图

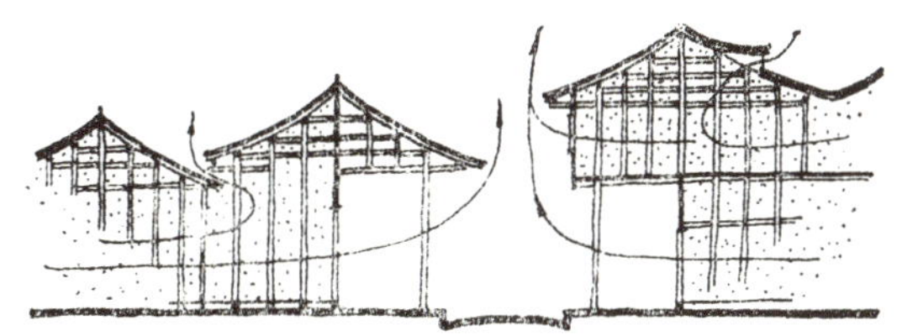

图 3-14d 廊式街通风示意

图 3-14e 肖溪镇鸟瞰

图 3-14f 肖溪镇檐廊的缝隙采光

为罗城镇，该镇兴建于明末，清同治年间重建，有汉、回族人口约2000人，多数为广东湖广移民之后。罗城镇的特点在于整个场镇形态呈长椭圆梭形，十分奇特，布局组合又是别有一格。该镇为周围一方的农贸中心，位于一山冈上，故称“山上一只船”。从空中看，因两端紧合，如一把织布的梭，又称为“云中一把梭”。主街长200余米，两侧廊檐宽达4～5米。总平面的船形尤为突出，中段最宽达9米以上，而两端街道入口处窄到两边的廊子檐口几乎要碰到一起的程度。两边檐廊呈弧形围合，街心处建一高大戏楼，前面自然形成一宽大广场，可以容纳更多观众。这正是形成船形平面的主要原因。该场镇椭圆形封闭式空间，聚集防卫功能较强，可能与客家土楼有某种内在联系。街上几乎全为前店后宅式铺面，茶馆、酒肆、书场、店铺及宽檐廊下的摊贩，呈现出商业一条街繁华景象，加上中心的戏楼，可以想见赶场天乡人熙来攘往是何等的热闹。两边小青瓦木穿斗结构，廊檐木柱排列高达两层，街面随地形起伏自然，廊檐街道空间宏敞明暗变化强烈。梭形街的一端开口略大，对面有一高大的清真寺，与戏楼互为呼应，使场镇空间更加丰富活跃。整个街道格局别致，气氛亲和热烈，空间奇异通透，足见四川乡土场镇不拘一格的创造智慧与浪漫情趣。罗城镇这种形态富于创意的集聚空间，从现代规划设计理念来看，就是一个集住居、购物、博览、游乐、休闲等于一体的多功能活动度假村

图 3-14g 肖溪镇“凉厅子”檐廊

图 3-14h 肖溪镇廊坊式主街

(图 3-15)。

同样是廊坊式街，还有一种做法也令人称奇，可以称之为“两廊夹一沟”廊坊式场镇。涪陵西面的大顺镇一条街不足 200 米，其特异之处在于该场镇没有通常场镇常见的街心通道，而两边廊檐向街心靠拢，几乎接在一起，只留下一

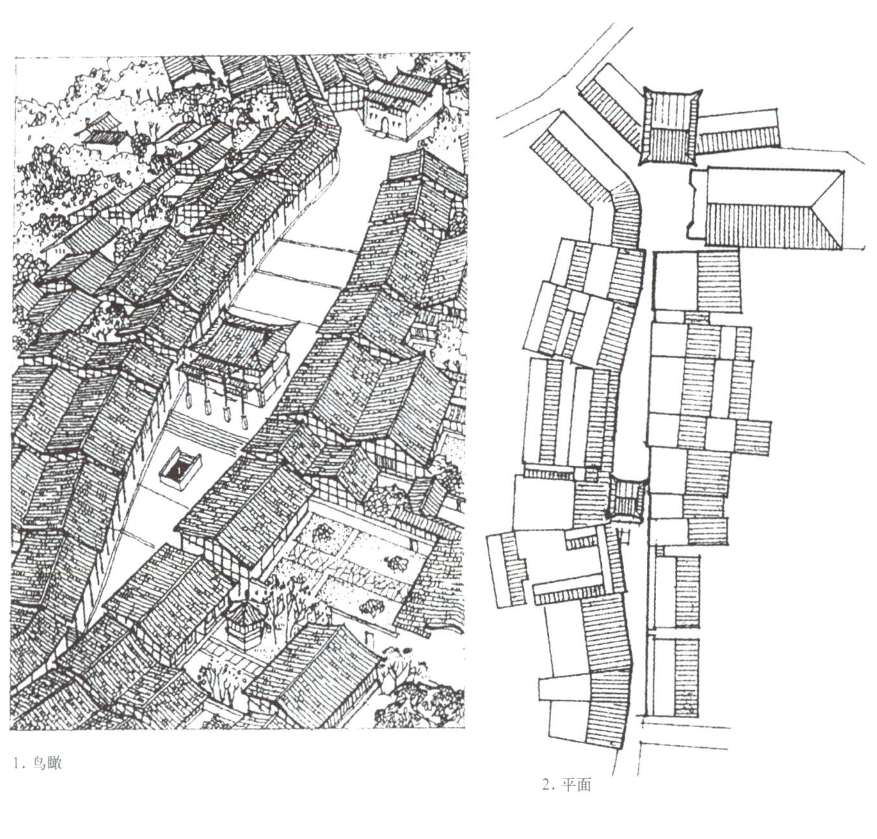
1. 鸟瞰

2. 平面

3. 剖面

图 3-15a 犍为罗城镇平面、剖面及鸟瞰

图 3-15b 罗城镇通透的大檐廊

图 3-15c 罗城镇檐廊上的亮瓦光带

图 3-15d 罗城镇主街

图 3-15e 犍为罗城镇"山顶一只船"

图 3-15f 罗城镇街心大戏楼

道不足一米的空隙，完全是街心"一线天"。而其下则是深达两尺多的阳沟，以接走两边廊檐排下的雨水。阳沟上架设小石板过桥，以沟通二边檐廊人行的来往。檐廊宽达四步架 5 米多，但因两边相当靠近，形成更觉宽阔通透的柱厅空间效果。这样的有廊无街方式可以大大节约场镇的占地面积，而商业街市功能未有丝毫影响，反而改造了排水设施使之更为通畅，实是一举多得的奇妙巧思。昔时，该场镇两端进出场口还设有木栅子门，四角建有碉楼，俨然一座寨堡，具很强防御功能。场镇周围也有不少方形土楼、碉楼。据查，这里乡民多为以客家人为主的外来移民，加之清中叶匪患严重，从粤乡习俗，建筑作安全防卫考虑。大顺镇聚落形态受此影响，是显而易见的。这里是辛亥革命先驱，老同盟会员李蔚如家乡，下场口附近有李氏祠堂及碉楼。周围这些民居建筑同场镇廊式街形成一个较大的组群。这也是川内一些小场镇周邻不远兴建不少大户人家的庄园，形成一个范围较大的松散住居群落的一种常用方式。四川人常把乡场称为“街上”。一般这些大户人家在“街上”多有店铺，住有伙计雇工，而自己多住在附近的庄园大院。所以四川的小场镇聚落居住方式是同周围乡间民居紧密联系在一起的（图 3–16）。

四川场镇的廊式街有的贯通整个场镇，有的仅是某个局部，也有的仅为半边廊式街，尽管各处都有自己的变化和特点，但都采用这种基本的建筑形式，说明它具有广泛的适应性和优越性。现在保存下来的廊坊式场镇还有相当数量，至今仍在发挥作用。除了上述各例，还有江津石蟆镇、彭水万足镇、大竹柏林镇、渠县流溪镇、涪陵龙潭镇、丰都包鸾镇、石棉大渡河边的安顺镇等，类似涪陵大顺镇“两廊夹一沟”的还有大足铁山镇，永川板桥镇。而像犍为罗城镇以戏楼压阵的“云中一把梭”和广安肖溪镇以牌坊领航的“江边一只船”那样的乡土特色场镇，的确是非常罕见的独创（图 3–17）。

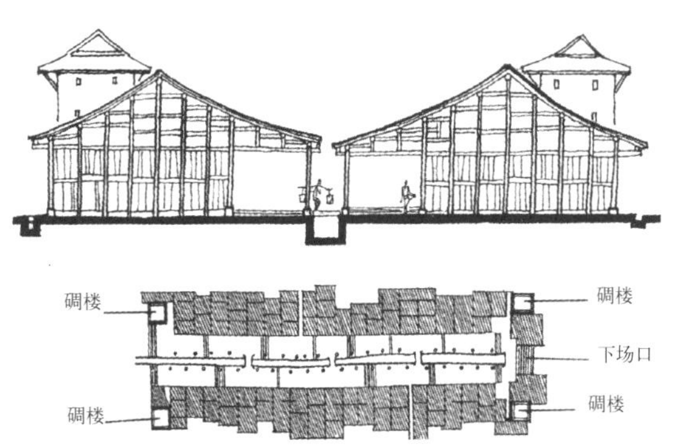

图 3–16a 涪陵大顺镇总平面、剖面图

图 3–16b 大顺镇一线天街景

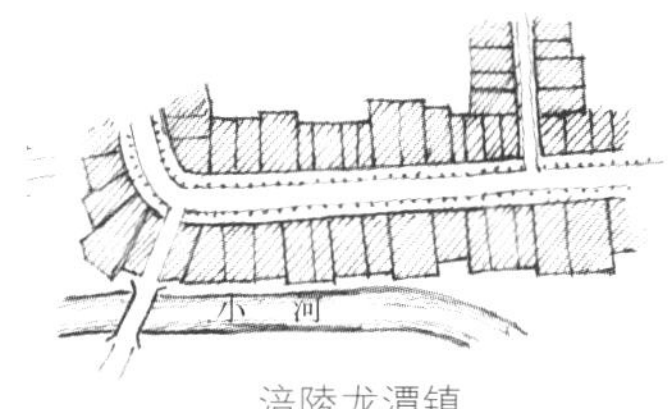

涪陵龙潭镇

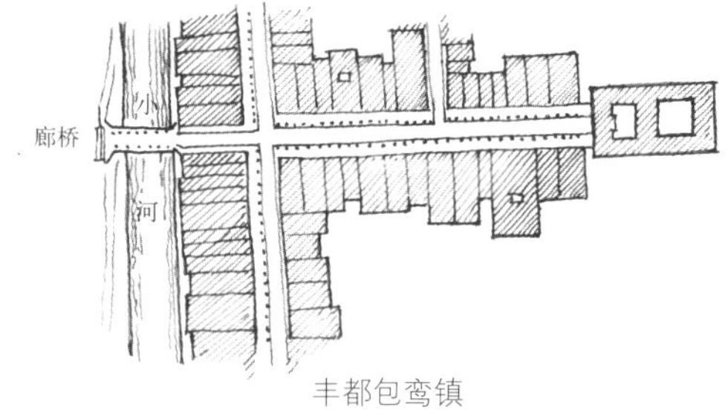

丰都包鸾镇

图 3–17a 廊坊式场镇布局示意图

图 3–17b 涪陵龙潭镇临河挑楼

图 3-17c 涪陵龙潭镇廊坊街

图 3-17d 丰都包鸾镇廊坊街

图 3-17e 丰都包鸾镇檐廊大弯梁构造

二、云梯式场镇

如果说廊坊式场镇的形成是四川气候因素起到了主导的作用，那么云梯式场镇的产生完全是由于四川地形因素造成的。在复杂的山地条件下，要选址一块平坝或缓坡是不容易的，而这些地段多为良田好土，不能轻易占据用来建房。尤其在那些临江岸的交通必经之处，多为陡峭的坡地。但只要地址基岩石盘牢固，聪明智慧的川人也会不畏劳苦，视险地为坦途，平基盖房，起场建镇。这种场镇形态的主要特征是主街垂直于等高线沿石砌阶梯而上，随山势起伏转折，再派生若干曲径小巷，通向高低错落、大小不一的众多台地房舍。因此，这种云梯式场镇也可以称为“爬山式”场镇。其中渝东南石柱土家族自治县西沱镇尤富有代表性。

西沱镇又名“西界沱”，古为“巴州之西界”，东接施州（今湖北恩施），因位于长江南岸回水沱而得名。此处乃江河弯处码头渡口，水面拓宽回旋，水势舒缓，适于停靠船只。一般江边场镇多靠在回水沱旁兴建。在西沱发现有观音寺商周遗址多处，说明其开发历史之悠久，早在汉唐时即为一繁华水码头。因扼川鄂盐道的咽喉，是“川盐济楚”的要镇。宋至清，官府在此设巡检司。清乾隆《石柱厅志记》载：“忠万交邻为西界沱，水陆贸易烟火繁盛，俨然一都邑也，置塘讯，且设巡检驻之。”其时，这里商号林立，店铺杂陈，行帮聚汇，百业繁兴，重楼华屋，鳞次栉比，寺庙会馆，争奇斗艳，历代为川东名镇。

但西沱镇的最大特色还在于竖向空间形态的发达与变化。宽约 5 米的青石阶梯道主街从长江边沿山脊蜿蜒而上，至山顶独门嘴长达 5 华里许，计 113 个梯段，1124 级台阶，上下高差达 160 余米，当地人称“坡坡街”。街道分三大段落，下段新华街，中段和平街，上段胜利街，中间有一较大平台转折。数不清的小街小巷顺地形变化“鱼骨式”布局伸向四面八方，联系 80 多个大小平台上建的房屋。西沱镇的民居等所有建筑以吊脚、筑台、爬崖、附坎等各种方式，依托这些平台建起这样一座立体的场镇。从江中远眺，长长的石阶密集绵延，直上云遮雾罩的山顶，蔚为壮观，其状世所罕见，即雅称其为“云梯街”。大多数民居房屋布局顺梯道走向而将山墙朝向江面，黛黑色小青瓦人字形双坡悬山屋面，橙褐色木框架，纯白色竹编夹泥石灰墙，层层叠叠，错落有致，上有艳阳高照的蓝天白云，下有碧波荡漾的江水风帆。这些都映衬在黄桷古树、树林竹丛遍布的青山怀抱之中，色彩造型何等斑斓丰富，空间气势何等奇异恢弘。这就是一幅大江天梯图立轴的真实写照。

西沱镇的规划兴建在风水思想的影响下，对云梯街还赋予了“蛟龙戏水”的构思灵感。在临江的镇头建禹王宫作为龙头，左右两侧建石拱桥，犹如一对浑圆的龙眼，故名“龙眼桥”。街两侧又植有高大茂密的黄桷树，在江风中摇曳形似龙爪。层层覆盖的青瓦屋面犹如片片龙鳞，远看云梯街，酷像巨龙下水，气吞长江。特别是入夜后，人们在龙眼桥上高挂一对大红灯笼，作为川江航标灯。场镇从上到下万家灯火闪烁，巨龙眼睛大放金光，真是活灵活现的所谓“蛟龙下山”，宛如戏水般的迷人风采，实为万里长江一大奇观。

此外，西沱镇还有几十处各级文物保护单位，如下盐店、崔绍和民居、永成商号、民亭、关庙、紫云宫、禹王宫、万天宫、二圣宫、南城寺等文物建筑，以及汉墓群、福尔摩崖造像、陈家河长江水文石刻等名胜古迹。尽管长江三峡大坝蓄水后，海拔177米以下将被淹没，但还是有大部分成片的明清民居和古建将保存下来，成为四川民居建筑研究的可贵实物资料。2003年西沱镇被公布为首批国家级历史文化名镇（图3–18）。

再如重庆磁器口古镇，也是一种爬山式场镇。

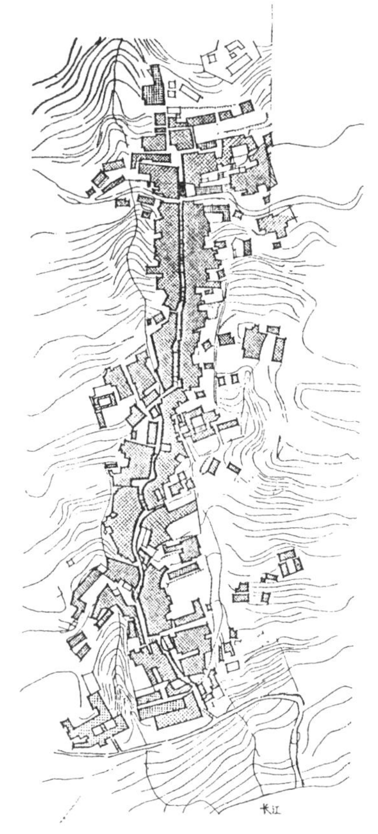

图3–18b 石柱西沱镇总平面图

图3–18c 西沱镇鸟瞰示意：通天云梯——从长江北岸遥望西沱

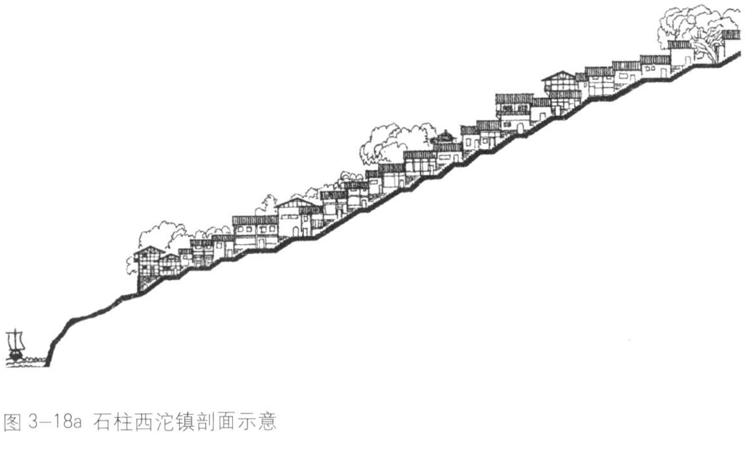

图3–18a 石柱西沱镇剖面示意

图 3–18d 西沱镇风貌意境

图 3–18e 西沱镇台地中西合璧式小院民居

图 3–18f 西沱镇坡地民居

图 3–19a 重庆沙坪坝区磁器口古镇旧貌

该镇依嘉陵江边马鞍山山势而建，随地形平坡结合展开市街布局。青石板主街宽 5 ~ 6 米，长度达千余米，四条正街和诸多小巷高低上下自由伸展，灵活多变。大片明清竹木结构吊脚楼民居和四合院错落交织，街道和民居建筑空间极富变化，尤其一些边角零星不规则小台地作为户外空间利用，巧妙而又多样。山顶上建有宝轮寺，其大殿为明代建筑，寺庙建筑群色彩辉煌，成为场镇标志。磁器口古镇水码头因产瓷而闻名，兼舟楫之利，工商业繁荣，文化发达，有“小重庆”之称。尤其抗战以后，大量内迁工厂、机关、学校，人口骤增，更成一时之繁盛，著名文化名人如郭沫若、巴金、徐悲鸿、丰子恺、傅抱石等齐聚此地，成为巴渝文化中独特的抗战沙磁文化的发源地，是由商贸场镇演绎为文化场镇的范例，大大丰富了场镇码头文化的内涵（图 3–19）。

图 3–19b 磁器口镇金碧街小巷

这种沿江河溪流的爬山式梯道有代表性的场镇还有秀山洪安镇，隆昌云顶镇、达县石梯镇，

图 3–19c 有“小重庆”之称的磁器口镇

图 3–19d 磁器口正街

图 3–19e 磁器口坡坡街

江津塘河镇等。不论梯道街或长或短，或梯道与平路相结合，类似的做法在大多数山地场镇中比比皆是，而且各有不同的处理手法和特点，这也正是山地场镇竖向空间形态的基本特征及其共性与个性的表现（图 3–20）。

图 3–20a 达县石梯镇梯街

图 3–20b 秀山洪安镇

三、包山式场镇

所谓包山式场镇就是场镇空间布局围绕一个山体冈峦全部覆盖，主街从冈峦一侧沿山脊由下往上至山顶，再由上往下从另一侧至山脚，规模较大的包山式场镇可有几条街巷随山势布满若干个相邻的冈峦，呈“建筑包山”的布局方式。这种方式跟爬山式不同主要在于建筑和街道布置在体量不大的冈峦山体的两面或几个侧面，至山顶常有一段较平坦的台地形成主街的核心部分，控制着整个场镇。而爬山式则多为在同一侧的坡面进行布局，一般少有山顶台地主街。也就是说，爬山式场镇利用山体单一侧面，无山顶平道主街，包山式场镇利用山体多侧面，有山顶平道主街。这主要是针对具体的地形状况，对不同的山体利用的手法有所区别，但包山式场镇形成的空间形态又有别具特色的韵味，故可分列为一种类型，尽管它们某些方面有许多类似之处。

包山式场镇的典型代表是川南合江县的福宝镇。该场镇距县城东南约 90 华里，位于长江支流蒲江畔的一个小冈峦明月山上，侧旁一条叫白色溪的小溪环绕注入蒲江，形成小冈峦呈条形半岛之势。冈峦后面连接川黔交界的大娄山脉，经堂山、岩口山、望兵嘴山、银鼎山、游狮山等五条山梁围合着福宝镇所在的小冈峦及旁边两个小冈峦天坛山和乌龟山堡。从风水选址角度看，也是一块不错的山间风水宝地。当地人称其为“五龙抱珠”、“九龙会首”、“一蛇盘三龟”，赋予吉祥而形象的寓意。福宝镇建筑遍布于这个小冈峦上，远观就是一个精巧的“小山城”。

据民国《合江县志》载，福宝镇兴建于明代，因位于川盐入黔的古商道上，为水旱交通枢纽，至清代随“湖广填四川”移民而渐至兴旺，土产大宗竹木以这里为船运起点，可顺江外运，又使川盐转运带动百业发展，不但成了合江著名商贸重镇，也因寺观众多，成为当地一个文化宗教中心。历史上曾经名叫佛宝场。盛期场镇上各种商号、店铺、银庄、客栈、茶馆、酒楼、作坊，甚至烟馆、帮会等达百十余家，会馆、寺庙宫观14座，远远多于一般场镇。福宝镇在空间布局和形态上有自己的独到之处，还有许多神来之笔的景观变化的确精彩至极。

一是场镇布局方式“包山临溪沿河”，巧于因借，灵活自由。虽位于川黔古道上，但在众多山间谷地具体选址何处，应是十分讲究。福宝镇选中一溪一河交汇处的山冈，沿山脊开路设街，布局以包山为主，兼及水面，两边建筑顺梯街上下层叠布局，一端临溪架桥，向北扩展，一端沿河平行向南延伸。整个场镇从回龙桥、回龙街、福华街到上码头，长达近千米。聚落内外环境变化丰富生动，有江南水乡似的小桥流水人家，有气宇轩昂的山地爬坡吊楼，有平远舒展的河街小院，还有大树浓荫掩映的渡口码头，宜弯则弯，宜直则直，宜高则高，宜低则低，完全顺其自然。随意布局房屋街市，不论是竖向空间，或是水平空间，均交织相融于周围山水环境之中，一切皆素雅恬淡，借山借水无丝毫造作。

二是场镇竖向空间大起大落，对比强烈，层次丰富。福宝镇包山的主街回龙街长约450米，正如一条巨龙，依山势上下起伏游动。从北端场口的回龙桥入街，经一小段缓下的石板路转折，前方便是石阶百步的梯道，两边木楼伸出大挑檐，街道上空“一线天”与宽大石台阶对比强烈，中间与两侧空间一明二暗。登顶后却是一段长长的平坦街市，其中部突然从街宽5米左右放宽到近10米，形成一个约30米长的“坝子”。这实际上是场镇山顶正中的一个小广场，成为全镇的中心。在这里两边一望，空间似在平地般地舒展。到了赶场天，这里人气最旺。再往前行，街道突然下折为很陡的一大梯道，眼前呈现一个街市房屋围成的低谷，下50级台阶至谷底，再行约40多米来到岔路口。此处空间大小、明暗、形态变化剧烈，往前又是很陡很高的石梯，宽不足1.5米，又是一个更为狭窄的“一线天”，约有百十步的石梯伸向高处，隐于房屋绿丛之中，尽端最高处有火神庙为镇中广场对景。往右侧转入空间渐行渐宽的沿河街市福华街，蒲江景色不时纳入眼底，场镇空间更显得轻快舒朗。至上码头渡口更是一个纳凉小憩风景优美之处。此地为场尾，周围一片田园风光，又是另一番情趣。整个场镇在青山绿水之中，充满浓郁的山乡风情。

三是山地场镇建筑特征尤为突出，错落变化，形象动人。福宝镇房屋的山墙是十分精彩的，因为两面包山，无论是居高从北端看，还是从南端看，都可看到那层层叠叠，错落涌动的大小人字山墙形状和色彩的种种变化，如同云梯式场镇西沱镇一样。但不同的是，福宝镇大多是两边不等长的斜山墙及木构架，同带装饰的弧形元宝马头墙形成强烈对比。加上小青瓦长短坡屋面的悬殊而使整个山面更为灵动活跃。一般屋面短坡朝向街里，由于临街房屋为争取空间多为大进深，且随地形层层下跌，朝街外的屋面因而拖得很长，从中脊往下梭得很远很低。这使得场镇形象具有不可言状的强烈动感，显得十分飘逸洒脱。

同时，不但场镇街市内部景观变化丰富，其外部形象也生动别致。特别醒目的是高度利用地形争取空间的高吊脚和大筑台。由于冈峦山脊基地狭小，两侧坡高差大，多数房屋也是爬山附崖的吊脚楼式建筑。在街面上立面为一至二层，而背面则吊脚三四层，有的甚至达五六层之多。如回龙街南段东侧的万泰竹木行，街面两层，下吊四层，外侧外观共为六层，实为少见的“高吊脚”。这对于纤细轻巧的木穿斗构架来说，已经是做到接近极限的层数了。这种楼当地称为“虚脚楼”。最底部的一、二层可能空敞着，堆放杂物，或完全凌空，裸露自然地貌岩面；而另一种做法则采取筑台的方式来补齐高差，有的筑台大得惊人。如禹王宫后面大殿的筑台以大石块精心砌造，体量庞大，高达近 20 米，巍峨壮观，很是气派。

坡坡街、斜山墙、长梭檐、高吊脚、大筑台是福宝场镇空间形象和建筑造型的五大特色。这些手法把山地场镇建筑的主要特征以无比生动的形象展示了出来，是那么充分那么鲜明那么集中，为他处场镇少见，令人不得不佩服川人的开拓勇气和聪明才智（图 3–21）。

场包山，山托场，山是一座场，场是一座山，

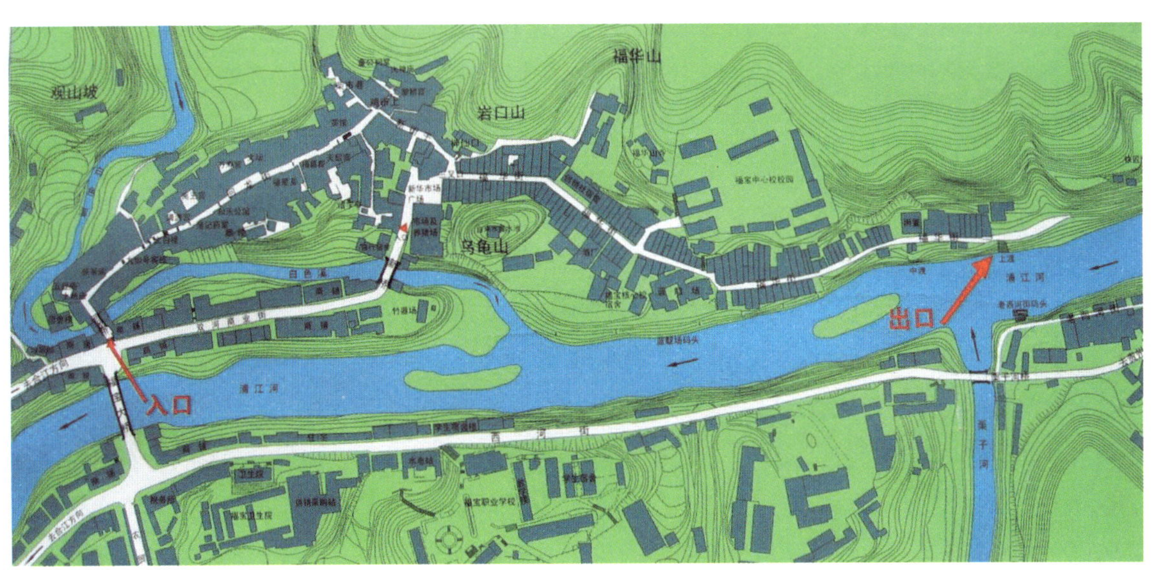

图 3–21a 合江福宝镇总平面图

图 3–21b 合江福宝镇全景

图 3–21c 福宝镇重叠的山墙

图 3–21e 福宝镇场口石拱桥

图 3–21f 福宝镇长拖檐

图 3–21d 福宝镇高吊脚民居

二者密不可分，共同促成场镇空间高低变化，张弛开合，景观转换。四川有不少这样包裹山脊直至山顶台地建街市的山地场镇，如铜梁安居镇、永川松溉镇、达县蒲家镇、通江麻石镇等等，而

图 3–21g 福宝镇坡坡街高梯坎

福宝镇不过是表现得更为强烈，更有个性（图3-22）。

四、骑楼式场镇

“骑楼”这一名称源自广东。这一建筑形式，上楼下廊，东南沿海地区多采用，常常是楼上住人，楼下为店铺，有廊遮雨避阳，利于营业。这种形式非常适于炎热多雨的地区。所以骑楼式街道在广东城镇中应用十分普遍。不少人认为这种形式是受外来西方建筑文化的影响而产生的，因为广东的骑楼常用拱券式大柱廊，模仿西方古典柱式，带有殖民色彩的“洋式”风格。其实，前述的廊坊式场镇的街道，已有这种骑楼式街道同样的理念。有的廊式街由单层平房发展为二层或多层，也就类似广东的骑楼。不过，四川的骑楼式场镇的确是受外来影响形成的。因为四川气候与广东也很相似，这种骑楼式建筑形式很自然地在川内受到推崇。在近代

图 3-21h 福宝镇低谷中的街巷

图 3-21i 福宝镇渡口

图 3-22b 松溉镇正街

图 3-22c 松溉镇梯街

图 3-22a 永川松溉镇全景

西方文化势力特别是教会的影响侵入到四川内地，随着到处修建天主教堂，一些西洋古典建筑式样也流传开来，成为时尚。有照抄照搬的，有中西合璧不中不西的，有传统形式加西式点缀的，良莠不齐。此风从城市吹到乡村，甚至一些边远腹地到处泛滥，乡土民居建筑及乡村场镇也深受影响。一些所谓乡土化“洋式”场镇也就标新立异地建了起来，不过也非完全仿造，其中有的加入了自己的创意与发挥，显示出有趣的土洋结合的近代乡村风味。

大竹清河镇就是这种至今保存相对完整而又有一定建筑质量和特色的骑楼式场镇。该镇的兴建主要是因为此地为川中爱国将领范绍增的家乡的缘故。他于1931年在上海带回仿西方古典建筑式样的图纸并出资建造。该场镇距大竹县城北约50华里,位于一开阔缓丘上。街全长近400米，进场口略为弯曲后即是一条笔直的石板街，两侧为两层连续拱券柱廊，骑楼透视深远，气势颇为壮观。街心宽约5米，骑楼下层廊宽约3.5米，上层前部未作为房间，而是每间隔断为阳台。因此骑楼廊式街空间显得更加敞亮。两侧廊因地形呈一高一低之势，上排廊高出五个台阶约1米。一般的骑楼通常楼上封闭为房间，街两边亦无高差。而清河镇的骑楼是两层空廊，下通畅上隔断，且形成廊式街的高低组合。这些处理显出它的灵活变通。

此外，它的屋顶仍采用四川农村民居常见的小青瓦坡顶，用以覆盖骑楼拱廊，且出短檐，而不是西式骑楼顶部多为女儿墙装饰如平顶式样的广东做法。这种小青瓦屋面配西式柱廊真有点像穿西装戴瓜皮帽，但如此这般的“土洋结合”确又非常自然，搭配得也较协调可爱。更令人忍俊不禁的是，拱廊的圆形柱头做法全然不用希腊罗马柱式，而是用灰塑的传统工艺塑成大白菜、南瓜等普通常见的乡土题材形象，而且造型比例式样也恰如其分，别具一格。这些既反映了川民之幽默、风趣和乐观的地方风格，同时也反映了巴蜀传统文化的宽容度与融合力。清河镇川式骑楼街这些破格手法及无拘无束的创新精神使四川传统民居文化在吸收外来文化的积极因素的同时，极力加以合乎地方意趣的改造，结合本地原有的穿斗架、小青瓦、大出挑等传统做法，使乡土建筑呈现出别一番时代气质（图3-23）。

这种骑楼式街在川内其他场镇也有发现，但多是局部段落，像大竹清河镇如此规模完好的骑楼式场镇，反映了一定的时代特征，是川内孤例，很有历史文化价值。但骑楼式建筑形式用于民宅建筑却不乏其例，如大足饶国梁宅、大竹孟兰亭

图3-23a 大竹清河镇骑楼街

图3-23b 清河镇骑楼街拱廊与柱式

图 3–23c 清河镇拱廊

图 3–23d 清河镇小青瓦屋面

图 3–23e 清河镇柱廊灰塑菜花柱头

宅、大邑刘湘宅和刘文辉宅等。这些场镇及民居建筑对四川传统建筑来说确有开近代建筑风气之先的推动作用。

五、凉厅式场镇

四川盆地气候炎热多雨，但不多风，室内异常闷热，所以除了遮阳避雨，通风与排湿显得尤为重要。在川南、川东一带的民居中，有一种做法很适合住居的这种需要。这就是在院落或天井的上空加设一个顶盖，高出屋檐，留出空隙，既可通风，也能采光，形成一个十分凉爽的竖向空间，川人多直呼其为“凉厅子”，有的也称为“抱厅”。这里成为全宅气流汇集之处，具有很好的“抽气”效果，室内的潮气秽气均可有效地排除，所以有的地方又称为“气楼”。这是一种一举多得的处理手法。这种建筑形式也用到了场镇聚落的街区组合上。在市街的上空，以小青瓦屋面覆盖，把原本互不连属的街道两边的房屋结成一个整体，街道便形成一个条形的大凉厅。乡人则把这种场镇叫作“凉厅子街”。如果把整个场镇看成一幢巨大的建筑，这种街道似乎就成了建筑的内廊,所以有人又把它称为“内街式场镇”或“内廊式场镇”。其实这种凉厅子场镇最本质的作用还是为了通风和凉快，能在长长的夏日让人们在集市上有更多更舒适的停留。这种方式同廊坊式场镇一样有异曲同工之妙。由于这两种场镇通风凉快，乡人们都称之为凉厅子街。但实际上应该是两种不同的场镇类型。这主要是因为他们虽在功能上类似，但在建筑空间形态和建筑构造做法上却完全不同。

在空间形态上，廊坊式场镇的主要市街中心是敞亮的，整个街道空间是一明两暗，在建筑做法上是设置列柱支撑宽檐廊，街道空间效果显得通透多变。但两边檐廊互相来往，则要“穿街”，通过露天的街心从一侧到达另一侧。同时，廊坊式场镇这种布局要占据较宽的基地面积。而凉厅式场镇的空间形态较为单一，形似高直的巷道式空间，尤其是市街两侧房屋为二至三层时，这种感觉更为强烈。凉厅采用的屋顶做法也不大相同，覆盖方式灵活多样。而采光通风则靠两边房屋檐口高差形成的空隙来实现，常常造成别致的光影效果，十分有趣而新奇。有时光线不足，则采用“亮瓦”来弥补。这种用玻璃制成的小青瓦形状的仰瓦成排安装在街道上空屋面或大挑檐口边，大大增加了街道的亮度，也有别致的光影空间出现。所以，廊坊式街是在横向扩展空间，而凉厅式街则在竖向拓升空间。

凉厅式场镇的代表作是江津中山古镇。该镇原名叫三合场，位于距江津县城南 100 多华里四面山笋溪河畔，邻近贵州，为江津、綦江、合江三县交界地区。据江津市级文物保护单位即镇河边巨石上的南宋题刻《清溪龙洞题名》所记，当时已有场镇名为龙洞场。据乡志载，清末将龙洞场与附近老场、马桑垭场合并称三合场。1984 年改名中山乡，后撤乡并镇，1993 年改为中山镇。可见该镇至少已有 850 多年历史。而镇境出土的各时期文物还证明先秦以前此地已有商贸活动。

中山镇有优越的地理位置，是周围地区水陆码头，笋溪河水运起点，各种山货物资的集散地。所以场镇一直很繁华热闹，店铺、药房、客栈及各种手工作坊，如锅厂、锌厂、染房、铁匠铺等有不少店铺民居建筑及其环境风韵至今犹存。从历代留存的文献资料可知，原三合场老街有铺面 453 间，全长约 1600 米。现还较好地保留了 307 间，街长约 1100 米。镇上现有居民 1300 多人。该镇沿笋溪河顺等高线南北走向带状布局，街道全为青石板铺就，宽 3 ~ 4m 左右，后场有的地方宽达 5 米，场镇民居建筑多为清代所建，建筑面积约 2 万平方米。

中山镇的街市建筑最大的特色，就是它的千余米长的凉厅子街，竖向空间特别高敞。据说以前整个街面都有顶盖，现在还存有相当部分，断断续续共 300 多米。一般常用抬梁式构架大双坡屋顶覆盖，有的地方则用出挑深远的大宽檐遮盖，或用上层檐的屋面拖下掩盖，凉厅屋面覆盖方式根据使用条件和位置十分灵活多样，使整个市街有盖有敞，竖向空间有开有合，更增添了无尽的变化。特别是由于沿河靠山，基地窄逼，两边房屋多为木穿斗构架 2 ~ 3 层的楼房，使街两侧高度达 6 ~ 8m，加上顶盖露明的木构架，与不宽的街心比较，更显得内街空间又窄又高。这样的空间在夏天的确十分凉快，沿河的穿堂风吹进，就像一条“风巷”，赶场天自然是人共享之。场镇有惊人的容纳量，人们都愿意在里面多坐一会儿。冷场天街上完全成了“公共客厅”，住家的男女老少，不管做什么，副业活、家务活等等都可以在街面上做起来。大人在凉椅上喝茶摆龙门阵，小孩在凉厅下玩耍做功课，邻里之间关系和谐，轻松悠闲，整个场镇就如一个大家庭。

事物的变化发展总是有机联系在一起的，其中一个要素的改变必将引起另一些要素的变化。这种内在的联系又使它们形成一个新的体系。研究建筑形态的变化也是这样。中山镇这种凉厅式街与众不同，还有一些形式做法也很有特色，而这些特色皆由凉厅做法引起。较为突出的表现，如街市上排屋覆盖街心的大宽檐，有的在楼上甚至挑出达 3 米。若为一层必须设置柱列支撑，但街心很窄，不可能立柱。这种宽檐则采取分层出挑枋，一级一级地挑出，与中国传统大木构造的斗栱原理一样，层层出挑。最下一级还加斜撑，最上一级用大弯头梁，形如七字，又叫七字梁，这样可以挑出很远，甚至伸过对面下排屋的檐口上面覆盖全部街面。此外，还有一个突出的表现，就是中山镇沿江一排房屋因临江的高差很大，多采用吊脚楼形式，这在一般山地场镇已较多见，而此镇吊脚楼多为挑楼。这种形式也雅称为“望江楼”，对江面开敞，有临江凭栏眺望风景的空间情趣。这种吊脚楼相比而邻，上下有几层的，是饮茶会友的最佳去处，这些都是极为开敞的空间，加上临街铺面也是用可拆卸的铺板，打开后，望江楼室内外空间与街道凉厅空间完全融在一起，河面上的清风自然长驱而入，通透全场。这就是中山镇挑楼如此多的原因所在。其沿河景观自然又别开生面，在笋溪河上成为一大特色。

中山镇除了凉厅式街空间特色之外，场镇空间的段落节奏也形成富有序列层次的变化。整个带状布局有两大部分，八个段落。两段老街分为

图 3–24a 江津中山镇全景

图 3–24b 中山镇沿江挑楼

前后两部分，前场较长，为平路，后场较短，有小梯道，平坡结合。一座有 800 多年的古券洞桥连接两段老街，这里形成一个开阔的节点，风景优美。全镇八个段落从场口到场尾依次是：江家码头、观音阁、万寿宫、水巷子、一人巷、卷洞桥、月亮坝、盐店头。上下场口还有栅子门关栏。每个段落空间形态都有变化，有的封闭，有的开敞。有凉台地坝，有半边街，有拐弯的梯道，有宽平的廊街，无一雷同。有机结合使用功能要求的不同随宜进行不同的处理，这正是乡土建筑的可贵之处。中山镇如此精彩的凉厅式场镇能保存至今，在川内也是不多见的。

至于中山镇所处的周围环境也同其凉厅式街一样有自己独具的山乡风情。宽不过数十米的笋溪河谷两边青山连连，生态环境优美。场镇长而不宽，尺度与河谷环境十分适宜。高低错落交织的凉厅小街屋面随宜变化，与沿河吊楼相映成趣。场口前大石盘、小石桥、半山亭、石板梯掩映在古树竹林之下，风景十分秀丽。笋溪河的清流中群群鸭鹅戏水，清静而安闲，四周山野风光，充满诗情画意（图 3–24）。

图 3–24c 中山镇与笋溪河

图 3-24d 中山镇凉厅街大挑檐

图 3-24e 中山镇凉厅街内木构架

图 3-24f 中山镇内街式凉厅子

图 3-24g 凉厅街上空一线天

图 3-24h 街巷光影的对比

图 3-24i 江津中山镇"凉厅子"街亮瓦采光

六、寨堡式场镇

寨堡式场镇又称山寨式场镇，因为一般多选址在地形险要的山上，但也有在平坝交通岔口之处筑堡设寨的。这种场镇的形成有一个从军事防卫功能为主转变到以居住商贸功能为主的过程。不少寨堡式场镇就是从早期的寨子发展起来的，也有的是场镇在形成过程中因其地位的重要性，或为了增加居住的安全感而借鉴山寨和城堡的形式来建造的。四川在明清之际及民国时代，社会动荡兵祸匪患严重，乡民为求自保，不但大修各种寨子和碉楼，而且把常住的场镇也建成寨堡的形式。山寨应当说也是一种古老的聚落类型，里面也有街道房屋等，但主要的还是军事性质。乡村的民间寨子主要是避难用的。在兵荒马乱或土匪打劫之时，暂住到有防卫的寨子里去，平时只有少数看寨人住着。四川的寨子尤其在丘陵山区的乡间十分普遍，如綦江县丰盛乡，就有铁瓦寨、天成寨、豹子寨、一碗水寨等16个古山寨，至今寨墙尚存。山寨有的为民间所建，有的是官府屯兵之处。

四川山寨历史悠久，据《四川通志》，三国时就有"纳溪县保子寨"的记载，这可能源于汉代的"坞堡"。唐代大足北山石刻其地就是从唐时的龙岗寨发展而来。四川最为典型规模最大的寨堡当属宋代合川钓鱼城，巴蜀军民在此抗元达36年，由山寨扩展至一座城堡。据文献记载："城内建民房、街道、帅府、阅兵场、指挥台、仓库、泉井、州县署衙等，使鱼城内房舍相连，机关相通，军民相济，水裕粮足。"这已是一座典型的军事重镇。在清代，尤其嘉庆时期，川东白莲教起义，官府与地方民团以筑堡结寨的方法对付义军，一时寨堡之风大兴。由此便形成四川的场镇聚落同寨堡碉楼的不解之缘。留存至今的如铜梁的安居古镇有坚固的城楼城墙，三峡巫山大昌古城有城墙城门，隆昌的云顶镇由云顶古寨派生出丁字形布局的山顶场镇。其中独具特色的当数合川的涞滩镇。

涞滩镇分上涞滩和下涞滩，相距里许，一在山顶，一在江边，可算作一个群落组团。该场位于合川东北 70 华里的渠江西岸鹫峰山顶。晚唐建有寺庙，场镇则宋代即有。现镇侧有二佛寺，分上寺、下寺，为全国重点文物保护单位。殿宇为清代建筑，但下寺大殿中的石刻佛像，高 12.5 米，在川内仅次于乐山大佛，故称“二佛”，为宋代禅宗造像。全寺佛龛 42 个，造像 1700 余尊，是全国规模最大的佛教禅宗道场造像点。

除此之外，涞滩镇的突出特色还在于场镇的寨堡式城墙及其独有的瓮城。据当地记载，城墙建于清嘉庆同治年间，至今大部保存完好。这与它所在地理环境和场镇在周围山乡的战略地位有直接的关系。

涞滩场选在鹫峰山顶一平台之上，其南、北、东三面皆悬崖峭壁，东面临滔滔渠江，从江边下涞滩登盘山石梯小道上至 80m 高处的东寨门。整个场镇占地长约 330 米，宽约 260 米，包括东面二佛寺建筑群和西南回龙庙建筑群，全部以石砌寨墙包围，俨然一座坚固无比的城堡，据守在通往渠江的要道上。

涞滩镇依托险要地势和寨墙建成了完善的防御体系。寨墙全长 1400 米，高约 3 米，厚约 2.5 米。寨墙寨门条石砌筑，均沿山崖而建。三个寨门，东为东水门，南为小寨门，西为大寨门。唯西寨门独加建半圆形瓮城，面积约 400 平方米，设八道城门，四开四闭，十字对称。西寨门高近 8 米，墙厚 3 米，拱门高 3m，宽 2.5m，有“众志成城”四个大字镌刻于拱顶门楣上，为同治年建。在一般集镇中有如此精巧别致的小瓮城在全国似无二

图 3–25a 重庆龙兴镇山顶上贺家寨寨门与壕沟

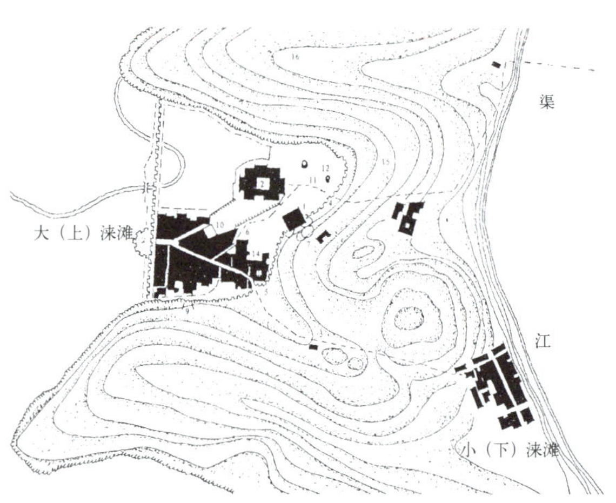

图 3–25b 合川涞滩镇总平面

图 3–25c 涞滩镇正街看瓮城

图 3–25d 涞滩镇瓮城

例。整个涞滩镇就像一个古代城市城防的模型，场镇尺度同山乡民居相得益彰。

涞滩镇主街顺城街，长约 400 米，宽约 5 米，窄处 2 ～ 3 米。临街木穿斗房原有廊坊式檐廊，出挑 2 ～ 3 个步架。店铺多为前店后宅，空间尺度亲切。场镇内的文昌宫、明代石牌坊、戏楼等古建筑保存完好，具有较高的艺术质量。

尽管这是个山寨城堡式的场镇，很有威严震慑的气势，但又有山乡宁静优雅的风味。涞滩镇周围自然景观也十分丰富，其当地碑刻记有“涞滩八景”,如“渠江渔火”、“佛岩仙迹”、“鹫峰云霞”等仍景色优美。

涞滩镇作为寨堡式场镇的典范，保存了很有特色的古代小场镇军事防御设施体系，以及古朴完整的清代老街与大片古建民居，还有大量精美的摩崖石刻和悠久的佛教文化，展现了镇寨合一独特的聚落空间形态，是难得的建筑文化遗产。2003 年被国家公布为首批国家级历史文化名镇(图 3–25)。

七、盘龙式场镇

这种场镇主要是就其整体形态而言呈盘绕弯曲的布局和走向，也可称之为盘曲式场镇。其主街为 S 状，街道为连续弯道，因而场镇空间呈现出某种“流动空间”的性质，街道景观产生步移景移的变化。这种盘龙式场镇因为主街顺应山体或河流的走势而形成了整个场镇的基本骨架，决定了其总平面的基本形态，所以川中老百姓常常把这样的场镇喻为“龙形街”。在山地场镇中这样的形式极为普遍，完全由地形环境所决定，反映了山地场镇的基本特征。这也是川内场镇布局常用的基本手法。盘龙式场镇有的绕着山转，有的盘着水弯，或二者兼而用之。在平坝地区场镇如游龙，在浅丘山区场镇则如上下之腾龙，使这种场镇在空间形象上充满了强烈的动感。尤其在高处远观，在大地田野一片青山绿色映衬下，高低起伏的一片片青瓦屋顶像黛色的飘带连续不断延伸向远方，犹如龙行天下，给人以深刻印象。

资中罗泉镇是这种盘龙式场镇的突出实例。罗泉镇位于资中县城西约百里的丘陵地区，毗邻威远、仁寿二县交汇处的球溪河畔。罗泉镇古称罗泉井，因盐业而兴。据《盐志法》载：“资川罗泉井，古厂也，创于秦。”按《资中县志》，自建镇兴场有 1700 多年历史。罗泉镇依山傍水，在两山之间，背靠睡狮山，前有球溪河蜿蜒而过。场镇沿河绕岸伸展，因地带狭长呈龙形，当地人称之为“龙镇”,有“千年盐镇山涧游龙”的美誉。此地产盐历史有 2200 年，比“盐都”自贡产盐还早 460 年。至宋代已兴旺而形成街市，加上周围产煤铁，聚三县物资通过水运转口，更见繁荣。清初移民多落户两广客籍，罗泉镇又吸收外省文化不断有所增益。至今保留明清以来古建民居达 3 万多平方米。这里有号称“天下第一庙”的盐神庙，是国内唯一规模最大的祭祀盐神管仲的寺庙，有很高的历史文化艺术价值。

罗泉镇最富于传奇色彩的是它的龙形街的空间变化韵味。正如川菜少不了用川盐一样，龙镇龙街也少不了龙的千变万化。其空间处理的韵味，有龙形街“三开三合”的意趣，使街道空间在不断的弯曲变化中封闭与开通，狭小与宽敞相互交替转换。

第一层开合叫“龙头一开，龙颈一合”。小镇以场口河对面的盐神庙，以及附近的子来桥、城隍庙、川主庙等形成龙头张口之势，为一开。龙头之后的宅院相对组成封闭的街道有若龙颈，此为一合。

第二层开合叫“龙喉一开，龙身一合”。狭窄的街道延至观音沱，地形转折，傍河亮开一面，另一面为半边街，空间为之一敞，放眼望去，河对面罗泉八景之一的“神沱鱼浪”风光收入眼底。过后又变为封闭式的小街，再为一合。

第三层开合叫“龙腰一开，龙尾一合”。弯曲的街道即为龙身，在街道中段的龙身与龙尾交接处，街道随地势上折又形成一段半边街，并有两条小巷由此伸出，形如龙脚，成为一开，然后便合成小街收为龙尾。

这样的空间开合关系在很多盘曲式场镇都或多或少地有所表现，因走势环境条件而定，时而街道围合，时而半边街，形成街道因弯曲有致而自然而然的蜿转流动。场外自然景色与变幻的街景呼应相随，山地场镇的乡土魅力油然而生。像罗泉镇这样规律有序、节奏明快的“三开三合”街市空间图景的确令人称绝。乡民们以崇拜龙图腾的心情，以“龙镇”来形容自己的家乡，足见四川人品格中民俗审美情结的一面。这里的“山涧游龙”同西沱镇的“蛟龙下山”相比较，又是另一番情趣。

除此之外，加深这种“龙游”动态空间的建筑处理艺术效果的还有罗泉镇的封火墙。这里封火山墙数量之多，体量之大，装饰工艺之精为他处少见。沿街望去，高低大小错落的封火墙此起彼落，如云般涌动，其式样十分丰富。寺庙宫观的“五岳朝天”、“观音兜”、“元宝脊”，民居街坊的“三滴水”、“猫拱背”、“半边浪”等无奇不有。更为华丽繁复高大堂皇的还有将封火墙出翘放台达五层之多，圆脊鳌尖相搏，令人眼花瞭乱。此者莫过于盐神庙的风封火墙，为川中仅见，尚无可与其比肩者。这一方面反映了盐业场镇的富有财力，另一方面其装饰风格和封火墙形态式样明显具有岭南广式风格特征，说明其深受移民文化影响。像罗泉镇这样的盘龙式场镇川内还有不少，各有精彩之处。如合江尧坝镇龙形街，场口立牌坊处于高冈上，是龙抬头的升龙之势；石宝寨镇龙形街则缠绕玉印山呈盘龙之势；威远连界镇、新繁斑竹园场镇都有不同的龙形街特点。因山因水之势，各赋多姿多态曲线形，是盘龙式场镇共同的衍生规律（图 3–26）。

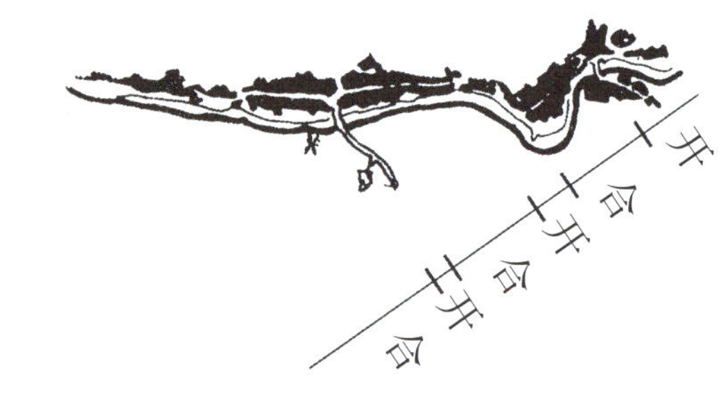

图 3–26a 资中罗泉镇空间开合示意

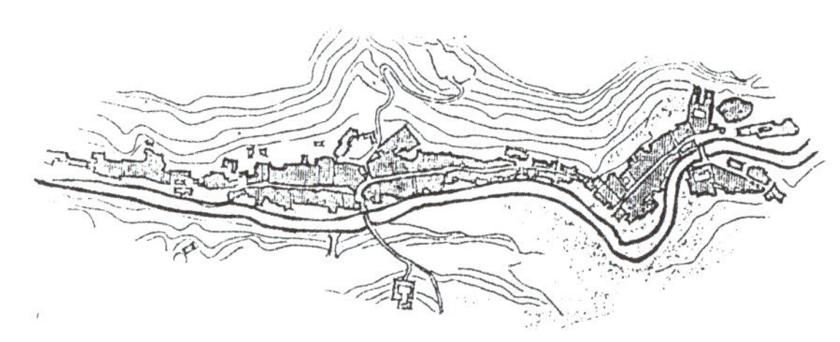
图 3–26b 资中罗泉镇总平面图

图 3–26c 资中罗泉镇全景

图 3-26d 罗泉镇正街

图 3-26e 罗泉镇街巷空间的变化

图 3-26f 罗泉镇涌动的封火墙屋面

八、水乡式场镇

这里说的水乡式场镇类似江南水乡的同里、周庄、乌镇等，多分布于平川之处，像川西平原、宽阔的河谷或大的坝子。虽然川内不少场镇都临近江河溪流，同样是水边，但山中之水与原上之水给场镇的环境空间和景观带来的形态特征和风格意蕴是大不相同的，自然形成有别于其他临水山地场镇而成为水乡式场镇类型。其中，尤以成都平原周围这种水乡式场镇较为普遍。这里水网密布，田野平畴，视野开阔，绿树翠竹成片，恰似江南，胜似江南，更显古朴飘然神奇。

川西的水乡式场镇最闻名的是属成都近郊的黄龙溪古镇。该镇属双流县，距县城东南不足百里，与彭山、仁寿二县接壤。北靠浅丘牧马山，东临锦江，又称府河。它处于府河与鹿溪河交汇的河口，河面宽阔，水流平缓，不失为一个天然小港口。成都来的下水船和从重庆、乐山来的上水船常在此停泊过夜，近郊山货土特产交易多以水运，使黄龙溪镇繁华兴旺，虽在偏远之地，却成为名噪一方的水码头。

黄龙溪镇历史上也是一个有名的地方。据《双流县志》，黄龙溪古为水陆之要冲，历来为兵家必争之地。诸葛亮曾在此牧马积粮屯兵。《华阳国志》有载："建安十四年，黄龙县武阳赤水九日。"武阳赤水即鹿溪河，又名黄龙溪。此地谓之"黄龙渡青江，真龙内中藏"的故事传说，为不少典籍所载，黄龙溪也因之得名。周围的名胜古迹，不可胜说，汉代崖墓、古代战场、古佛堰、古佛庵洞、古寺庙、千年古木等等。还有全国唯一的清代三县合署衙门"三县正堂"遗迹尚在。

黄龙溪镇原名永兴场。清代移民入川将场从河东改到河西扩大兴建，留存于今，古建民居约 3.1 万平方米。黄龙溪周围一派田园风光山水景色，沿河茂林修竹，两岸桑榆古榕，春来菜花金

图 3-26g 罗泉镇屋面

图 3-26h 合江尧坝场口高耸石牌坊似龙头

黄，水天色彩斑斓，喻为仙境。历来不少诗客雅士来此游览留下佳作。如宋代大诗人陆游乘船来游，有诗云：“微波不摇江，纤云不行天。我来倚仗云，天水相澄鲜。平远望不尽，日落自生烟。梅花耿独立，雪树明前川。好风吹我衣，春色已粲然。东村闻美酒，买醉上渔船。”清代华阳女诗人高浣花曾有诗赞叹：“平堤柳色绽鹅黄，何处看春不断肠。记取踏歌芳草路，可怜时节菜花香。”黄龙溪镇周围的八大景如二江桥、永安湖、十八步河心岛、姐儿埝、太安田园好似一派江南水乡风光。青翠的浅山，平阔的绿野，静明的带水，乘船游览，犹如画中，吸引无数游人。远望小镇，黛瓦粉壁，一如盆景。

小镇布局沿河岸展开形成顺河主街，黄龙正街南北走向，长达千米。场镇以两河交汇的渡口码头为中心，有一宽阔的小广场，左右两段河街与广场相连，往两翼展开。一边尽端建镇江寺于王爷坎挡水堤坝上，位居上场口，另一边也在尽端建古龙寺于下游的下场口，两者相为对景。还有其他黄龙横街、上河街、下河街、扁担巷、鱼鳅巷等六街九巷，呈鱼骨形与主街自由随宜交接。主街为廊坊式街，尺度亲切，檐廊宽不过 2 米左右，街心宽约丈余。两边小青瓦板墙，木穿斗房檐口不高，更显得街道空间的朴素淡雅，小巧玲珑。靠里街道多有两层木构楼房呈弧形布置，场

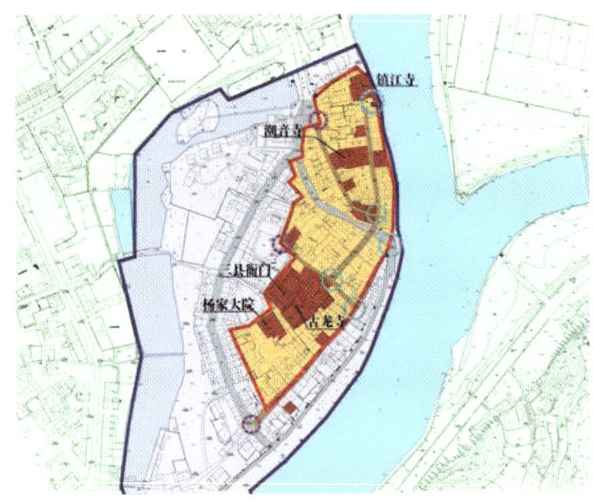

图 3-27a 成都双流黄龙溪镇总平面图

图 3-27b 黄龙溪镇全景

镇街巷空间幽深雅静，轮廓丰富。临河房屋多为吊脚楼店铺，向河面开敞为望江楼，或开横向大窗，或设栏座。因河坎不高。贴水较近，四面通透，凉风轻拂，尤感水乡的亲和。黄龙溪镇的街道、房屋和整个环境空间尺度体量都不大，尤其在高大浓密的黄桷古树对比之下，更显得如小家碧玉般的清纯可人。而这一点恰是川西民居的特色，反映了巴蜀文化品位上的差异。

黄龙溪镇的水乡特色除了上述周围大环境的自然田园风光和小镇布局，以及房屋街道的活泼空间之外，还有镇内外及邻近的绿化空间环境。小镇不大，却有古榕树 9 株，其中千年以上的 6 株，有 2 株树冠高大，覆盖面积达 300 平方米以上。镇东鹿溪河畔还有千年乌臼树一株，形似苍龙，成为名胜。黄龙溪镇有 4 个古渡口码头，黄桷树植于码头附近常常构成一景。这些古木烘托水乡式场镇环境，平添了无穷的意境和美妙的画面。榕树在四川称黄桷树，其树形盘根错节，龙形虬枝，繁茂常青，苍劲古拙，与江南水乡的绿化特色大异其趣。正是如此，巴蜀水乡风情才于柔丽中透粗犷，精巧中寓大气，翠绿中显古朴（图 3–27）。

图 3–27c 黄龙溪镇三县正堂

图 3–27e 黄龙溪镇廊坊楼正街

图 3–27d 黄龙溪镇沿河绿化与开敞空间

图 3–27f 黄龙溪镇河街

图 3-27g 黄龙溪镇廊坊街檐廊

图 3-28b 平乐镇堤岸的保护

图 3-27h 黄龙溪镇复兴街挑厢

一般水乡式场镇的街巷布局，因其地较阔绰，不似山区地狭通常仅为一条主街，而是有多条平行河街的主街，或呈十字街、井字形等布局方式。水乡式场镇富有个性特色的还有邛崃平乐镇、乐山五通桥镇、雅安上里古镇等(图 3-28、图 3-29)。尽管有些位于山间的小盆地中，也因水而建，具有不同程度的亲切平和的水乡特色。

以上八种形态类型的场镇是就其典型个性特征来说的，而更多的场镇，尤其是一些规模较大

图 3-28a 邛崃平乐镇自然形态的水岸

图 3-28c 平乐镇小码头

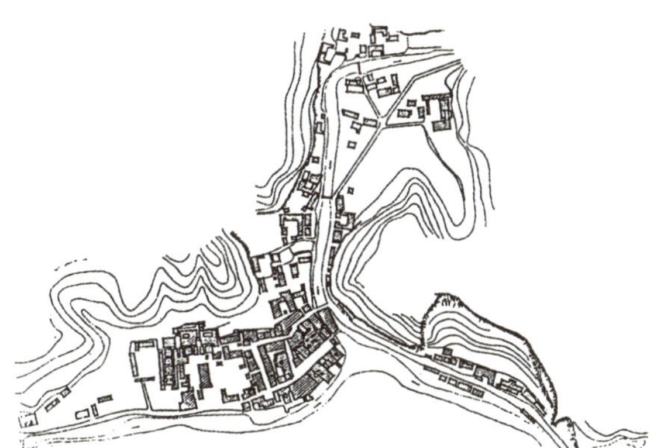

图 3-29a 雅安上里镇总平面

图 3-29b 上里镇拱桥场口

图 3-29c 上里镇临水房屋与小路

图 3-29d 上里镇街巷与明沟

图 3-29e 上里镇过水堤与汀步

的场镇，其形态是复合多样的，上述几种特征集于一身。此外，还有一些相邻很近的场镇，有的散落于二水交汇处的三岸，有的临溪河相隔，有的紧靠山脊两侧等，相互联系形成场镇的组团形态，其空间环境形态就更加丰富变化。由此，从这些不同形态场镇特征的分析中，我们可以深刻认识聚落生成规律和内在发展的动因。

注释：

[1] 清．昭化县志．

[2] 清．陈明申．夔行纪程．

[3] 清光绪．大宁县志．

第四章　场镇空间形态与环境景观

场镇聚落作为中小型的聚落形式在总体上表现得比较统一而集中，给人的印象也较为鲜明典范，可以说是一目了然，十分直观清晰，而且能较快地获得文化审美效应，常为城市所不及。场镇聚落从选址到布局形态，其内在的特质集中地表现在场镇的空间、环境和景观三个基本方面。然而这三者又是糅和在一起、彼此不可能分割的。空间包含环境和景观来构成，环境联系空间和景观相融合，景观依靠空间和环境来展示。它们完全是一个有机的整体。只不过在不同的场镇形态中因具体的条件和要求而有所侧重，使某一方面表现得更为突出。

第一节　场镇空间形态

四川场镇多数来说规模虽不大，但空间性质多样，层次丰富，处理手法各有特点。概括起来，大致可分为街巷、场口、码头渡口、院坝、街口和晾坝菜园等几种主要性质的空间形态。

图 4-1a 主街节点空间拓宽

一、街巷——商业型主体空间

场镇的兴起主要是满足农村商品交易货物集散的需要，因此商业功能是第一位的。虽然作为聚落，居住也是必需的，但农村场镇的这种居住也是服从于经营活动，所以一般场镇是以店宅合一的形式为多，临街几乎都开设为敞开的铺面。街巷作为商业型空间是场镇的主体空间，四川场镇对这一主体空间倾注了最大的关注和热情，场镇特色主要集中表现在这里。一般场镇都有一条主街，规模较大的场镇则有多条主街，再由主街

图 4-1b 仅供二人通行的窄长小巷——黄龙溪镇扁担巷

图 4-1c 荣昌路孔镇水巷子

图 4-1d 幽深的邻里小巷

图 4-1e 比例尺度亲切和谐的主街

图 4-1f 比例尺度紧凑聚集的主街

依地势派生出若干小巷形成场镇不同形态的骨架脉络和空间环境。前述各类型场镇的划分，就是基于此点。无论采取什么处理方式，目的都是尽可能在有限的基地条件下，使商业街能够容纳更多的赶场人，使他们有更舒适的交易环境，有更多的停留时间，也就是力图营建一个全天候、多功能的市场。常用的手法有：拓宽主街、增加遮盖面积、临街建楼房。

1. 拓宽主街

场镇的主街就是商业街，比一般街巷要宽，而主街的重要部分如中段更加拓宽，不少的场镇几乎都是中段宽，两头窄。像罗城、肖溪那样的船形街，或像福宝镇主街中心形如小广场，是比较典型的范例。而其他街巷尽量节省占地面积，仅供通行，在空间上与主街形成鲜明对比，有的窄深幽长，如一人巷、扁担巷、水巷子等。一般场镇街巷比例和谐，尺度亲切宜人，空间紧凑聚集，主街通常宽 4 ~ 6 米，有的甚至只有 3 米左右，均视基地条件因地制宜（图 4-1）。

2. 增加遮盖面积

或建大步檐廊，或建凉厅，或出大披檐宽檐，也就是创造大量的灰空间，即有顶盖可以遮阳避雨的通透开阔空间，既可以容纳更多人流，也是一个安逸别致的聚会场所，场镇就像一个乡客喜爱的大茶馆一样。

图 4-2a 临街楼房的大批檐

图 4-2b 街口的楼房

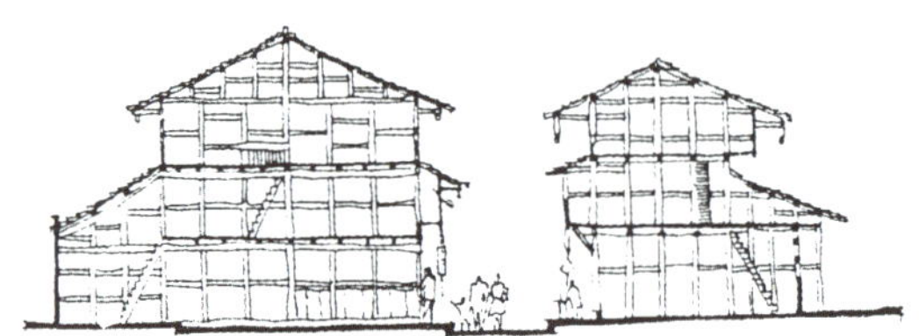

图 4-2d 资中老街剖面

图 4-2e 街道亲切的比例与小尺度

图 4-2c 临街建楼房以扩大使用面积

图 4-2f 资中铁佛镇一条街

3. 临街建楼房

一些较大的位于重要水旱码头的场镇，主要的商业街常建二、三层以上的楼房。除了下店上宅，楼层也可营业，如作酒楼、客栈等。这样也等于增加了街道的面积，又使主街更加繁华，街景壮观。此外，场镇也是供乡民游乐聚会，进行文化民俗活动和宗教信仰活动的场所。所以，场镇空间从根本上说是一个集多功能于一体的商业复合型空间（图 4-2）。

图 4–2g 房屋转角出大披檐

二、场口——形象化标志空间

场口的重要意义有两个方面。在使用上这里是进场散场人流较集中的地方，除了导向之外，人们还可能稍事停留。不管是碰到熟人要“摆龙门阵”，或是赶场行路来了要“歇气”，都喜欢在场口坐上一会儿，这是实用的意义。在标志上，场口如同场镇的“脸面”，人们第一眼看到场口，大概就可以知道这个场镇热不热闹，吸不吸引人。所以场口的营建就是一项“面子工程”，对场镇来说，这具有精神上审美上的象征意义。而后者对场镇来说更显重要。因此，场口作为形象化的标志性空间必须当作重点来处理。

川内不少场镇不仅从布局规划对场口加以精心安排，而且在建筑形象上也颇费讲究。一种是以高大巍峨华丽的寺庙或会馆以壮场口气派的处理方式。如西沱镇以龙头构思规划了禹王宫和龙眼桥作为场口组景，气势不凡；罗泉镇以盐神殿、城隍庙作龙头也是这样的目的。还有一种处理方式是在场口建牌坊或门楼，这是一种典型的标志纪念性建筑。牌坊多以石构，大抵是功名牌坊或节孝牌坊之类，内容都是歌颂纪念当地名人名事，很有乡土教化功能。这种牌坊甚至在场镇前后沿途设好几座，形成场镇前导序列空间，尤其一些较大的场镇多以此显示气派。如肖溪、尧坝等场镇以石牌坊为主体标志，构成小桥石梯风水树的场口小景；成都郊区洛带镇以高大城楼作为场镇入口；仪陇的马鞍镇场口以一座精巧的三滴水歇山式木门楼作为标志。第三种处理方式是在场口前面路边建亭阁、灯杆或土地庙等小品建筑或设

图 4–3a 资中罗泉镇位于场口的盐神庙

图 4–3b 成都龙泉驿区洛带镇门楼

图 4–3c 合江尧坝场寨门

图 4-3d 场口的过街凉亭

图 4-3e 场口的风水树

图 4-3f 雅安上里镇桥头场口

图 4-4a 江津塘河镇全景

施，尤其邻溪河的场镇多有各式小桥，也成为场口一景。如江津中山镇在场口对岸边台地上修一小巧的重檐八角亭，内塑佛像，旁边树高杆挂灯笼以吸引乡客，又成一处风景（图 4-3）。

三、码头渡口——交通性景观空间

场镇的码头或渡口主要解决交通运输问题，但也有重要的景观作用，特别是兼作场口的前导空间时，更为明显。一般码头渡口处，常叫作“河坝”，这里视线较为开阔，也恰是展示场镇主景观风貌的地方。临河的码头渡口多连接场口，常采用宽大石梯和高耸的吊脚楼来突出场口。如江津塘河镇，主码头从河边上数十步台阶经一寨门进入正街，台阶均为圆弧状，呈扇形由上往下逐级放宽，直入水中，既美观大方，又切合实用（图 4-4）。秀山洪安镇沿河码头宽约十余米的大台阶直上大街，而且码头选址在场镇主街风水轴上，背后笔架山映衬，一派山水场镇风貌。有的场镇码头场口更是匠心独运，如五通桥西坝镇临河场口，正街向河边伸出作凸字形，在临河高堡坎平台上建望江之凉风小榭，称为“曾店子”，而于侧边设石台阶上正街。这个精致的小榭成了场镇客来送往的招牌建筑和名副其实的“门面”，构成别有风味的江边一景（图 4-5）。有的渡口常设于场镇上下水口的位置，这里河弯水势较平稳，山势收拢，风景优美。渡口处常植古木大树，除了河边的驳岸、石台阶之外，还建一些小庙、石碑或幺店子之类，使渡口成为尺度小巧的一景观空间，有的溪河不宽，渡船以两岸拉绳牵引，称为拉拉渡，别有风味，增加场镇不少乡村情趣（图 4-6）。

四、院坝——广场式公共空间

广场是公共聚集的场地，场镇中的所谓广场实际上就是面积比街道宽大，形状稍方正的类似院坝的空间。这种公共空间的性质主要是供看戏、

图 4–4b 塘河竞渡

图 4–5b 自贡仙市镇盐码头

图 4–4c 山区场镇水上木筏运输

图 4–6a 合江福宝镇拉拉渡

图 4–5a 五通桥四坝镇河边渡口“曾店子”

图 4–6b 秀山洪安镇拉拉渡

娱乐、祭祀活动或某些公共集会，也兼及一些营业作用，这种小广场类似一个大“院坝”，川人称之为“坝坝街”。

这有各种不同的表现形式，大多同戏楼相结合而形成。如罗城主街正中建戏楼而拓宽形成一个小广场，可容人看戏。大多数场镇的戏楼都同会馆或寺庙宫观相结合，成为其进大门处的主体建筑。这些会馆寺观都是场镇的公共建筑，其入口即从架空的戏楼底下通过。戏楼前是一大院坝，逢场看戏或庙会、公共集会就在院坝中。而且这种院坝式的广场常结合建筑依山布置，同后面大殿的高大台阶联系在一起，台阶也成了观众席。

图 4-7 合江尧坝镇东岳庙戏楼广场

图 4-8 重庆九龙坡区走马镇戏楼广场集市

院坝空间充分体现山地广场的特征，如合江的尧坝镇东岳庙广场就是这样。从围墙大门穿过高大戏楼空敞的底层，来到四面围合的宽大院落中，两侧是带外檐廊的厢楼，后面是一折边形大台阶，数十步高，上端高台为东岳大帝正殿。整个院坝加上阶梯形大台阶，至少可容纳四五百人。更有甚者，有的寺观的戏楼空间更为开敞，直接让街道穿过院坝广场，同正街连为一体。就像串糖葫芦一样，街道通过院坝把会馆寺观串在一起形成更为开放的场镇公共空间。如重庆九龙坡走马镇，仪陇马鞍镇，都是这样的灵活处理手法（图 4-7，图 4-8）。

还有一种形式是在主街或在场头、场尾开敞处形成小广场。如合江福宝镇山顶主街辟出小广场；渠县流溪镇在场尾廊坊式主街收口处接一方形小广场，再通过这个院坝式的小广场联系通向周围的小巷；安岳来凤镇以一中心方形广场来组织四周的房屋及街巷；双流黄龙溪镇利用场口宽展的码头坝子作为镇上的广场空间（图 4-9）。

五、街口——有节奏的节点空间

场镇的街口除了指街巷交叉的节点或起终点之外，还包括一条街划分成若干段的分界点，这也是街道空间发生变化转折的一种节点方式。这些节点使街巷的空间产生一种有秩序的节奏感。虽然有的场镇不大，主街也不太长，但这种性质的节点空间还是存在的。而且这些小节点空间形态自由活泼，生动有趣，大大增强了场镇空间的个性特征。如前述江津中山镇主街被分成八节段落，每个段落空间的转折过渡形成有节奏的变化，街景因此而层次感很丰富。转折处还有节点空间自身的变化，如连接两段老街的卷洞桥节点，此处空间开敞，街道是“S”形转折，各列房屋多视角变化，场外江景纳入街内，景观十分丰富，

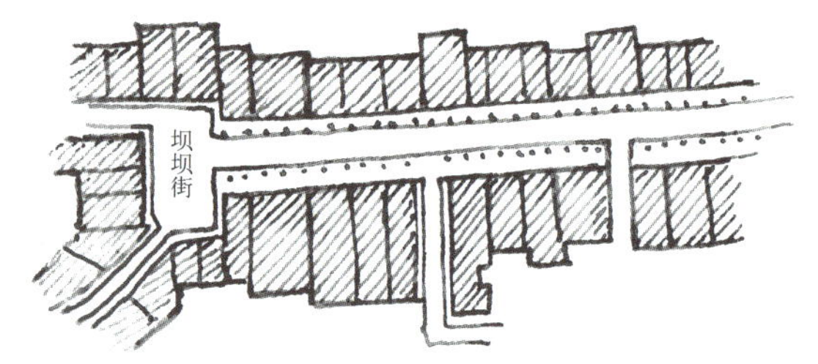

图 4-9a 渠县流溪镇“坝坝街”小广场

图 4-9b 渠县流溪镇骑楼街

展示了这个卷洞古桥周围环境的特色。又如资中的罗泉镇三开三合的龙形街变化，使封闭的“双街子”和开敞的“半边街”交替出现，对比强烈，序列感和节奏感都很突出。江津白沙镇至今还保存了一段约百米长的，以木板铺就的栈道式披檐半边廊式街，名曰“板板街”架于陡壁上，形成一段强烈的空间节奏，成为川内罕见的古街古韵之绝唱（图 4-10)。

还有的场镇采用系列成组的牌坊、寨门等来划分街道段落，使这些牌坊、寨门成为节点空间的主体景观。如达县石桥镇，其主街称“列宁街”。

图 4-10c 半边街敞开的凉棚

图 4-10a 江津中山镇卷洞桥节点空间

图 4-10d 小镇半边街的开敞空间

图 4-10b 半边街节点空间开敞与封闭的转折

图 4-10e 重庆北碚偏岩镇半边廊式街

图 4-10f 江津白沙镇栈道式披檐“板板街”

大革命时期红四方面军驻扎此地，把许多革命标语口号刻于原来的清代石牌坊上。该场镇从场口到场尾有五座高大的节孝功德石牌坊把主街划分四段，每座牌坊处为街口节点，空间拓宽，古木参天，街景生动。随地形高低变化，街道空间层次很丰富。这样的街口空间处理，使场镇的地方个性特征十分鲜明（图 4–11）。

为了突出街口的转折变化，有的场镇常在拐弯处建楼房。街口处空间较宽大，给这些楼房有可展示的地方，也使街道的天际线产生高低错落的变化，更突出的是在十字街口或多条街交叉口及广场等处修建高大的标志性建筑来展示节点空间。如阆中古城在西大街、北大街、东大街及南向双栅子街的十字街口，被风水称为“天心十道”处建三层阁楼中天楼作为市楼标志，成了古城最壮观的视觉构图中心。这种集中式中心节点空间强化处理使街道的节奏达到街景艺术景观的高潮（图 4–12）。

图 4–11a 达州石桥镇牌坊节点之一

图 4–11b 石桥镇牌坊节点之二

图 4–11c 石桥镇牌坊节点之三

图 4–11d 石桥镇牌坊节点之四

图 4-12a 阆中十字街口中天楼

图 4-12b 渠县岩峰镇街口转角空间的变化处理

图 4-12c 宣汉城关镇街口建筑四层挑檐及加山面挑廊

六、晾坝菜园——有人情味的生产性空间

除了上述五类性质的空间形态外，场镇还有一种空间形态常不被注意。这就是一些供农副业加工、手工业生产用的一些场地，如专业作坊的露天场地，称为“晾坝”或“晒坝”，可以在这里晾晒菜干、湿面条或布匹、丝麻之类加工品，像染房有高高的晾布杆，酱园有各种腌泡菜缸坛，压面房有晒架等等。特别是在一些专门出产地方土特产的场镇，这些晾坝要占据不少的场地空间，使场镇的开敞空间显现出特别的地方色彩，富于生活乐趣和人情风味，成为此类场镇的一大特色。

另外一种生产性空间就是菜园，包括菜地和果园。乡村场镇植根于田间山林，除了周围有农田庄稼地形成场镇周围的田园风光之外，还有靠近场镇附近错落散置围绕场镇街边房角的菜园子或果树林。这既是一种生产，又是一种绿化。虽然这种空间的性质完全是用于劳作，但它在乡村场镇中，成为屋宇房舍最直接的底景和配景，使场镇的乡土气息直接扑面而来。在场镇街道上所展开的场外景色，这些菜地果园景色成为第一景观层次，亲切而朴实。这种菜地果园楔入场镇，作为一种过渡空间，使场镇与周围田园和自然环境结合得更加紧密、更加亲近、更加相融。漫步小场镇石板街，就近的街边屋侧，几株番茄，两三个南瓜，爬在藤架上四季豆，株株桃李柑橘果实累累，这些画面一一展现眼前，农家小景与街上铺面糅合得那么自然生动，情景和谐。这样的乡村小场镇空间体会和韵味是城市里找不到的(图 4-13)。

第二节　场镇环境生态

四川场镇在形成过程中，从选址的风水观念，布局的依山就势，到形态的因地制宜，无不在场镇环境总体把握上加以充分的考虑和精心的维护，也就是把环境要素放在第一位。这是场镇无论大小所赖以存在的前提条件。四川的众多城镇乡场之所以环境优美，风光秀丽，其根本原因就

图 4-13a 合江福宝镇吊脚楼与菜地

图 4-13b 场镇民居旁菜地果园

图 4-13c 场镇中有制面作坊的坝坝街

在于此。刘致平先生在 20 世纪 40 年代调研四川民居时曾说过："西川一带是川中最富庶的地方，在岷江沿岸，山峦起伏，清流萦回，风景很是佳妙。在这种美丽殷庶的环境里很容易有优美的建筑出现。"[1] 其实不只是岷江，整个四川盆地都是如此。美丽的环境产生优美的建筑，反过来也可以说，优美的建筑必然增色美丽的环境。环境与建筑是相得益彰，互为融合的。四川场镇的环境要素集中体现在自然山水格局、绿化生态水面岸线和环境设施营建等方面。

一、对自然山水格局的尊重

前面讲过，四川的很多场镇在选址布局时，或多或少都受风水学说的影响，意图使场镇坐落在一个优美的山水格局环境中，也就是所谓的"风水宝地"，这其实就是风水环境。因此，尊重这个环境中的一山一水、一草一木是极其重要而又十分自然的事。不管这里面有没有自然崇拜，或附会"龙脉"等迷信成分，从实际的存在中可以看到这些场镇都有一个美丽的自然山水环境。聚落和周围山体水系是共生共荣的。山得水而秀，水得山而灵，城得山水而生，山水得城而活。这一辩证统一的关系在场镇聚落的山水格局中体现

图 4-14 铜梁安居镇鸟瞰

得十分清楚。

如铜梁的安居古镇，有1400多年历史（图4-14）。该镇依山面水，位于涪江与琼江的交汇口，另有小溪后河溪穿镇而过。背靠化龙山、飞凤山，西有迎龙山、清凉山，东有波仑山、火盆山等为青龙白虎砂山。安居镇处于水环山抱之中，平面空间沿水系江面带形伸展，竖向空间沿山体缓坡盘旋拓升，整体形态呈丁字形的顺河爬山式。六条正街和建筑沿水岸或沿山势布局都不破坏河岸和山体的自然地貌（图4-15）。临近的东西两山，保持山形原貌，仅各建尺度适宜的文庙和波仑寺成为场镇外围环境的对景，为山体增色。从江面上远观，古镇小山城在众多青山绿水的怀抱中显得恬静优雅。高低起伏变化的山脊与错落有致的场镇轮廓相互呼应，倒映水中，呈一幅“山—水—城”和谐灵动的画面（图4-16）。

二、绿化生态的培育

对周围自然山水的爱护和尊重，不仅是不随意破坏和改变原生自然风貌格局，还需要对山体植被绿化进行保护和培育，不得乱伐乱砍。有的场镇还订有乡规民约，保护森林树木，并世代遵守成为传统美德。所以很多历史悠久的古场镇得以保留美好的生态环境。如江津中山古镇在场口

图4-15a 安居镇引凤门

图4-15b 安居镇民居风格的会馆禹王宫

图4-16 安居镇琵琶岛水面环境

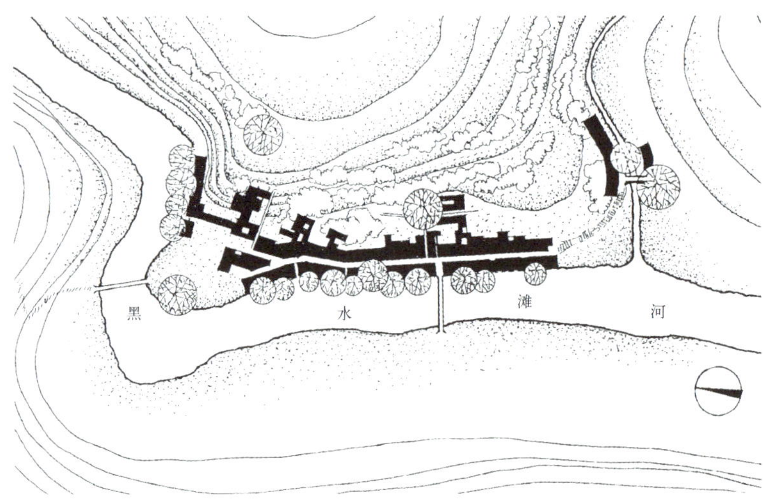

图 4-17a 重庆北碚偏岩古镇总平面

图 4-17c 偏岩镇古桥

河对岸岩壁上刻有清代的告示，严禁在周围的山上砍树伐薪，违者有罚。古镇笋溪河畔绿荫葱笼，两岸青山连连，生态环境为游客称道，不能不说与乡民的爱林护林的优良传统有关。

不仅如此，为了良好的场镇绿化环境，精心呵护，有目的地培植营建也十分重要。如重庆北碚偏岩古镇，因其北端有一高约 30 米的岩壁高耸倾斜，悬空陡峭，成为奇景而得名（图 4–17)。然而更有名的是偏岩镇的黄桷树。沿着绕场小溪黑水滩河岸边数十棵姿态各异的高大黄桷树，盘根错节，贴于石坎之上，枝叶繁茂，“树伞”如盖，大多有上百年树龄。场口半边街一线，也植有十几棵黄桷树。偏岩镇老街 400 余米，鳞次栉比的临水穿斗民居几乎全都掩映于黄桷树的浓荫之下，处在青山绿水古树的簇拥之中，吸引无数游客和画家、艺术家来此观光写生。这么多的古树名木能留存至今，不仅带来了场镇的优美环境，同时又是场镇的历史见证，也记载了偏岩古镇的品德文明（图 4–18)。

从一个场镇聚落绿化生态环境的品质优劣完全可以判定这个场镇建筑文化格调的高低。黄桷树是四川场镇最喜爱种植的树种之一，不仅浓密高大，覆盖面宽，而且树形潇洒，树根苍劲古拙，又易于生长，在岩坎峭壁拔地而起，很有活力。此外，一般场镇还喜植皂角、乌桕、杨槐、梧桐、榆树、银杏、香樟、苦楝等高大乔木以及桑树、柳树、花灌及各种果树等。此外，有的场镇还有培植风水之说，常将场口旁的大树作为一种进入场镇的标识，故以“风水树”名之，意寓来此赶场带来好运。这也是一种追求吉祥生活的愿望和寄托，或可认为含有一点川人的幽默。有的也把包围场镇的竹林当作风水林加以维护，形成特别的绿化环境景象。正如宋代大诗人苏东坡诗云：“宁可食无肉，不可居无竹。无肉使人瘦，无竹使人俗。”所以四川场镇与民居周围大量种植成

图 4–17b 偏岩镇全景

图 4-18a 偏岩镇场口——小桥流水人家

图 4-18b 偏岩镇水边吊脚楼

图 4-18c 偏岩镇河坎民居环境

片的竹林成为风尚。竹子种类也十分多样，高大的楠竹、秀气的慈竹、美观的斑竹、密实的罗汉竹等等，均各有其风雅，是四川乡间最为普遍的绿化（图 4-19）。

三、水面岸线的维护

四川场镇绝大多数都是临水而建，因此有各种不同的水环境。这些水环境的好坏直接影响到场镇的生存与发展。它既给场镇提供生活生产用

图 4-19a 竹林丛中的江津中山镇

图 4-19b 雅安上里镇绿化与水环境

图 4-19c 绿荫中的宁静小街

图 4-19d 小镇中的古树

图 4-19f 江津真武场渡口风水树

图 4-19e 风水树主要树种黄桷树

水，又同场镇其他环境要素紧密联系在一起，成为场镇整个生态环境的重要组成部分和基础条件。而且水面景观也是场镇环境景观最具有表现力的灵气所在。因此，四川的传统场镇无不对其所在的江河溪涧湖塘倍加爱惜保护，而每一个场镇也确实都有一个美好的水环境。这种水环境大致有四种基本情况。

第一种是场镇面临大江大河如长江、嘉陵江、岷江、沱江、涪江等较大的干流和支流。这里江面宽阔，岸线长，码头渡口多，场镇也都是水旱码头交通枢纽，常沿江边修建宽大石阶梯道，以及石砌护坎驳岸。来往船只停泊场镇码头，往昔景象是楼船千帆，荡桨竞渡，货运客流，热闹繁忙。码头建设和岸线保护是这种较大场镇水环境的主要特征，如重庆磁器口镇、永川松溉镇、合川合阳镇、江津白沙镇等（图 4-20）。

第二种是丘陵地区临中小支流溪河而建的场镇。这种场镇联系山区，水面较宽，可通中小型木船，有的为水路运输的终点码头，是周围农村和山区山货土特产集散地，与上述水码头相比，虽停靠的木船筏屋规模数量略小，却仍不失为山区繁华热闹的去处，为一方乡里商贸宗教文化中心。这种场镇是农村场镇地方文化特色最集中的典型代表。如江津塘河镇因山就势建于河弯之处，屋宇错落有致，四周林木繁盛，其水环境多是山青水秀，石盘叠岸，清流蜿转平静，水码头精巧随宜，河滩卵石细沙，水岸芦苇、草甸、灌木一

图 4-20a 重庆磁器口镇水码头牌坊

图 4-20b 磁器口镇水码头大梯道及风水树

片原生态的河谷自然面貌，古朴雅致的小场镇安闲地坐落其间，真是“天人合一”的环境境界典范。又如酉阳后溪镇，临酉水河弯，山峦秀美，碧水环绕，河岸古树修竹，掩映水面，吊楼瓦屋白墙，倒映水中，轻舟荡起涟漪，确如山间水彩小景（图 4-21）。类似的场镇如合江福宝镇、隆昌渔箭镇、荣昌路孔镇等不胜枚举（图 4-22）。

第三种是位于山间沟谷临溪涧山泉而建的场镇。这种场镇的水环境空间竖向变化大，水面尺度更小，环境景观特色又很不一样，更具有山乡村居或山地峡谷山居的风貌，或有淙淙流水的小溪，或有飞泉直泻的深沟。有的少舟楫相通，场镇的水环境更为亲切，宜人近人，周围山水环境更加质朴自然，原生状态保护得更好。这里的乡民也更珍惜水源，保持清纯的水质，上游用于饮水，不能污染，洗菜洗衣服都在下游方向。水边岸线一律自然形态，常有小溪穿镇而过，临溪而建的房屋或吊脚或建石堤堡坎，与水面亲近相伴。因场地狭窄，多有半边街敞开，亮出水面展示环境景观。如綦江东溪镇，临綦河东岸，沿高差甚大的山溪而建，其近处的峡谷瀑布及黄桷树群构

图 4-21a 重庆酉阳后溪镇优美的山水风光

图 4-21b 重庆酉阳后溪镇场口寨门

图 4-22a 荣昌路孔镇的水岸环境

图 4-22b 路孔镇水码头

图 4-22c 江津塘河镇自然水岸与水环境

成该场镇独有的环境特色。瀑布从镇太平桥山岩分三级倾泻而下，峡谷怪石嶙峋，两岸黄桷古树百棵，浓荫蔽日。书院街、太平桥街、背街等老街沿河展开。挑楼民居临溪依自然河岸而建，起落有致。一般这类水环境的场镇常有自己山水名胜享誉一方，吸引乡民或走村串寨的商贩们喜欢前来赶场。类似的场镇还有酉阳龚滩、秀山石堤、奉节竹园、云阳云安等。在川东山地和三峡地区这类水环境的场镇尤多（图 4-23）。

第四种位于平川或缓丘地区的水乡式场镇。这类场镇水环境特色是较明显的水乡风貌，如前述成都平原双流的黄龙溪古镇，以沿交汇河口布局形成如同江南水乡的田园风光为其特色。除此之外，另一种水乡式场镇是内外有如湖、塘、堰、池等水面水网。水景环境视野开阔平远，大小水面变化多样，层次丰富，水边岸线曲折流转，树木竹林等绿化环境交相辉映，如乐山五通桥镇，被称为“绿荫覆盖的水上小镇”。该镇地跨岷江、茫溪、涌斯江水网交汇处，由四望关、竹根滩、青龙嘴三个小场镇组团而成。古镇为盐道转运重镇，是该地区水陆联运商贸码头。五通神乃主牛、马、猪等六畜兴旺之神，加之跨水建桥多，因而得名。其场镇大环境全为水系，河堰湖交织，山水、建筑、绿化交融一体，独具特色，素有“小西湖”之称。多条街市因山而建，沿河多为开敞式半边街，收入水景。不同形态大小的码头和水边凉台数十处，姿态各异的黄桷树 600 多株，除大片民居外，寺庙会馆 60 余座，都融于古镇的层次丰富的水面环境之中。这是川内典型的水乡园林组团式场镇（图 4-24）。

四、环境设施的营建

场镇的营建除了建筑、道路之外，还离不开一些重要的环境设施建设，包括为便利交通的桥梁，以及为民风民俗信仰之类的小品构筑等。

四川场镇多与水结缘，故离不开桥的营建。

图 4–23c 东溪镇瀑布景观

图 4–23a 綦江东溪镇戏楼

图 4–23b 东溪镇场口风水树黄桷树

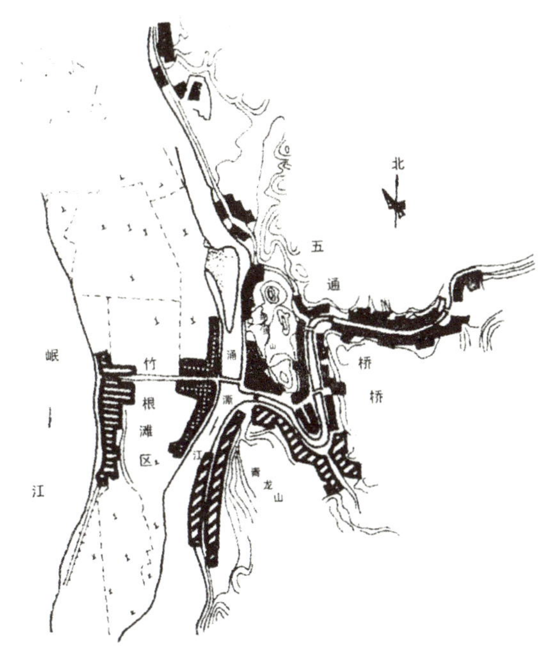

图 4–24a 乐山五通桥镇总平面图

图 4–23d 秀山洪安镇水岸民居与拉拉渡

图 4–24b 五通桥镇水景

四川乡村的桥以前很多，修桥补路列为善举修功德的事。除了场镇上的桥，还有不少散见于山野道路之间的桥。场镇上的桥是场镇环境不可分割的组成部分，尤其是桥常作为场口的先导，其位置和作用更加受到重视，甚至成为场镇的一种标志和主要景观。桥的规模、大小当与跨越的空间有关，场镇内的桥一般较小，最短仅数米，场镇边的桥则跨度大，可至二三十米。聚落的桥梁尺度基本上是与聚落的大小规模相匹配协调的。所

图 4-24c 五通桥镇古树

图 4-24d 五通桥镇民居

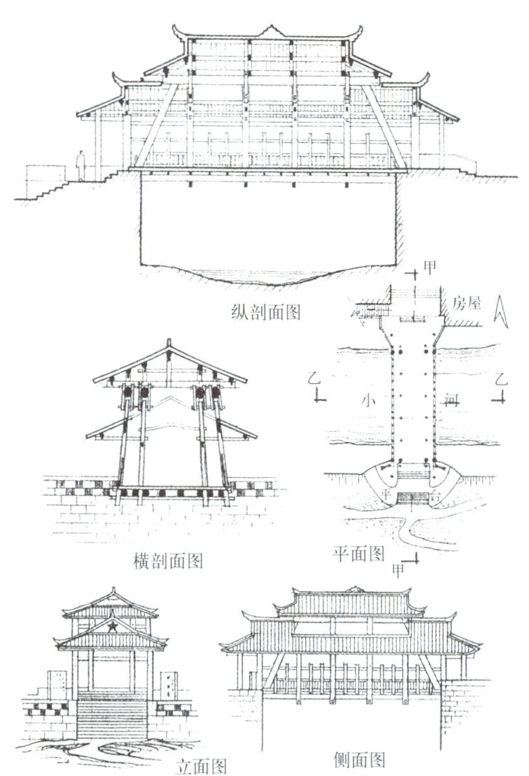

图 4-25a 丰都包鸾镇运动桥

图 4-25b 包鸾镇临河民居

图 4-25c 包鸾镇运动桥全景

图 4-25d 达县乡间廊桥

以对于乡村场镇来说，其桥梁的营建尺度常使场镇环境有“小桥流水人家”的意蕴。

场镇桥梁按材料构造可分为三大类，即石桥、木桥和木石混合桥。石桥有两种形式，平桥和拱桥。平桥规模较小，以长石条立桥墩架设，常令人惊叹的是有的石条既长且厚，重达数吨，其开采搬运架设的难度可想而知，施工方法之巧妙，

图 4-25e 重庆罗田镇石拱桥

图 4-25f 涪陵青羊镇石拱桥

图 4-25g 隆昌云顶镇石拱平桥

图 4-25h 村头铁索桥

图 4-25i 丰都建新镇锡福桥

很值得探究。石拱桥的形式用得最多，有不少造型简洁而秀雅，如云阳盐渠镇的述先桥、涪陵简市镇的龙门桥、石柱西沱镇的龙眼桥等等。

木桥和木石混合桥多为风雨廊桥形式，是最受乡民们喜爱的桥型。赶场之日可在桥上小憩观景。其造型几与场镇民居相似，双坡顶小青瓦，列柱扶栏，与桥头的房舍结为一体，若场镇是廊坊式大檐廊，在空间上风雨桥与场镇完全融成一片。全木结构的廊桥一般跨度较小，结构复杂。如丰都包鸾镇的运动桥，该桥为全木结构的廊桥，建于入场口的小河上，重檐歇山顶，跨度约 20 米，宽 7 米，结构独特，类似桁架式组合结构，尺度适宜，造型优美，具场镇民居风格。川东现存的风雨廊桥，还有达县的福善桥、巫溪凤凰镇的凤凰桥、酉阳清泉镇的回龙桥、秀山梅江镇的鋬字桥，丰都新建镇的锡福桥等。其他形式的桥，个别的还有铁索桥、如巫溪宁厂镇的铁索桥，都江堰的安澜桥等。除桥之外的涉水方式，还有石跳磴、汀步、过水堤、拉拉渡等，这些都是很有乡土特色的环境设施（图 4-25）。

还值得一提的是有些带民俗风情特色的场镇环境小品，也增加了不少环境的丰富性和文化性，具有乡土教化作用。如场镇近旁的路亭、牌坊、

图 4–26a 场镇环境设施小品——水车

图 4–26b 场镇环境设施小品——水磨房

图 4–26c 场镇环境设施小品——过水堤

图 4–26d 场镇环境设施小品——汀步

图 4–26e 场镇环境设施小品——水井

图 4–26f 场镇环境设施小品——字库塔

碑刻、土地庙、字库、水井、石栏等等，在场镇的环境中增添不少风土人情和人文内容(图 4–26)。

第三节 场镇景观形象

四川的山地场镇由于竖向空间和灰空间发达，不论是场镇内或是场镇四周都有多角度、多

图 4-26g 场镇环境设施小品——土地庙

图 4-26h 场镇环境设施小品——小码头

视角的景观形象展开，呈现出与平原场镇很不相同的四维立体画面景象，并与场镇内外空间景观形成强烈互动和对应，构成山地场镇富于动感的景观特征。

一、素雅的流动街景

置于自然山水间的四川山地场镇景观给人的第一印象就是步移景异，如同中国古典园林流动空间中的感受一样。这种流动的街景主要是由于街巷空间上下高低的起伏，左右弯曲的转折以及

图 4-27a 石柱西沱镇分段坡坡街

图 4-27b 福宝镇高直宽大的石梯坎

大量灰空间的存在而产生的。其格调既素雅而又富于变幻，如墨分五色的中国山水画一样。不论哪种类型的山地场镇，映入眼帘占据最大画面的首先是梯道空间。石阶梯大体规则，但不强求一律，铺筑变化随宜。有的地方就是在自然山岩石盘上开凿磴道踏步。主街偏巷的梯道或坡道都各不相同。因此，山地场镇的梯坎坡坡街的变化是一大景观形象。在这方面，石柱西沱镇的连续石阶“云梯街”是四川场镇梯街之最（图 4-27）。

而蜿蜒弯曲的“龙形街”街道空间同竖向梯坡街空间成强烈反差，显得层次更为深远流转，加上屋檐的高低错落和房屋进退参差不齐，这种模糊空间形态的不定性强化了流动的韵律感。尤其是当有若干弧形或带鳌尖的封火山墙，在天际线上层层涌动，街景愈发生动有趣，如资中罗泉镇一条街就是这样的典型（图 4-28）。而忠县石宝镇的玉印街在弯曲中围绕玉印山呈 180° 回环状，真如一条盘龙，是这类街巷最为罕见者（图 4-29）。

大宽檐和檐廊空间等灰空间与竖向空间一样发达，是山地场镇空间展示景观的又一生动的表现形式。有的场镇多楼房，并在主街上出联排式挑楼，随弯曲的街巷延伸，街景更富于立体变化。随着日照高度的变化，场镇街巷光影千变万化，场景明暗对比异常强烈，灰空间里的层次变化也

图 4-28a 罗泉镇富于动感暖色的小街

特别丰富，使流动的街景更添了几分迷离和神奇。这在前述的八种不同形态类型的山地场镇中各自都有很充分的表现（图 4-30）。

高直的石梯、弯曲的街巷、光影奇幻的檐廊是场镇流动街景三大主要景观构成，也是四川山地场镇最突出的景观。

二、强烈的四维景象

在变化中求统一，在统一中有变化，这是文化艺术的辩证发展规律。四川山地场镇的建筑艺术在历史演变中自然而然地遵循这一规律，在丰富多样的个性表现中形成四川场镇建筑造型和景观的不少共性，在场镇风貌和品格上有若干相通之处。走进任何一个场镇，放眼望去，穿斗架、铺板房、吊脚楼、过街楼、栅子门、石板路、半边街、高石梯、大堡坎、戏台子、幺店子、风雨桥、石牌坊及各类房舍，再加上黄桷树、斑竹林等绿化，

图 4-28b 具有动感的封火墙

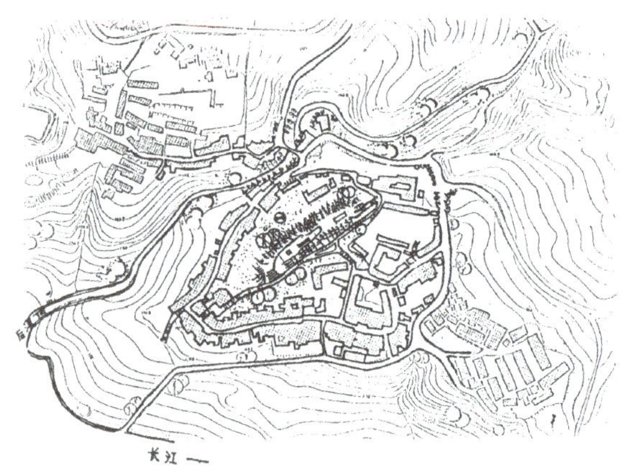

图 4-29a 忠县石宝镇龙形街总平面

图 4-28c 弯曲街道产生的动感

图 4-29b 石宝镇老街

图 4-29c 忠县石宝寨与龙形玉印街

图 4-30a 涪陵龙潭镇廊坊街的明暗对比

这些就是四川乡间场镇的普遍建筑景观。但是它们散布在各种复杂多样没有一处相同的自然地貌上随机赋形，便形成迥然不同的群体组合形象。就如同世上没有两棵完全相同的树一样，每个场镇都从各自的基地上生长出来，风貌千差万别。

综览总的外观，强烈的四维空间立体感和建筑造型全方位的展示是四川山地场镇景观特征又一重要表现。同一建筑形象可以从上、下、左、右各个方位得到充分显露。除了沿河立面的景观变化外，尤引人注目的是场镇第五立面屋坡的形象。居高临下，在场镇石梯坎上行进可以看到屋顶各种形态丰富的组合以及高低交错的生动变化。由于场镇多有山体的围合，在场外高处俯视场镇，全景尽收眼底，不同方向则有不同的观感。黛黑色的冷摊瓦双坡顶此起彼伏，粉墙穿斗架散布其间，各形各色的封火墙争奇斗艳。层层叠叠的山墙屋面如潮涌动，气势壮观。那簇拥的瓦顶就像一片片龙鳞，主街狭长犹如龙脊，整个场镇就如一条苍龙奔腾远去。场镇屋顶整体艺术的四维表现力在一年四季的气候变化中有着多姿多彩的景观意象，如江津塘河镇那样的山间场镇风情在广大乡村随处可见。这些景象确为山地场镇所独有，几乎在每一个山地场镇都可以看到。轻盈灵动的小青瓦坡顶是四川山地场镇又一突出的景观形象（图 4-31）。

山地场镇的竖向景观除了高处视点获得强烈的视觉冲击外，由下往上的低处视点的景观感受

图 4-30b 街巷段落的明暗

图 4-30c 街道石梯错落的光影

图 4-30d 高敞内街亮瓦采光的变化

图 4-31a 江津塘河镇屋顶的冬景

也是同样的深刻。尤其是矗立于江岸陡壁之上的场镇，凌空的姿态、吊脚的惊险、高坎台基的气势，都出人意料的壮观，而那轮廓无比丰富的场镇天际线，翼角飞檐，飘逸潇洒，辉映蓝天。如酉阳龚滩古镇，位于溯乌江而上水运的终点，再往上就是陡滩乱石不可行船，此处两岸夹壁成峡，古镇建于其坡度达 40° 以上的东岸悬崖之上。凡来者下船登岸即被那雄峙崖壁的场镇景观所震慑，高数层的吊脚楼凿岩为基，上下空灵。如城台的高大堡坎石堤临江拔地而起，坚不可摧。由下仰望，险峻的景观令人惊叹，不得不佩服川人的勇气和胆魄。而从山上俯视龚滩，在惊涛拍岸的江流底景下，如游龙般的场镇似乎悬挂于峡谷陡壁上，既惊绝奇险，又十分蜿转生动。窄街如线，错落地串连着大小形态不一而灵动变化的院落和街巷空间，与山野场镇交织的绿荫融成一片。如此一上一下截然不同的景观也只有像龚滩这样的四川山地场镇才能生成与拥有。悬虚的吊脚、坚实的筑台、翼展般的出檐、错落变化的天际轮廓线，同样也是四川山地场镇突出的景观形象（图 4-32）。

三、丰富的八景文化

中国传统的山水城市有一种文化精神，就是十分注重城市与周围自然山水的呼应与和谐，纳山水美景于城市空间意境之中，常有“八景”、“十景”之类的风景名胜。这也是中国山水美学的一大表现。城镇的风水意蕴也在于此。这类风景名胜，含有该城镇的历史人文、故事传说及风土人情，是一种极富地域特色的文化景观。这样的聚落人文精神和艺术精神体现在四川的场镇建筑景观中可以说是十分普遍而又独具品位的。这就形成了四川场镇“八景文化”的景观形象特征。

图 4-31c 屋面与山墙的交错

图 4-31b 屋面起伏的变化

图 4-31d 屋顶丰富的组合

图 4–31e 层层叠叠的山墙气势壮观

图 4–32a 酉阳龚滩俯视景观

图 4–32b 龚滩镇杨力行宅街坊空间

凡是有一定发展历史的场镇都有自己的“八景”、“十景”，甚至“十二景”或多个“八景”，不但有雅致的名称，而且还有文人骚客的历代歌咏题记。它们都反映或标志着这个场镇的鼎盛文风和礼仪德行。如铜梁安居镇的八景有：化龙钟秀、飞凤毓灵、紫极烟霞、圣水晚眺、波仑捧月、关溅流杯，琼花献瑞，石马呈祥。每一个景点名胜取名都根据其特色有高度的概括，诗词歌赋的赞美都是特色的描写和精彩的点评。如安居第一景的“化龙钟秀”是指城镇背靠的主山化龙山景色，并有诗赞云：

山灵已化龙飞云，尚有风雷护此山。
势峡岷峨腾浪起，雄盘巴蜀待云还。
珠跳岸瀑泉常吼，香润苔花石不顽。
奇气于今钟我辈，如将霖雨济民艰。

这诗不仅把该景主题特色予以概括，而且对

图 4-32c 龚滩镇沿江吊脚楼

图 4-32f 龚滩镇沿江吊楼与筑台

图 4-32d 龚滩镇杨力行宅

图 4-32g 龚滩镇陡坡上的三面挑楼

图 4-32e 龚滩镇陡坎上的码头

图 4-32h 龚滩镇随河岸错落的布局形态

图 4-32i 龚滩镇河边高坎吊脚楼

图 4-32j 龚滩镇深巷光影对比

于它作为城镇主山的风水作用也寄予了民生的希望。由自然景观美的欣赏提升到了对理想生活的追求，这就是人文精神对建筑景观的灌注（图 4-33）。[2] 同时，在场镇营建过程中，这些景观诗词表达的诗境空间意象也会对其规划建设有指导的作用，对于场镇的街巷布局或建筑选址，都会产生影响，甚于成为一种营建原则。如某一街巷或建筑要以某景点为参照，与之相呼应，成为对景或底景等等。阆中老城的笔向街就是正对白塔山顶峰而布局形成城市街道对景的独特景观效果。而且“八景”中的各个景点在营建中也相互成为对景，对风景建筑的选址、造型、方位都有直接的调控作用。因此，“八景文化”及其城镇与风景名胜对景成为山地场镇景观规划的重要目标和主要内容（图 4-34）。

类似的“八景文化”场镇例证不少。合川的“涞滩八景”：经盘雯日，渠江渔火、峡石迎风、层

图 4-33 安居镇八景之一下紫云宫“紫极烟霞”

楼江声、佛岩仙迹、龙洞清泉、鹫峰云霞、字梁濯波。潼南的“双江八景”:榕桥银帘、黄龙拱翠、涪江清流、桃源落英、长滩幽篁、猴溪皓月、晓塘新荷、橙荫晚香。[3] 酉阳龚滩不仅有周边八景，而且还有河下八景和对岸八景。这些景点实际上都是山地场镇内外环境空间的景观特征，把它们标识出来，赋予美好的文雅名号，既是一种对自然环境的尊重，也是城镇文化建设的一项重要内容，同时也使民风民俗得到教化提升（图 4–35、图 4–36）。

图 4–34 阆中八景之一嘉陵江下水口山塔山文笔塔

图 4–35 合川涞滩八景之一“佛岩仙迹”

图 4–36 潼南双江八景之一“榕桥银帘”

四、乡情浓厚的标志景观

场镇不论大小除了一般民宅和寺庙等都力争建得美观一些外，总有一些重点建筑集中财力人力物力建得更为气派高大，尤其是场镇的一些酒楼客栈等商业建筑及寺观会馆等重要公共建筑，成为场镇的标志性建筑，以此作为场镇对外景观形象的宣示，引起乡民自豪与夸耀，凝聚一方浓厚的乡情。

如风水塔一类标志景观就是场镇一种重要的水口景观，这种风水塔又称文笔塔或文峰塔，常建在场镇的上水口或下水口处山冈之上，来往路人或舟行，老远即可望见，便知前面就快到某场镇了。特别是一些较大的场镇或县城以上的城镇，过去都有这样的风水塔。它的功能除了彰显文风倡学之外，就是纯粹的城镇风景建筑，是代表一个城镇聚落具有可识别性的标志景观，如前述，达县州河边龙爪山的龙爪塔、大足城北龙岗山的白塔、巴中城东山水口白塔等。水口景观除了以风水塔为主要形式外，还有一种就是建奎星楼或文昌宫如阆中城南黄华山奎星楼即为阆苑八景之一（图 4–37）。其性质作用与风水塔类似，只不过以寺庙的形式出现，或与风水塔结合，使塔成为寺庙的一部分。这类建筑都属于主文运的，供奉文曲星、文昌帝君等儒家大神。这是传统中国农业文明耕读文化的一种反映。一般场镇的水口空间相对小一些，但总有类似的标志性建筑如小庙、亭阁、牌坊之类，形成进入场镇的第一层次的标志景观（图 4–38）。

另一类标志景观就是为了某种祈福或镇邪的精神追求，将一些供奉崇拜偶像或神灵的寺庙宫观建在重要显眼的位置，在整个场镇群体之中，形成构图中心或控制焦点，在其统领之下，场镇

图 4–37a 阆中八景之一黄华山奎星楼

图 4–37b 巴中恩阳镇文昌宫

图 4–38 江津中山镇场口路亭

成为一个有机统一的整体。如在川江的沿江场镇中，多临江之上游方向建王爷庙。主要是供奉船帮信仰的镇江王爷赵煜，而乡民出门行船也需要祈求平安。因此王爷庙在众多宫庙中地位显赫，建造的选址及其形象也不一般，常常成为场镇临江的一大标志景观，来往船只莫不顶礼膜拜。如巫山大溪镇的王爷庙建在场镇中段三间店转折节

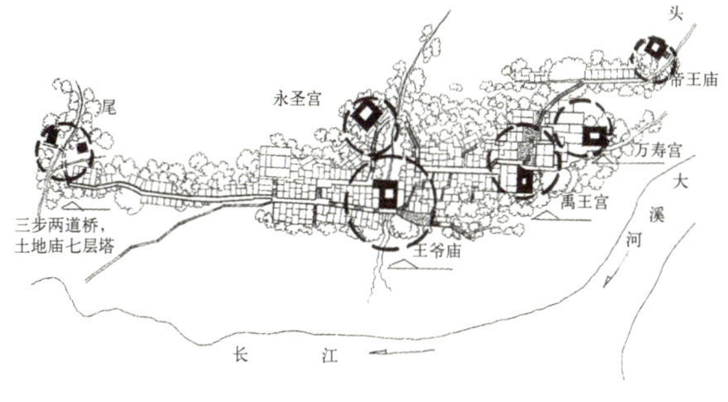

图 4–39a 巫山大溪镇总平面图

图 4-39b 大溪镇三间店正对瞿塘峡口的山地民居

图 4-39c 大溪镇三间店西洋楼

图 4-39d 大溪镇王爷庙三间店看瞿塘峡峡口

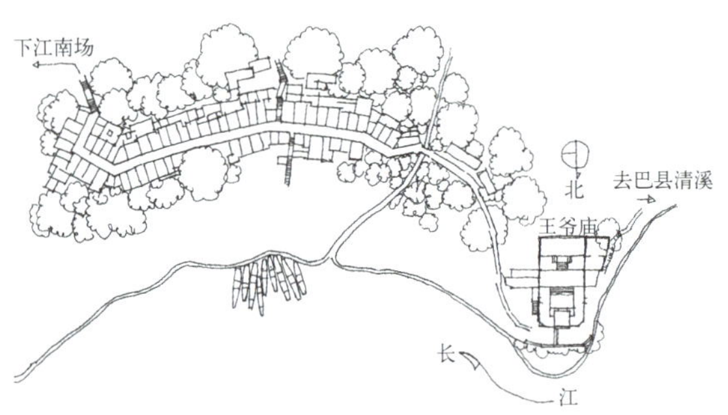

图 4-40a 忠县扇沱镇平面

图 4-40b 忠县扇沱镇王爷庙

图 4-40c 建于高台上的自贡濑溪河王爷庙

图 4-40d 永川松溉镇玉皇观建在冈阜高处交叉路口

点处直面瞿塘峡口的突出部位（图 4–39）；忠县扇沱镇的王爷庙建在场口前上水突出于江岸的高台上，并有代替航标的作用。这类标志性景观的形成虽是在浓厚淳朴以至虔诚迷信的乡情民俗观念的驱动之下，完全是真诚情感的抒发和创造，绝没有任何的矫揉造作，但它所蕴藏的人文内涵和生活哲理是十分深刻的（图 4–40）。

第三类标志性景观是场镇一些重要的商业建筑或公共建筑，如茶楼、酒肆、当铺、戏楼等，常位于赶场时乡民聚集的中心，如场口、街口等街道空间宽大转折处。有的选址在场镇地形高处或显要处，有的选址与场外八景形成对景。如果说前两类标志景观主要在场镇外部空间加以展示，具有更多对外形象的意义，那么这一类标志景观主要是在场镇内部的街巷空间强化街景，丰富场镇街道空间艺术并形成高潮。这类景观的例子很多，典型的如前述的阆中十字街市楼和城南的华光楼，都是华丽雄伟的高大楼阁，是古城最高的景观性建筑，可登楼放眼无限江天，全城尽入目中。从城内外无论哪里观看，二楼身影无处不在，成为嘉陵江城一大胜景（图 4–41）。此外，不少场镇的戏楼也是这类标志景观的主要建筑，典型例子如前述罗城镇船形街中的戏楼，永川松溉镇冈峦顶上的大戏楼，资中罗泉镇戏楼等（图 4–42）。

此外场镇的公共建筑主要是会馆、寺庙、宫观、祠堂等等，它们之中某些势力财力雄厚者常建得十分华丽气派而成为主要的景观建筑。不仅如此，这类公共建筑还有不少个性特点，对场镇聚落的布局功能、空间环境、艺术形象等诸多方面都有举足轻重的影响。

第四节　场镇公共建筑

在四川场镇中流行所谓“九宫八庙”或“九宫十八庙”之说，这些宫观寺庙是乡民们参与公众社会活动和宗教信仰的重要场所，集中表达了社会精神风貌和乡俗民情，与其地的民居一样充满了浓郁的乡土气息，烙上了深刻的时代印记。它们在场镇的选址布局和形态景观等方面甚至有着更显著的影响，有的“香火”之盛，规模数量之大，常有盖半城之势。这些公共建筑因付出财

图 4–41a　阆中嘉陵江边镇水之华光楼

图 4–41b　华光楼夜景

图 4–42a　永川松溉镇大戏楼

图 4–42b　资中罗泉镇盐神庙大戏楼

力物力甚巨，大都经过精心筹划营建，凝聚了更多的智慧和才能，有不少佳作为人称道，是场镇建筑质量和水平的代表。它们与民居交织在一起，并常成为场镇街巷网络的交会点或转折点，在风貌上与民居相互影响，有的会馆寺庙也就是放大了尺度的民居。这些公共建筑实际上是场镇民居环境中的重要精神生活空间。

言其“九宫八庙”，是形容这样的寺观建筑较多。凡聚落规模越大，这类建筑就越多。若是城镇州府治所之地，就可能是“九宫十八庙”，甚至有时大大超过十八庙之数。若场镇在一方地位重要，乃大码头所在，则更是如此，如铜梁安居古镇九宫十八庙一应俱全，至今还有十余处保存较好。所以，九宫十八庙也不仅是形容寺观之多，而是真有其实，甚至有过之而无不及（图4–43）。

通常的“九宫”是指：禹王宫、万寿宫、南华宫、天上宫、三圣宫、列圣宫，真武宫、文昌宫、忠烈宫。“十八庙”是指：文庙、关帝庙、关岳庙、龙王庙、王爷庙、火神庙、城隍庙、土地庙、药王庙、灵官庙、财神庙、鲁班庙、张飞庙、川主庙、老君庙、奎星庙、东岳庙、玄坛庙、娘娘庙。有时宫和庙的名称均可通用，如张飞庙又叫桓侯宫。有时一个宫又有多种名称，有时又因各地乡土崇拜供奉不同还有许多其他神灵圣贤的宫庙。所以九宫十八庙总的来说是一个泛称。这当中还不包括一些其他少数民族的寺庙和西方传入的宗教建筑，如清真寺、天主教堂、基督教堂等。从这些公共建筑的使用性质可划分为会馆、寺庙、祠堂三大类型。

一、会馆

会馆是一种以同乡地缘为纽带为本籍客商、官差、赶考士子等提供旅居聚会互助服务的民间组织。会馆也称公所，初兴于明代，明永乐年间北京已有“芜湖会馆”。明嘉靖年间大学士张居正在北京倡建的“湖广会馆”最为有名。会馆先是作为同乡科举的会所，后衍生为商业行业会馆，增加了维护经济权益、排解纠纷、制定行规、联系官府及公益慈善等多种社会功能。

四川的会馆在元末明初的第一次“湖广填四川”时就已出现。现存的会馆绝大多数是第二次“湖广填四川”在清代修建的。主要是为移民服务的同乡同行会馆。除了省籍会馆，还有小同乡州府一级的公所会馆。这些会馆建筑所崇拜祭祀的都是民间神话传说或乡土的神灵圣贤，也有儒释道三教供奉的崇拜偶像。总的来说，会馆多类似于道教建筑，或者说利用了道教建筑这一种形式派生出了会馆建筑。

四川作为移民大省，来自两湖、粤、赣、陕、闽等十余个省的人在新的客籍地大建会馆，既为联络同乡聚会的需要，也有推动移民供中转聚居服务的需要，可壮大乡威，加深凝聚力。在四川几乎没有哪一个城镇乡场不建会馆的，即使明清前移入的本土老川人相当于土著，也建有川主庙。据有关研究不完全统计，清代全川的会馆总数约2000个，可称全国之最，其分布与移民的分布大体相适应。移民会馆数量最多的7个县有犍为、达县、屏山、江津、西昌、荣县、云阳，其中犍为县会馆数位居第一，达139座之多。在这些会馆中，以湖广会馆占的数量最大，约占总数的1/3。在移民人多势众的县镇，其会馆建得也富丽壮观。会馆的建造情况，在某种程度上反映了移民聚居的分布状况、形态特征及相互影响的关系。

特别是一些重要场镇的会馆，由于它在客籍地重现故乡文化，使原籍的地域文化特色，包括建筑文化得以承续，形成一个以会馆为中心的乡土文化圈。因此，民居的形式和做法必然要受到这个强大的乡土文化圈文化辐射力的影响。有的会馆和大型民居就是从原籍聘来匠师按家乡建筑形式建造的。同时，清代的不少场镇也正是在会馆建设高潮的推动下产生和发展起来的。因为有的地方随着客籍人氏的聚居有了简易的会馆或联络办事处，逐渐开展年节庆典，商贸洽谈，互助合作，唱戏奉神，迎宾送客，人情往来，慢慢聚

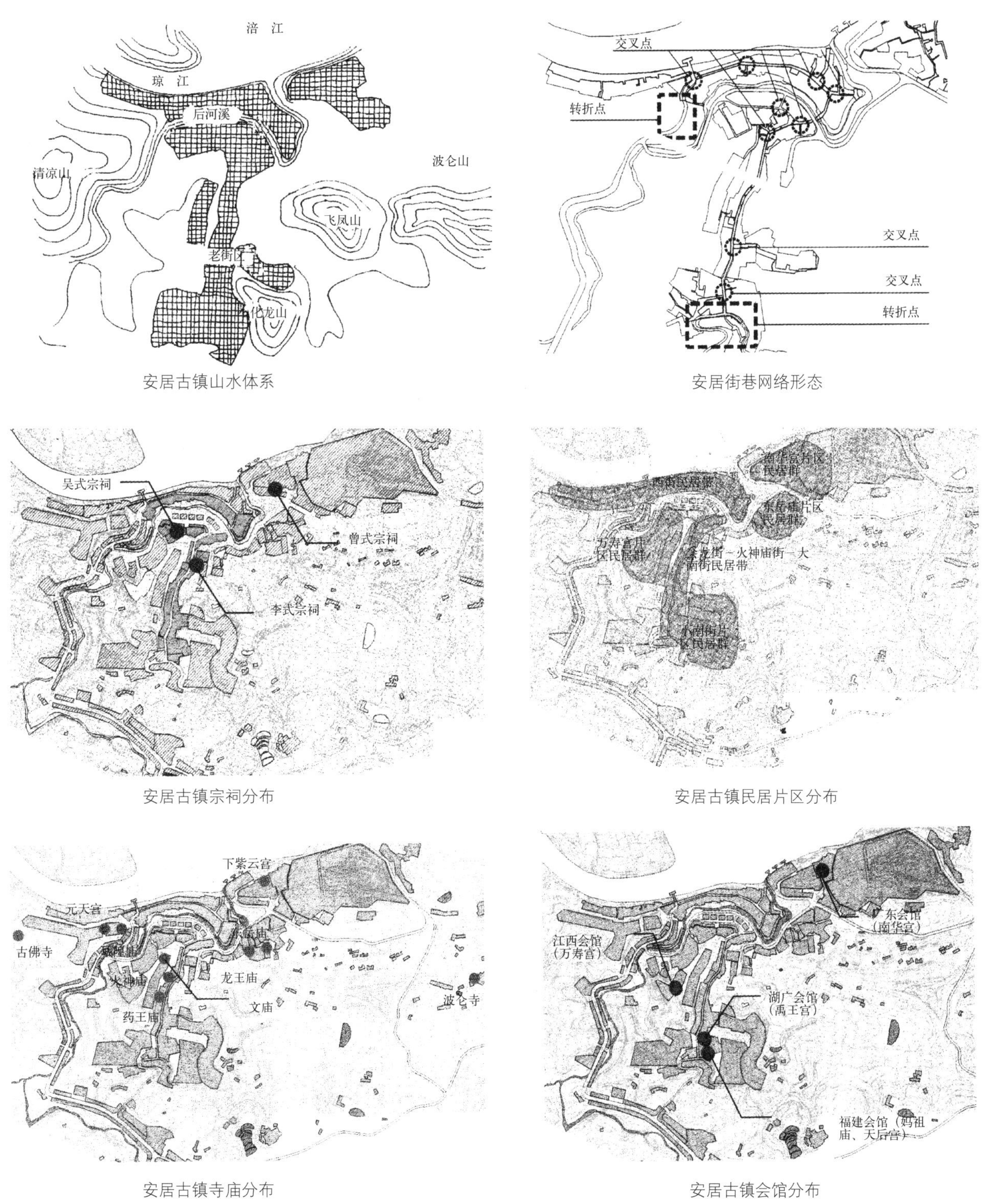

图 4–43　铜梁安居镇建筑类型构成关系图

图 4-44a 重庆龙兴镇湖广会馆戏楼院落

图 4-44b 重庆磁器口镇街巷中看宝轮寺塔

图 4-44c 成都洛带镇湖广会馆

居日增，形成集市和场镇，反过来，场镇发展后又积累财富大修其会馆，所以会馆和民居场镇是互相促进发展的。如金堂县的广兴镇，清初各省移民来此，先后集资修建各自的会馆，后有一定规模，于是由贵州会馆、江西会馆和城隍庙会首商议，各自出资分头修一段街坊，这样便因几家庙馆而兴场，当地人称“三节镇”。

有的会馆还是同乡加同行的双重关系。因为会馆先是从经济利益出发，进而发展到政治、文化利益。它总是把经商行业放在第一位，本乡之人从事哪一行为多渐至有垄断之势，即成为行帮。而很多行业的特点也是因地缘优势之故，所以有的行业会馆也是同乡会馆，如自贡的桓侯宫祀奉张飞为屠宰业的会馆，重庆的浙江会馆也是磁器帮的会馆。

同时会馆也是地方上兴教崇文的重要场所。“耕读传家”向来是乡梓世代的中原文化传统，在移民文化中影响深远。培育乡梓子弟是会馆的社会职责。甚至有不少中小学堂或家学是在会馆中开办的。会馆也是场镇社会头面人物，包括族首、行帮商会巨贾、哥老会袍哥大爷以及官府衙门公差人等聚首之处，甚至还会接待朝廷大员下榻。这些当时的乡土精英人才和有一定社会地位的上层人物，对场镇的规划建设筹划可以说是有一言九鼎的作用，而会馆建筑本身的营建技艺又代表了当时当地的最高水平，民居建造受其影响确是必然的。另一方面，会馆作为一种公共建筑也是在不断吸收量大面广的民居的建造经验中发展提高的，它们都是乡土建筑的典型代表（图 4-44）。

在众多的同乡会馆中，最为有名的是重庆的

“八省会馆”，也是乡民最多、财力最旺的八大会馆，成为全川会馆的集中代表。各类会馆因其供奉的神灵圣贤多为原籍乡土传统，具一定乡土情结，从而在命名上有所差异，这也是“俗尚各从其乡”的表现。八大会馆是：

湖广会馆，又称禹王宫、三楚公所、湖广宫、楚蜀宫等，为两湖（湖北、湖南）人建，祀大禹为王。

江西会馆，又称万寿宫、仁寿宫、轩辕宫、旌阳祠、真君庙，为江西人建，祀许真君。

广东会馆，又称华南宫、广东公所，为广东人建，祀南华老祖（六祖慧能）或庄子。

福建会馆，又称后上宫、天后宫、天妃宫、妈祖庙、庆圣宫，福建人建，祀妈祖（天后圣母）。

浙江会馆，又称列圣宫，祀关帝，浙江人建。

江南会馆，又称江南公所、准提庵，江苏、安徽人建，祀关帝。

陕西会馆，又称西秦会馆、武圣宫、三元庙，为陕西士商建，祀刘备、关羽或刘关张三结义。

山西会馆，又称秦晋会馆、甘露寺，为晋商建，祀关帝。

除了以上八省会馆出名外，还有贵州会馆、云南会馆，或云贵公所。土著的川籍人则建川主庙、川主宫，供奉李冰父子，有的建文昌宫，供奉文昌帝君或杨戬（二郎神），但其规模和建造质量都较逊一筹。

会馆建筑在建筑形制上基本上是中轴对称纵深式院落组合方式，规模大者两侧配以副轴线扩展。平面布局大同小异，列于中轴多进序列，依次是乐楼（戏楼）、正厅、正殿、后殿，两侧为厢房或厢楼、耳楼，有的如寺庙前设钟鼓楼。常有几进院落或跨院套院和角部小天井，以檐廊连通所有房屋，阶沿宽大，不湿脚可走遍各处。在尽力维护这种中轴对称格局下，根据地势总平面形态及空间组合灵活变通。在建筑造型和装饰风格上各类会馆则有较大的差异。如湖广会馆规模较大，气派壮观，山墙喜用五岳朝天重檐直脊鳌尖形式，江西会馆富丽精致，色泽鲜艳，人物花鸟图案丰富，精雕细刻，多有景德镇瓷窑烧制的饰件，喜用马头墙做法；广东会馆豪华气派，装饰繁复，形态喜庆活跃，山墙喜用弧形如猫拱背式样，翘尖顺脊滑出，生动异常。当然它们在长期的交流影响下，有许多做法式样也相互融合借用，有的也很难严格区分出属于哪一个省区的流派手法，断然肯定说是粤派或是徽派的风格。下面以重庆湖广会馆和自贡西秦会馆作为代表予以简要分析。

重庆下半城的湖广会馆是现存规模最大的会馆建筑，建于清乾隆年间，现已全面修复，为全国重点文物保护单位（图4–45）。其主要特点有如下几方面：

一是充分利用地形，三大组团构成统一整体。总称的湖广会馆由禹王宫、广东公所、齐安公所三部分组成，占地达8600多平方米。禹王宫面积最大约2000平方米，面江朝东分台而上。另两个组团由南侧面沿山上小巷梯道设门而入。齐安公所为湖广会馆属下黄州人所建，又称帝王宫。临江正面为高7米的大筑台，长达44米，戏楼建于其上。广东公所则利用西南方高处一小台地，转折角度布局，让出大门后三角形院落。三组团之间以一不规则条状院落相通。

二是以轴线和中心院落天井组织平面空间，布局紧凑。在此模式下，三组团平面各代表一种

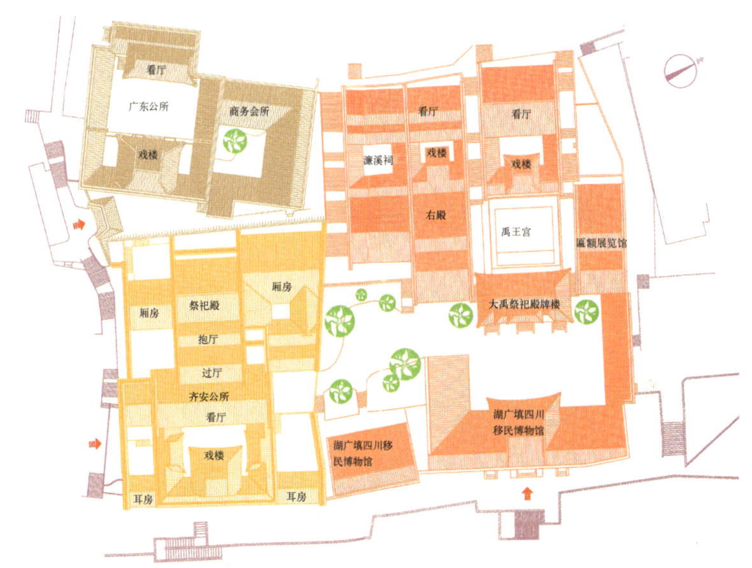

图4–45a 重庆湖广会馆屋顶总平面

图 4–45b 重庆湖广会馆大门

图 4–45c 重庆湖广会馆广东公所大门

图 4–45d 重庆湖广会馆大殿禹王宫

图 4–45e 重庆湖广会馆大戏楼

图 4–45f 重庆湖广会馆雕饰

灵活变通的不拘一格的处理方式。禹王宫基本布局正殿在前，戏楼在后。大山门在高大围墙上贴出重檐石牌楼，正门方形，两侧门为券拱门，简洁而有气势。前厅门屋为歇山顶连檐，从架空敞厅下设入口，上数步台阶至宽大前院，祭祀大禹的主殿高坐于巨大台基上，面阔九间，其六柱五楼高大壮丽的牌楼式组合屋顶成为整个建筑群的主体。中院方正开敞，后接封闭的大戏楼天井院。其看厅内空高达近 11 米，为会馆建筑最高的一处殿堂，木柱径达 50 厘米。檐下龙头斗栱，雕梁画栋，镏金涂赤。主轴线长达 60 余米，前后高差近 20 米，右侧二路较短，设小戏楼天井院和濂溪词（永州公所）庭院。

而齐安公所布局戏楼在前，正殿在后。虽为大门侧入，但主轴线上按常规前为戏楼天井院，后紧接看厅、抱厅、主殿一气呵成，恰与禹王宫空间的舒张成对比之势，空间紧凑，形象精致。左右副路灵活，仅布置跨院及小天井。

广东公所布局为戏楼主院附套院。虽占地最小，南北长 31.5 米，东西宽 25 米，但戏楼最大最气派。戏楼前庭院面积约 150 平方米，为最大一处院落。看厅分前后两小厅，深 9 米，面阔三间 12 米，高达 10 余米。祭殿及诸事用房另设一横向套院。整个面积 700 余平方米，小中见大，别具一格。

三是会馆内部空间高敞通透，采光通风独特巧妙，檐廊天井过渡 空间丰富生动。会馆外高墙封闭，但内部空间十分开敞。不论正厅、看厅或厢房，大多为敞厅柱廊形式。尤其是齐安公所采用的抱厅空间手法既实用又别致，加上气楼高敞，通风采光自然，很适合当地的气候特点。在夏天不仅不闷热，而且任何时候都是凉风习习，清爽舒适。

四是建筑造型及装饰艺术富丽华贵，工艺精湛，图案丰富生动。牌楼式组合屋顶形式是四川古建筑一大特色。在该会馆中有如此规模体量、装饰华美的牌楼式屋顶全川并不多见。线条柔美流畅涌动的众多封火山墙及其展示的第五立面屋顶艺术令人惊叹。至于各类构件雕饰之丰，色泽之艳，都是上乘之作。特别是齐安公所的斗栱、雀替、撑弓、垂花、额枋、门窗等雕工精细，多处采用镏金工艺，为他处少见。其戏楼上的深浮雕，镌刻各种戏曲神话传说人物、山水花鸟及房舍景物，无一不精，丰富的内容足以视为民间风物的大百科全书。

自贡西秦会馆是四川会馆另一处现存的著名的同乡同业会馆（图 4–46）。该会馆是陕西盐商合资于乾隆元年（1736 年）修建的。占地总面积 3200 多平方米。西秦会馆的形制是四川山地会馆建筑的另一典范。沿纵深主轴依山分台筑院，布局规整，建筑雄奇壮观，殿阁华丽巍峨，工艺精妙绝伦，是四川会馆建筑中的佼佼者。该会馆的主要特点有三：

一是以南北中轴对称纵深布局，以高阁为构图中心，形成重台五进六院的平面组合，以及外封闭内开敞，前舒朗后紧凑，由低到高，逐层发展的空间格局。从武圣宫大门进入献技楼（戏楼）到天街院坝，此前院最为宽大。两侧贲鼓阁、金镛阁分列。穿过大丈夫抱厅，即到高耸的中心建筑参天奎阁，前接抱厅，背连中殿，左右客廨，两侧小天井使空间收紧。最后为一横向天井，正殿面阔五间，重檐硬山式，立于全会馆最高处。两侧神庵、内轩配属，前各有花园庭院，深幽而清净。整个空间蜿转流畅，对比生动，布局手法的独创性颇为罕见。

二是奇异的建筑造型手法泼辣大胆，构思巧

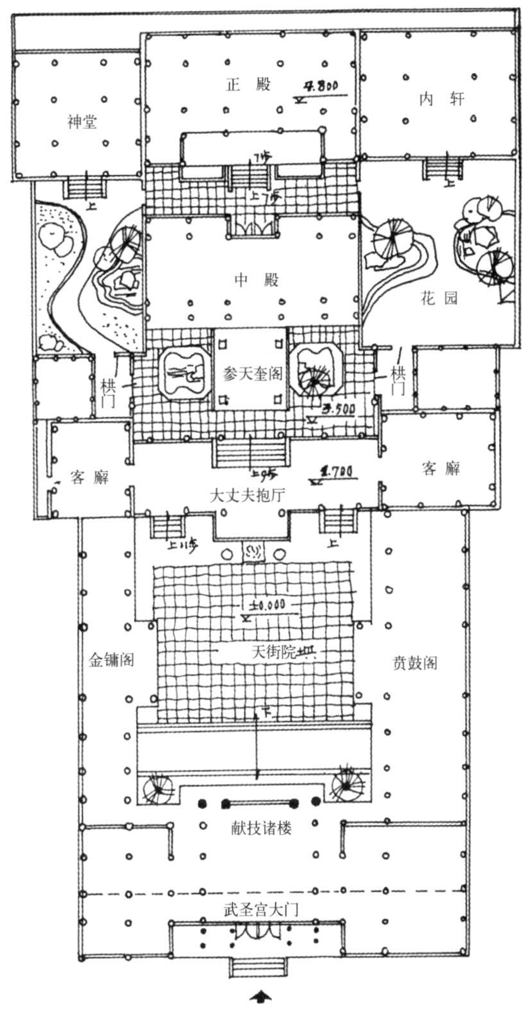

图 4–46a 自贡西秦会馆平面图

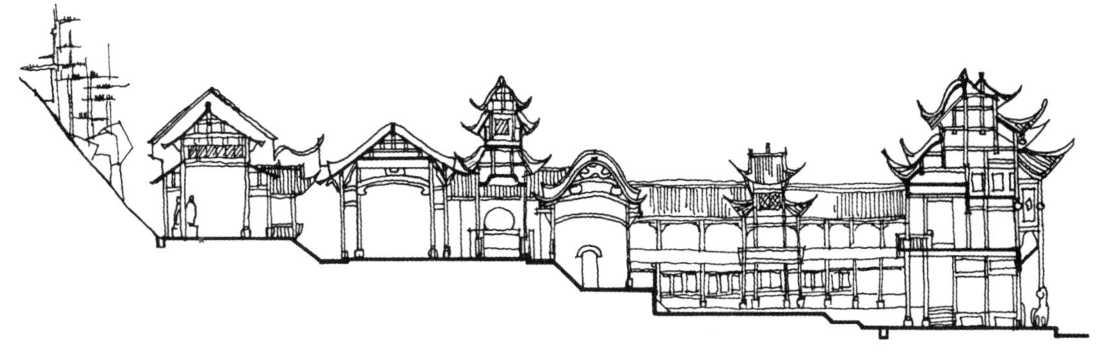
图 4–46b 自贡西秦会馆纵剖面图

图 4-46c 西秦会馆四柱七楼大牌楼

图 4-46d 西秦会馆大牌楼造型奇特的屋顶

图 4-46e 西秦会馆鸟瞰

夺天工。令人称绝的是极大地发挥了牌楼式组合屋顶造型手法，创造出更为奇巧宏丽、繁复生动的复合大屋顶。尤其以高 4 层献技楼的屋面最为复杂别致。此楼将牌楼式大门四柱七楼重檐与献技诸楼两个歇山顶和六角楼尖顶组合在一起，前后形象一柔一刚，各异其趣。24 个犬牙交错冲天翘尖檐角雄奇无比，令人眼花瞭乱，蔚为奇特壮观。而献技楼造型将一般戏楼与楼阁结合，于戏台之上再建大观楼、福海楼等楼层，造成明三暗四的建筑形象。该楼造型之奇思妙想和高超的木构工艺技术水平可称海内孤例。

与武圣宫大门献技楼造型类似的是中心主体建筑参天奎阁。此阁一反常规，紧紧夹在抱厅与中殿之间，既相对独立，又穿插相连，并以三层 12 米高六角攒尖顶突兀于紧缩的天井空间之上，大有“刺破青天锷未残”之势，并与大门组合屋

图 4-46f 西秦会馆内院

图 4-46g 西秦会馆大戏楼

顶遥相呼应，形成一个强节奏的韵律高潮。其构思和手法的纯熟自如莫不显现古代匠师游刃有余的意匠。

三是装饰工艺与木构工艺技术制作水平高超。西秦会馆的木雕艺术，无论是浮雕、圆雕、透雕或是线刻都精湛绝伦。图案从人物故事场景到花草虫鱼，布局构图疏密有致，琳琅满目。石雕艺术如狮象柱础精细大方，大门一对石狮扭身张口，生动有力。这些都是四川清代木石雕作的代表。大木作技艺从建筑造型可以看出穿插组接的复杂工艺，整个木构至今近300年仍稳固如初。

一般场镇上的会馆建筑虽在规模上较小，但在技术工艺上并不逊色。在布局和形象的生动灵活性上与场镇街巷相结合。有的小场镇会馆有“会”无“馆”，客居住宿功能减少，突出戏楼后殿格局。较大者做到三进三院，最节省的是将仅有的一个院落也融于街道，成为街道的一部分，成为会馆与场镇街道的“共享空间”。如仁寿县的汪洋镇南华宫，戏台立于街上，底层架空与凉厅子街相通，如同过街楼一般，会馆院坝与街道既隔又通。永川县板桥镇的南华宫成为两街节点，以院坝为公共广场，戏楼与正殿分立两侧，使街道空间至此处产生有趣的变化。这些会馆实际上是尺度形式稍有变化的民居形态的场镇节点（图4–47）。

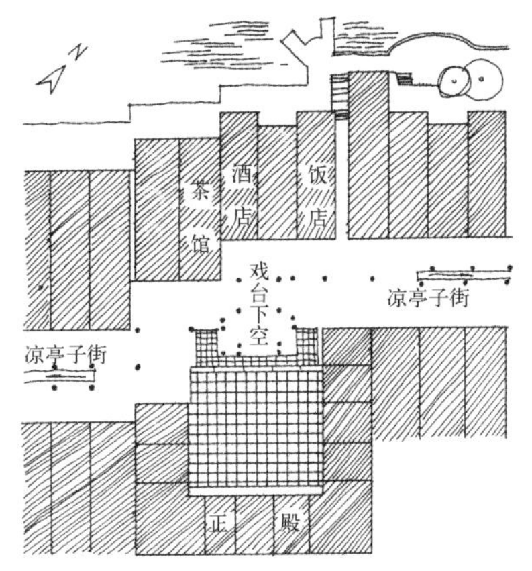

图4–47a　仁寿汪洋镇南华宫与街道组合平面示意

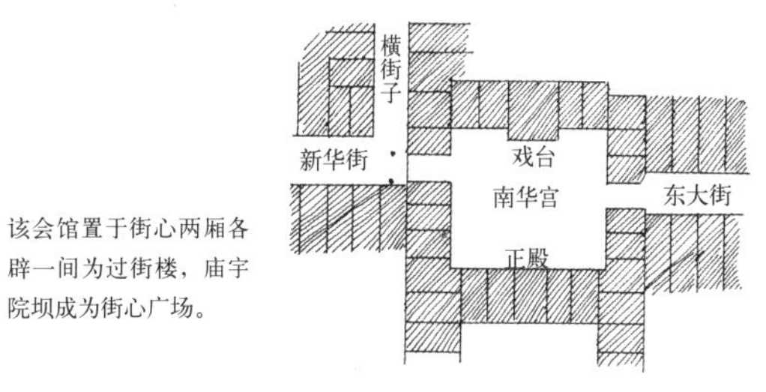

图4–47b　永川板桥镇南华宫与街道组合平面示意

二、祠堂

祠堂作为宗祠建筑是一种礼制建筑，执“家礼”之处，也即“家庙”。祠堂功能首先是本族人敬祀祖先，然后执行族权，劝善解纷，惩治家门不肖。所以一般场镇有多少大姓，必有多少宗祠。其规模尺度比住宅大，比会馆小，通常祠堂形制也采取四合头院落式，前为大门，中为祖堂，供跪拜祭祀，后为寝栖神灵，两侧为食宿厢房。讲排场的祠堂也有建戏楼的，与入口大门结合，戏楼底层为通道，规制较单纯，但建筑装饰也很讲究，不逊于会馆。有的宗祠不在场镇上建，而是散布在场外或周边，自成一小环境。为安全起见，有的还建碉楼，以备不时之需。

据刘致平先生在20世纪40年代调查记述，广汉张溪南祠的布局是，正面大门三间，左右耳门各一间，后大院长方形，有正厅三间，左右廊庑各一间。正面祖堂三间，后孝堂三间为后寝。左右各有小院，为食宿灶杂等用。云阳县鸣凤乡彭家宗祠是三峡地区尚存的大型宗祠建筑，亦为封闭四合院，院中耸立九层三重檐盔顶方形塔楼，高30米。祠堂外围石墙封闭，防卫性很强，四角还建有碉楼，类似寨堡式建筑。建筑装饰一般多集中在大门、戏楼和祖堂，以木石雕为主，色调一般较会馆朴素。重庆龙兴古镇二进院落的华夏宗祠临街依山势布局，也是山地场镇宗祠的代表作（图4–48）。

三、寺庙

这里说的寺庙是除了会馆祠庙之外，纯粹由

图 4-48a 重庆长寿鸣凤乡彭家祠堂

图 4-48b 重庆龙兴镇临街华夏宗祠大门

宗教人士出家信教所建的宗教建筑，如佛寺、道观、清真寺、天主教堂等。寺庙与场镇的关系也如同会馆与场镇的关系一样，是相互促进发展的。有不少的场镇也是因寺庙而兴场，寺庙成为一方乡里的宗教文化中心，如忠县石宝镇就是这样。该镇以寨命名，石宝寨是明末农民起义军占山为寨，后康熙年间，始建重楼飞阁和阎罗殿，以为名胜。于是香客不断，围绕石宝寨玉印山渐至形成聚落，成为远近闻名的场镇。此二者相生相成的关系反映了场镇聚落产生的某种规律，不论是经济、政治、军事、文化或是宗教，凡是可吸引并凝聚人气者，皆可形成聚落并持续地发展（图 4-49）。

类似的例证还有大足宝顶山大佛湾石刻圣寿寺附近的香山场，也是因佛教石刻造像和寺庙的朝拜，吸引远近香客，而逐渐形成场镇。场镇因寺而建，寺因场镇而兴。寺庙、佛湾石刻与场镇三位一体构成古迹名胜及人居环境，成为四川场镇聚落一大文化特征和风貌特征（图 4-50）。大者如名山胜水近旁的城镇聚落，如峨眉山下的峨

图 4-48c 重庆龙兴镇临街华夏宗祠庭院及台阶式厢楼

图 4-49 忠县石宝寨与石宝镇

图 4-50b 大足宝顶山石刻大佛湾

图 4-50c 大足宝顶山石刻圣寿寺大殿

图 4-50d 大足宝顶山香山场小街

图 4-50a 大足宝顶山石刻大佛湾、圣寿寺、香山场总平面图

眉县，大足唐宋北山石刻龙岗山下的大足县，丰都县平都山鬼城下的丰都县等都是这样形成发展的。较大的场镇上建寺庙也是较普遍的现象，如涞滩镇的二佛寺、彭水郁山镇的开元寺、江津石蟆镇的登云寺等等，这些寺观有的是先有寺观后有场镇，有的是先有场镇后有寺观，或二者并生并存。研究它们的相互关系对于场镇民居文化的内涵及其特色都有十分重要的意义。

注释：

[1] 刘致平．中国居住建筑简史．北京．中国建筑工业出版社，1990.125.

[2] 赵万民，李泽新等．安居古镇．南京东南大学出版社，2007.16.

[3] 吴涛．巴渝历史名镇．重庆．重庆出版社，2004.78.

第五章　民居类型特征

关于民居分类在以往的各种研究成果中有多种分类法，都是从不同的侧重角度来考虑的。作为民居文化学，如何进行科学的分类，至今仍没有学界的共识，还处于研究探索的阶段。但无论何种分类法，关键问题在于只要从当地实情出发，把民居的基本特点表达出来，都是可取的做法。对于四川民居，有的著述分为井干式、干栏式、四合院式、碉房、帐篷五类，其中大多数汉族居住的四合院式又分为庄园、府第、宅院、店居、农宅五类。这是从建筑使用性质及功能的角度考虑的分法。若从建筑形态最基本的平面空间组合角度来对民居建筑分类，则较易于看出其演化发展的规律，对于探讨和认识民居建筑文化的本质特征和影响原因有所深化。因为平面空间组合关系应当是建筑最本质最基本的要素构成。其平面最基本的形式至少有十几种，在此基础上可以衍生出更加多样复杂的组合形态（图 5–1）。

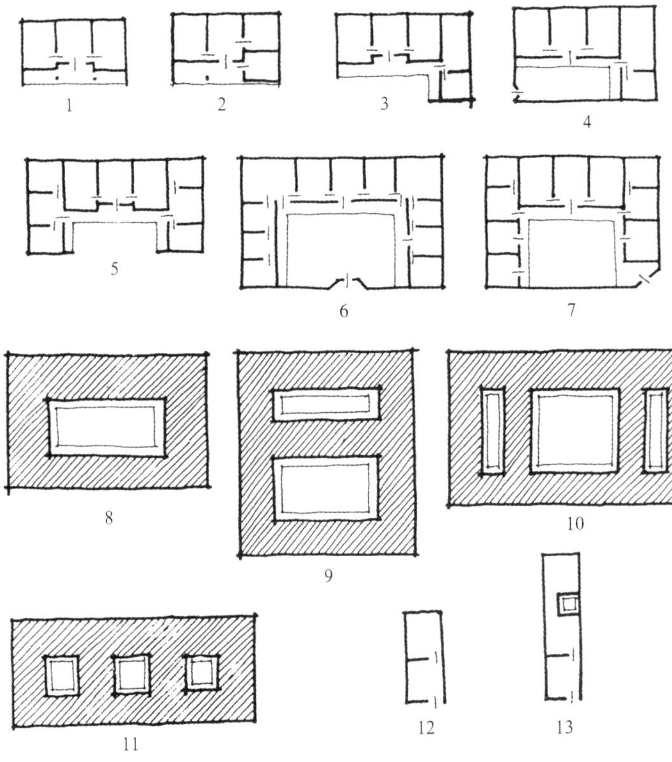

1. 一列三间吞口前出廊
2. 钥匙头前出廊
3. 吞口前出廊曲尺形
4. 曲尺形合院
5. 开口三合院
6. 正门闭口三合院
7. 斜门闭口三合院
8. 四合院
9. 日字形四合院
10. 天井四合院
11. 并列四合院
12. 竹筒式
13. 天井竹筒式

图 5–1 城镇乡村民居平面基本形式

第一节　一字形独幢式

一、主室模式

一字形平面是最简单最基本的类型，常为一般平民和广大农民使用的所谓民宅或农宅。多以散居方式分布于田野山间，且为一户一舍，或几户相邻，如同聚居，但各自独立，远看似为组团。因全省农民占 80% 以上，故这种独幢一字形的民居占有相当大的数量。尤其在乡间山区，基地狭窄，这种形式的民居机动灵活，占地不多，易于建造。在川内各地都可见到这种较为简易的普通民居。

这种一字形平面常为三开间，且多在当心间开门并后退一至二步架，形成一个内凹的门斗空间，称为“燕窝”或“吞口”。这种三开间方式是最古老的一明两暗形制，也是民居最基本的布局方式，所谓“庶民房舍不过三间五架”。入门后是堂屋，后壁供“天地君亲师”或祖宗牌位，叫作“神龛”，常为木制龛式，是全宅最为庄重神圣的地方，是居家的精神中心。按风水说法，乃宅之正穴所在。

有时堂屋后再隔出一小空间为“后座”或“后堂”，置杂物或通向室外。左间一般位东作卧室，右间位西，又分为前后两小间，前小间为饭堂兼杂务，后小间为灶房、贮藏间。在川北山区一带，因冬季阴冷，地面常设“火塘”，围以石栏，供膳食或取暖之用。火塘置三角铁架，上空常有吊架，烤熏腊肉之类。

进一步的做法是将燕窝空间前扩展为通长的檐廊，前设二柱，形成门廊。一般檐廊宽一至二步架，成为室内外过渡空间，可遮阳避雨，又增加了可供农活、休闲的使用面积。金秋时节，常挂玉米、辣椒等收获作物于檐廊下，为房舍增添不少色彩和山乡农家风味。

这种一字形三开间设门斗加檐廊的形式成了

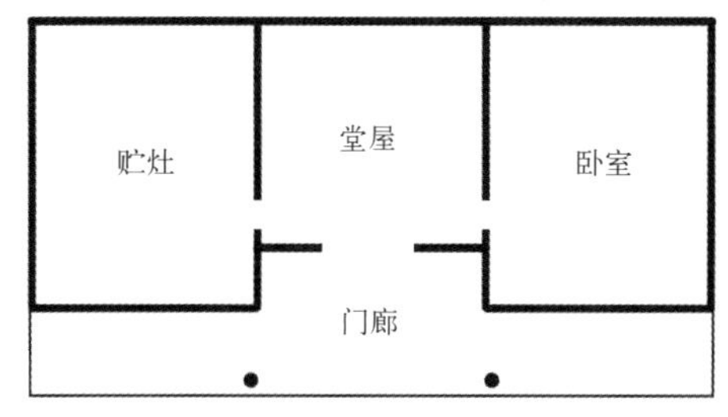

图 5-2 民居一列三间主室模式

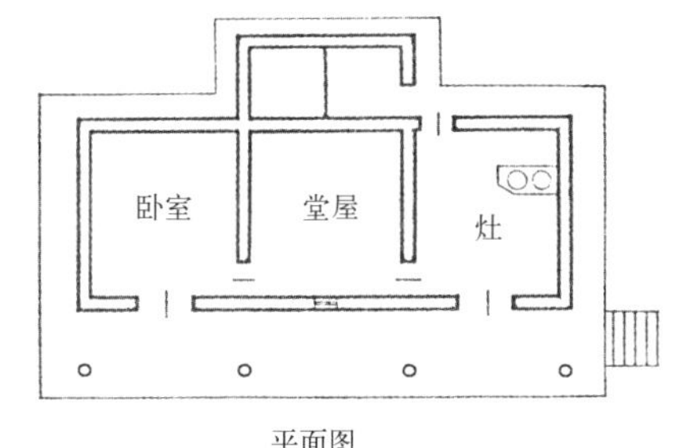

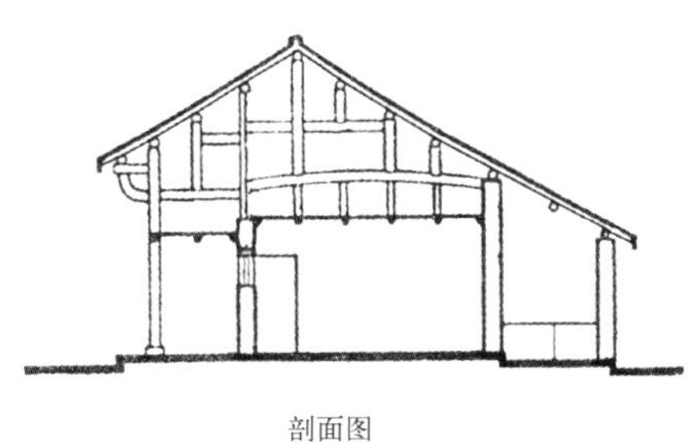

图 5-3 广元柏林沟乡吴良英宅

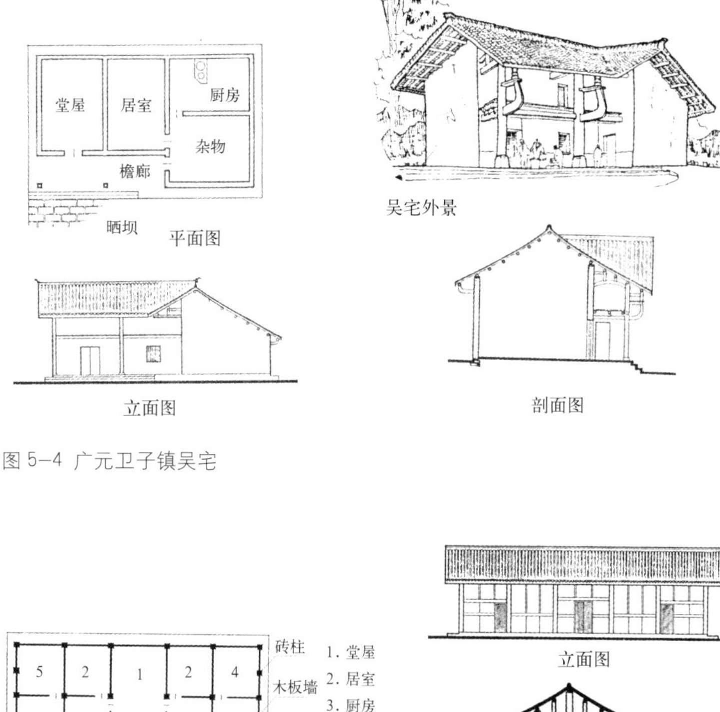

图 5-4 广元卫子镇吴宅

图 5-5 安岳石羊区余宅

民居一种最经典最基本的组合空间。由此演化出形形色色的平面空间组合形态。如果说在民居院落建筑群的生成中，“间”是一个平面空间的基本单元，它由四柱或四壁围合而成，可称之为“基元空间”，那么三间成幢则是一个基本单元组合模式，其一列三间门斗或一列三间前出廊的形式，可以称为“主室模式”。对民居演化来说，这个“主室模式”是民居的核心空间（图 5-2）。

二、空间的扩展

为扩大室内面积，有时檐廊只做两间，一端用墙封为房间，这种形式称为“钥匙头”。在山面一侧或双侧还可加建单坡“偏厦”，作为畜圈或杂物贮藏间。三间式屋顶常为双坡悬山顶，但前后坡不等，前坡短檐高，后坡长檐低。较长的后坡称为“拖檐”，这样可加大房屋进深，还可将当心间屋顶拖得更长，在屋后另接出一个房间，使一字形变成凸字形。如广元市柏林沟乡吴良英宅，为三间带前廊，屋面长短坡，后出小房一间（图 5-3）。有的屋顶做法将端间作偏厦处理，以双层挑枋托檐，形象生动别致。广元市卫子镇吴宅即为这种钥匙头的例子。随着条件的变化，这些加建体量和屋坡处理的做法呈现出丰富多样的造型，打破了一字形的单调感（图 5-4）。

一字形的三间式也可扩至五间，甚至更多，但均为奇数间。也有将这种形式并列成独幢联排式。如安岳县石羊区余宅，为典型的一字形五间，当心间退进较深（图 5-5）。巫山大溪镇后场尾的“九间房”是当地有名的“长房子”。有的一字排开甚至做到十一间长，犹如小街，很是可观。这些普通民宅一般为木构穿斗架小青瓦屋面，或版筑土墙茅草顶，尤其在山区较为常见。

第二节 一横一顺式

一、组接形式

这种形式又称“曲尺形”、“尺子拐”或“丁字形”，即在顺向一字形基础上在一侧加横向的厢房，一般二至三间。这样就在正房前面形成一个半围合的场地，称为“地坝”或“院坝”。有的围以竹笆或栅栏，即为“院落”的雏形。侧面可设简易带顶的院门，称为“篷门”或“柴门”。这种布局方式在单家独户的山区乡下十分普遍。

厢房与正房交接的转角处，称为“抹角”或“磨角”，正房的这一端间则称抹角房或转角房，又叫“檐偏子”、“转间过棚”或偏房、耳房。这个部位有多种变化的处理，平面及屋顶可随正房，也可随厢房，或自为偏厦形式。厢房也有做成长短坡的，若拖檐长至可扩出一个低下一台的房间，则称为“梭厢”。由于地形坡下，厢房呈“天平地不平”之势，则称为“坡厢”。厢房若间数较多，且成两段，其外一段又低下一台，这种形式称为“拖厢”。若其外一段虽与地坪同高，但檐矮脊低，体量减小，从正房看是逐级低下，这种做法则称为“牛喝水”，意即像牛一样把头低下呈喝水的姿态，显出牛脊之高来，这样就突出了正房的形象和地位。

如南江县城关镇后山冯宅，位于山腰一小台地上。正房五间，厢房两间，前出檐廊呈曲尺形。堂屋位于正中。抹角一间为暗间，作为灶厨。厢房低下一个台基，端间为畜圈。因地形不规则曲尺形布局围合出一个呈三角状的地坝，使房屋前有一较宽敞的活动空间。房屋结构为就地取材的版筑土墙承重瓦顶，与周围山地环境较为协调（图5–6）。

二、组合变体

这种曲尺形有很多变体，结合地形和功能需要可以形成多体量的组合。如南江县北山太子洞周家院，建在山坡较陡的狭窄台地上，前筑石砌堡坎，房屋顺等高线布局，呈两个“钥匙头”一主一副的联排组合形态。左端厢房为“牛喝水”做法，出挑楼吊脚成为二层，并外附偏厦。其主堂屋前设檐廊，强化了主室模式的功能和形象。次堂屋也位于附体三间式的当心间。厢房上层住人，楼下吊层作猪牛畜圈。房屋规模虽不大，但

图5–6a 川北农宅曲尺形茅草房

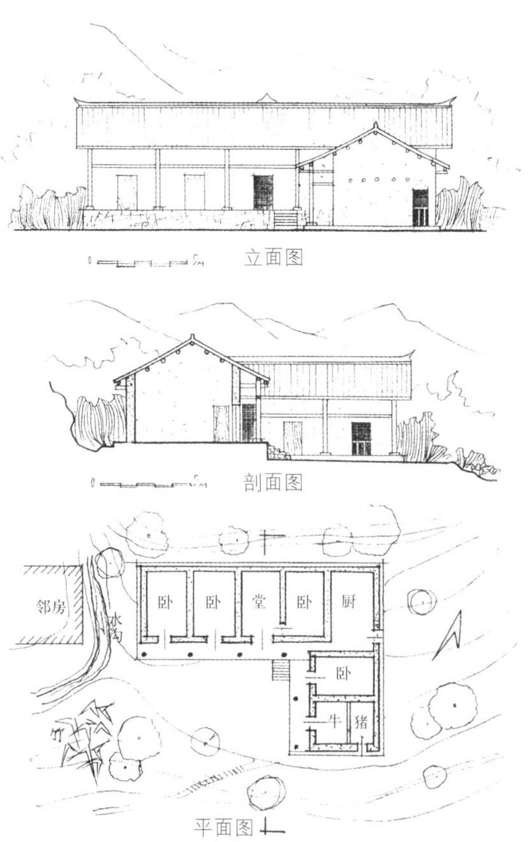

图5–6b 南江城关镇后山冯宅

图 5–7a 南江城关北山太子洞周家院子外观

有 20 多个房间，供 4 家人居住。川内乡俗“别财异居，人大分家，分灶吃饭”，反映在居住上这是一个例证。虽然不像四合院式那样利于分家的分配，但其布局也很适合大家庭分家的需要（图 5–7）。

有的曲尺形在屋坡处理上十分灵活，利用正房厢房高度上的差异形成主体与附体的对比，产生若干不同的建筑造型组合。如剑阁县剑门乡张宅，突出的半截厢房就其正房的屋面顺势梭下加以覆盖。正房另端加建偏厦。前列柱廊三间，挑檐采用少见的上弓形挑枋，柱间中部设穿枋，加强联系，又可作为架棚，晾晒存放谷物。虽为曲尺形但又像独幢的一字形，整个建筑形象简洁明快生动（图 5–8）。

有的曲尺形表现为从一字形向曲尺形发展的过程，即一字形的大钥匙头扩展成厢房。如南江县城关北山某菜农住宅，三间土墙瓦顶，前出檐廊，左侧横向扩出一间呈短厢房。这种小体量组合类型在山区较为普遍，适宜地形也较灵活（图 5–9）。

而南江县滋溪乡谢宅的屋面处理又是另一种方式。由于厢房突出不多，它将厢房与偏厦的屋面合二而一成为包括抹角的一大片从前至后的侧向屋坡面，加上另侧的偏厦单坡，共同烘托正房主体。正房三间前为曲形檐廊，在石栏高台上中设梯道入口，立面三大部分组合构图均衡而有变化（图 5–10）。

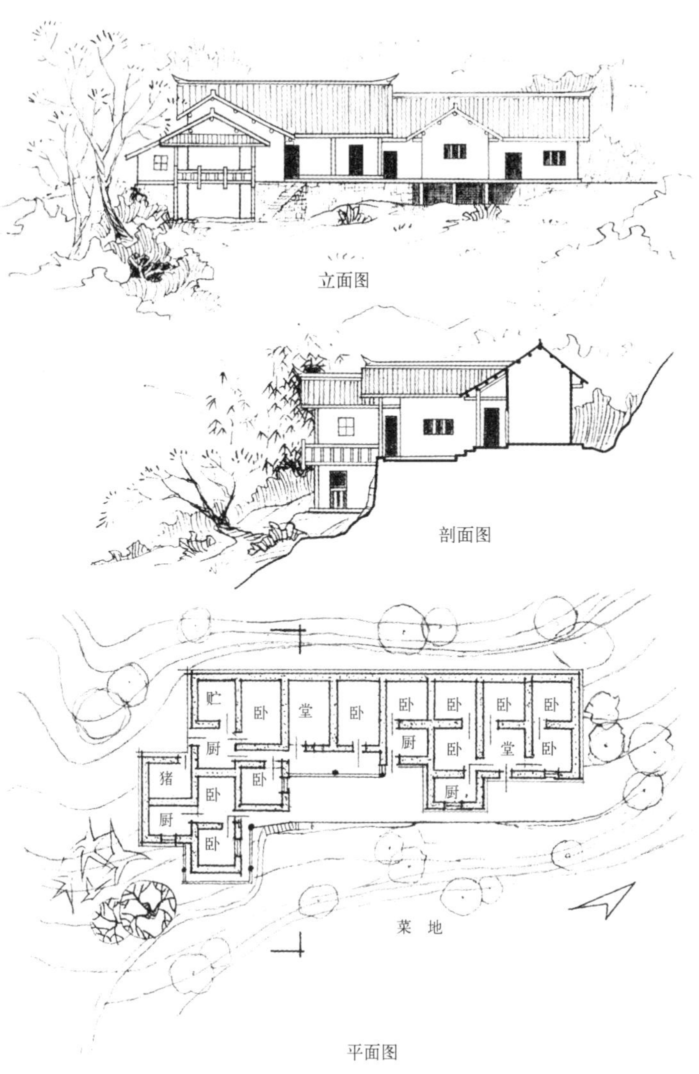

图 5–7b 南江城关北山太子洞周家院子

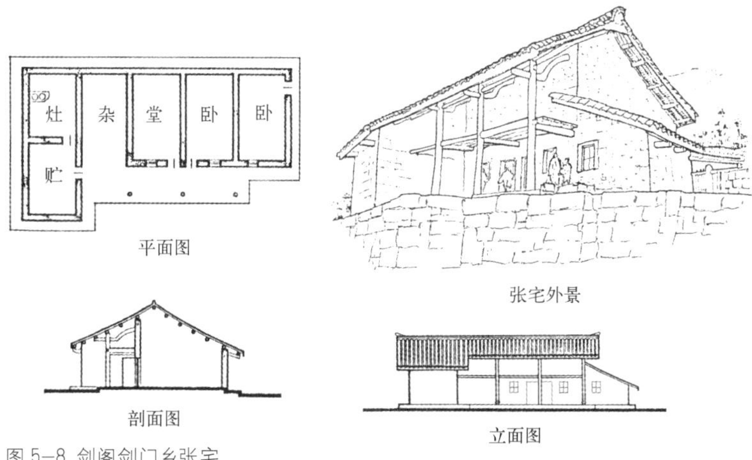

图 5–8 剑阁剑门乡张宅

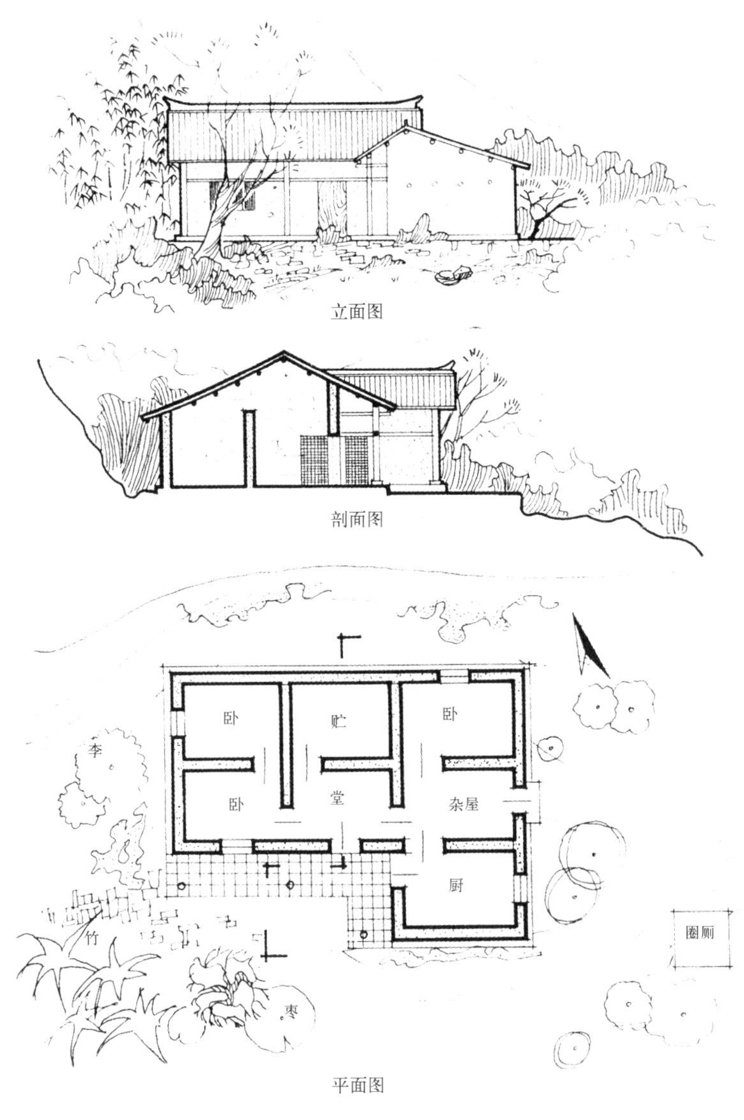

图 5-9 南江北山某菜农宅

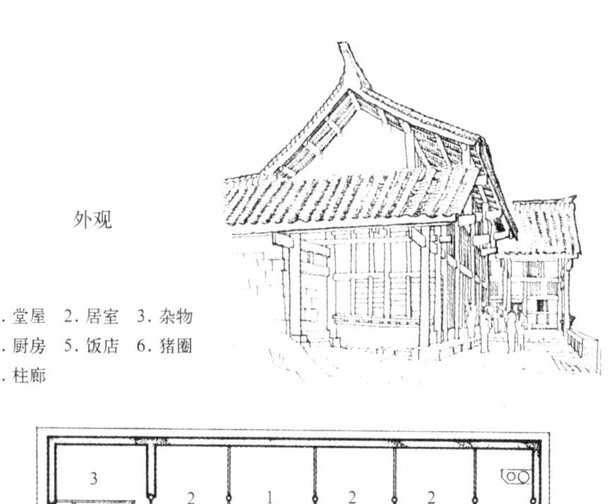

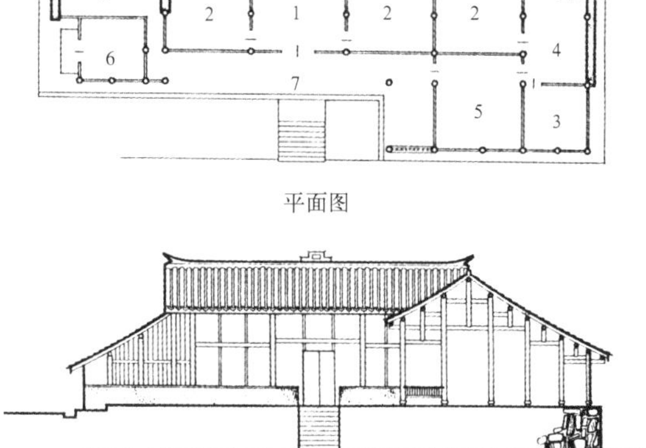

立面图

图 5-10 南江滋溪乡谢宅

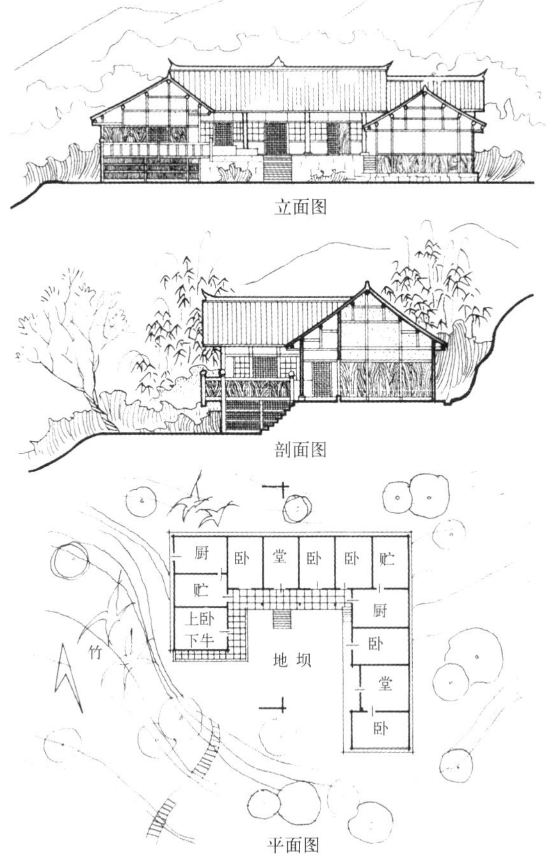

图 5-11a 达县福善乡金土坎村王宅

第三节 三合院式

一、平面空间组合

在曲尺形平面上再增加一侧厢房的组合，呈门字形，就成为三合院，又称“三合头”、“撮箕口”，为一正两厢形制。三合院已明显围合出院坝空间，这就是院坝前一个范围界定非常明确的庭院。若庭院全为敞开，称开口三合头，若庭院前加设围墙，称闭口三合头。围墙有多种做法。有竹木围栅或矮土墙、砖石墙，安设栅子门。讲究的做法是做有瓦顶的木板壁门或砖石牌坊式门。一般的三合院，正房为三间，左右各带抹角房，根据地形条件和需要，两厢长短间数不同，三合院则为不对称的形态。常将正房置于高的台地，厢房和院坝标高降低，设踏步与正房联系。也可正房厢房同在一标高台基上，院坝呈下沉式。在川东、川北地区这种形式较多。

达县地处大巴山区，乡间农宅大多修建三合院。如达县福善乡金土坎村王宅利用坡地二阶平台，将正房三间偏房两间置于上台，东厢房置于下台，二台高差约2.5米，东厢住分家的子女。西厢房与正房同台做成吊脚楼式，当地叫“吊楼”。上层为卧室，下层为猪牛圈，并出挑楼。按当地风水观念，通常在选址布局时就已考虑将西厢房作这样的处理。因畜圈厕所要位于西南方“鬼方”，在此位方可避邪，决不会将它们放置在东向（图5-11）。也有两边厢房都做成吊楼，下层作为杂务用，猪牛圈户外另设，也较卫生。达县福善乡

图 5-11b 达县福善乡金土坎村王宅鸟瞰

图 5-11c 福善乡金土坎村王宅右厢吊楼

图 5-11d 达县福善乡金土坎村王宅用料粗壮的挑楼

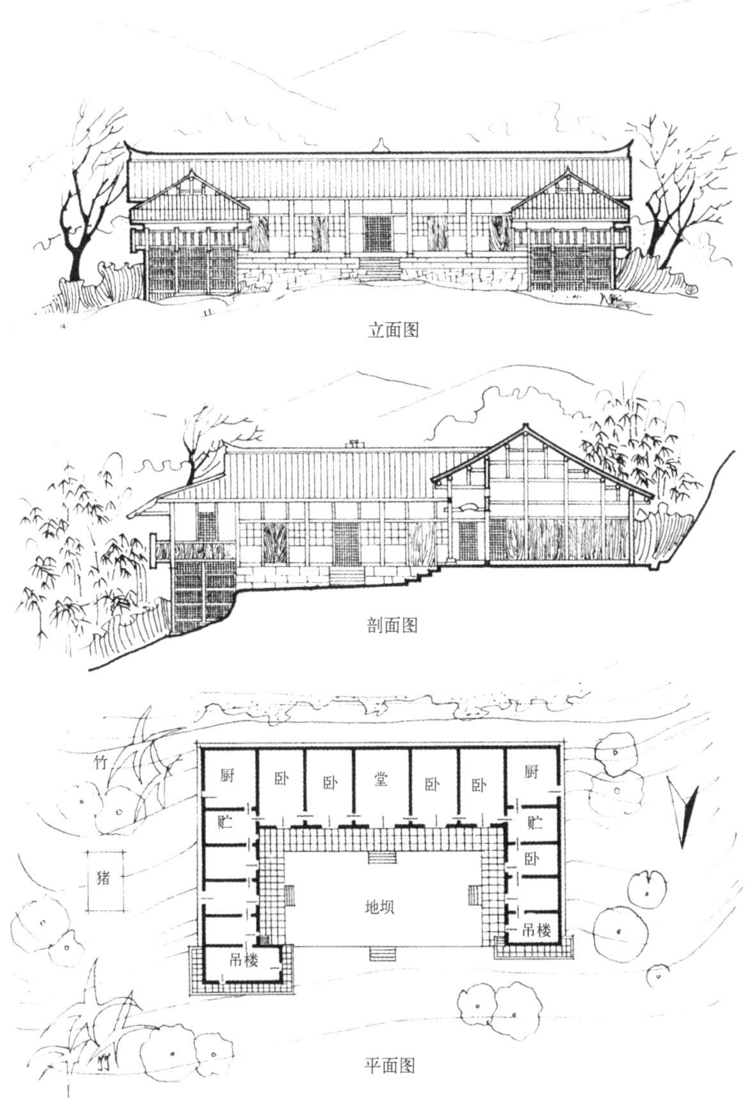

图 5-12a 达县福善乡柏家院子

图 5–12b 达县福善乡柏家院子檐廊

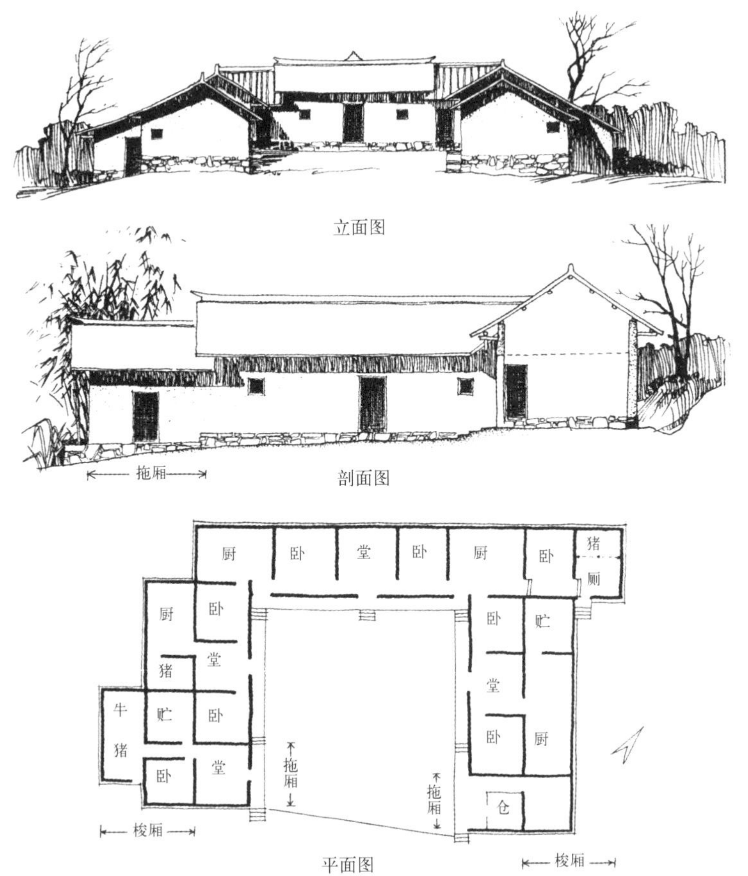

图 5–14 壁山来凤驿乡雷神坡龙宅

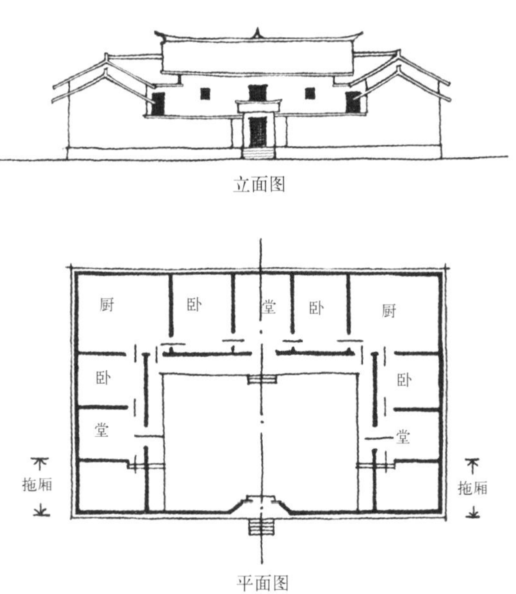

图 5–13 永川大安乡某宅

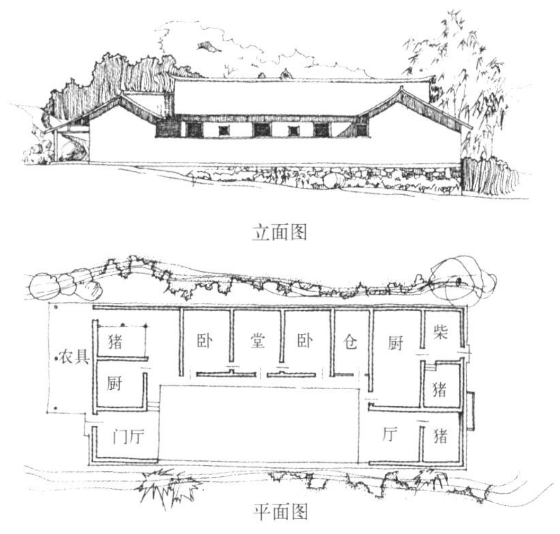

图 5–15 江津海螺乡某宅

柏家院子是这样的实例，但其正房为五间，厢房各三到四间，三面设檐廊，院坝扁方为下沉式铺以青石板十分规整（图 5–12）。

三合院规模较大，在山地选择宽绰的基址不易，因此为争取更多空间，常结合地形对厢房采取“梭厢”或“拖厢”等做法。如永川县大安乡某宅三合院平面方正，正房三间，东西抹角房一间，东西厢各三间，但厢房端间拖下。外砌围墙，中设朝门，完全中轴对称格局（图 5–13）。壁山县来凤驿乡雷神坡龙宅，基地中高边低，后高前低，则两厢房既作拖厢，又作梭厢（图 5–14）。

机动灵活的坡地做法对三合院式是十分普遍的，甚至比四合院式更显示出这种类型的优越性。它没有四合院要受到多一面房屋的约束，又比曲尺形在空间组合上更为丰富，也较适应不同财力物力的建造条件。甚至在开门入口的方向和设置上，三合院式也变通灵活。如江津海螺乡某宅，

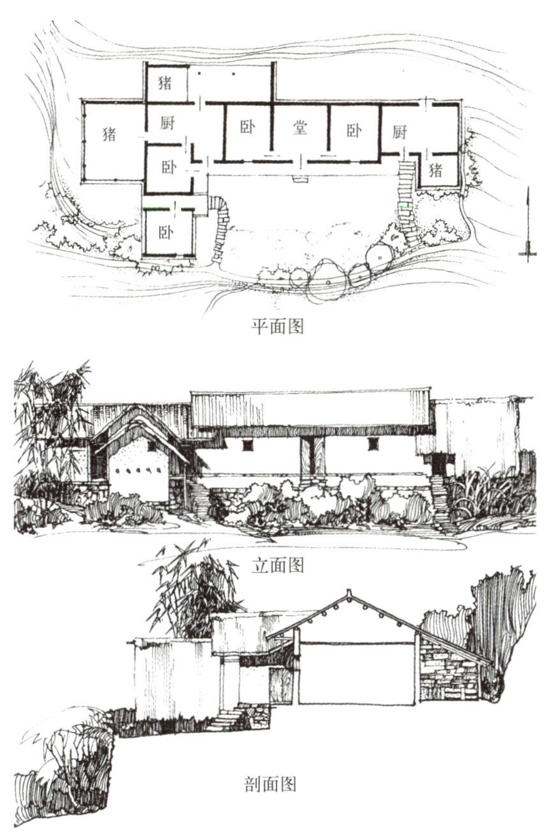

图 5–16a 大足邮亭铺周家院子

图 5–16b 农家三合院的乡村风味

在临坎平台上顺等高线布局成条形，正房五间，院坝前用矮土墙砌于堡坎上，完全封闭。入口设于西厢房端间（图 5–15）。大足县邮亭铺周家院子三合院建于高台上，从正房左右分别设台阶而上，而且正房为瓦顶，厢房为草房顶。像这样因地制宜简朴自由而又不失生动活泼的农宅在以前是不少的。正如刘致平先生所言："农村住宅多三五错落在田野里，结构很经济，布置多三合头或四合头式，猪圈牛栏，碾房草堆等置在房外很

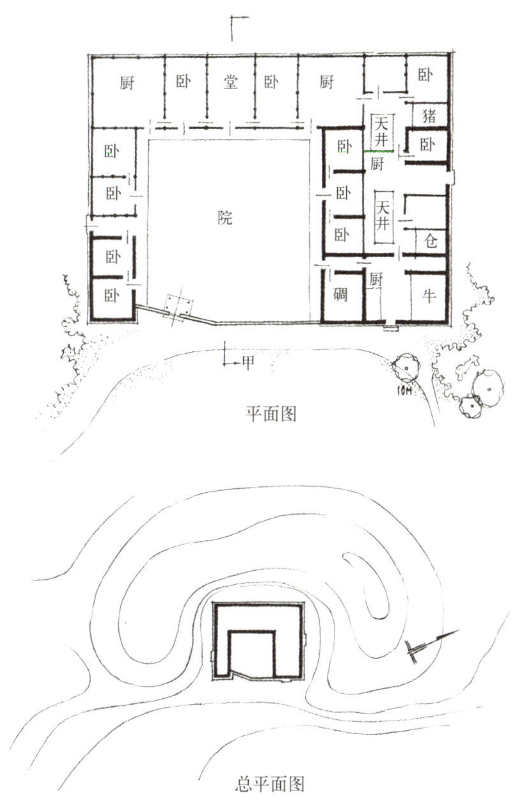

图 5–17 大足邮亭铺赵家院子

有乡村风味。"[1]（图 5–16）

二、扩展方式

大型三合院的扩展有纵横两种方式。横向扩展的方式是在厢房外再列一排平行于厢房的横屋，中间隔以条形天井。可加一侧，也可对称加双侧。这种条形天井围屋形式有些类似广东客家民居的双堂双横形制，也许就是受粤式民居的影响由广东移民传布下来的。但四川三合院庭院空间又大大超过广东客家民居的天井小院。

大足县邮亭铺赵家院子位于一山洼处，围绕方正宽大的中心庭院布局，在左厢房外添加横屋，两个条形天井将横屋隔出三段空间。前段又开设漏角天井以利采光通风。院门朝向东南与围墙折一角度斜向设置，即所谓风水要求的"歪门斜道"，其实开斜门完全是为迎纳来路和对景于房屋前一山形较佳之冈峦（图 5–17）。大竹县石桥乡黄家院子是左右加双横屋的例子。正房高大，檐口至

室内地面约 5 米以上。前设宽大檐廊，至台基边缘宽达 3 米，五间正房和两侧各四间厢房均列于高 1.5 米台基之上，整个建筑质量做工十分考究。院坝呈四方形下沉，铺以青石板，整齐光洁，作为农作物晒坝是乡间最好的做法。一般晒坝除自然土面外，稍讲究者是磨光的石灰三合土地面。前面就地势围以不规则形状的围墙，设三滴水砖砌院门，仍做斜门。除上述风水原因外，因门在堂屋中轴线位置上，朝门斜开也为的是风水上不与正房堂屋大门“犯冲”。此外，厢房和横屋端部均为“五岳朝天”式封火墙，并辟侧门出入，宅旁还修建碉楼一座，高约 15 米，当地称为“炮楼”，具瞭望防卫之用（图 5–18）。

另一种大型三合院的扩展手法是纵向方式，即沿三合院中轴线方向纵深发展，主要用于山地条件下，又称“台地三合院”。常常把基地因地

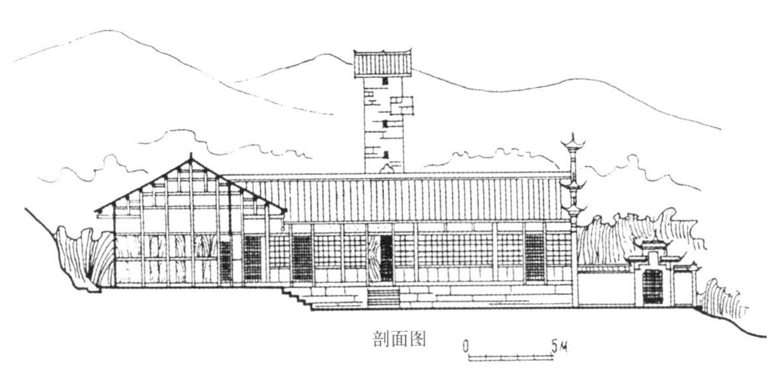

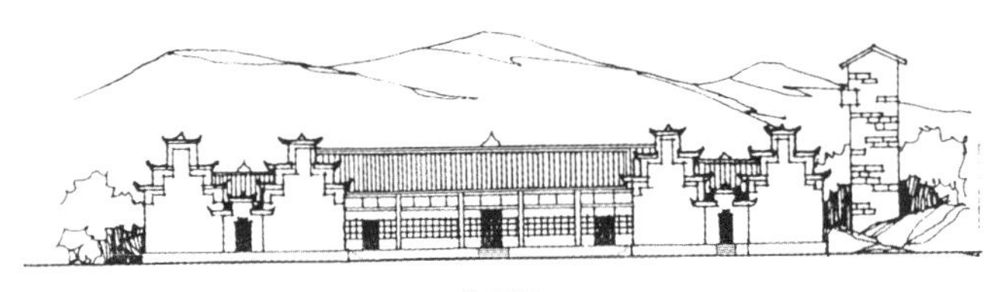

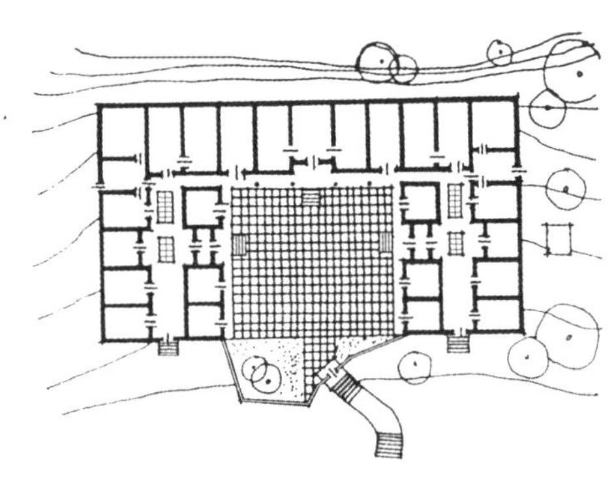

图 5–18a 大竹石桥乡黄家院子

图 5–18b 石桥乡黄家院子鸟瞰

图 5–18c 石桥乡黄家院子侧门封火墙

图 5–18d 石桥乡黄家院子侧门门楼

图 5-19a 达县碑庙乡李家大院

图 5-19c 碑庙乡李家大院下跌的厢房和偏厦

图 5-19b 碑庙乡李家大院下跌的厢房与院坝

图 5-19d 碑庙乡李家大院下跌的厢房与挑楼

势分成几台，正房多为五间，置于最高一台，宽大院坝分台而下，两侧厢房大多为梭厢或拖厢，均逐台下跌，两台之间设突出或凹进之台阶联系。由下往上看正房，整个三合院建筑群气势很是壮观。在侧面外观上，一长串建筑呈逐级爬山之状。如大巴山麓的达县碑庙乡李家大院置于三层台地上，长长的两列厢房逐层下跌，成为三个台院，前后高差达 10 米以上（图 5-19）。

由于三合院式空间组织具有的灵活性，在山地环境下还可非常自由地组合扩展，在规则中求变化，其核心的三合式空间形态基本不变，并与各种小天井空间组合，由此而生发延展出去的平面空间形态都无所拘束，随宜增减。如内江市工农乡麻柳湾肖家院，是将住房同制糖作坊相结合的大型宅坊式民居。整个地形分上下台。该宅由三部分组成：第一部分为住房，位于上台左侧，

图 5-19e 碑庙乡李家大院层层跌落的厢房与拖檐

正房五间带前廊，两厢各三间，方正院坝，前设矮墙，正中又建三滴水照壁一座，避挡前面作坊之干扰，并强调主庭院地位，求得安详的居住环境；第二部分为作坊之糖池、仓贮、账房管理等用房，位于住房右侧，隔以天井小院。作坊间采用房中开小天井采光通风；第三部分置于下台，

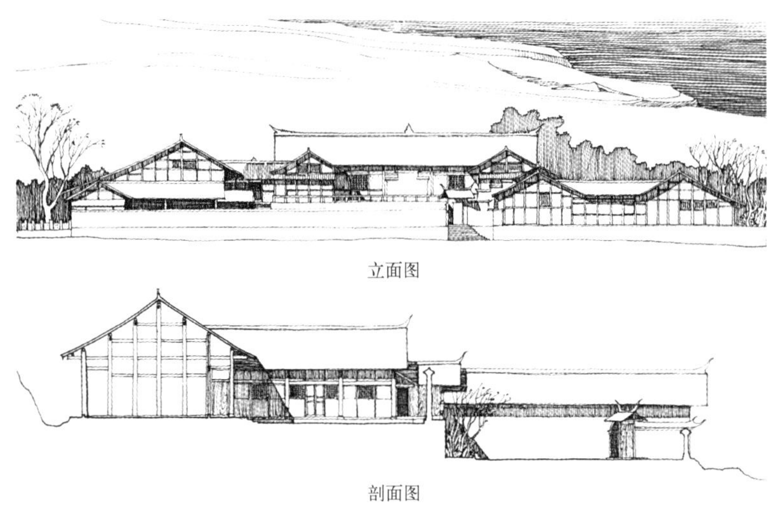

立面图

剖面图

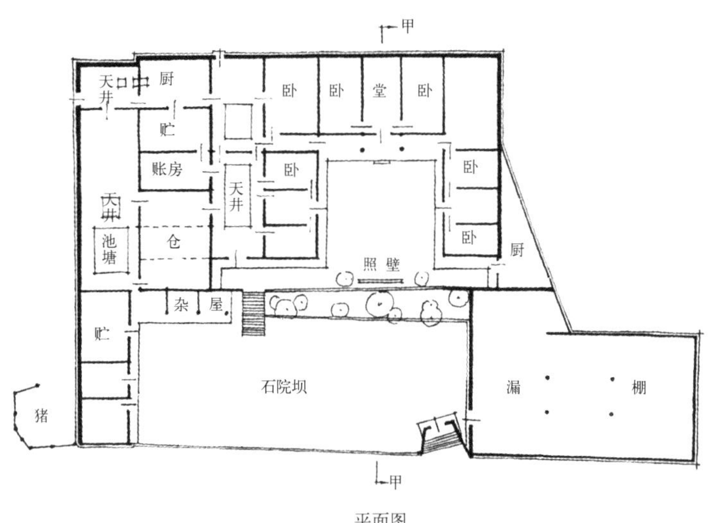

平面图

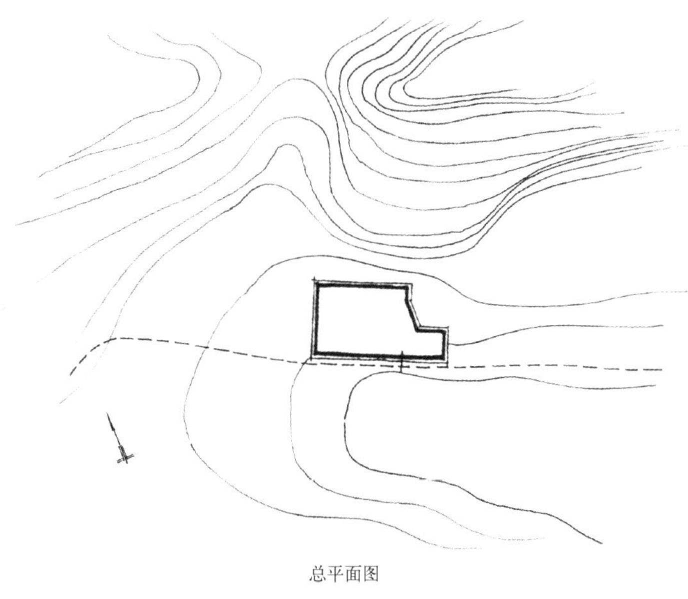

总平面图

图 5-20a　内江工农乡麻柳湾肖家院子

中间为一横向石板大晒坝，左侧为作坊大漏棚，右侧为杂贮，与上台部分相组合成为一个横向大三合院，同时又与上台方正三合院形成鲜明对比。二者间配植以树木绿化，并从侧旁石阶上下，有隔有通，环境宜人。尤为巧妙的是朝门设于大晒坝与漏棚交接处的角部，既不破坏前面石坎的完整，又方便了漏棚对外的联系，同时也合乎了风水原则，在外观上可完整展示朝门的形象。整个建筑水平展开，功能明确，布局合理，主体突出，高低错落，空间变化，形象生动，很有乡居山庄特色（图 5-20）。

第四节　四合院式

一、院落形制

四合院式是将三合院围墙一面改为房屋，即为四合院，又叫“四合头”、“四合水”、“四水归池”或“四水归堂”。通常的四合头正房，又称上房，为三至五间，其梢间抹角房檐脊做得低矮一些。左右两厢各三间。与正房相对为倒座，也称“下房”。因厢房从正房梢间接出，梢间为暗间，正房则露明三间，故此形制称为“明三暗四厢六间”，一共成十六个房间的组合格局。由于各边都露明三间，中间围合的院子呈方形，可以把这种四合院形制简称为“明三方院”（图 5-21）。

这种四合院布局形态类似云南一颗印民居“三间四耳倒八尺”，中为小天井。四川四合头比云南一颗印房规模要大，房间数要多，中多为庭院，院落也较宽大。这两种形制互相有影响关系。所以在四川也有把这种四合头形制叫一颗印的。这种形制在空间关系上实际上是以庭院为中心来布置住宅四围的房屋，然后根据礼制规范家庭伦理尊卑秩序来安排功能使用。上房住长辈，两厢住下辈，哥东弟西，杂役佣人住下房。宅门多位于正中或东南方向。

这种四合院形制的庭院空间在住居功能上发挥着核心的作用，是一个无盖的综合性功能空间。既是实际上的“露天起居室”，又是家庭许多家务活动生产活动的场地。一些红白喜事、年节宴乐宾客等排场庆典几乎都在庭院中进行，成为一个联系房屋的总枢纽和活动中心，功能作用甚至超过房间。因川中气候炎热，上房堂屋多为敞厅，在左右两厢当心间常设半开敞花厅（客厅）或为过厅，与前面倒座敞厅一起呈“四厅相向”的布局形式，并与庭院空间连成一片，所以更显出庭院空间的突出作用和重要性。在民居四合院中，庭院作为主院空间则是民居院落的核心和灵魂。

院落可因四周房屋间数多少不同和正房厢房倒座的组接关系不同而发生灵活的变化，可方可长，可大可小，可进可退。但不论有多少变化，这种以庭院为中心的十六间房形制四合院即“明三方院”都是一种可以独立的基本院落单位，可以称之为“主院范本”，并以此作为核心院落加以扩展。这种民居院落形制是最成熟最完善的平面空间关系组合模式。这个“主院范本”的空间结构是四合院建筑群的主体空间。

这样，间是“基本单元——基元空间”，幢是“主室模式——核心空间”，院是“主院范本——主体空间”，这就构成了四合院平面空间关系组合的三个本源层次。从间的基本单元到一列三间的主室模式，再到一围四幢的主院范本，由此衍化生成若干院落的组合。“院”作为一个母题，在建筑扩展时无论是纵向轴线成路，或是横向轴线成列，都以它为一个空间基本范式，每发展一步就增加一个院落，就如同细胞分裂以扩大一倍的方式生长一样，也就是二进制的一倍法扩充。其发展规律则为：间为基元，四壁成间，以间成幢，以幢成院，以院成组，以组成路，以路成群，形成庞大的民居群落。不论变化多么复杂多样，它们是同律同构的，都能保持整体同一性，这就是四合院的文化精神，也是民居的院落精神。所谓“院落精神”,就是通过“院落”这一建筑形态，反映出民居建筑品格特质和民居生成演绎机制及其文化内涵。只有深刻认识这一点，才能真正传承和借鉴民居文化的精髓。

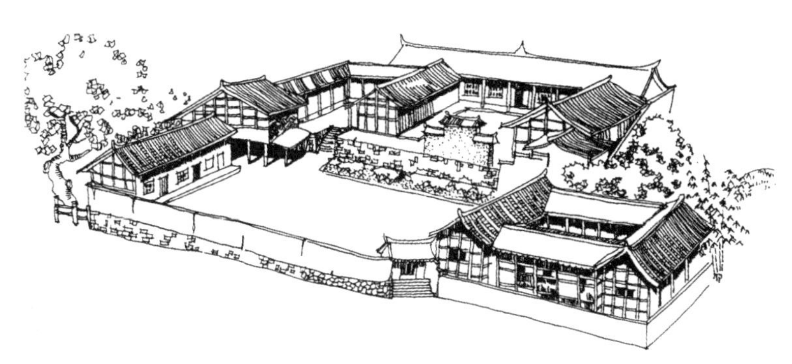
图 5–20b 内江工农乡麻柳湾肖家院子鸟瞰

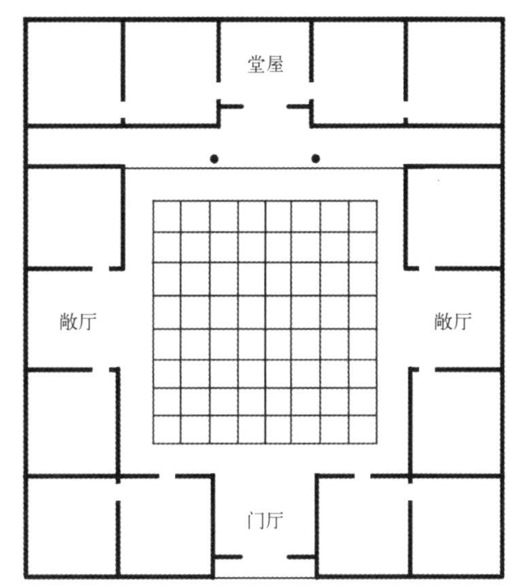

图 5–21a 四合院“明三暗四厢六间”
主院范式——“明三方院”形制

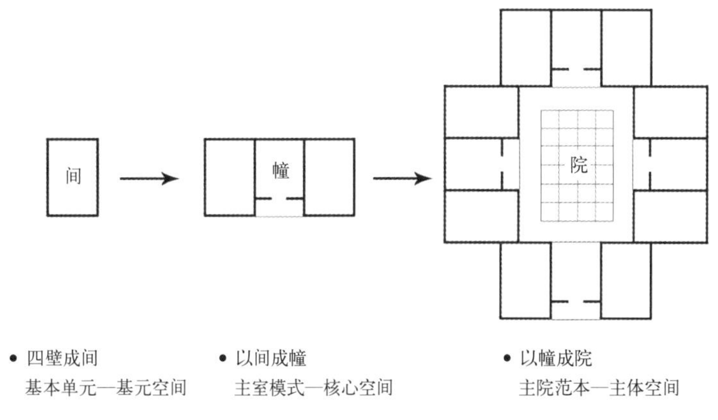

图 5–21b 四合院平面空间组合关系本源三层次

所以，四川民居中对一些较大的宅院，不管它有多少幢房舍，都一概用某院子称呼，如“张家院子”或“王家院子”等等。一般四川的四合头庭院兼具南北方的特点，比北方的院落要小，比南方的天井院要大。院坝与房屋的比例，一般北方院落为 1 ：2，云南一颗印为 1 ：5.5，四川四合头为 1 ∶ 3，介于南北二者之间。且四川四合院形状多呈方形或扁方形，宽而浅，以正面多迎风纳阳。若天井形状窄而深，即呈狭长天井，则受陕西天井影响，或为粤赣天井横屋形式。但有的大户人家也有较宽阔如北方民居的院落，不同的是，四川的院落几乎所有的房屋基本上连接在一起，即或有的院四幢房屋在平面关系上不相连，四围房屋的平面呈亚字形，但屋顶仍是连接在一起的。不像北方四合院大多是互相独立的房屋，以较松散互不连属的方式围合在一起形成空间更为开敞的院落。

四合院四面房屋排水都集中在庭院院坝，常有暗沟排至屋外。一般正房高大，檐口较高，其余三面房檐相接，这种做法称为“三檐平”。若四面房屋檐口高度一致，则称为“四檐平”。中心庭院还有许多变化的做法，如在庭院上空加盖双坡或四坡屋顶，高出其他四周屋面，可以采光通风，排雨用檐沟接出，这种形式称为“抱厅”或“凉厅子”，有的地方又称“气楼”。凉厅式场镇就是借鉴这种民居做法形成的。川中、川东、川南一带很流行这种建筑形式。

如巫山县城关聚鹤街99号某宅，临街三开间，内设小天井，于此上空架出高耸于屋面的顶盖，可以透气采光，这种“气楼”，因天井不接雨水，又称为“干天井”，这样的建筑形式做法很适合当地炎热多雨的气候（图 5–22）。

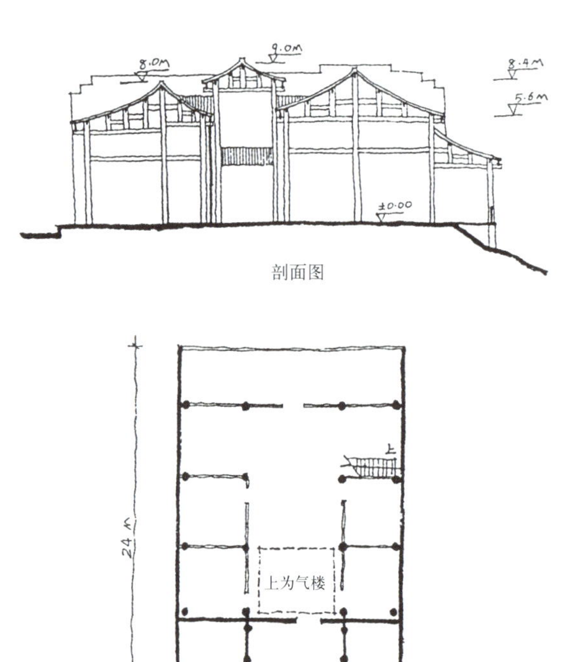

图 5–22a 巫山城关镇聚鹤街 99 号某宅

图 5–22b 巫山县城关镇聚鹤街 99 号某宅屋顶上的气楼

图 5–22c 气楼内构架

二、院落的扩展

一个以院落为中心的“明三暗四厢六间”的标准四合头，可以是独立的一个院落，更多的是以此为基本范式和核心，向四周扩展形成更加丰富的组合。一般有五种主要方式：辐射式扩展、横向扩展、纵向扩展、纵横双方向扩展和自由式扩展。

1. 辐射式扩展

在“明三方院”形制中，为了解决四个抹角房的暗房采光问题，常用打开四角设置小天井的手法。这种位于角部的小天井，称为“漏角天井”。

这样便形成以中间大的庭院为月，四周小天井为星的平面空间组合的形态，叫作“四星抱月”或“四合五天井”。这与云南白族民居的“四合五天井”形制有异曲同工之妙。

四合头的“四星抱月”是辐射式扩展的主要表现，即在核心主庭院的基础上利用四个漏角天井向四周匀质地展拓空间。如荥经县李宅，核心部分是标准的“明三暗四厢六间”，但庭院四周为周围廊，并与四角小天井相通，每个漏角天井又由一组小房间围合而成。大朝门位于中轴线上。整个平面布局方正规整紧凑，秩序感强。中心庭院宽大，与天井空间通透对比强烈，通风采光良好，很适合炎热多雨的气候，同时室内交通联系也方便通畅。这种布局形式较为气派庄重，一般城乡的大户殷实人家多喜采用此式（图 5–23）。

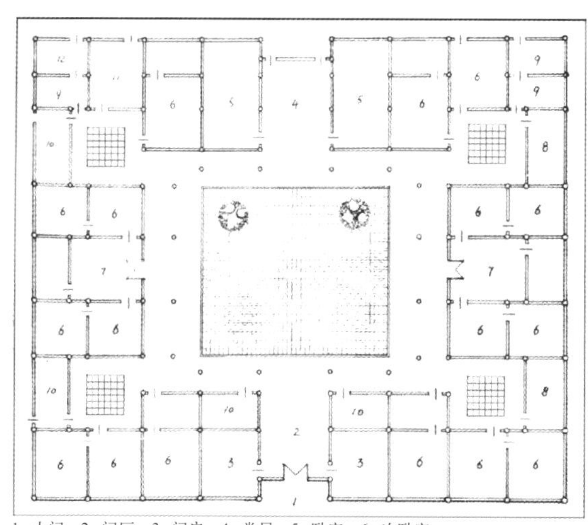

1. 大门　2. 门厅　3. 门房　4. 堂屋　5. 卧室　6. 次卧室
7. 客厅　8. 书斋　9. 储藏　10. 佣人房　11. 厨房　12. 厕所

图 5–23a 荥经县城关镇李宅“四星抱月”四合院平面图

图 5–23b 荥经县城关镇李宅“四星抱月”四合院屋顶鸟瞰

2. **横向扩展**

通常四合头横向扩展最多的是在一侧或两侧加天井围房。如重庆石桥乡史家坪某宅，其核心院落的厢房为两间，实际上布局是“明三暗四厢四间”，在左右两侧添加横屋各四间，隔以狭长条形天井。整个平面布局呈横长方形（图 5–24）。这种格局同广东客家民居的双堂双横形制几乎完全相同。这种共性是否有内在的联系，抑或系客家民居影响，尚可探究。类似的例子还有内江市工农乡大田角韩家院子，是横向扩展的宅坊式（图 5–25），荥昌县安南大石坝邱家院子是横向添建若干天井院而各院又相通的串联式（图 5–26）。

横向扩展的另一种方式是以主院为中心的几个院落并列。如成都南外红牌楼甲号某宅，以中轴线上主院为中心，两侧各扩出一个院落，形成

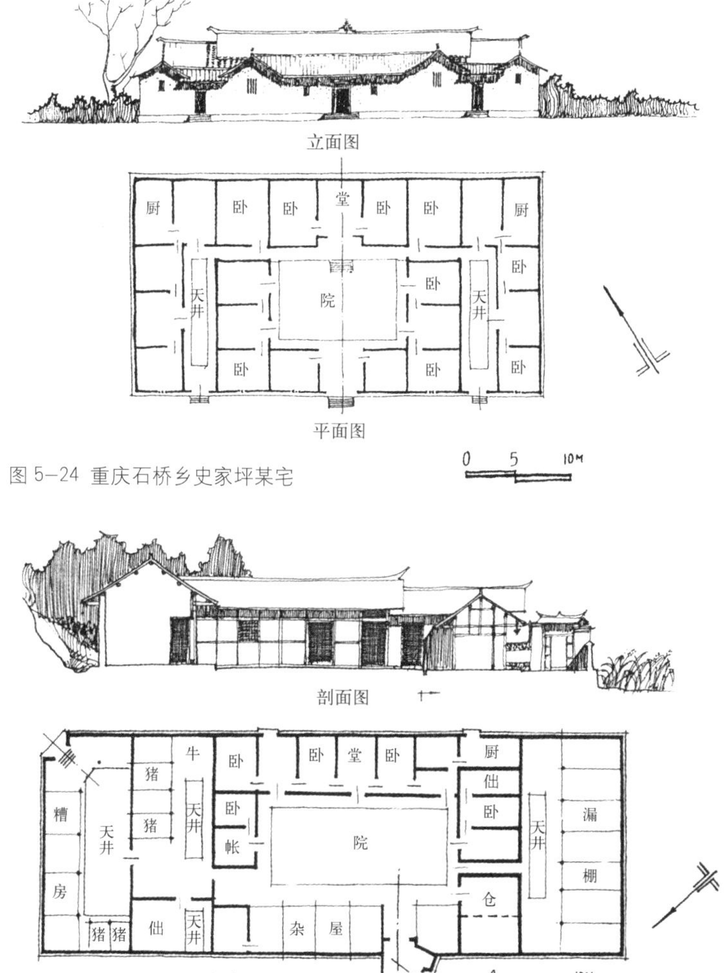

图 5–24 重庆石桥乡史家坪某宅

图 5–25 内江工农乡大田角韩家院子

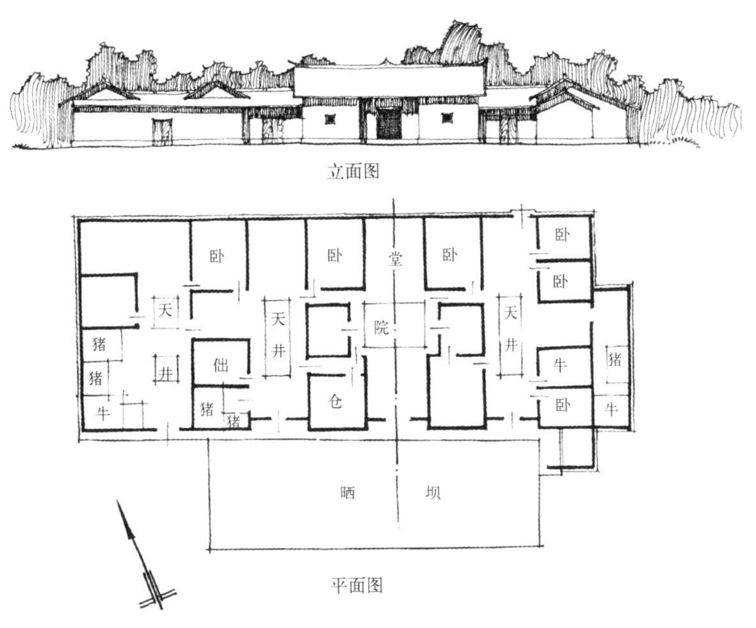

图 5–26 荣昌安南乡大石坝邱家院子

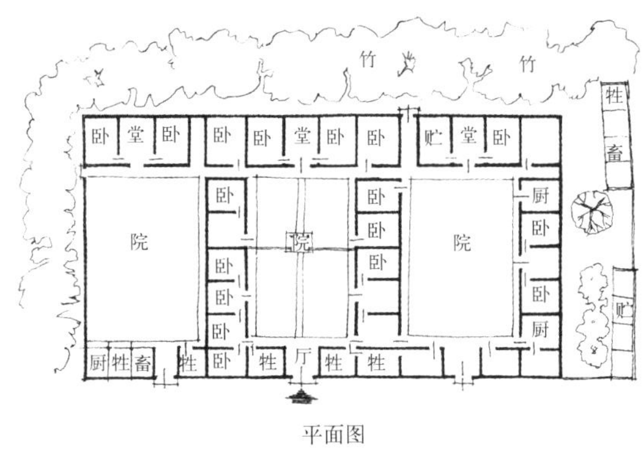

图 5–27 成都南外红牌楼甲号某宅

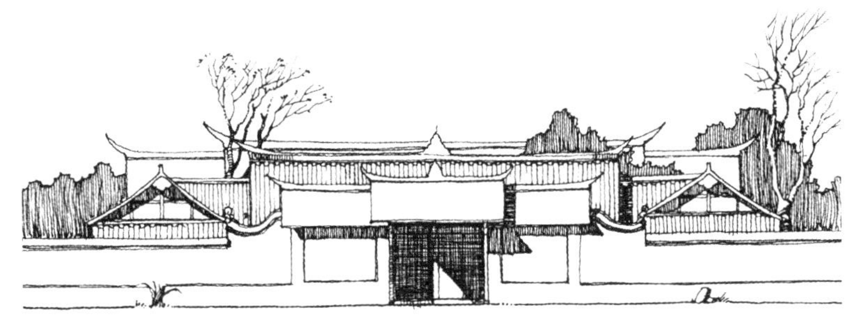

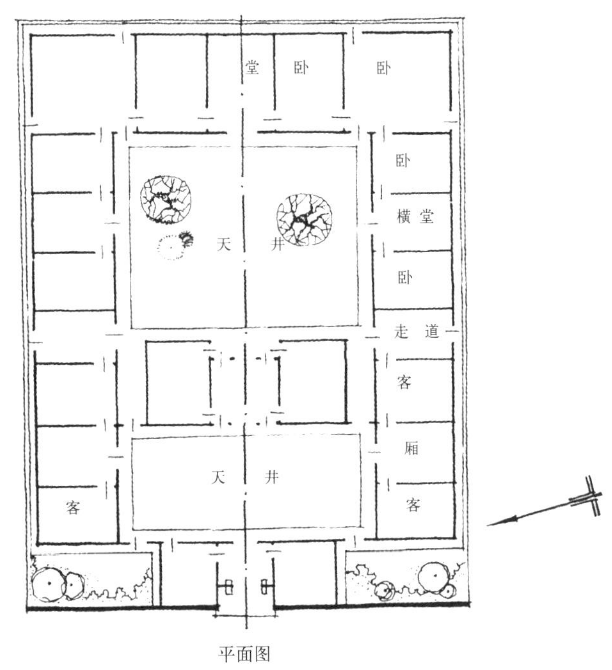

图 5–28 新都城关镇棉花街 58 号某宅

三院并列的格局，但后部三院正房以通长走道连成一体。相对主院来说，两旁的院落则称附院或跨院。这种院落组合平面布局非常简洁明确。一般农村多采取这种形式，很适合几兄弟分家但又互不离开居住的情况，有的扩展横屋是为扩大居住或用作杂务、灶贮等辅助生活部分（图 5–27）。

横向扩展方式在平坝或台地都较能适应地形条件的变化，尤其在丘陵山地可以顺等高线布置，不用对基地作过多的处理，是一种四合院扩展较为经济节省、施工便捷而普遍采用的方式。

3. 纵向扩展

四合头的纵向扩展，普通常见的是在主院中轴线的前后加建一院落，形成前后二院的套院格局。这种形式多为一般小康人家或较富裕者采用。如新都县棉花街 58 号某宅，在主院前设横向前院，原来的倒座房即成为连接二院的过厅。临街大门为三间式门屋（图 5–28）。整个格局类似广东客家的三堂式。门屋敞厅为前厅即下堂；中间过厅为正厅或中堂；正房堂屋又称祖厅或后室即上堂。这种二进双院三堂式纵向布局可以说是四合院民居建筑最为常见的通用形式。只不过在南北不同地区因气候风俗和生活居住方式使用上的差异有不同的调整变化，包括院落的大小形状和房屋组接的方式等，但其基本格局和形态是大体相似的，不独专为客家民居所有。

纵向扩展沿中轴纵深方向可至多进多院，所谓“重门深院”，最多可达五六个院落。这样就有头道朝门、二道朝门、三道朝门之说。川内一般把宅院出入大门称为朝门，也叫龙门。所谓“摆龙门阵”，即是坐在大门口谈天闲聊。谁家朝门多，则意味着家大势大。因此，这种几进几院的大宅常为官宦府第、富商巨贾、绅粮大户或行帮会首之类所拥有。超过三进以上的大院，增设两重厅制度或三重厅制度。二重厅制度是三进院落，多为豪贵大户所采用，除大门及门厅外，再设前厅，又称下厅或轿厅，其后为正厅，又是过厅，再后才是正房堂屋或祖堂。三重厅制度是四进以上院落，将正厅视为中厅，正房堂屋为上厅，再另外专设祖堂接于其后，称为后堂或后室，也称为祠堂，即“家祠”或“家庙”。这即是把作为主人起居堂屋的功能再分化出专事接待宾客的正厅及祭祀祖先的祖堂。更为讲究的，还在祖堂前院落中建祭祀牌坊，更显隆重（图 5–29）。如新都县圣谕亭巷某宅，沿中轴纵深主体五进院落，从前面照壁算起至后墙，长达近百米（图 5–30）。其平面空间布局主要特点：

一是用一连串院落序列空间组织平面。从入口开始，在大门前就以八字形照壁及侧墙围合成袋状宅前院落空间，这也是许多大宅常用的手法。虽然不是房屋内部空间，但已是建筑外部空间领属范围，并以院落形式展现，拉开了院落空间的序幕。若加上后院墙与围墙之间的夹院，前后一共有七个院落。

二是主体五进五院从前往后逐次由宽大方正到缩小横长，每个院落空间都显示层次性收放不同的对比变化，这符合前部院落对外交往活动多，后部院落家务私密性强的使用功能要求。

三是重点空间主体建筑突出，正房堂屋成为全宅的中心，厅堂高大华丽，庭院宽敞气派，在变化中求得统一。第三进院落面积与第二进方形院落差不多，但横向展开，更利于高大的主要厅堂的展现。一般这里就是核心的“主体空间”庭院。堂屋后面再另设祖堂，即为家庙。

四是利用院落四周宽阶沿和敞厅、过厅、檐廊形成四通八达的内外交通联系，同时也形成通畅的气流通道，无论外面的风从哪个方向来，都

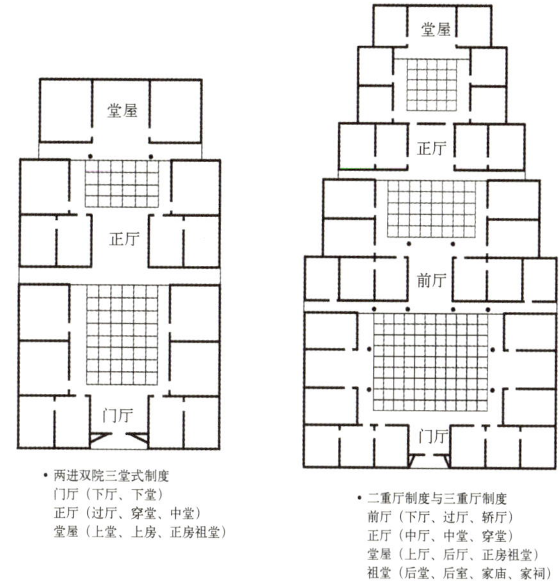

图 5–29 四合院三堂式与二重厅三重厅制度平面布置比较

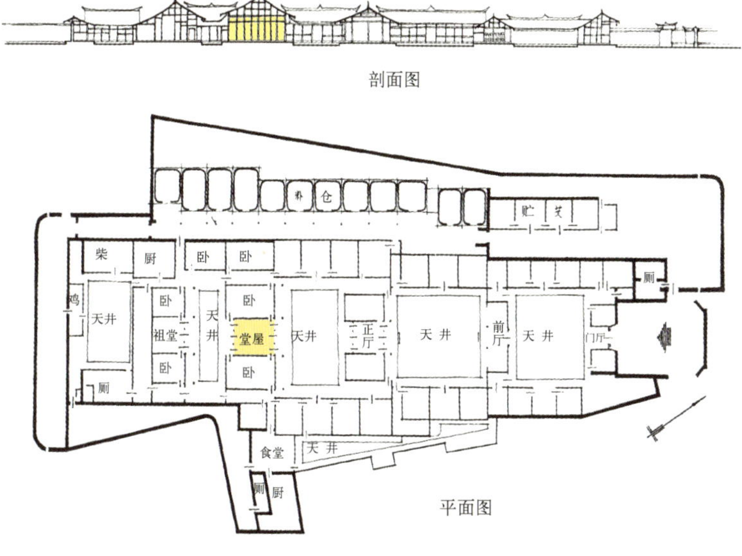

图 5–30 新都城关镇圣谕巷某宅

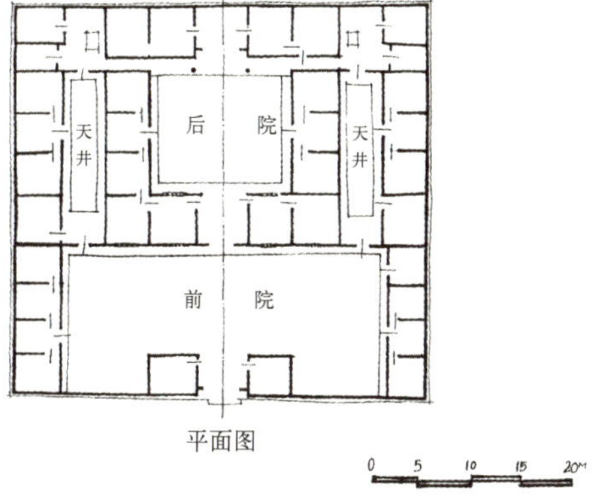

图 5–31 重庆歌乐山山洞乡复兴村某宅

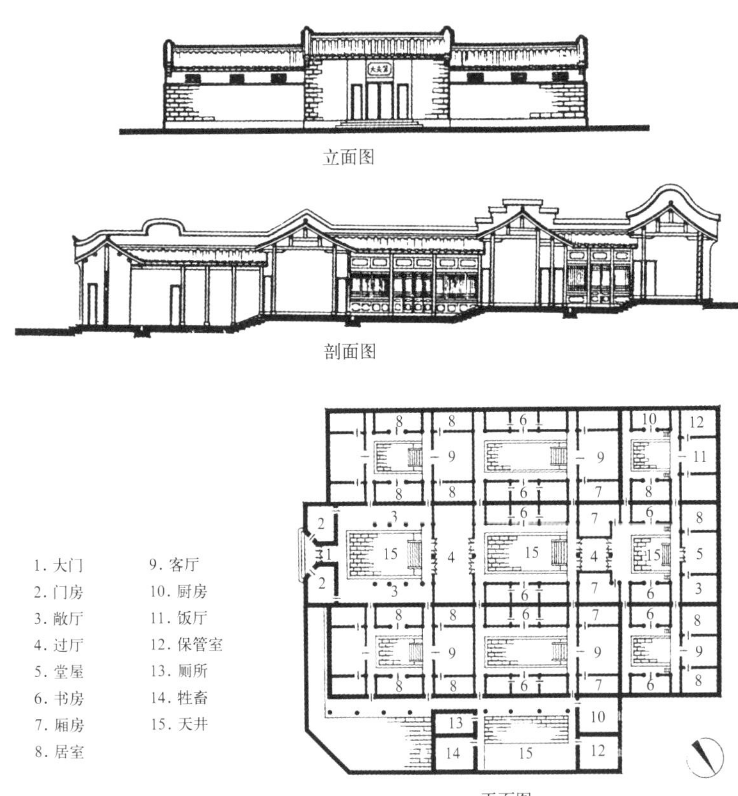

图 5-32a 南川刘瑞庭宅

图 5-32b 南川刘瑞庭宅全景

能吹到房屋各个角落。整个建筑层层推进，布局合理，条理清晰，重心明确。这是四合院中轴线纵向布局最为常用的手法。

4. 纵横双向扩展

以主院空间为核心，综合横展和纵深两个方向的扩展方式即为纵横结合双向扩展。在纵向以主庭院所在轴线为中路，两侧设副轴线为左路、右路。在横向则对应每层递进的院落布置邻近的跨院，组织成纵横轴线交叉网络，纵向为路，横向为列，形成几路几进几列的群体组合格局，展开复杂变化而有条不紊的院落空间群落。大型民居组群布局的这种方式也是中国传统建筑群如宫殿、寺庙等的布局方式，他们的原理和精神是一致的，只是民居建筑的布局更为自由灵活，形态更为生动活泼。

如重庆歌乐山山洞乡复兴村某宅，其核心部分是典型的“明三暗四厢六间”的十六间房布局。以此中心庭院为基础，左右扩出天井围房，前部扩出横向宽大四合院。正房五间前出廊，以走道与天井小院相通，偏房两侧还有两个更小的天井。前院中轴线上设三间式朝门。两个宽大的院落一方一长前后对比，又与狭窄的条形天井形成明暗的空间变化。大小一共六个天井院，空间各异其趣。整个布局对称严谨，规整清晰，既紧凑又舒展。这是一个较为常见的普通“明三方院”纵横双向扩展的实例（图 5-31）。

南川县刘瑞庭宅是纵三路横三列前后三进扩展布局的例子。该宅建于清光绪十九年(1894年)，名“德星垣”大院，建于冈峦前平坝上，东南朝向。其布局最主要特点是方正棋盘式，主体部分严格对称，左、中、右三路庭院，共九个规整的长方形院落，仅左侧附加一厨杂畜栏小院。从八字形大门进入，四周完全封闭，各院也用封火墙隔开，使用上相对独立。左右二路各院在纵向轴线不相联通。这种布局便于大家族中小家庭的居住分配。中路各院皆比左右路各院大，前部的庭院又比后部的庭院大。大门后的前院最为宽大，且设大步檐廊，空间十分通透，又富于装饰性，此种布局为他处少有。内部空间组织一大特色是交通联系除了中路过厅外，突出强调了横向贯通三路的五条平行的通道，使人流汇集于中路出入。这种交通方式和高墙围隔内外的做法具有很强的安全防卫意识（图 5-32）。

5. 自由式扩展

所谓自由式扩展就是在基本保持主体院落空间形态不变的情况下，其他部分可以随宜变通发展或划分，无一定规式。如重庆歌乐山山洞乡张家大湾赵宅，朝北的四合院右侧顺坡扩出一列梭厢，作为各种辅助用房，大门进深两间并斜向开门，门内为一不规则的小天井，处理手法顺其自然（图 5–33）。

金堂县城关镇张宅，建于乾隆年间，因建筑墙体和瓦脊等多处灰塑花鸟鱼兽图案，当地人称“张家花房子”，建筑面积1500平方米，占地2700平方米。坐北向南，四周山林环抱。总平面呈横向长方形，十分规整，但内部院落划分自成一格。后面部分为双堂四横格局，主院正房前为横向小天井院，左右横屋各二围共四个条形天井，空间紧凑。中轴线上各房均屋宇高敞为主人所居，余两侧院落房屋低矮，儿孙辈居住。前院为圈贮和私人用房。全体布局左右对称，前低后高。特别是前面部分呈大通院一分为三的布局，从大门倒座后，以两道花墙分隔。三个院落都十分宏敞，有圆门相通，各院又自有院门出入。此种扩展方式和院落划分手法是与其他宅院相比最为特别的不同之处（图 5–34）。

还有更为不拘章法扩展划分院落空间的做法，如成都南外乡红牌楼乙号某宅，其主体院落隔为三个条形天井。祖堂脱开突出置于中轴线最后端。主院两侧展开如翼呈不对称格局，并划分为不规划四个闭口三合院和一个开口三合院，院中房屋随意自由加建。院门整齐排列于外围墙上。整个平面布局，虽外形较规则，但内部随机展延，空间及交通组织都很灵活变化。但其核心院落部分基本上仍是“主院范式”的形态（图 5–35）。

三、四合院的衍生

一般的四合院多为平房，有的局部建有二至三层的，但若四合院全为楼房则在形制上衍生出四合院的亚类型。主要有三种：印子房、走马转角楼和小天井院。

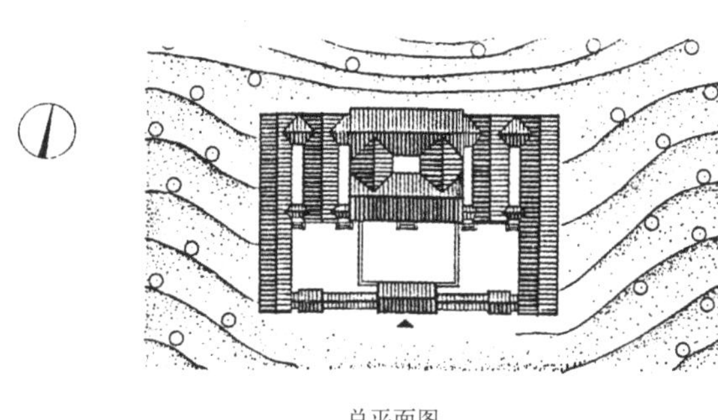

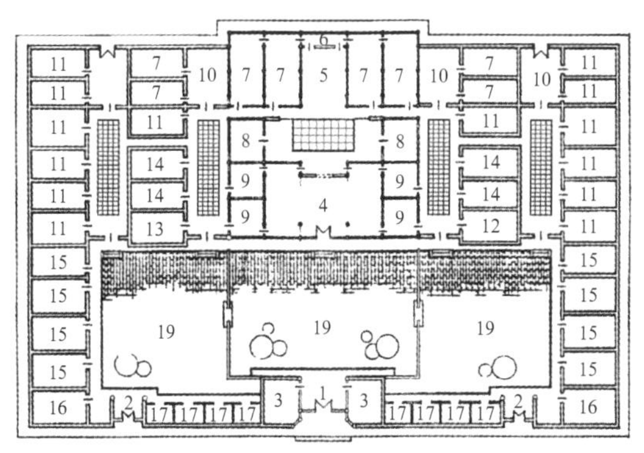

平面图

1. 大门　2. 侧门　3. 门房　4. 中厅　5. 堂屋　6. 神龛　7. 主居　8. 书房　9. 厅房　10. 侧厅　11. 次居　12. 主人厨房　13. 下人厨房　14. 储藏　15. 仓房　16. 厕所　17. 牲畜栏　18. 天井　19. 院坝

图 5–34a　金堂城关镇张宅平面、总平面图

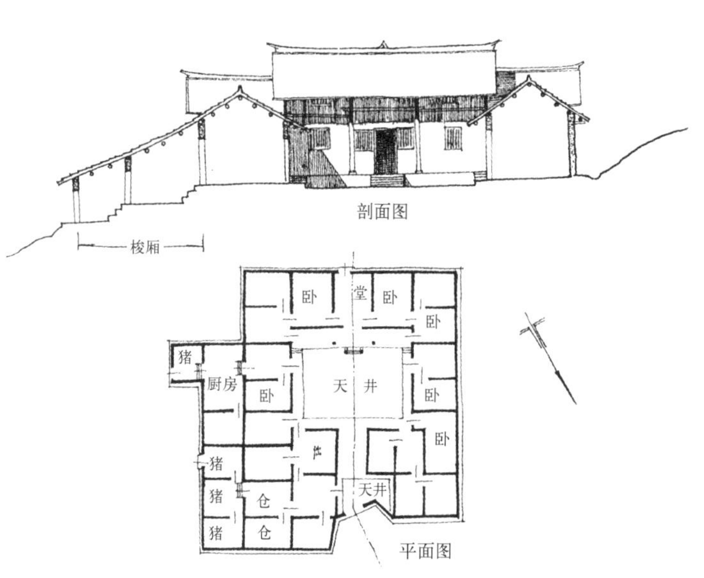

图 5–33　重庆歌乐山山洞乡张家大湾赵宅

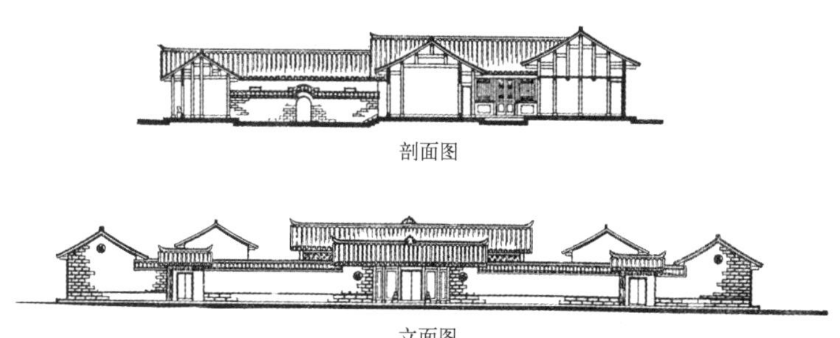

图 5–34b　金堂城关镇张宅立面、剖面图

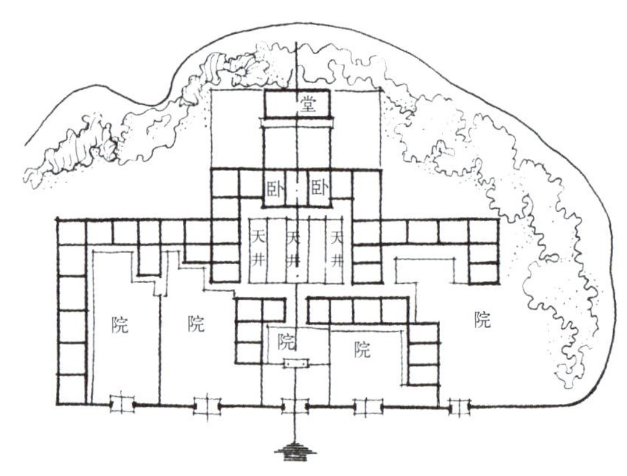

图 5-35 成都南外红牌楼乙号某宅平面

图 5-36 西昌地区印子房

1. 印子房

此种民居类似云南的一颗印，在四川常称“印子房”或“封火桶子”各处均有分布，惟西昌地区较集中。因平面十六间房布局比较方正，且多为两层楼，四周用土墙或空斗墙封闭围合，外观高耸如印章，故有此名称。有时即或是平房，若仍用高墙封闭，也这样称呼。屋顶可封于墙内，也可突显于墙上。四川的一颗印大多数为平房。这种印子房的天井常为正方形，屋顶多四檐平做法，整齐美观。楼梯多设在正房和厢房交接的走道处称楼梯巷。对外院门有石砌门框的平门和砖砌八字朝门两种主要形式。这种印子房一般在城镇临街常见，有很好的防火及安全的功能（图 5-36）。

2. 走马转角楼

四合院的庭院四周房屋出檐廊围合成为周围廊，又叫回廊，俗称“跑马廊”或“走马廊”。这种廊院是四合院的一种高级形式。除了有很好的遮荫避雨实用功能外，其通透的空间加上檐廊的花牙子、挂落、雀替及挑枋等各种雕花构件，又有很美观的装饰功能。若为楼房，楼上也是一圈檐廊，这种类型则称为“走马转角楼”。若周围廊在庭院内为“内走马转角楼”，在房屋外围者为“外走马转角楼”，这是川内最为高贵华美的住宅形制，通常是有相当社会地位的人家或大型店宅客栈才可使用。这种形式最大的优点是有宽裕的半户外活动空间，特别适应多雨的气候，雨天不湿脚可走遍全宅。有的印子房楼层也喜采用此式。有的四合院将正房两侧的耳房升为耳楼，并与厢楼相接，即成为走马转角楼的形式。

在大型四合院中，这种楼式廊院在布局上有的位于前院，有的设于正房之后院，很少用作正房主院。这是因为正房主院空间需要庄重大方一些，而走马转角楼的庭院空间氛围是较活泼花哨的，一般似不宜当作主院空间，而且堂屋上面是不能设楼层的。如合江尧坝镇的大鸿米店，是前店后宅式临街建筑，前院即为横向展开的两层走马转角楼，回廊宽大，有三步架约 4m，前后均为敞厅，室内外空间交织成片，十分通透敞亮（图 5-37）。

图 5-37a 合江尧坝镇大鸿米店外观

图 5-37b 合江尧坝镇二层回廊的走马转角楼

图 5-38b 广安城关镇北苍路某宅外观

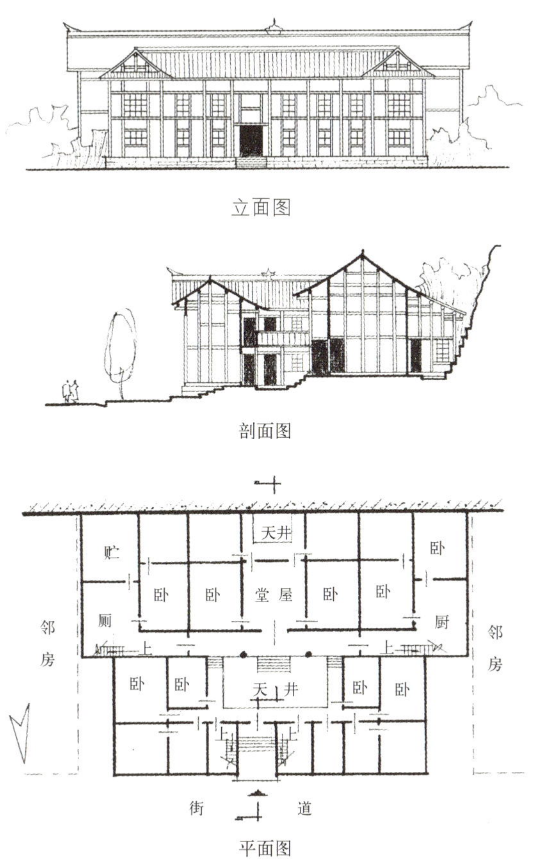

图 5-38a 广安城关镇北苍路某宅

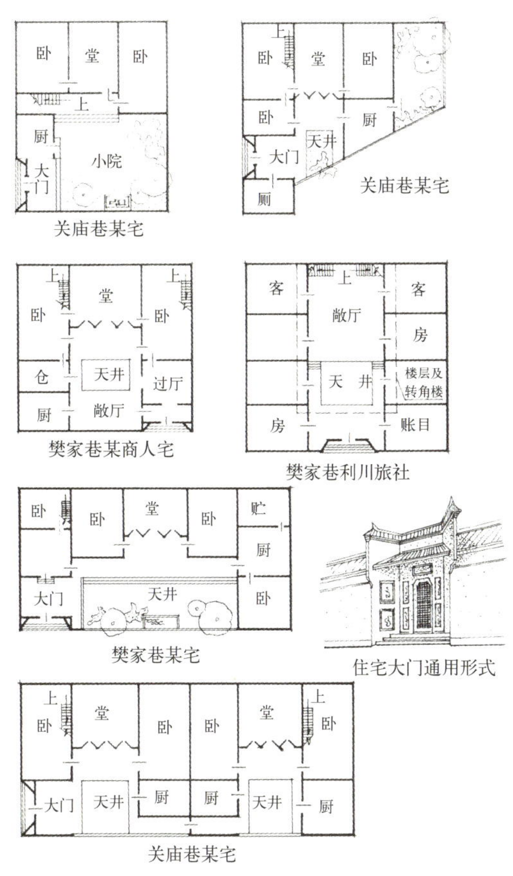

图 5-39a 涪陵城关镇小天井院

3. 小天井院

在山地城镇条件限制下，为利用一些小台地，在印子房布局的基础上，发展出十分机动灵活的小天井院，平面布局十分自由，小天井空间也有种种有趣的变化。如广安县城关北苍路某宅，以横向小天井和横长通道组织平面，堂屋后利用岩壁做小天井通气，二层小楼又有走马转角楼的特色（图 5-38）。涪陵县城关坡地上的小巷有不少各种形式的小天井民居，面积不大但很适用，平面组合尤为自由，也很有地方特色（图 5-39）。

图 5-39b 涪陵城关镇某宅小天井院八字门

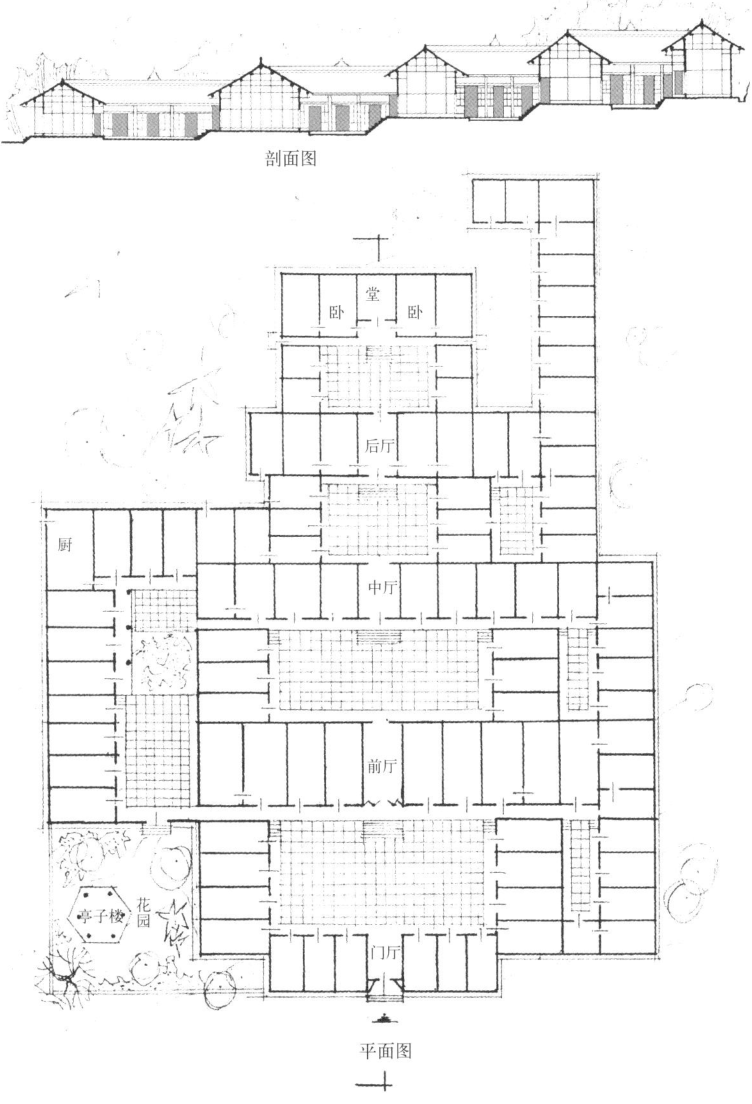

图 5-40 渠县流溪乡大石湾杨家院子

第五节　台院式

一、基本布局

四合院在山地环境条件下，在基本保持原有的形制格局的同时，常结合地形因地制宜发展出别具特色的山地四合院，并根据不同的使用要求有多种多样的灵活布局，庭院竖向空间形态变化丰富，这就是“多天井重台重院”类型，简称为“台院式”。

纵横双向扩展的四合院在坡地上常呈重台重院的布局，一般是将基地辟为若干阶台地，沿等高线纵深递进而上，一台布置一院或二院，多台者可达五进以上的院落。院落空间随着地势升高，越到后面越小越紧凑。大型台院式在两侧副轴线常采用多重天井，围绕天井再自由布置各类房屋，随地势自由展开。川中常把这类大宅形容为“四十八天井，一百零八道朝门”，认为这是规模最大的四合院组群。实际上，有的大型宅院天井数还不止此，甚至还有多达72个天井的巨型大宅。

这类大院一般布局常以正厅为界分别内外。外部为对外交往接待及公共活动性质，院落空间宽敞，内部为居寝女眷之地。在前面部分常设多处花厅作为接待宾客之用，男女各别，一般男花厅位左，女花厅位右，也有的在后花园处设花厅，尊贵的客人方可入内。正厅、花厅常设檐廊，华贵者呈卷棚式，或侧设美人靠，有丰富的装修装饰，空间也富于变化。这种大院一般都有花园，多位于后部或两侧。花园内有假山、水池、亭台、戏楼、佛堂、经楼（书楼）等，极尽精巧华丽。有的为加强防御，还建有炮楼。所以俗称这类带花园的大型四合院为某某花园，如陈家花园、朱家花园等等，尤其一些“大夫第”府邸或豪绅大户的庄园，常因此称著一方。

二、一台一院型

重台重院较多的是一台一院，常建于坡度较大的地段上，高差大的台院则为竖向空间发达

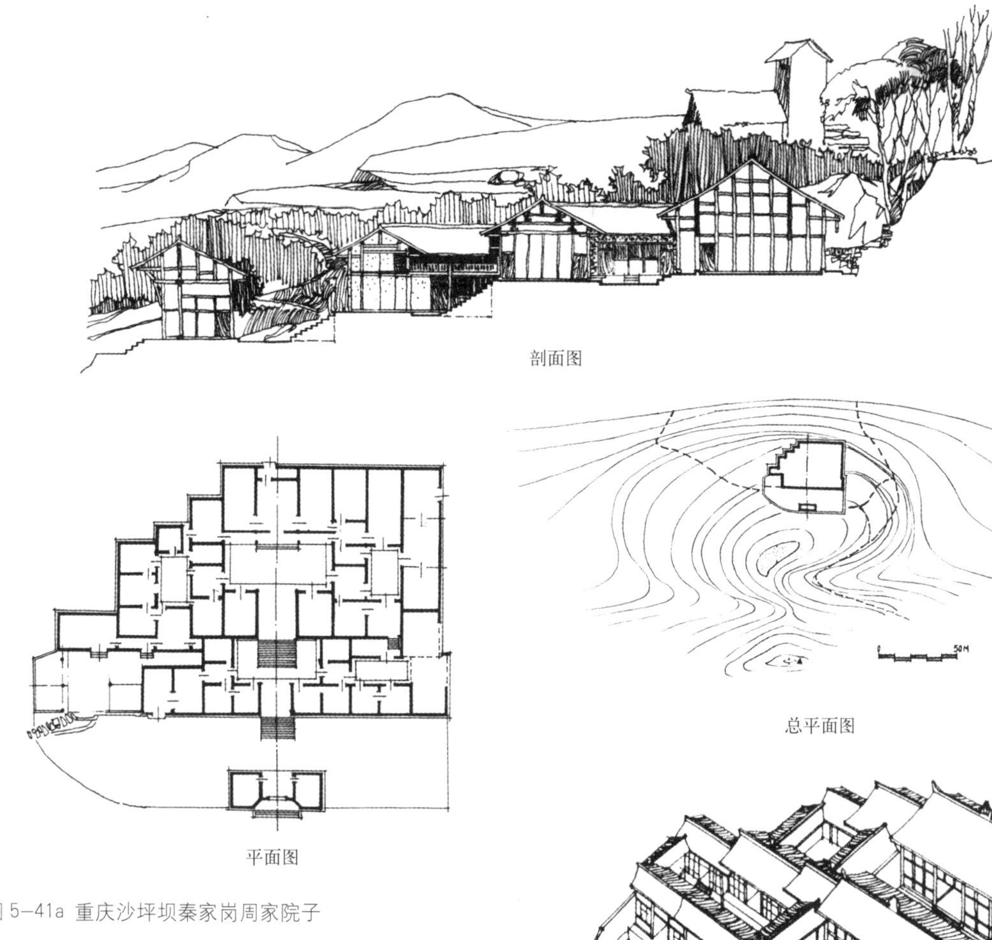

图 5-41a 重庆沙坪坝秦家岗周家院子

的所谓山地“立体四合院”。如渠县流溪乡大石湾杨家院子是坡地上一台一院的典型例子（图5-40）。在中路轴线上四进五台四院，前后长达80余米，高差10余米。随地势逐台升高，横长庭院递次缩小，前宽后窄，左右路轴线布局不求端直规整。右路前设花园亭阁，后二台院以花池作隔段，后小院做半边檐廊，使这路庭院空间有江南园林小筑的意味。左路轴线布局发生错位，前段纵深为二进条形天井。这类天井狭窄而长，多为陕西移民带来的形式，喻为棺材形状，俗呼为“停丧天井”，大概宕渠达州一带陕西移民入川经商较多之故。右路后段第三进轴线转折收进，做纵向长方形天井院，空间又为之一变。其余周边房屋的扩展自由向后延伸，围合成一小敞口三合院。整个宅院纵横布局均依地势走向，中路严整，左右路随宜进退。特别是中路多进，形成门屋后堂中三厅制度的格局，即门屋、前厅、中厅、后厅、祖堂的形制。在这里，中厅是正厅，后厅是堂屋，而堂屋庭院为典型的“明三方院”。这种形制在大型多天井重台重院中采用较为普遍。

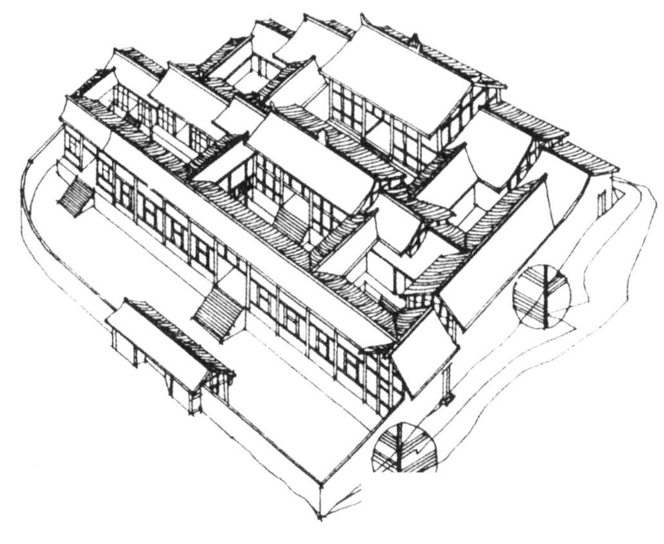

图 5-41b 重庆沙坪坝秦家岗周家院子鸟瞰

三、重台敞院型

重台敞院多在前松后紧的坡地地段，易于开辟出较宽的前院台地。如重庆沙坪坝秦家岗周家院是一个前带大院坝的三进三院三堂式台院（图5-41），位于靠山内弯的四阶台地上。在大院前以围墙围合一扁长敞院，设独立屏门式门屋于中轴线上。门屋呈前高后低长短檐式，这也是川中通常的院门特征。在前部常围大院坝，也是乡间民居的一大特色，主要用作谷物晒坝等生产活动。根据地形，大院右侧依山势呈不规则逐次退进，形成前宽后窄形状。但最后正房仍保持“主室模式”，屋宇高大，位于后部最高处，两侧为天井。这部分保持主院加围房天井对称的格局，其余扩展部分在基本均衡布局下较为自由。二进台地高差较大，呈一竖向“立体四合院”，三进台地过厅与正房高差不大，为主体院落，较为宽敞。过厅为抬梁式，梁枋云墩均有装饰，显示对外的气派，其余均为穿斗构架。从此例可以看出，台院在山地布局的灵活性。

四、多台并院型

所谓多台并院是指不规则地形错落辟出多个台地，并列安排大小不同的院落，不强调过于严格的轴线。资阳县临江寺甘家沟桑园湾甘宅，平面空间组合与纵深式布局扩展有很大不同（图5-42）。它基本上是由四个大院田字形并列组成，其中只一个大院为典型三堂式组合，余皆为矩形庭院，而且又有院中套院，院侧围院，各分置于不同标高的台地上组成庞大的院落。这种形式可简称为“多台并院”。该大院东西向二组套院并置，主院一组在中轴线上分前后二台，前为一台一院，后为一台二院。头道朝门和二道朝门均为八字形。基本格局是常见的大前院加三堂式，这样构成三进二台三院。附院一组也分前后二进二台二院，前院从侧角设八字大门进，轴线转折。后院正中设八字形二道朝门，此院为四大院中最大者，其正房出檐廊，同主院正房退燕窝相区别。主院和附院落在后部以横向通道互相联系。由此例可以看出，力求按四合院轴线模式布局，

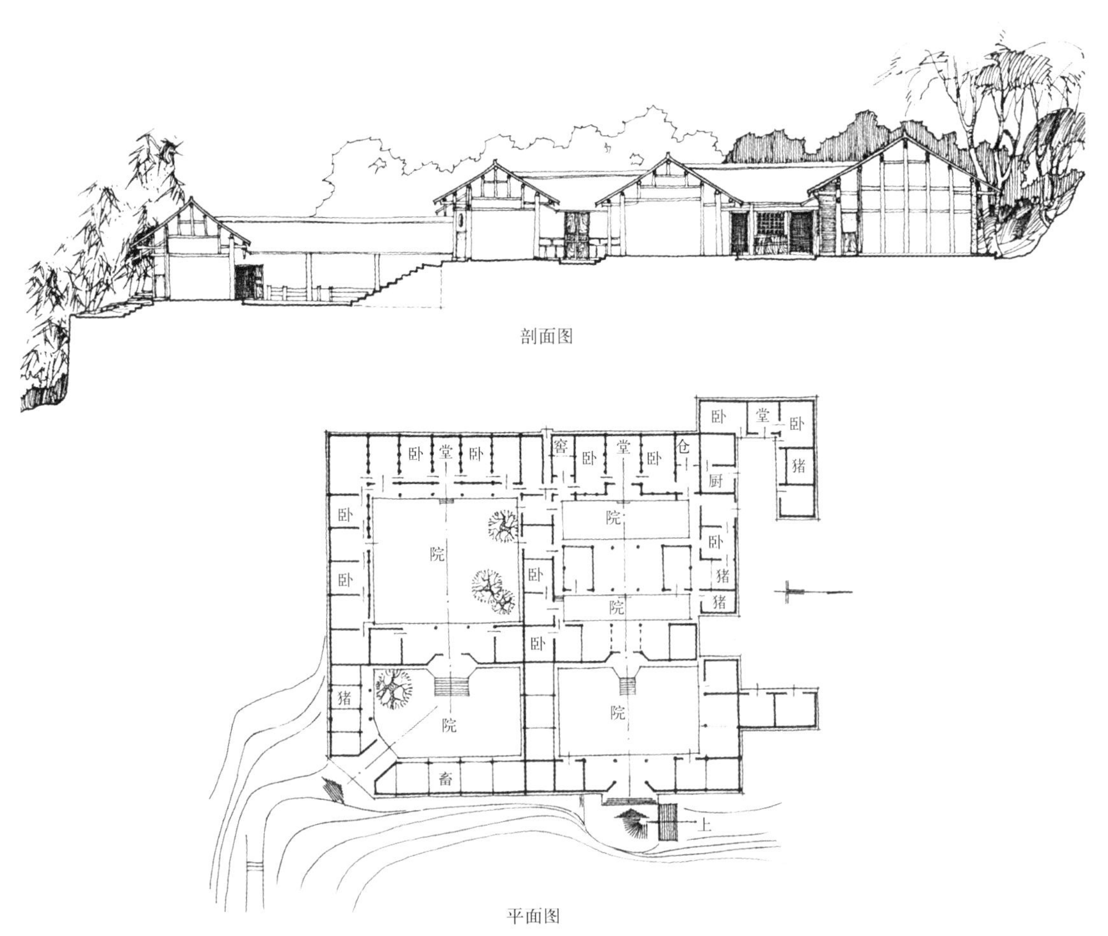

图 5-42 资阳临江寺甘家沟桑园甘宅

同时又灵活变通不拘陈规因地制宜，这种随机处置的手法可以说是四川山地四合院生成的一条普遍规律。川中地形条件千差万别，多台并院不拘一式的布局能演绎出变化无常的各种形态来。

五、合院戏楼型

加建戏楼组合到四合院建筑群中，形成一种类型，也有多种手法。清代中叶后四川的川戏逐渐流行，各地兴建戏楼成风。有的大宅也将戏楼引进，或仿会馆将戏楼与大门结合，入口设于架空的戏楼之下，或将戏楼建于后花园之中；也有的把戏楼建于大门对面照壁位置独立于宅前敞开的大院坝上，使生产性院坝有了看戏的小广场功能。

如合川县龙市区曾家院子，该宅坐北朝南，后部及右侧靠山，整个建筑建于缓坡上，左右及前方为水田（图5–43）。全宅周围筑以土墙，呈长圆形，东南、西南方为两个主要出入口，分设左右院门，东北方设后院门并筑炮楼一座。其主要布局特点：一是前设宽大敞口院坝，中轴线上建五间戏楼一座，戏楼中为高大戏台，两侧各两间配楼，蔚为壮观，并与院坝两侧厢楼形成不对称开敞式四合前院；二是大门后分二台，前台倒座正中开门，形式为前燕窝后敞厅带倒座檐廊，并于廊后立石牌坊一座，横向庭院中轴线上铺石板甬道，布局十分独特；三是后台正房五间，中设祖堂，后设对称不规则漏角天井，且正房为长短坡屋顶，前檐甚为高敞，后坡拖下，扩出房屋一间。正房这种加大进深的做法也较为普遍。

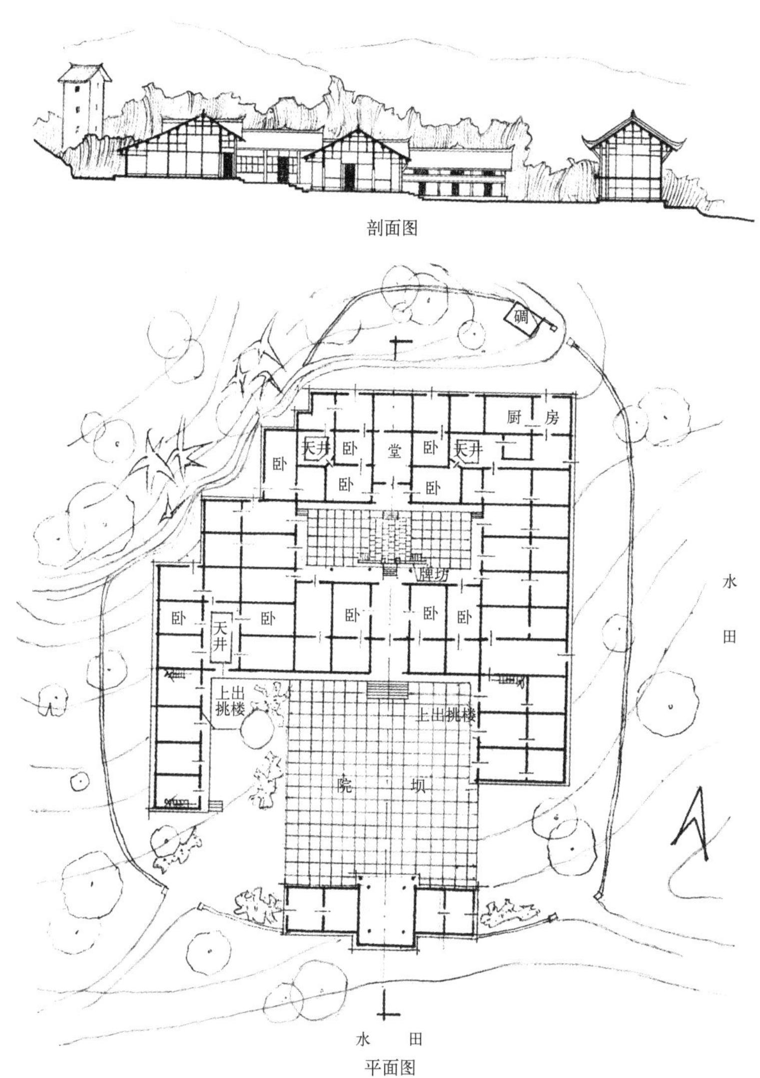

图5–43　合川龙市区曾家院子

六、宅园型

宅园型台院是四合院组群同大面积花园设置相结合的一种形式，在应用园林布局手法上，可以说无一雷同。有的在庭院设水池建拱桥，有的在后院建亭台、荷花池、假山之类，有的利用坡地与戏楼结合形成大型后花园，有的修花廊小榭穿插在庭院中，不一而足。在川西平原还出现以园林为主的住居，并演变成巴蜀文人园林建筑，如新都“桂湖”、新繁“东湖”等。

纳溪县棉花坡乡陶文模宅坐落在一圆形山丘上，为清代一布政使的宅第，占地面积约5000平方米，建筑面积3600平方米（图5–44）。依地形筑堡坎台地布置横长前院，但从左侧设院门出入，再折向大院中轴线。后三台三院前低后高，中心院落方正宽大。比较别致的处理是正房祖堂后隔出敞厅，以透空花廊与后罩房相连，两侧分出花池天井，成为一小型后花园。右路二天井以类似园林手法拓宽为庭院，周围设花厅及饭堂，其外侧加一横屋，形成敞口条形院。左路条形天

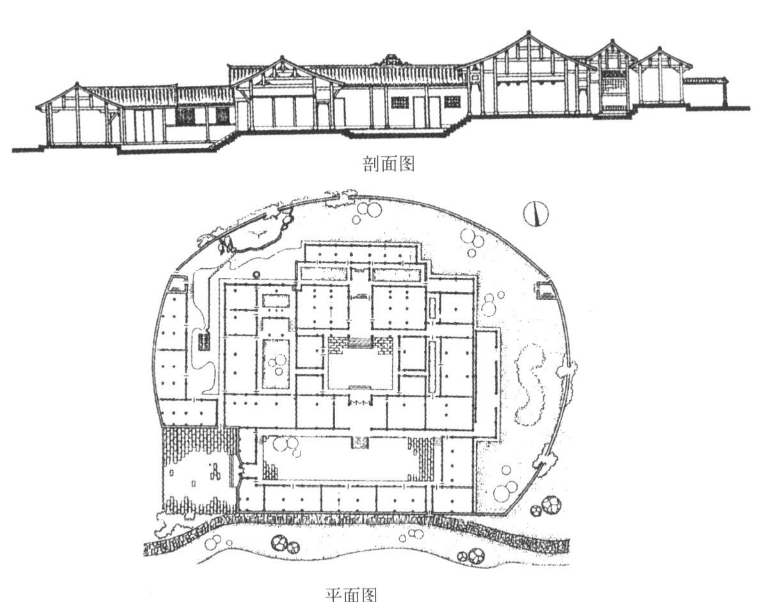

图 5-44a 纳溪棉花坡乡陶文模宅

图 5-44b 纳溪棉花坡乡陶文模宅内庭及屋面

图 5-44c 陶文模宅前院

井为杂务、马厩等用房。前面外庭院为佣人、仓贮等用房。整个宅后及外围辟为花园，高墙封闭，有亭台、鱼池、竹丛、花树、碉楼，特别是还独出心裁有流杯池之设，为川内罕见。整个布局随

图 5-44d 陶文模宅庭院流杯池

意，功能明确，宅园结合，虽不及江南园林精致，却也有山林之趣。

第六节　店宅式

一、平面空间关系

店宅式民居主要指城镇乡场临街的联排式沿街店居。这种形式将居住功能与店面的商业功能相结合，满足生活居住和经营生产的使用要求，在有限的空间条件下综合解决对内居住的私密性与对外营业活动、作坊加工公开性之间的平面布局中的种种矛盾。

这种店宅式民居，平面布局功能安排密集紧凑，多为一间一店，二至三间以上的大型店面不多。为争取面积常加大进深，或建楼房，形成前店后宅或下店上宅。在空间组织上要将生活空间、商业空间、生产空间综合利用，加之街面地价昂贵，铺面受限，只能在深度和高度上求其发展，所以空间组织特点是面宽小，进深大，密度高。空间的联系与分隔多采取串联穿套式交通，走道短，过厅小，楼梯设置精干灵活小巧，隔断轻薄易装易拆。在构造措施上，为适应炎热而多雨气候，在采光通风方面，常采取开敞通透手法，如可拆卸铺板的全敞式店面，开设小天井，屋面安亮瓦，做“猫耳洞”、“老虎窗”等。在场镇街坊组织上虽各店居均为私产，但沿街面貌却能彼此联合照应形成统一格调，有的为“廊坊式”，有的为“骑楼式”，有的为“宽檐式”，有的为挑出楼层的“挑厢式”等，展现了丰富多彩的场镇风貌。

这种联排式沿街店宅式民居是场镇街巷的主要建筑形式，具有独自的个性特征，既经济节省，又高效合用。在当时的历史背景条件下，店宅式民居适应其社会经济文化的需要，在建筑处理手法上突破用地苛刻的限制，充分利用城镇环境条件，创造了生动多样的场镇建筑形象，促进了场镇的兴盛与发展。

二、前店后宅

店宅合一形式的普遍做法都是店面在前临街，直接面对顾客。营业方式基本有三种：第一种是设置柜台，占据半个铺面宽度，另一半空间供出入；第二种是全开敞，安装可拆卸的活动铺板，营业时全部卸下；第三种是门面一部分设置操作台，尤其是一些小吃饭铺或手工作坊工艺的经营，把烹饪加工过程向街上展示以吸引顾客。

规模较小的单间店面向纵深发展，多用“竹筒式”布局，铺面后面紧接堂屋、居室、厨厕等。过长者中设小天井，如有楼层，多在天井旁设楼梯。双流县黄龙溪镇正街51号宅，就是这样的典型布局（图5–45）。中间的小天井既是前店与后宅及楼层过渡联系的空间，又隔开了外部活动对内部生活空间的干扰，而且兼采光通风排水多种用途。所以，这个“虚”的小空间处于全宅核心的地位，所有房间以此天井为中心来组织，这个原理同四合头的庭院作用是相同的，可以认为这个“竹筒式”小天井就是浓缩的四合院。类似的例子还有璧山县来凤驿镇临街联排式小天井竹筒式平面前店后宅（图5–46），通江县瓦室乡临街某宅（图5–47）。

较大的店面可占二至三间以上，布局形式也有多种，根据店铺经营性质不同而有各种区别。特别是宅门开设，有的店宅共一门出入，有的在旁边另设宅门。设置天井是普遍的做法，常是围绕天井来布置各类不同的房间，对于较大的店宅作用更为明显。有的在天井处设置花厅供洽谈生意会客，并用天井、过厅来分别内外。如广安肖溪镇正街某宅三间铺面，纵深布局，过厅及两侧

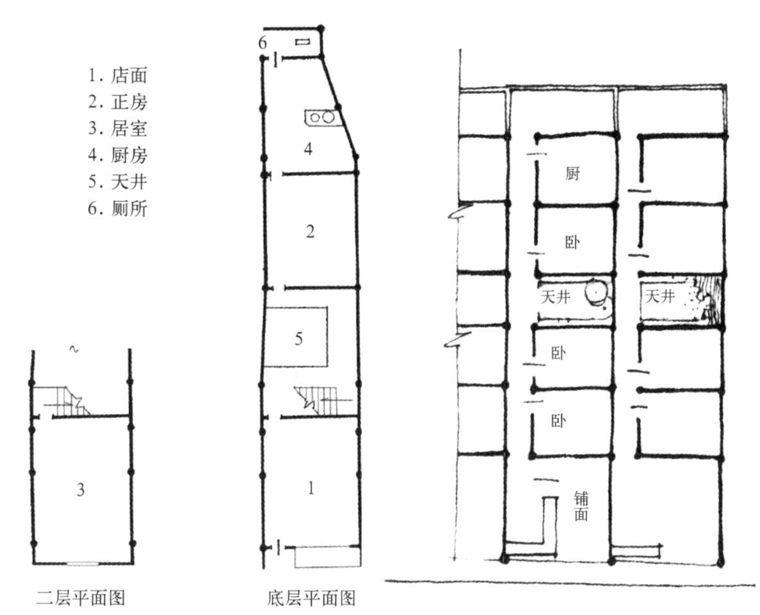

图5–45 双流黄龙溪镇正街51号竹筒式前店后宅平面图

图5–46 璧山来凤驿镇临街联排竹筒式平面图

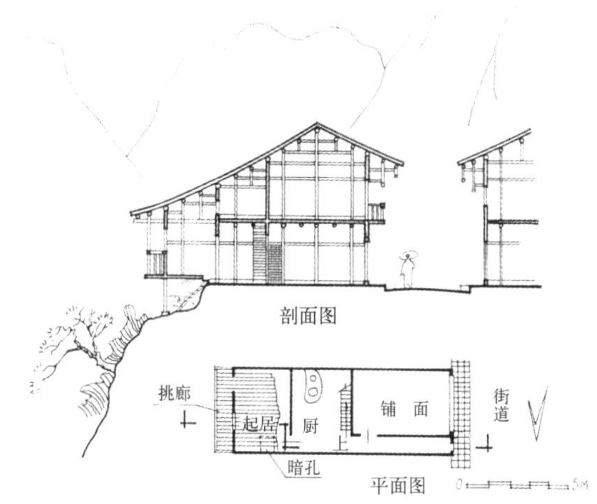

图5–47a 通江瓦室乡前街后岩下店上宅

天井将店铺与后面内宅分开。店面临街为廊坊式，赶场时节，开敞的店面空间与廊坊空间融为一体，人流进出十分自由。后部内宅建于台地上，中轴上又置二重天井，均为楼层，占地不大，但居住面积并不低于一般的四合院（图5–48）。

另一种前店后宅是前店与后宅相对独立，各自出入。如阆中南街93号张宅在内宅大院外临街建带楼层的铺面多间，从而隐蔽后面深宅。居家的大院为变形的三堂式，但交通组织打破传统礼制规定，使中堂与上堂分离，实际上分为两个

图 5–47b 老街前店后宅木柜台

小家庭居住，但又可方便联系。对外则在大院前另辟出一条深巷通至临街设门出入，铺面与后院通过铺面后小巷相通，布局规整但又使用灵活（图5–49）。

由于山地场镇街面占据了主要台地，临街店铺要加大进深，就不得不充分利用地形，或采用吊脚楼，或采用拖厢下跌式。如川东某客栈店宅，为五开间铺面，跨于五阶台地上，从临街的店面开始，层层跌下。店宅大门位于当心间，铺面皆出大檐廊，以容纳更多顾客。店面后即为一大下跌式庭院，分三台设梯道花池，布置树木花草绿化，庭院空间景观变化层次丰富，也可吸引旅客的光临。两厢呈拖厢形式，接后部三层楼房，以悬挑楼道相联系，既扩大使用面积又成为店面对景。街面店宅外观简朴，内部台院却有着丰富多彩的景象（图 5–50）。

三、下店上宅

受地形条件限制，有的进深较浅的店居，店面不敷应用时，将底层用于营业，居住空间向楼层发展，为一楼一底或二楼一底，堂屋和厨厕、杂务之类布置于后部，既是前店后宅，又是下店上宅。如崇庆县元通镇罗宅，面阔三间，纵深五进四院，两层木构楼房，四周以空斗封火墙围合。以大过厅为界，前面部分均作客栈客房，后面为堂屋、厨房、仓库及望楼、花园。楼上均作住房，

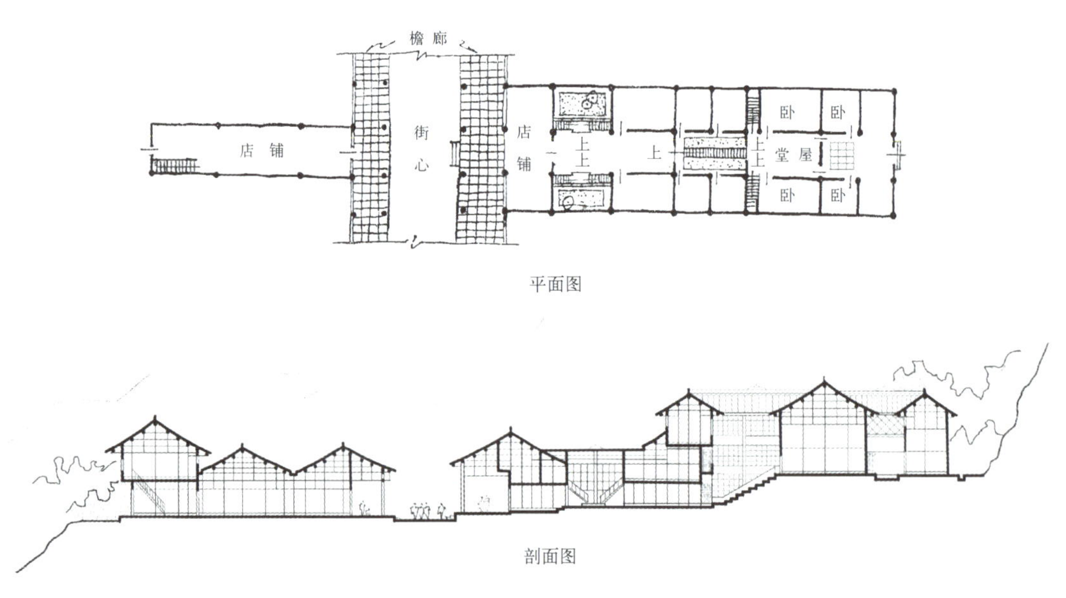

图 5–48 广安肖溪镇正街店宅平面、剖面图

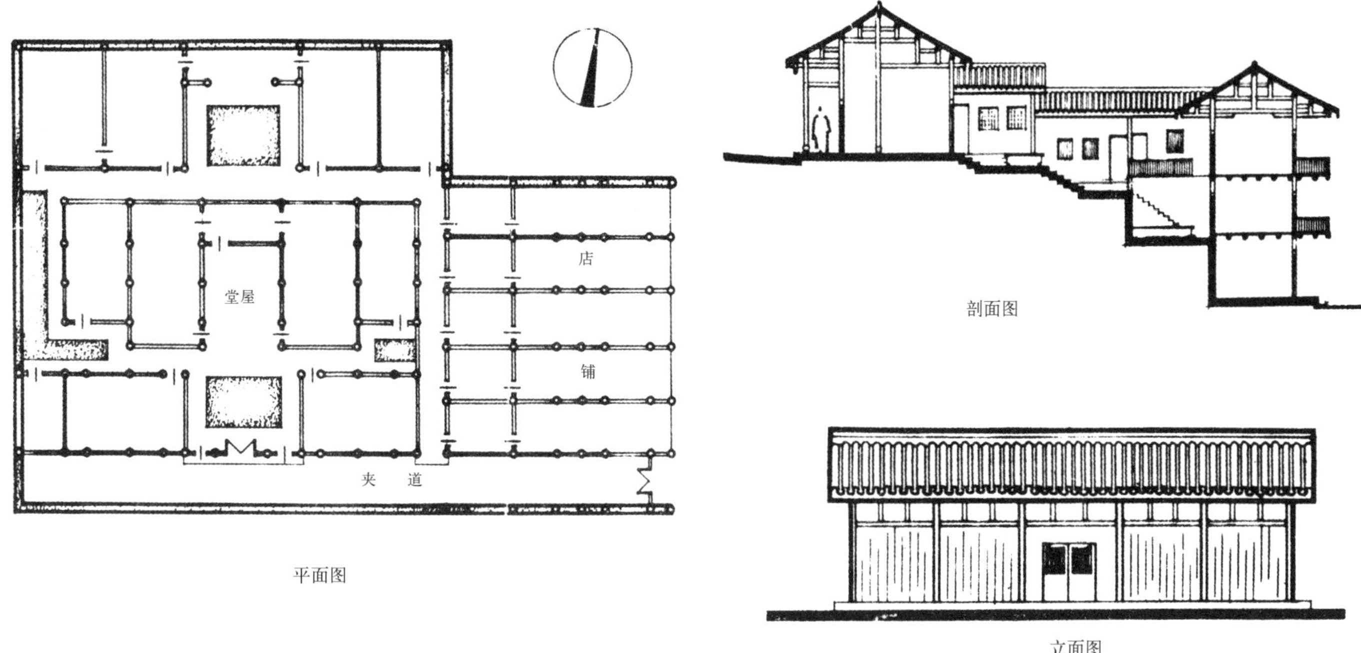

图 5-49a 阆中南街 93 号张宅平面图

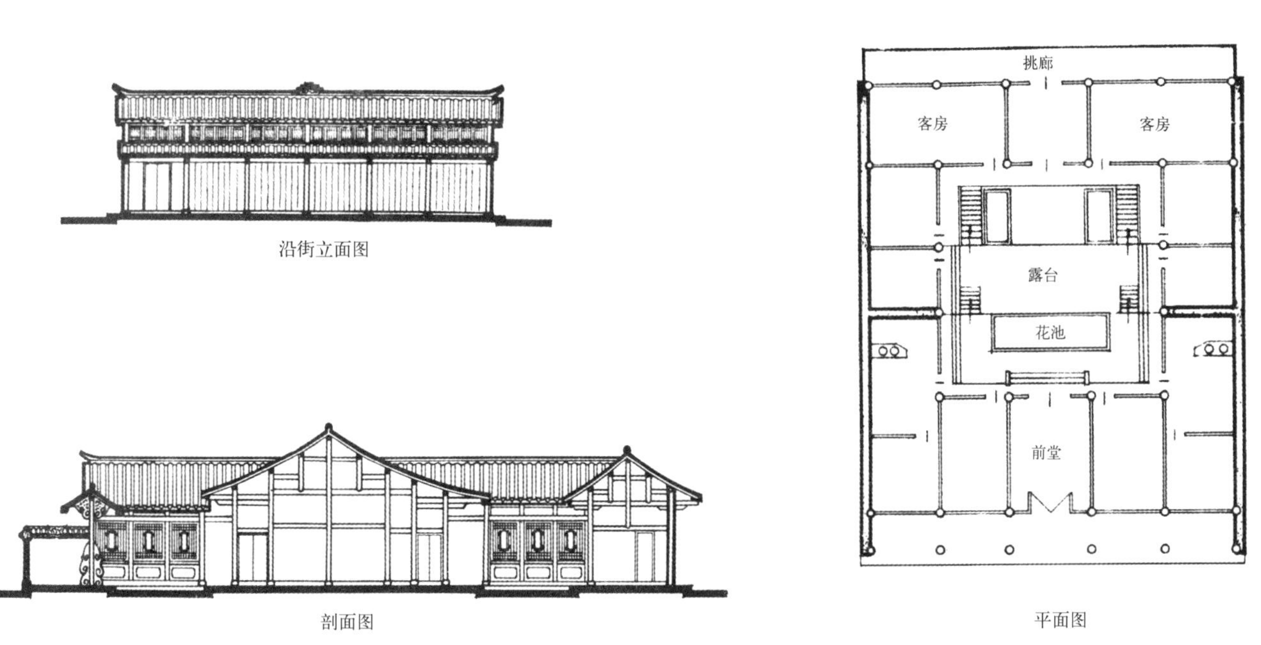

图 5-49b 阆中南街 93 号张宅立面、剖面图

图 5-50 川东某客栈

前为客房，后为内宅居住。在空间上不严格划分，只在楼上楼下的过厅处设置屏风以别内外。前部庭院较为敞亮，为避免条形空间过于狭长，以砖牌坊分为大小两个天井院。后部房屋较高大，楼井空间紧凑。后花园有敞厅、天井、望楼，空间又显舒朗。总的格局，底层为对外经营和内部起居，以及家务空间，楼层主要为居住空间（图 5-51）。

在很多场镇还有大量不是庭院天井的店居，而是因各种不同形状的地势条件，采取不规则自由组合的平面空间楼居形态，呈现出种种生动活泼的富于地方个性的店居形象。尤其是一些茶馆、

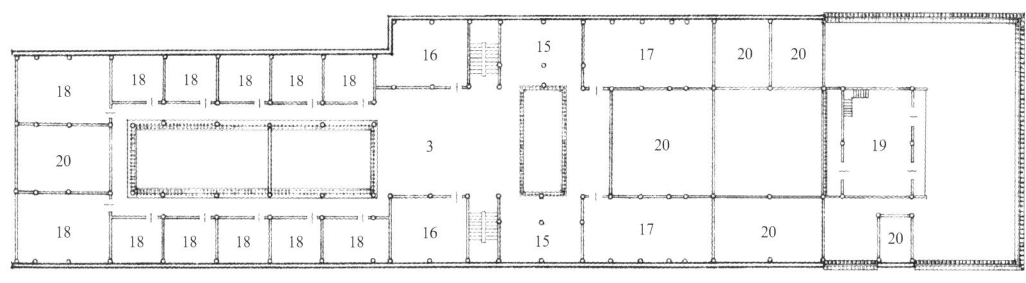

二层平面图

1. 门厅　2. 门房　3. 敞厅　4. 过厅　5. 侧厅
6. 堂屋　7. 正房　8. 影壁　9. 书房　10. 厢房
11. 杂间　12. 花厅　13. 仓库　14. 厨房　15. 敞廊
16. 杂间　17. 库房　18. 住房　19. 望远楼　20. 底层上空
21. 厕所　22. 天井　23. 后花园

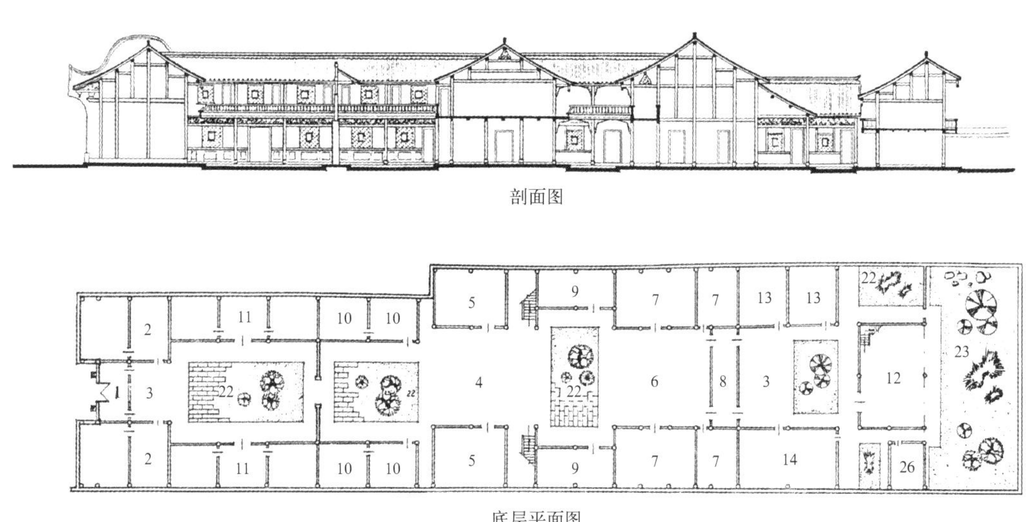

剖面图

底层平面图

图 5—51 崇庆元通镇罗宅

酒肆之类性质的店居，多选在风景优美之处，店面内外全部开敞，临河临坎或吊或挑，平面组合及空间形象都变化自由。如峨眉山市双福镇乔宅，位于一桥头傍水处，是一家老中药铺。其西北角因地形所限，成折线形，安排为楼梯间。底层巧妙设计一通高内天井，俗称为“干天井”，意即不承接雨水的天井，实际就是房屋内部空间的楼井。其顶部为小青瓦屋坡，采光用亮瓦。以此内天井为中心布置周围房间，临街为店面、账房，后紧接天井过渡到宅内其他生活用房，同时利用高差临河设置厕间。楼层均为住房并挑出一圈檐廊以相互联系，临河景观穿斗粉墙瓦顶，形象轻盈生动（图 5—52）。

利用穿斗构架的机动灵活性，随宜自由组合增减间数或改变间的平面形状，采用吊脚、悬挑、通透等多种构造手法，使内外空间特别开敞，既满足使用要求，同时又自然而然地造就成丰富多变的店宅民居形象，是四川场镇店宅民居主要的平面空间形态和景观特色。

四、前店后坊宅

在自然经济条件下，小商品经济的发达主要依靠手工业和农副产品加工业，所以城镇的作坊建筑成为一种专门类型，如织染、制茶、编藤、

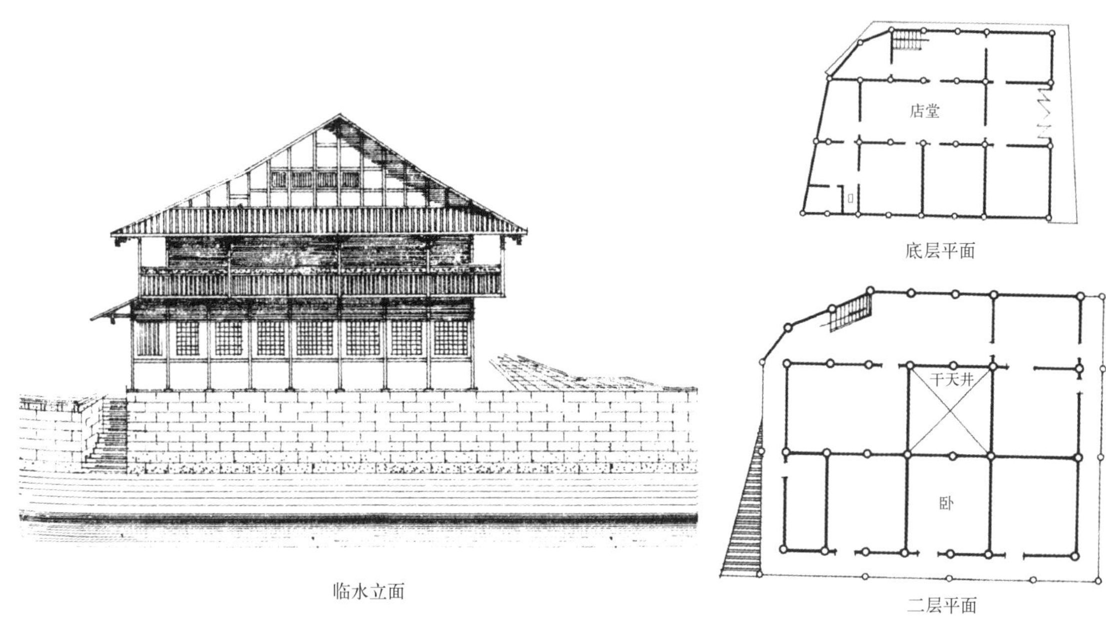

图 5–52a 峨眉山双福镇乔宅

酿酒、榨油、磨面等。一般多在场镇周围修建，但也有不少在“街上”与居住结合，成为一种多功能店坊型民居，布局多以前店后坊方式，边生产，边营业，既方便生产，又不妨碍家居生活，也有利于管理。

若基地面积不够，则可加层为楼房，临街店面上部常做挑厢以争取空间，下部还可形成较宽的阶沿，以迎纳顾客。小型作坊利用天井、地坝、敞厅及附近房间作为工作间。大型作坊常在后院辟出大的院坝，可供晾晒加工物品。为防干扰，居住多在楼层。有的店坊居还另辟侧门或后门出入，以方便运输原材料和产品。如川南某宅，是一酿酒业作坊店铺，为二进二院后附天井围房的中轴对称布局，但住居大门与店面大门并立分设于轴线两边，主客流功能明确。临街酒铺两大间，入口一小间，内置小天井，构成相对独立的商业环境。住居门屋三间，从铺面后退以突显经营的店面形象，同时前部形成缓冲空间，又不失住居大门的气度。两个门面一前一后处理十分得体。从住宅大门进入前院轴线转折，以前檐廊突出二道朝门。中院最大，为典型“明三暗四厢六间”格局。酿酒作坊、仓贮、窖池等生产性房屋五大

图 5–52b 峨眉山双福镇乔宅挑廊

间置于后部，以横向天井采光通风，并另设侧门通向外部。整个布局功能分区合理，空间层次条理分明（图 5–53）。

这种联排式民居从城镇到乡场十分普遍，一些大的城镇，还常集中某一行业形成专业的市街，如柴市街、米市街、棉花街，竹篾街等等。在场镇商业密集的中心地段，这种店宅合一的联排式住居都是整齐协调、气派大方的形象，在当地有较为显要的地位，都是有招牌名气的店铺，在形

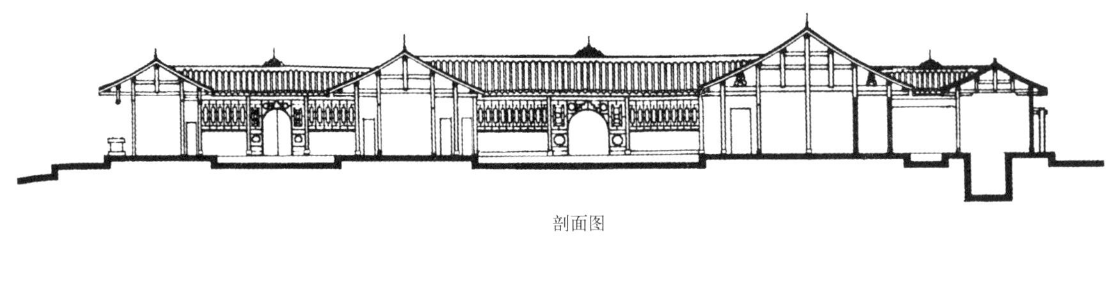

剖面图

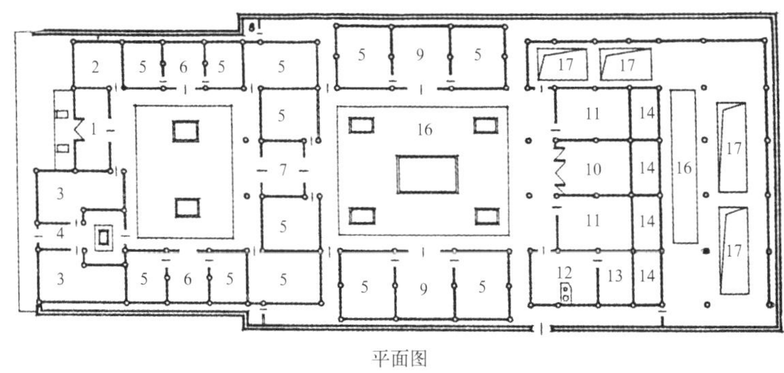

平面图

1. 龙门　2. 门房　3. 酒扑　4. 侧门　5. 居室　6. 客堂　7. 过厅　8. 厕所　9. 厅堂　10. 堂屋
11. 主居　12. 厨房　13. 杂物　14. 谷仓　15. 酒作房　16. 天井　17. 窖

图 5–53 川南某宅前店后坊式平面、剖面图

成当地场镇景观风貌中起到重要的作用。另外，场镇还有一些联排式普通民居，一般只供居住，或只做点小本生意，在门口摆摊设点之类，如成都老城联排式挑厢（图 5–54）、广安县望渠巷的联排式挑楼民居（图 5–55）、南溪县李庄镇席子巷联排式楼居（图 5–56）、巴中恩阳镇临街挑厢民居（图 5–57）等，类似的形式在普通场镇也占有相当数量。

也有不少民居式作坊建在场镇边上或附近，

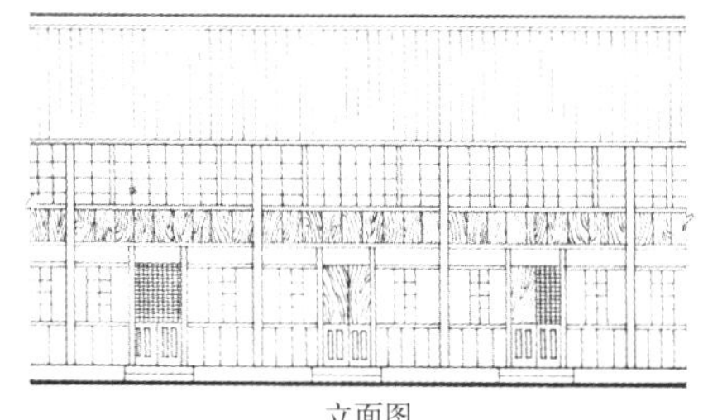

立面图

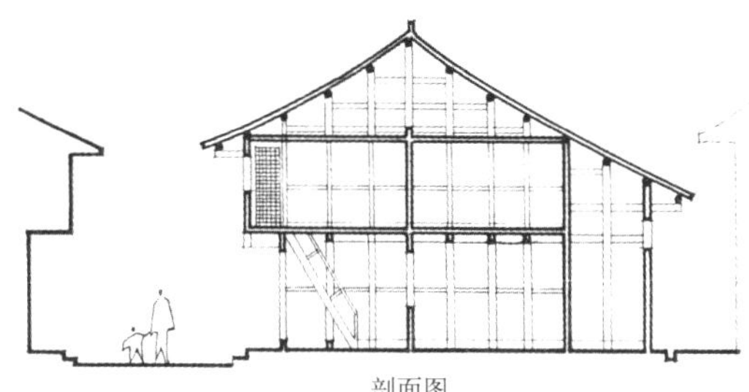

剖面图

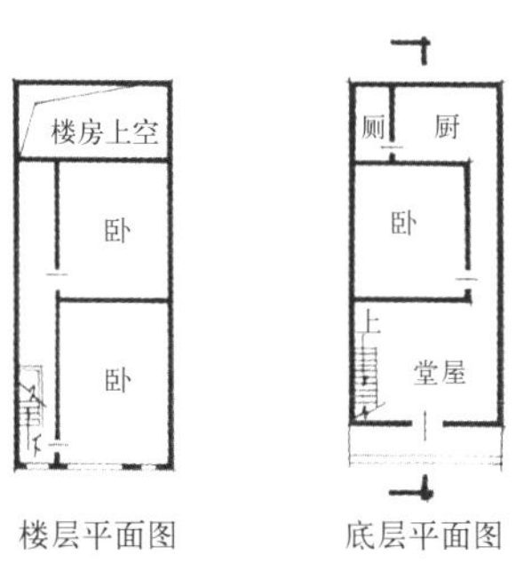

楼层平面图　底层平面图

图 5–55a 广安城关镇望渠巷联排式挑楼街坊

图 5–54 成都老城临街挑厢民居

图 5–55b 广安城关镇望渠巷联排式挑楼街坊街口

图 5–56 宜宾南溪李庄镇席子巷联排式挑厢

图 5–57a 巴中恩阳镇临街挑厢与出檐

图 5–57b 巴中恩阳镇临街挑厢

以生产性空间为主兼及居住，布局更符合作坊生产性要求，但风格手法上却是乡土民居活泼生动的做法。如忠县黄金镇膏井河榨油坊选址在不规则的山头上，房屋造型与布局随山体走势变化而变化，自由的平面关系，自由的屋顶组合，自由的形体配置，一切均随机赋形，跌落交错围转，与所处自然环境和谐镶嵌在一起，浑然天成，造型独特，构成一幅朴实自然而又优美动人的乡土风情图景（图 5–58）。

图 5–58 忠县黄金镇膏井河油房透视

第七节 碉楼式民居

一、碉与房的组合

对碉楼式民居的理解有广义狭义之分。从广义来说，凡带有碉楼的民居都可以这样称呼。从狭义或严格的意义上说，是指碉楼住宅合二而一的民居。这里把碉楼式民居作为四川民居的一种类型，主要是基于两个方面，一是因为这类民居形式占有相当大的数量，特别是远离主要城市和交通线的偏远山区较为普遍；二是由于碉楼的兴建对合院式民居的平面空间组合产生重要影响，发生一定的变化，使之与其他民居相比，有独自的特色。对碉楼式民居来说，在实质的意义上应是指那些在平面空间关系组合的形制上有新的突破和创造的类型。也就是说，这类民居，所建的碉楼从整体看占有相当重要的地位，或在位置上，或从体量上，或在使用功能上，都是不可分割的有机组成部分，并且直接影响到住居的基本布局、空间形态、建筑环境和建筑形象，并不是凡修建了碉楼的都一定是真正本质意义上的碉楼式民居。因为在四川盆地民居附建碉楼十分普遍，在宅旁或侧后单独修建，多呈方形，以土筑或石砌而成，乡人俗称“炮楼”。所以，只有其中那种把碉楼与住宅平面在空间结构上密切组织到一起，相互融合成统一的有机整体，有共同的空间形象，形成有特色的建筑形制，才能称为真正的碉楼式民居。

由于社会动乱频繁，兵匪猖獗，为图安全自保，必对住居加强防卫功能，尤其是在广大乡村地区和偏僻之地，加上多为田野散居，因此修建碉楼成为普遍的现象，有的地方不分贫富，几乎家家如此，甚至有的乡场也筑堡设防。这在四川社会历史上几乎成了传统，自汉代以来的望楼及坞堡制度一直延续下来，也是封建社会庄园经济的一种表现。特别是清代中叶兴起的建寨结堡之风，对此有着深远的影响。在这种社会背景条件下，就必然会出现特别强调碉楼作用的民居，但又不同于川西少数民族如藏羌等少数民族的碉房类型，而是有着四川汉族民居共性体系性质的碉楼式民居类型。它与广东开平碉楼民居又很不相

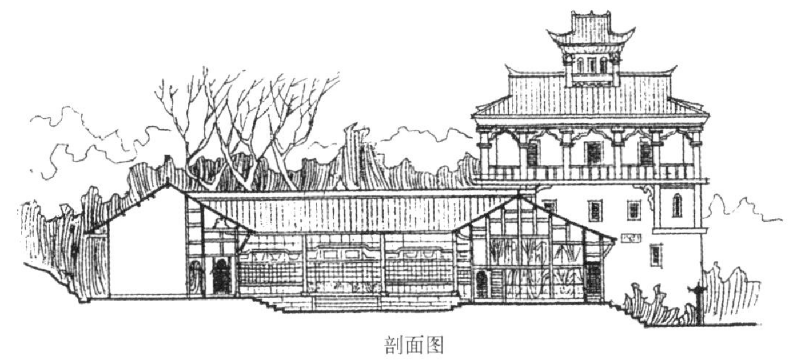

剖面图

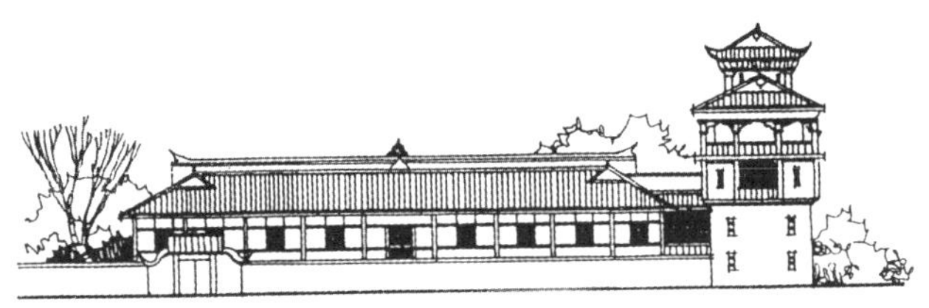

立面图

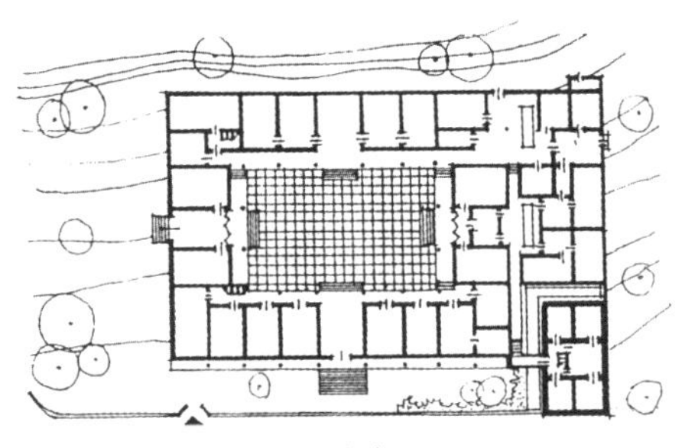

平面图

图 5-59a 南川大观镇张家院子

图 5-59b 南川大观镇张家院子碉楼

同，有着自己浓厚的乡土特色。这种建筑现象在其他省区是十分少见的，是四川民居的一大特色。

另外，值得一提的是从闽、粤、赣来的客家移民由于不再聚族而居，并没有采取原住地防卫性很强的大型方形或圆形客家土楼，而是发挥了筑土楼技术的特长，随川内风气改为大量修筑适应当地环境式样不同的土碉楼作为主要防卫形式。

碉楼式民居的主要特色在于碉楼形象和它与住宅的组合关系上。碉楼的功能本来是很单一明确的，就是为了防卫，高耸而封闭，但到后来就慢慢演变，弱化了防卫意义，而增强了景观观赏功能。如同古代的亭榭，原本是军事建筑，后来则变成园林建筑。所以碉楼的样式就多姿多彩，五花八门，有的建得像亭阁楼塔，有的类似广东开平碉楼，中西合璧，土洋并举，形态无所不有，故有的地方如川南一带把碉楼直呼为“亭子”。这种称呼成为碉楼的代名词，反映出碉楼文化的有趣借喻和演绎。

碉楼民居在分布上，几乎全川都有，但总的趋势是川东甚于川西，川南甚于川北，川西南也较为普遍。由于种种原因，多数碉楼已被拆毁，幸存已属难得，如成都洛带镇东山客家碉楼群、双流县永安镇三新村碉楼群、泸州佛宝碉楼群、武胜县方家沟村炮楼、云阳县彭家宗祠炮楼、江津县金龙庄炮楼、达县景市炮楼、武隆县大梁子炮楼群、西昌县川兴炮楼群等。在川中、川南及渝东南三峡地区数十个县还有不少遗存，据不完全估计，可能尚有近千座。按照其碉楼与住宅的平面空间组合关系，大体有附着型、嵌入型和围合型三种主要形式。

二、附着型碉楼民居

附着型碉楼主要是指碉楼相对独立，不过分改变住宅四合院的基本布局，而是紧贴其边缘，挨着修建，联系十分便捷。如南川县大观场张家大院，以正房五间四厅相向周围跑马廊的宽大四合院为中心，左侧后部扩出两个条形天井小院，前部则紧接天井出口建三开间矩形大型碉楼，并隔以宽的防护水沟，既不影响平时内院的日常生活，有事时又能快速撤至碉楼躲难。碉楼高四层，中西合璧式。一、二层为三开间，为砖结构，外观封闭，仅开小窗。三层为小五间并改为木结构，做外周围廊，直檐歇山顶屋面。四层为一长方形阁楼，歇山顶翘起翼角，整个造型比例良好，厚重间不乏轻快，形象美观生动，中西结合处理得体，富于创意，是四川碉楼民居中的优秀实例（图5－59）。

类似的还有涪陵市青平乡岚垭田陈友馀宅，在三合院后侧，连接附建一矩形土筑碉楼，四层顶部出半拱形转角挑楼，形象别致，亦为单座碉楼民居佳作（图5－60）。

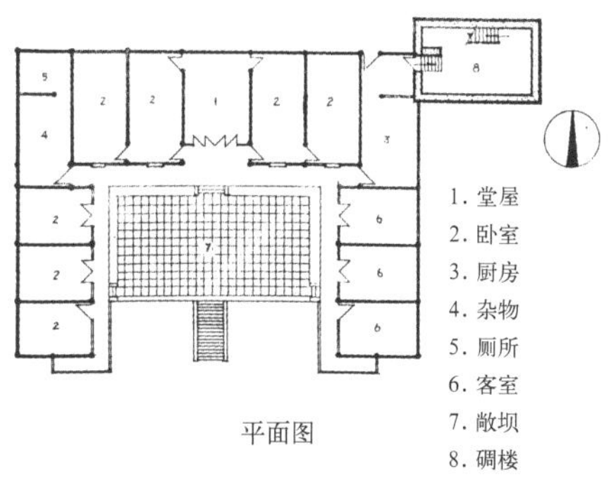

图5－60a　涪陵青平乡岚垭田陈友馀宅

图5－60b　涪陵青平乡岚垭田陈友馀宅外观

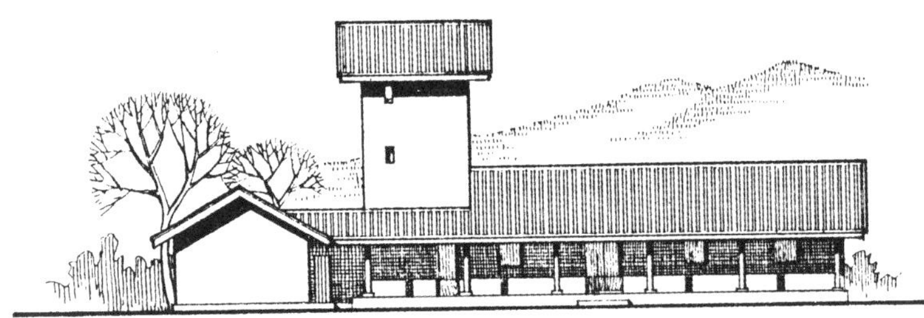

立面图

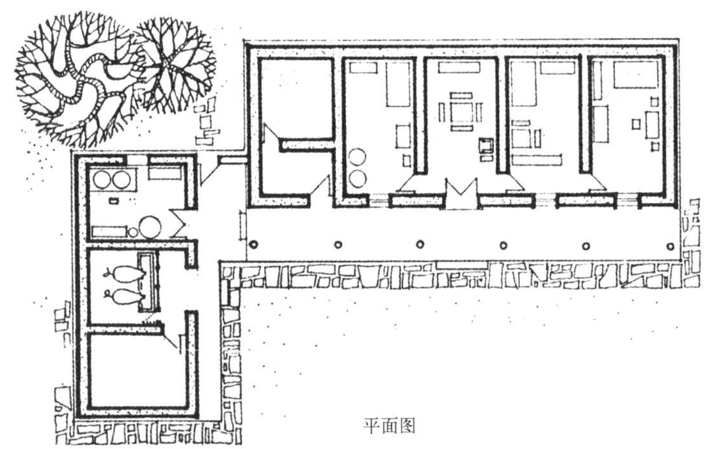

平面图

图 5-61　高县清潭乡鱼塘湾王宅

透视

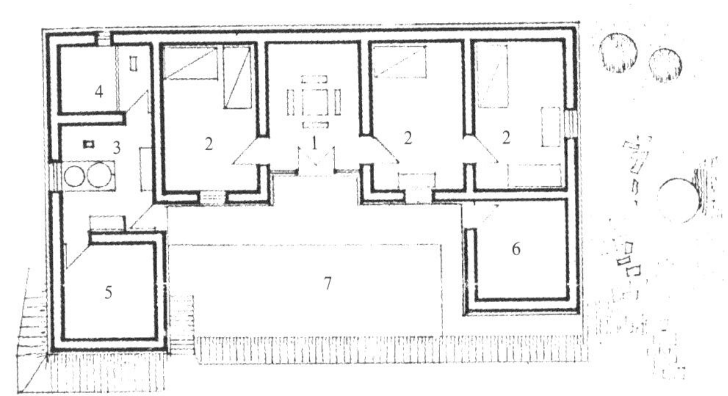

平面

1. 堂屋　2. 居室　3. 厨房　4. 厕所　5. 碉楼　6. 杂物　7. 晒坝

图 5-62　高县清潭乡鱼塘湾唐宅

三、嵌入型碉楼民居

所谓嵌入型碉楼是将碉楼组合到住宅的平面中去，与之紧密融合为一体，或者把住宅中平面某一部分房间升上去成为碉楼，这不仅使碉楼与住宅联系更为直接，平时也是住居日常生活所使用的空间。如高县清潭乡鱼塘湾王宅，曲尺形平面，正房五间出前廊，在正房靠近右厢房一角筑碉楼，通过前面贮藏间进入，位置隐蔽巧妙。碉楼为夯土墙，高三层，悬山小青瓦屋面，内设活动搬梯。整个平面空间组合紧凑合理，建筑形象明快，错落简洁大方（图 5-61）。相邻不远的另一处唐宅，采用类似手法，但又有自己的特色。该宅建于一台地上，在入口台阶处将三合院右厢一间建为三层夯土碉楼，与厨房毗连，又可作为贮藏粮食等物之用，进出既方便又隐蔽。墙壁上分层开有瞭望孔，外观组合主从体量对比，简洁而又生动（图 5-62）。

这种碉楼嵌入住宅的做法有许多优点，是一种经济实惠又有多种用途的形式，常为一般条件农宅所采用。同时根据各自的需要，造出许多奇特巧思的形态。如合江顺江场的李宅将碉楼置于住宅中显要位置，高三层，但在底层又加围一圈土墙，成为一种套筒式碉楼，上部挑出回廊，并出宽檐悬山顶。既加固了防卫，又作为房屋使用，其中的空间冬暖夏凉，十分舒适。独特的外形增加了碉楼的气势，而又轻快有趣，乡民的创造可谓一举数得（图 5-63）。

四、围合型碉楼民居

这种形式的碉楼民居多为大户人家采用。在大型四合院组群外修建围墙，在围墙四角或适当位置筑高大碉楼，远看就像一座小城堡，也可以称为“城堡式民居”。不少地主庄园就是这种建筑方式，有些类似江西的“土围子”，也许这当中确有某种移民原因的联系。如纳溪县绍坝乡刘氏庄园，建于民国初年，坐落于一小山丘上。建筑总平面为方形，对称格局，大门设于中轴线上，四周用围屋封闭，辅助用房沿周边布置，住宅主体呈西式内廊平面，外为跑马廊，但外观为两层重檐歇山顶。前设院坝，左右以短廊与围屋相接。虽为四合庭院，但布局不按传统模式。大院四角各建碉楼一座，为突出右侧方的碉楼，建得特别高大，立于石台基上达五层之高，并冠以歇山屋顶，成为庄园的标志，其余碉楼则为四层四坡顶，显示出相互的强烈对比，使庄园厚重封闭的外观表现得较有变化，具有活跃的气氛（图 5-64）。

有的碉楼庄园在地形布局与花园绿化环境结合上使防卫森严的碉楼带上园林建筑的色彩，更多地赋予了作为望楼登高远眺的景观功能。同时自身也成为庄园的一大景观。如宜宾县李场乡邓宅，建筑布置在一多层台地上，庄园主体为二进台院，平面方正，后部高台上为通长花园，在大院外围包以围墙。四角皆建土碉立于高台基之上，但每座碉楼处理手法又各不相同。为强调入口中轴大门对称的格局，前二角碉楼形式一样，为三层长方形悬山屋顶，右后角碉楼与杂用房屋组合成一体，高低对比生动。尤其特别的是左后角碉楼高五层不仅位置从角部适当内移，单独建在一家塾小院中间，而且造型采取楼阁形式，将碉楼的厚重封闭同木楼阁的轻盈通透相结合。下部为条石砌筑，中部为夯土版筑出腰檐，上部为重檐歇山顶，很是威武壮观，又不失灵巧生动，实为四川碉楼中的杰作。登上楼顶，可俯瞰全宅，远观山川风貌兼察看周围动静，同其他三座碉楼遥相呼应，构成严密防卫体系，并成为指挥中心及最后的坚守堡垒。因其风格的特异，该碉楼不但成为邓氏庄园的标志景观，而且使山庄获“顽伯山居”雅号而在乡里声名远播（图 5-65）。

类似的特立独行的碉楼庄园，在川东川南不在少数。乡民对之赋予了很多巧思，虽碉楼主要是用于防卫，本身形体很单纯，但与四合院结合却有这么多奇妙有趣的变化，充分反映了川民诙谐幽默、泼辣大胆的创造能力，以及面对严酷现实而不忘乐观洒脱的生活态度和古代巴人“巴渝舞”的传统文化精神。

图 5-63 合江顺江乡李宅

剖面图

平面图

1. 大门
2. 堂屋
3. 居室
4. 粮仓
5. 花厅
6. 厨房
7. 厕所
8. 杂物
9. 碉楼
10. 侧门
11. 敞坝
12. 花园

图 5-64a 纳溪绍坝乡刘氏庄园

图 5-64b 纳溪绍坝乡刘氏庄园外观

图 5-64c 纳溪绍坝乡刘氏庄园大门

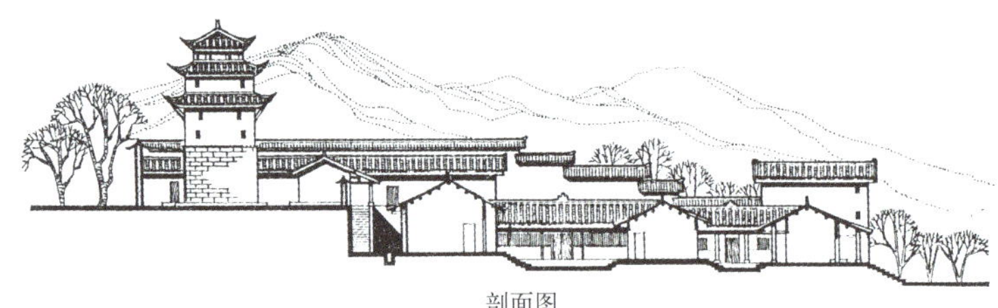

剖面图

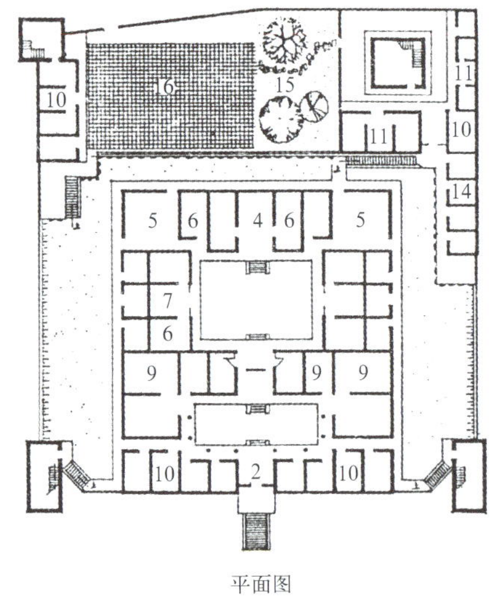

1. 碉堡	9. 粮食
2. 大门	10. 佣人房
3. 过门	11. 私塾
4. 堂屋	12. 天井
5. 厨房	13. 厕所
6. 卧室	14. 杂物
7. 客堂	15. 花园
8. 客房	16. 晒谷

平面图

图 5-65a 宜宾李场乡邓宅

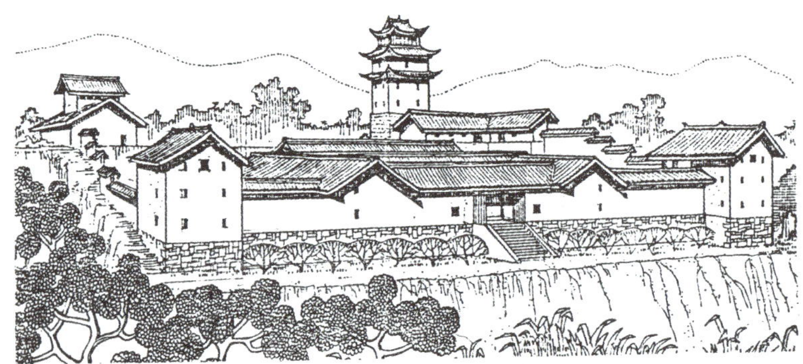

图 5-65b 宜宾李场乡邓宅全景

第八节 吊脚楼

一、干栏与吊脚楼

从底层架空上部建房“悬虚构屋”的空间形态特点来说，吊脚楼是干栏建筑的一种表现形式。只不过吊脚楼不像全干栏皆为支柱楼居，而是一部分为柱支撑，一部分则搁置于崖体上，如苗族的“半边楼”，为半楼半地形态。它们都是全干栏为适应山地坡岩地形争取建筑空间而发展创造出来的半干栏类型（图 5-66）。吊脚和靠崖是这种独特建筑类型的两大基本特征。

在四川山地自然环境下，吊脚楼适应能力强，分布十分广泛，而且无论何种平面形制，只要在坡地修建采用这种形式都可应付裕如。尤其在沿江河溪流两岸陡崖峭壁上，各种式样的吊脚楼七长八短高低错落杂然其间。四川民谚“一条石路穿心店，三面临江吊脚楼”，就是描写乡间随处可见的幺店子，前面开敞出大步檐廊，一条石板路从其间穿过，旁边安设靠栏坐凳，商旅之人正好可以乘凉歇脚，另一半设店面营业，后面房屋沿江岩吊脚而下，亦可供饮食住宿。这种机动灵活的建筑形式对于无论怎样复杂的地形，它都可以找得到生根立基的地方（图 5-67）。

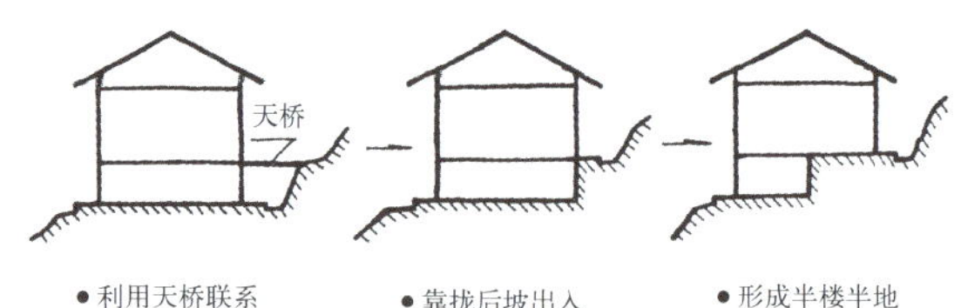

图 5-66 在山区全干栏向半干栏的过渡发展

图 5-67a 乡村小路上的穿心店

图 5-67b 山路上的乡间幺店子

这种形式以重庆吊脚楼为代表，看似简单随意，但其历史却十分悠久。史籍有载，早在东汉时，重庆山城“地势刚险”，但“皆重屋累居”，南北朝“成汉”时期，大量僚民从贵州迁入，使干栏吊脚楼形式在川内兴盛一时，宋代“渝之山谷……乡俗构屋高树”[2]，以后历代都未曾断绝，尽管它建筑寿命不长，屡建屡毁，但吊脚楼形态长盛不衰，至今仍保有一定数量的吊脚楼在巴山蜀水间。

吊脚楼主要特征除了吊脚支柱外，就是依附紧靠崖壁，所以也可称为“靠崖式建筑”或“附崖式建筑”，也就是在结构上吊脚楼的木穿斗构架往里紧紧斜靠，立柱有一定“侧脚”，使梁枋插入崖体，里低外高，结构与崖体紧密结合在一起，保证了整个吊脚楼的牢固与稳定，决不会发生外倾的危险。这种附崖建筑最为著名的是忠县石宝寨，在几乎垂直的玉印山崖壁上，从下往上层层收分建成十二层高的楼阁，呈现出“石宝古称奇，凌空四面壁，江楼十二翼，玉宇落天梯”的壮观景象。由于这种附崖的吊脚楼充分利用地形，建筑犹如嵌入了坚固稳定的崖体，加上整个木构房屋楼面、墙面和屋顶都薄而轻，因此柱子断面可以减小，甚至有的吊脚楼完全是竹木捆绑结构，同时常采用挑廊、雨搭层层外挑等手法，使吊脚楼形象十分轻灵活泼，生动多趣（图5-68）。

图 5-68 最大的附崖建筑忠县石宝寨

这种吊脚楼形式有许多优越性，其平面布置自由，堂屋、卧室、厨灶、杂贮等灵活随意安排，并利用边角小台地作为户外场地空间，或分层入口，扩大房屋功能。除了能充分利用地形，最大限度争取空间外，还是最为经济节省的建造方式，可减少土石方量，基础处理简易，同时还尽可能地保持地貌原生态状况，不随意破坏山体形状和结构，使建筑与大自然有机和谐相处。

根据与崖体坡度结合的方式，吊脚楼有下跌、上爬、分台三种主要的形式。

二、下跌式

街巷一侧为陡坡，住宅临街一至三层，但往坡下可跌落数层，从坡下往上看，吊脚楼可高达五至六层。之所以称为下跌式，是相对于街面房屋主入口在上而言，吊脚楼主要部分是由上往下延展，在剖面上形成上大下小的形状。上面临街部分主要对外可作铺面，而吊下的部分用于居住，也可用于牲畜圈栏或杂贮。如重庆中山三路临街某宅，建于约45°的陡坡上，垂直等高线布置从街面一层跌下两层，逐层空间收小。各层利用户外梯道分别出入。街面一层分内外两间，里间为卧室，外间当街作店面，为“前店后宅”布置方式（图 5–69）。这种下跌方式甚至可在近乎垂直的峭壁上建房，如重庆嘉陵路 247 号某宅，临高堡坎建房，沿街为一层，设内楼梯通下一层，为扩大居住面积，设置挑廊作厨房。垂直下跌三层，底层分户另辟入口（图 5–70）。

这种下跌式吊脚楼是最常见的形式，特别是沿江临坎的城镇或乡场，如酉阳龚滩、巫溪宁厂等，江边的这种吊脚楼比比皆是。因其临江侧的街面大都很窄，用于建房基地有限，只有往江边坡地争取建筑空间，而木穿斗构架这种结构方式最为简洁而又变化随意，可增可减，可长可短，可前可后，布局灵活，在前述的许多城镇和山区的吊脚楼实例中都可以看到这种下跌式吊脚楼的普遍适用性。

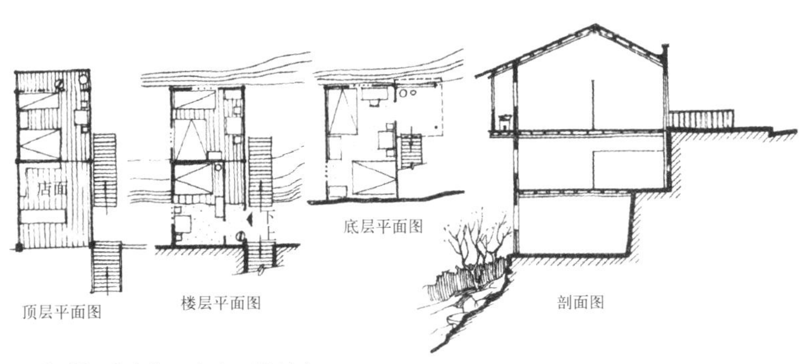

图 5–69 重庆市区中山三路某宅

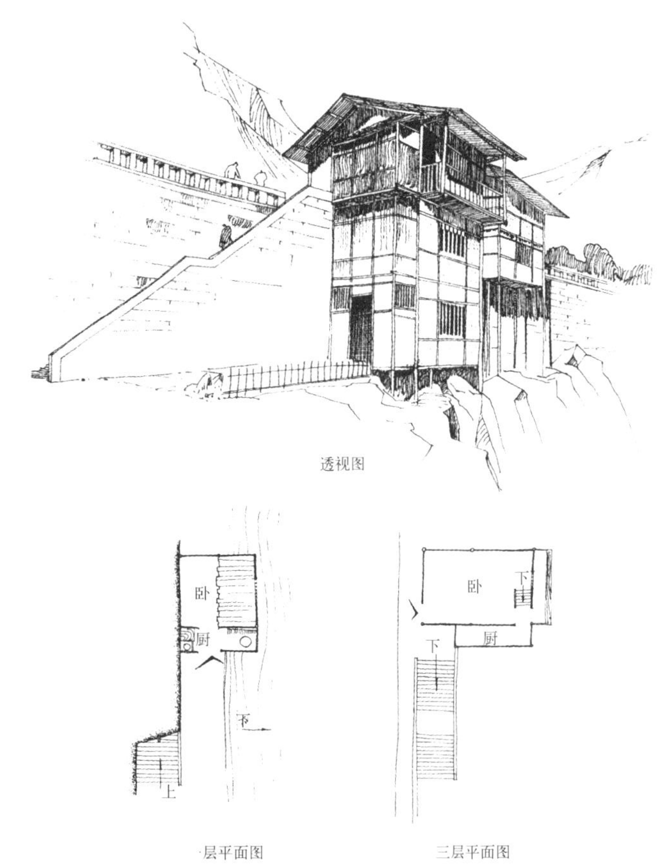

图 5–70 重庆市区嘉陵路 247 号某宅

三、上爬式

街巷一侧为陡坡，临街房屋沿坡靠崖壁往上建造，层层爬高，随之面积增加，也可能逐层内收，

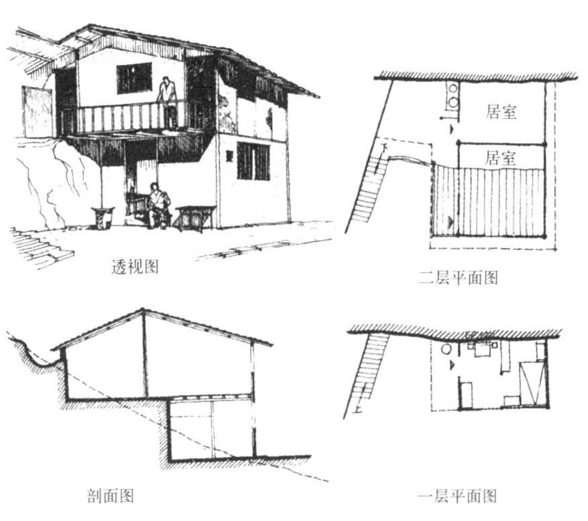

图 5–71a 重庆市区归元寺某宅

图 5–71b 重庆市区华一坡梯道口筑台地转角挑楼

在外设置檐廊。之所以称为上爬，是相对于临街房屋主入口在下而言，而吊脚楼主要部分是由下往上伸展，剖面通常也是上大下小形状。有时甚至可爬至上一街巷，使上爬式与下跌式结合为一体，难以明确区分。如重庆归元寺某宅，顺等高线布置，房屋三层，底层临街入口，沿后壁爬两层，各层分台出入。类似的建造方式，在沿河的场镇都可见到，临江一侧房屋多为下跌式，靠山一侧房屋多为上爬式。根据地形条件，各层联系除了内设楼梯外，也可以室外另用梯道相通（图5–71）。

四、分台式

这种形式也是一种爬坡的形式，不过需要增加地形上的改造，多在30°左右的坡地上建房，分若干阶梯状台地，大多二台或三台。房屋布置可顺等高线，也可垂直于等高线，使山面向前，常是前为楼层，后为平房。

平行等高线布置，如重庆龙隐镇童家桥某宅，前为街巷，房屋分为二台，半楼半地，临街木构楼层做吊脚，后部为一层土墙平房，二台以内部石阶相通，吊脚层对外可作店面，上部为卧室，二层一间出檐廊，木板壁小青瓦悬山顶。在周围石堡坎、黄桷树环境的映衬下显得和谐朴素（图5–72）。

垂直等高线布置的实例，如平昌县城关镇翻巷大梯道王永贵宅，位于石梯道旁，上下二台，下台两层，上台一层。下台底层为厨间，附一小偏厦为贮藏间，上台两房间为卧室，内部以木梯联系，二楼外挑曲廊，虽平面简单，又为砖木结构，仍感亲切活泼（图5–73）。

这些小巧灵活的吊脚楼大多为中下层普通民众所居住，体量不大，但变化多样，在山坡上密集聚在一起，很有山地特色（图5–74）。虽然限于经济和基地条件，只能在坡度大的地段修建，平面布置无一定模式，居住功能单纯，但仍安排得方便合理，材料、结构、施工等都简便易行，而且在利用地形解决交通联系，应用各种灵活手

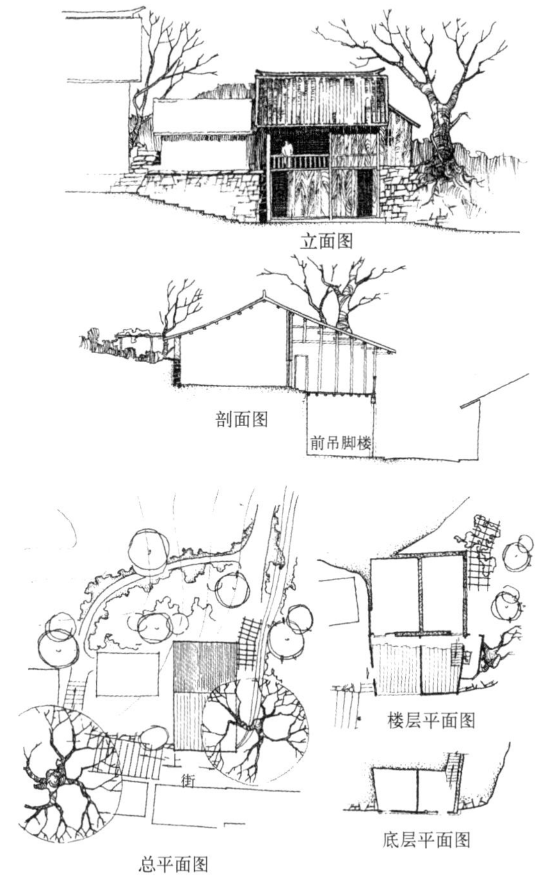

图5–72 重庆沙坪坝区龙隐路童家桥某宅

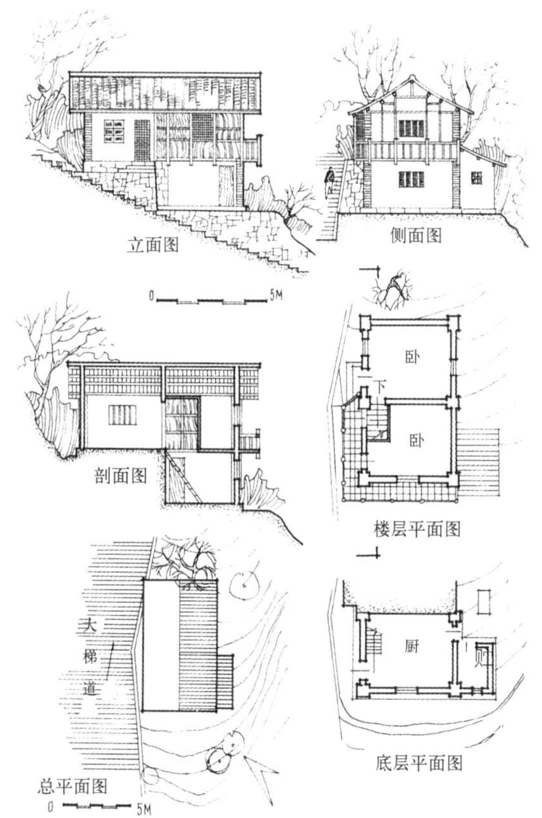

图5–73a 平昌城关镇翻巷大梯道王永贵宅

图 5-73b 平昌城关镇翻巷大梯道王永贵宅外观

图 5-74a 重庆市区若瑟堂巷吊脚楼组群

图 5-74b 重庆市区千厮门吊脚楼

法争取空间，保证安全稳定，适应气候环境等方面都有所创造，以独具一格的风貌大大丰富了民居多样性、适应性和大众性的文化内涵。

图 5-74c 砖柱吊脚楼

图 5-74d 重庆吊脚楼与坡道的关系

上面将四川民居概略地分为八种主要类型，而每种类型中又有各种不同的演变扩展形式。实际上这其中各种类型或形式又是相互交织融会贯通在一起的，呈现出四川民居形式变化的丰富性与多样性。

除此之外，还有一种十分独特的类型，就是岩居。这是一种极为古老的居住方式，以前曾有流行。现今在个别贫困偏远的山区仍有人家利用山洞崖壁建房，岩洞与房屋结合也有多种方式，

图 5-74e 吊脚楼体形组合的变化

图 5-75a 川南合江山区岩居

图 5-75b 川南合江土墙岩居

但多数都较简陋，仅供遮风避雨而已，也有的善于节省材料，盖半边屋门面，内部利用崖洞空间。有的质量较好，只是利用崖洞空间修在近旁，还

图 5-75c 川南山区岩洞中的民居

图 5-75d 以崖顶代替屋顶的岩居

图 5-75e 伸入崖洞中的半边房岩居

有的甚至高达二三层。如泸州合江一带山区还有不少岩居在继续使用（图 5-75）。

注释：

[1] 刘致平著．中国居住建筑简史．北京：中国建筑工业出版社，1990.174.

[2] 宋乐史．太平寰宇记．

第六章　民居地域特色

四川盆地内民居虽经几百年融合自成体系，但由于川内地域幅员广大，地形气候环境和历史人文影响条件也有差异，各地民居的特色有所不同。按地域分布情况大致可以划分为四个片区，即川北民居、川西民居、川东及三峡民居、川南民居。此外，四川民居还有一个特别的客家民系，他们的民居不是集中于某一区，而是散布在川内各地，有自己的演化轨迹，作为一个特例加以讨论。

第一节 川北民居

一、川陕特色

川北主要是指绵阳、江油、南充、阆中、广元、达州、巴中一带，地处龙门山、米仓山、大巴山等山系的南麓及余脉的山地，较盆地其他地区海拔高，气候偏冷。此区与陕西秦巴山地地形条件相似，尤其是与汉中盆地历史上交往联系密切。秦人多次入川，故有“蜀地存秦俗”之说。特别是明清不少陕西商人入川经营盐业致富，颇有财力，大建陕西会馆，尤在川北为多。如达州的同乡会馆总数82个，在川内各地排第二位，而其中陕西会馆数量就有42个，在各县中为最多[1]。因此，在居住形式上，川北与陕南两地相互影响，有不少类似之处，同时也兼有关中地区和中原北方地区的一些影响，表现出更多南北交融的川陕特色。

川北民居与盆地内其他地区民居的差异表现有若干方面：

在平面布局上，由于山地条件，院落组合多为小规模的三合院或四合院，大型的府第庄园四合院组群较少。而且院落类似北方民居的院落较为宽大，有的还喜仿北方四合院在二道朝门处设垂花门。在侧路的天井形式多呈纵向条形窄长方正的“停丧天井”，但又不似南方过长的条形天井，大多为陕西人住宅，与关中民居的窄长天井相像。成都地区的某些陕西移民住宅也多有此类做法。此外，因冬季需要取暖，山区大多数农宅几乎都有火塘的设置。

在空间形态上，因雨水较川南等地为少，没有其他地区炎热，少有敞厅、穿堂、周围廊等，屋檐高度也较低矮一些，出檐也稍短，一般一个步架约1m左右，所以建筑空间显得不甚高敞。

在结构构造上，尤其农村乡居较多采用土版筑墙或土坯砖石墙承重。一方面有气候偏冷房屋需要保暖的原因，另一方面川北山区较为贫穷，就地取材也较为经济，且土质条件也适于夯土。

图6-1a 川北土墙草顶民居

图6-1b 川北民居土墙围护及露明木构架

图 6–1c 巴中恩阳镇街口楼房山面出长挑廊

图 6–1d 仪陇马鞍乡朱德故里巴山民居风格

图 6–1e 达县亭子乡吊楼

图 6–1f 川北土筑碉楼

即或在城镇，房屋围护墙也喜采用版筑土墙。这种土墙一般围护房屋后部及两山面，高度至檐口下，上面露出穿斗木构架，正面仍为木板壁门窗，这成为川北民居一大特色。

在建筑形制风格上，广大乡间一字形、曲尺形或小型三合院较多，结合山地地形，变化自由灵活，形体生动活泼，尤喜在山面上出挑廊或眉檐披檐，厢房多为吊脚，俗称“吊楼”，更具山居乡土风情。一些吊脚、栏杆、挑楼用料粗壮，少有繁杂的雕刻装饰，显示出一种朴实厚重粗犷的“巴山风格”（图 6–1）。

二、阆中城镇民居

古城阆中地处金牛道和米仓道的交汇点，在清代曾一度作为四川临时治所地，至今保留了大片明清民居，有街巷 91 条，数十个四合院落。据清道光《保宁府志》记载：“城南纯带巴音，城北杂以秦语。”移民尤以陕西等北方人较多。其城镇民居集南北特色多种形式，宅院有廊院、庭院、天井院等各种组合，多采取中轴对称格局，大体以南北朝向为主。空间组合上最大特点是正房当心间较宽，次间被厢房半掩，正房三间不全露明，主庭院宽度受此限制，故多呈纵向长方形。在城镇用地紧张的情况下庭院尺度小巧合宜，而天井则变化多端，可小至一二平方米，仅采光通气而已。入户大门适应街巷走向，有正向、侧向，甚至有称为“倒朝门”的后门入口方式。除此之外，十分注重居住环境绿化是阆中民居另一显著

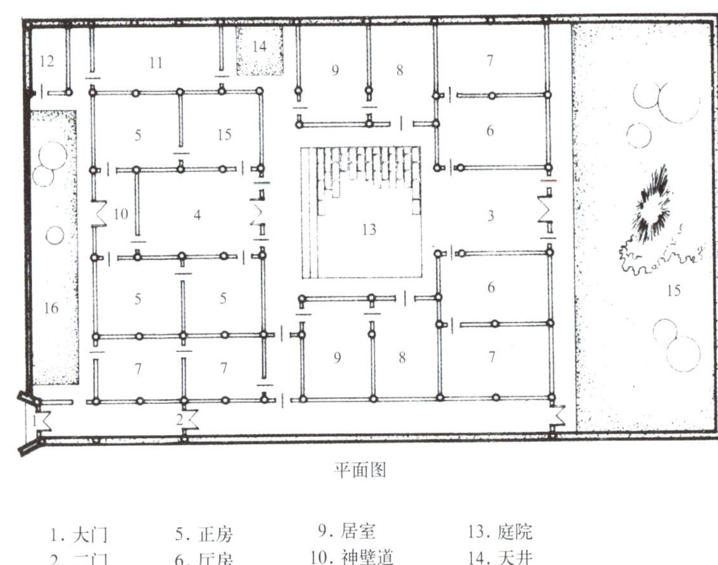

平面图

1. 大门	5. 正房	9. 居室	13. 庭院
2. 二门	6. 厅房	10. 神壁道	14. 天井
3. 过门	7. 耳房	11. 厨房	15. 前花园
4. 堂屋	8. 书房	12. 厕所	16. 后花园

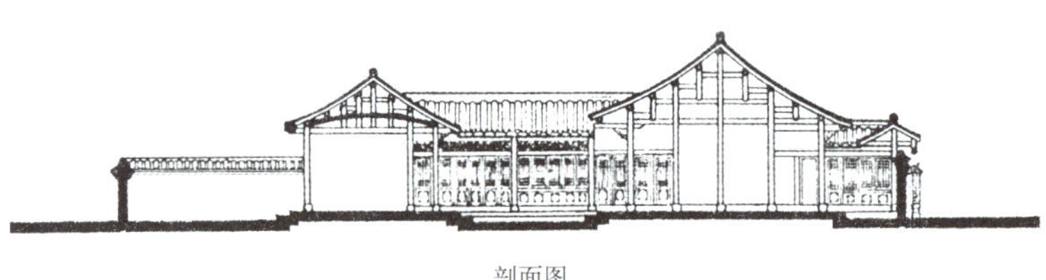

剖面图

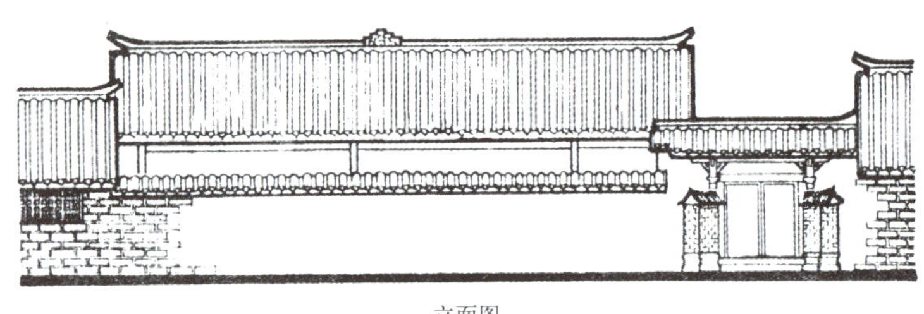

立面图

图 6–2a　阆中笔向街 28 号蒲家大院

图 6–2b　阆中笔向街 28 号蒲家大院大门

特点。大量的庭院绿化和设置小巧的庭园花园，无论宅地宽窄，都有植树、养花、盆景、鱼缸等家居景观。

如笔向街28号蒲家大院，该宅位于路南朝北，布局上为争取好的朝向，仍取坐北朝南，以背面临街（图 6–2）。宅大门虽向街面，实则是从宅后为入口，专设长甬道经二门、三门引至南边大花园，再倒折至大院的正门。这种入户方式当地称为“倒朝门”。总体布局为阆中民居院落典型形制。对称中轴线上一列前中后三个庭院。前院花园横长宽大，视野开阔，可远望城南锦屏山风光。中庭院为主院，宽敞方正，前为敞厅，堂屋前设宽大走道，将全宅分为前动后静两部分，又开侧门方便联系出入，左侧连接一漏角天井，既解决了厨房采光、通风问题，又是其不可少的辅助空间。主庭院置鱼缸盆栽之类，花木扶疏，赏心悦目。中为祖堂，两次间为主人卧室，厢房有书房及下辈卧室，虽厢房掩住正房次间一半，但因宽走道之设，仍使人感到三间正房全为露明。由于天井、庭园、走道等布置组合巧妙，无一死角暗间。堂屋后收进一小间叫神壁道，便于联系后花园。同时另有侧门与大门相通，全宅交通联系，可谓四通八达。整个花园庭院大中小结合，空间层次丰富，景观雅致。宅周以土墙围合，柴泥石灰粉壁，外封闭内开敞，环境清幽自成家居天地。结构以木穿斗与抬梁相结合。门厅做大弧形顶棚，十分别致。堂屋空间高大，抬梁构架规整气派。屋顶为悬山瓦顶，举架曲线优美，有宋明风范。建筑装修艺术做工精细，门窗、格扇、梁枋、雀替等雕饰丰富。该宅布局巧妙独特，平面空间组合严谨合理，疏密得当，建筑质量考究，形象古雅厚朴，实为川北民居上乘之作。

三、巴中场镇宅院

川北一般乡镇的宅院多为横向扩展的台院式，少向纵深发展，常为一台一院或二进二台二院。这是由于山地坡度较大，选择顺等高线的横向台地可减少土石方工程量。宅院仍力求按礼制秩序的中轴对称格局，但又根据需要相机变通，有的甚至独出心裁，不落俗套。因此，在表面看来，这些三合院或四合院似乎都很相像，但实际上却千差万别。

如巴中恩阳镇阳台村李本善宅，为清代京官告老还乡所建（图 6–3）。恩阳古镇是川北驿道上物资集散的水码头重镇。该宅建于古镇邻近，选址在一陡坡前的横向三阶台地上，东西朝向，总体为明显的纵向中轴对称的山字形布局。三组院落为三合院与四合院的组合，但每组院落形态与设置又各异其趣。中路为三进三台二院，实际上是一个大型四合院分成前后有高差的两个庭院，中隔以二门及花墙。宅门为出前廊列柱门楼式，悬山瓦顶，素面少装饰，但高大气派。入门后庭院铺砖砌甬道。围合的院落十分宽大，很像北方的四合院。二门类似北方简易的垂花门，但式样是南方民居的前后设柱的廊屋门。正房一列

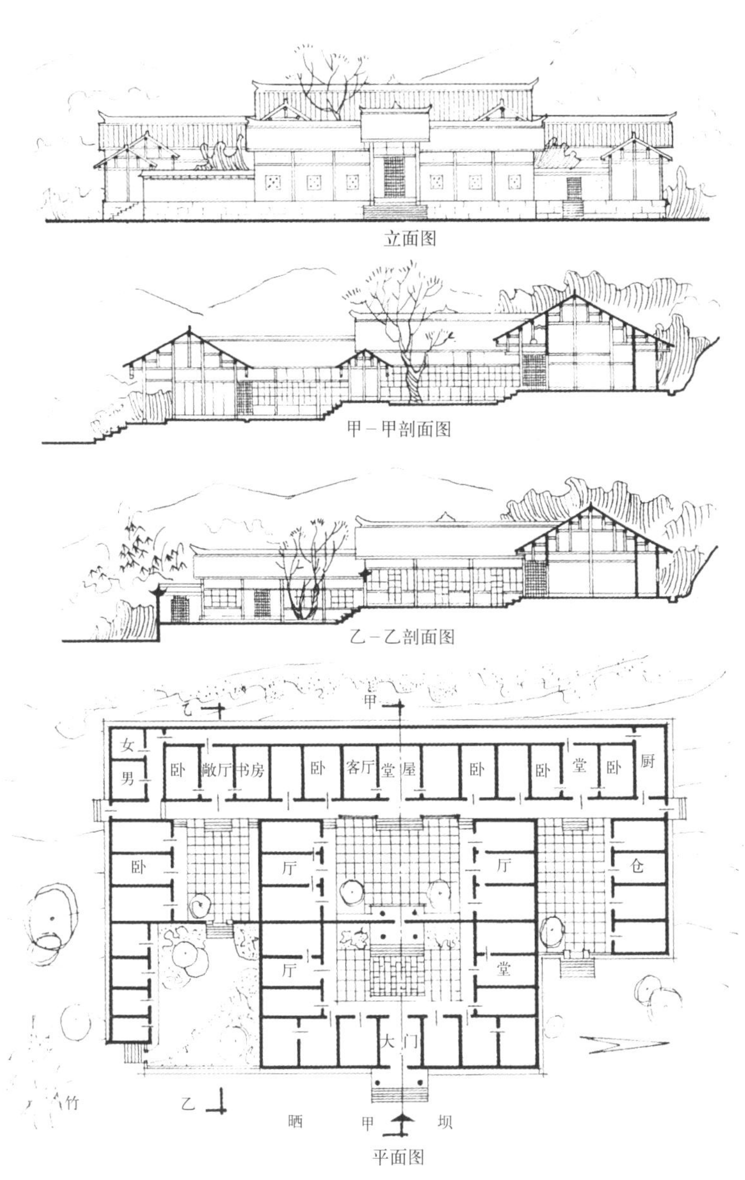

图 6–3a 巴中恩阳镇阳台村李本善宅

图 6–3b 恩阳镇阳台村李本善宅大门

图 6–3c 恩阳镇阳台村李本善宅二门

图 6–3d 恩阳镇阳台村李本善宅内院

图 6–3e 横向拉通的长走道

七间，左右厢房各六间。正房中为堂屋，次间为客厅，余为卧室。前后院的厢房均设有花厅。垂花门前后两侧布置花池树木，绿荫匝地，景致清雅。右路扩出一闭口三合院，也同样依二台分为前后两个小院。后小院正房中为敞厅，两侧间为书房、卧室等，抹角设厕间。前小院为花园，种植各式花卉灌丛果木。两个小院间隔矮墙、柴门，有分有连。前院围以空斗粉墙，辟侧门通向户外。左路扩出一稍小的闭口三合院，对外单独设院门及侧门，此院为厨灶、仓贮等用途的杂物院，空间显得紧凑。全宅三组院落五个庭院，空间显得疏密有致，但又互有对比，随着地形高差前后左右的起伏升降，庭院空间充分显示出山地四合院横向与竖向层次交错变化的空间特征。

此外，该宅在交通组织上也有自己的独特之处。除了在院落四周出宽阶沿外，突出的是打破常规，采用一明一暗两条通走廊作为全宅主要的横向联系主干。三组院正房一长排共 17 间，建于比厢房高的台基上，拉通的长走廊宽 2 米，长约 70 米，通长的空间别致而壮观。正房后又设通长的暗道，靠小窗采光，幽深窄长，主要是用作贮藏及有事时可避难的夹壁暗房，可以代替碉楼的某种功能作用。整个房屋围护结构为空斗砖墙，木穿斗抬梁构架，无过多的木雕装饰，仅挑枋、童柱、吊瓜等作简单刻饰，朴素大方。小青瓦悬山屋顶瓦垅灰脊，塑中花脊饰，两端出鳌尖。建筑立面均衡庄重，造型朴厚而不失生动。

四、平昌乡居庄园

在小农经济封建社会，农村绅粮大户人家的地主庄园一般都是独立的大型四合院落组群。除了居住部分，还有更多的对外接待的社会活动功能，如有较多的各式客厅、私塾、乐楼（戏楼）、书楼、佛堂以及相当面积的花园，建亭台楼阁之类。更大的庄园还有各种手工作坊、雇工院、收租院、圈养马厩，以及碉楼家丁卫队守备和佣人用房。这些庄园大都建在场镇附近或乡间所谓“风水”好的地方，并在场镇多有经营的店铺或货栈。在经济生活功能上，它们是相互补充的。

平昌县岳家乡于伟斋宅是川北地区的一个中型乡居庄园。该宅选址在临小河的条形二阶台地上，背山面水，东南朝向。在平面空间布局及做法上该宅有自己的特色（图 6–4）。

一是依山就势横向错落，灵活布局。该宅分四个部分，即上院、下院、偏院和跨院。上院是主院，方正宽大，为“明三暗四厢六间”格局，但右厢房一侧端间辟为二道朝门，通向大院宅门，并与右边偏院联系。倒座方向辟为下院。主院三间正房出前廊，左厢房扩展一条天井横屋，外接跨院。因地势右窄左宽，故左路跨院向后错动扩展，总平面呈横长前后凸不规则形态。主院、跨院、偏院处同一标高台地，仅下院处临河较低台地。

二是利用景观视觉条件，合理开发空间。上下院同一轴线，下院与上院高差约 5 米，并于临河建两层带檐廊的楼阁，下为花厅，上为书楼，左厢扩出天井小院。河边筑石条驳岸，并留出约 3m 宽的通长观景台，走出花厅水面风光一览无余。二楼后出檐廊，与上院庭院空间及堂屋檐廊呼应相对，使该楼阁两面景观效果充分得到展现，安排及造型都极富匠心。

三是庭院空间隔连相随，变化对比，层次丰

富，功能性强。上下两院庭院空间一大一小，中间甬道踏步上方建高大三滴水砖雕牌坊，灰塑嵌瓷压顶，图案丰富，内容多为花草人物故事，精工巧作。虽用牌坊及矮墙划分，但上下两院庭院空间实为一体，牌坊成了院中一大景观建筑，两侧花木培植，更显生动活泼。这种做法实为受北方垂花门形制的影响，但又有自己的创意。偏院空间斜门而进，是另一番空间趣味，主要用于下辈及账房管事。跨院纵向发展，庭院虽为闭口三合院，但空间最大最为开放，主要用于杂物、作坊、仓贮等用房，设单独院门出入，与前面院落互不干扰，并破例向后衍生出一横一竖两个小天井，作厨灶、佣人房之类，庭院天井空间对比强烈，功能布置十分合理。

四是宅门入口别致，环境空间富于山庄特色。该宅以上下院为主体列于中轴线上，但布局并不按常规将宅门置于中轴前端，而是在横向角部“歪门斜道”设置大朝门，并巧妙利用入口大斜梯道上方的不规则台地形成一入口缓冲的小院。临河边为半敞半围的空间，迎人流方向的花厅山面墙砖砌大照壁，加上自然斜置的大石阶及岸边大树，这一切构成宅前有丰富景观的环境，使庄园平添了不少轻快多趣的活泼，少了几分深宅大院的刻板威严。像这样顺其自然不经意间而形成的入口处理，其实是蕴含了不拘礼数成法，任其自由组合，贵在体宜，因地而为的匠心。该宅木构穿斗抬梁结合，做工规整，雕饰华美，四周护墙为空斗粉墙，构架外露，为川北民居通常做法，在敦实中透着轻巧，虽有某些北方四合院影响，但仍具有明显的巴山乡土气息。

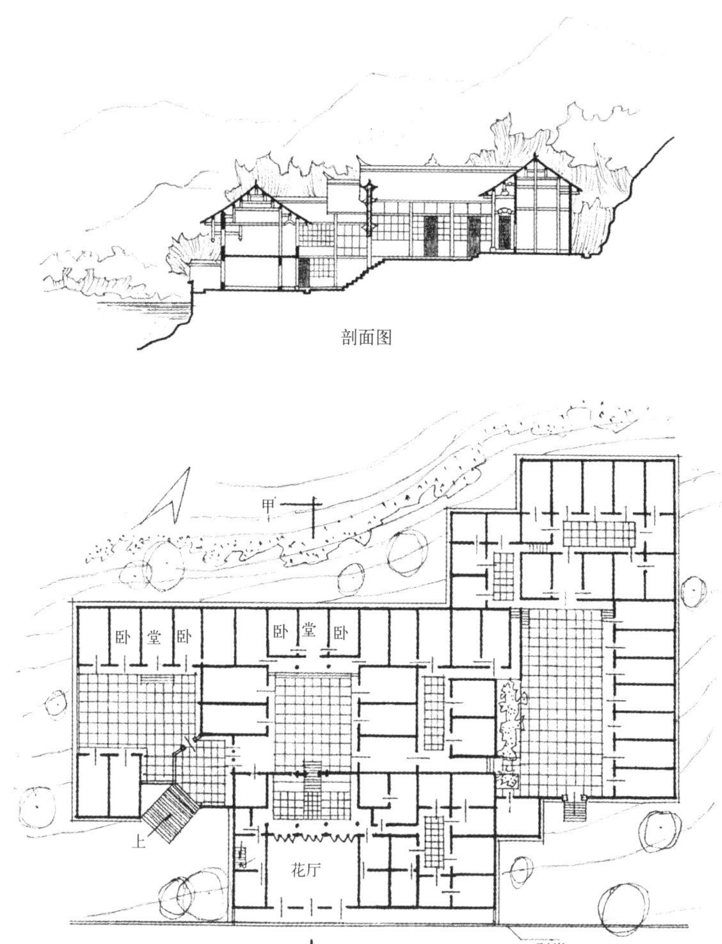

图 6–4a　平昌岳家乡于伟斋宅

图 6–4b　平昌岳家乡于伟斋宅上下院之间的砖牌楼门

第二节　川西民居

一、林盘文化

川西与川东的划分，大抵在川中部的隆昌、安岳一线。川西主要是以成都为中心，包括川西平原及沱江、岷江流域的方山区陵地区，如德阳、雅安、乐山、自贡、资阳、内江、遂宁等地。这

图 6-5a 大邑安仁镇刘文彩宅总平面

图 6-6a 川西坝子林盘

图 6-6b 川西"林盘文化"景观

图 6-5b 刘文彩庄园

图 6-5c 刘文彩庄园内院

是盆地内自然条件最好的地区，土地肥沃平缓，水利灌溉方便，农业发达，经济富庶，人口也最稠密。所谓"天府之国"，主要指该地区而言。

因此，川西民居在分布上不论是城镇乡场的聚居及乡村农舍散居，或三五家院落组团都较其他地方密集。城镇内多有官宦富商士族的府邸宅第、大中型四合院建筑组群，尤其是大型地主庄园也远多于别处。如有名的大邑县安仁镇刘文彩大型地主庄园，占地十多亩，由八个大院数十个院落天井组成，总建筑面积达 5000 多平方米。总平面极不规则，布局杂乱，为多年陆续蚕食扩地不断增修拼凑兴建而成，反映了此类地主庄园演变扩展的某些特点（图 6-5）。

同时川西民居还普遍重视环境绿化，不论城乡，宅院都喜置花园。在历史上颇有文化传统，由唐至宋，成都坝子的宅园早负盛名，以后渐至发展为独具一格的巴蜀园林，如成都望江楼、眉山三苏祠、邛崃文君井与古瓮园等。这些都是由原来的居家宅园经历代经营后来发展为历史文化名人纪念园林，故宅园绿化之风长盛不衰。川西坝子的民居周围常种植竹林乔木，不管是独幢式或是三合院、四合院组团，都有一个林木环绕的农家小院，形成一个个的“绿岛”。在菜花黄稻谷香的田野之中分外鲜明突出，谓之“林盘”，成为成都平原一大地景特色，这样的林盘式绿化在川内各地都有，一些山区农家也常采用这种绿化形式，但都不如川西平原的“林盘”那样集中而典型。据粗略估计，成都坝子的“林盘”近十万个，故有“林盘文化”美誉之称（图 6–6）。

此外，川西民居又以轻盈飘逸著称，木穿斗纤巧精细，因多雨炎热，多出大挑檐，与川北民居有明显差异，反映出四川民居由北至南随雨水增多使屋檐加长的变化。在屋顶做法上，川西民居茅草顶精致厚实整齐是十分闻名的。早在唐代杜甫的《茅屋为秋风所破歌》中就有“三重茅”的做法。茅舍草顶与“林盘文化”的人居环境构成了川西民居风貌特征的典型表现。

二、成都府第大院

现存的清代府第大院以成都广汉市花市街 25 号张晓熙大院为代表。该宅建于清光绪初年，占地 20 余亩，现仅存近 7 亩的大夫第厅堂主体建筑院落，从其平面布局组合的阔大手法可以看出这类宅院的主要特征和气质风貌（图 6–7）。

首先，平面布局尽管按照中轴对称的常用形式，但功能内容安排却与众不同。该宅坐西向东，在中路以三大间双柱门廊展开大夫第的门庭气势，入门后是一个尺度较大的走马廊庭院，呈横向三大间，纵向五间，檐廊深达 5 米以上，十分气派。正房三间，中为祖堂，次为主人卧室书房，坐于高台基上，前出带檐廊的月台，以凸显正房的高贵地位，这种处理手法为他处少见。祖堂后凸出一卷棚顶亭阁，作为轴线收束。左右边路均为长条形通深庭院，两侧厢房为各类卧室、账房、仓贮、佣人房之类，分别设侧门出入。至后部为左右两大敞堂，与走马廊相连，作为待客花厅宴乐茶轩之所。右庭院中设过厅，联系右厢房外檐

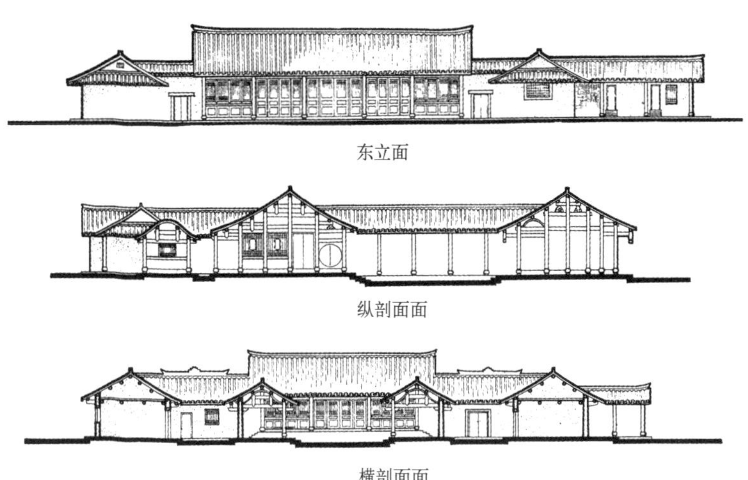

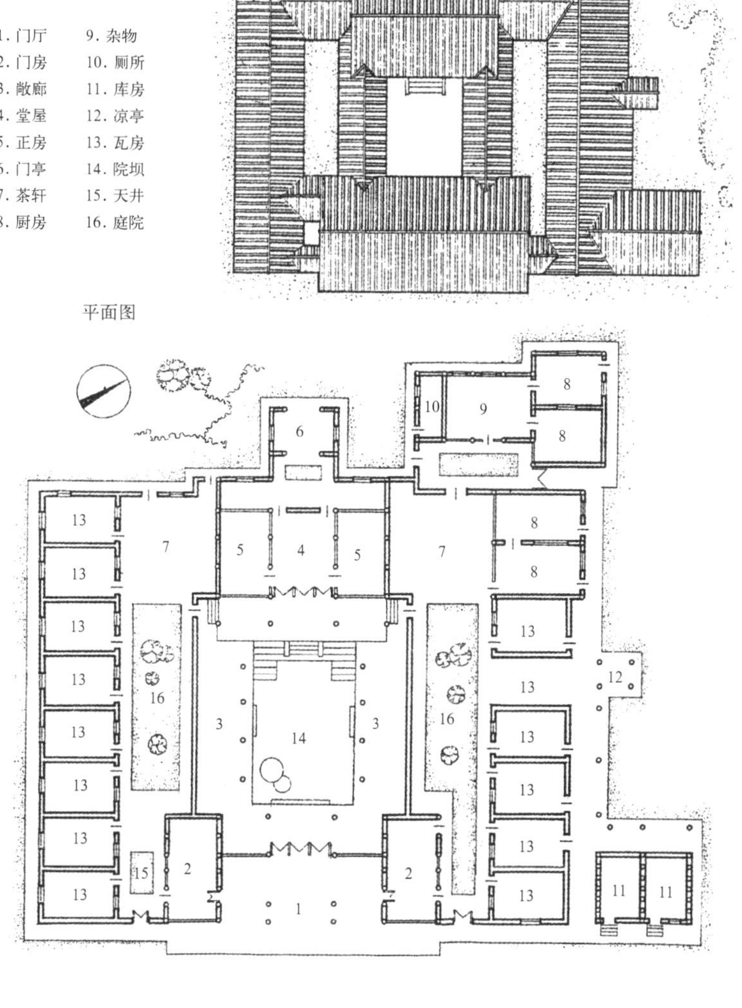

图 6–7 成都广汉花市街 25 号 张晓熙宅

廊及花亭。厨厕杂务另在左侧后角部辟天井院。整个布局轴线清晰，条理简单分明，中部主要部分大量面积并无实用功能，多数房间均布置在外厢。这样的布局，家居使用方便倒在其次，主要是为了彰显宅第的门庭气派。所以这样的大夫第除了主厅堂院落之外，常在花园内另建以居住功能和生活情趣为主的别院。

其次，宅院空间组织手法颇为大胆泼辣。虽对称格局且兼有庙堂气象，但庭院空间以简洁明快的组合分隔创造出对比丰富的内外空间层次。尤其采用大量的檐廊、敞堂、过厅等过渡中介空间形式，使整个宅院内外空间交织融成一片。其中主要手法是以大型走马廊庭院为中心来组织全宅各个部分，形成前厅后室，左右敞廊，边厢围合的空间格局，而不是用规范的十六间式主院模式来组织空间，同时并与后部亭阁与左侧凉亭这两个凸出的建筑与外围的园林取得密切的联系，这些处理手法极富创意。从内至外，建筑庭园空间蜿转流动，通透敞明，生动而有灵气。所以这种大夫第的中庭完全是一个具有公共活动性质的空间，当在举行年节庆典、红白喜事之类的活动时，其实际功用得以充分发挥，其排场和气派得以完全展现，而这正是府第大院最重要的空间特征。

第三，该宅还有一个与众不同的特色就是其大朝门的处理方式。一般府第宅门常一间门屋最多不过三间，而本宅不揣“逾制”，设以五间高大门屋，且全部安装镂空格扇，正门三关六扇，前檐廊为大敞厅，且三间并立双列柱，门禁之制甚至超过官衙。但从空间尺度形态来看，也只有如此气度的大朝门才可以同偌大中庭廊院相配合协调。

至于结构及装饰方面，也颇多逾制之作，所有木构均用抬梁式，前厅门屋六柱九架，正房六柱十一架，厢房则为砖墙承重。所有外围护墙均为斗子墙，而门窗等雕饰的精丽均为上乘，这在当时都是较为奢华的做法。

这类府第大院留存下来的不多，类似上述大宅院在当时也还有甚者。20 世纪 40 年代刘致平先生在成都、广汉等地调研民居时有过不少记载，如成都双栅子街“朱财神府”、“周道台府”、西郊犀浦“陈举人府”等都是各类府第大院的难得实例。广汉西北营口路的张宅“宗庐”和“叙伦园”还有更大的规模和更高的艺术质量。由于清末礼制的松弛，官式府第建筑制度多不遵守的现象十分普遍，所以建造出不少不守规范而富有个性特色的大宅院来。

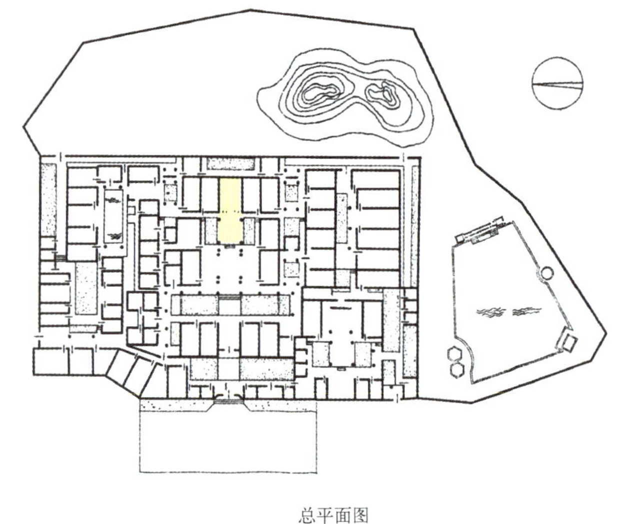

总平面图

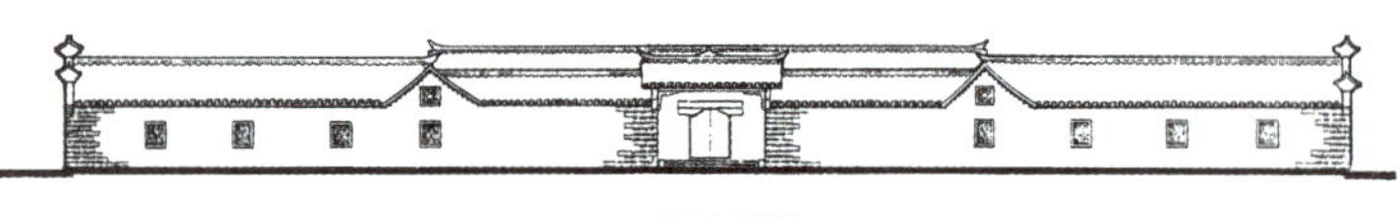

西立面图

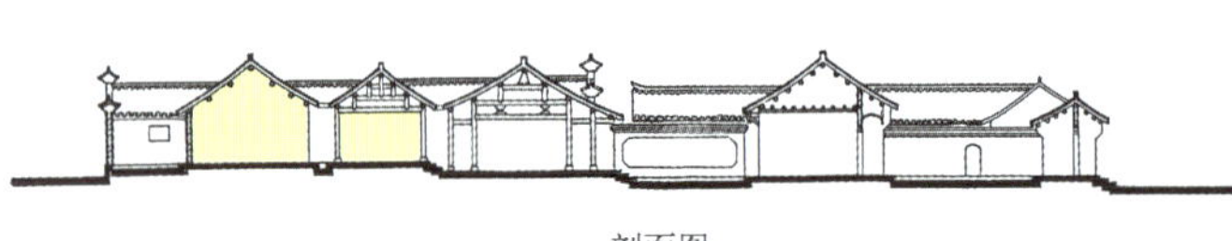

剖面图

图 6–8a 自贡富顺陈宏泽宅

三、自贡大夫第宅园

自贡富顺县陈宏泽宅大概是川内保存下来天井最多规模最大的私家宅园，占地约 17 亩，其中房屋占地 8 亩多，园林占地 7 亩多。该宅横向 95 米，纵向 59 米，共有房屋百余间，建筑面积 3600 平方米。川内形容超大型宅院为“四十八天井”，该宅就是这样一个罕见的有 48 个天井的大夫第巨宅（图 6–8）。

该宅原主人陈宏泽为清代奉政大夫，其宅建于清嘉庆年间，堂号称“福源灏”。宅建于沱江东岸，坐东向西，外有河流环绕，内有茂密林木掩映，房舍与园林完全融入周围自然环境之中。

全宅布局中轴对称三路纵深扩展，平面组合与其他类似大院相比主要不同在于，大中小院落天井层层相套，环环相扣，分合交织错落随宜，左中右三路三组院落，每组自成不同系统，相互又以不同方式组接，左路以一列条形天井与中路相连接，右路以二至三重交错的条形天井及甬道天井以拼贴方式与中路相连接，形成房屋四行九列，以前、正、左、右四个大院为主，众多天井簇拥，院中套院，大院套小院，小院套天井，天井套天井的错综复杂的空间组合形态。

图 6–8b 陈宏泽宅大门

图 6–8c 陈宏泽宅屋面

图 6–8d 陈宏泽宅内院

中路纵深五进四院，布局是前厅后室，中为三重厅制度的院落形制。自宅门屋敞厅进入，前院呈横向展开，中铺设甬道。二进正院中厅为全宅核心空间，四面开敞，面阔 4 米，进深 12 米，四柱七架抬梁结构，前为七间檐廊，高大敞亮，中立双柱四组，显示气派，为全宅最华丽的建筑。中厅左以过厅连天井，右接游廊至旁院，后紧连上厅。而上厅也为敞厅，宽 6 米，长 8 米。因两边为天井，故此种做法当地称之为“亭子天井”。此厅实为中厅与堂屋即后室的过渡空间。上厅与中厅的这种组合形成纵深序列空间直达正堂。正堂阔 5.7 米，深 9 米，坐于高台雄踞其上，视野开阔，气度不凡，使视线从最后高处俯视直贯头道朝门，这种布局处理方式实为少见的大手笔。

正院为全宅中心部分，周围有房屋 59 间，23 个天井，房屋均高大精丽，布置有男女花厅、书房、账房、餐厅、厨间及下厅等众多房间。从大门至后堂，深达 60 余米，前后明暗空间变化层次营造出深宅大院的森严气象。其正院面积占全部面积的 60%，纯粹用于居住功能的比例很小，用于礼仪、公用的厅堂及廊道等占了大部分面积。这些都是为了达到壮气派、显地位的目的。

左右路侧院是有序中的自由布局。左路各房主要供男宾使用，有“大花厅”、男戏楼、男客厅等，多为开敞的处理。右路庭院为女眷居住，有“新花厅”、女客厅、女戏楼等，并多设小家庭的独立小院，房屋较别处小巧雅致，装修精细，并另辟轿厅从侧门出入。

所有各大院有巷道天井联系，独立小院也有小院门互通，私密性强而交通联系均很畅达。各大小院既相对独立，又密不可分。宅周及各大院均用空斗砖墙包围分隔，房屋建筑多为砖木混合结构，主要厅堂为抬梁式结构悬山顶。全宅屋面约 6000 平方米全连成一片，露出大小 48 个天井，蔚为壮观，不但通风采光良好，而且走遍全宅雨天可不湿鞋，生活起居十分方便。

该宅除了用庭院绿化、水池等改善环境外，宅后及左侧有大片园林，花草树木、荷花池塘，堆山叠石，亭台阁榭，一任随意布置，有如自然山林一般闲情怡趣。

由上可以看出，遵循中轴对称基本布局，体现宗法家族礼制的尊卑秩序，同时又力争突破这种局限，而寻求具有新意的主院空间形式，以显现威势气派和门庭地位，与此同时采用多天井大小庭院相结合的灵活自由布局，组织各类不同的居住生活空间，并配置亭台楼阁、水池假山花园等游乐绿化园林环境以休生养性，这些就是府第宅园巨宅院落建筑组群的共同特征。

四、乐山名人旧居

四川历史文化名人自古延绵不断，而至清末近现代以来，更是人才辈出，国共两党及各民主党派代表人物以及各界人士因其社会影响而使旧居尚存者不在少数，从普通农宅到庄园府第庭院类型多样，在四川民居中颇有各自的特色，它们对于这些名人青少年时期的成长，想必会产生重要的影响，如仪陇李家湾朱德老屋、广安协兴牌坊村邓小平故居、开县华山乡周都村沈家湾刘伯承农宅旧居、达县罗江乡张爱萍牌楼门三合院、南充张澜寓所及罗瑞卿老宅、乐至薛苞镇陈毅院子、西阳龙潭赵世炎四合院、合江尧坝王朝闻天井院、大邑安仁镇刘文辉府第等等。类似的这些名人旧居都有着各不相同的类型，所处环境也大不一样、其中乐山沙湾镇郭沫若旧居是场镇前店后宅的民居类型，在川西民居中有一定的代表性（图 6–9）。

郭沫若旧居为清嘉庆年间三次扩建而成，背负绥山，周临沫水若水，坐西向东，临街而建，占地约 2200 平方米，建筑面积 1108 平方米，大小房间 36 间。整个平面布局分三大部分，前部是三开间竹筒式平面的典型布局，中部是横向三合院，后部是花园。该宅功能安排有序，店宅结合，敞厅天井结合，庭院花园结合，布局严谨与自由结合，小中见大，窄中有宽，空间张弛相宜。

前部竹筒式布局以当心间正门为中轴对称，从入口连续以敞厅、天井呈“四进三天井”纵深

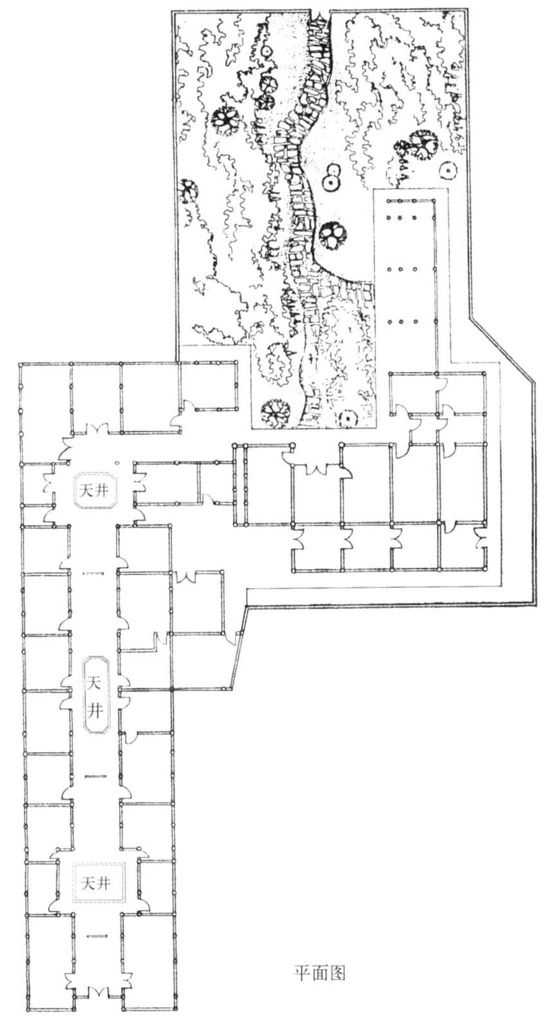

平面图

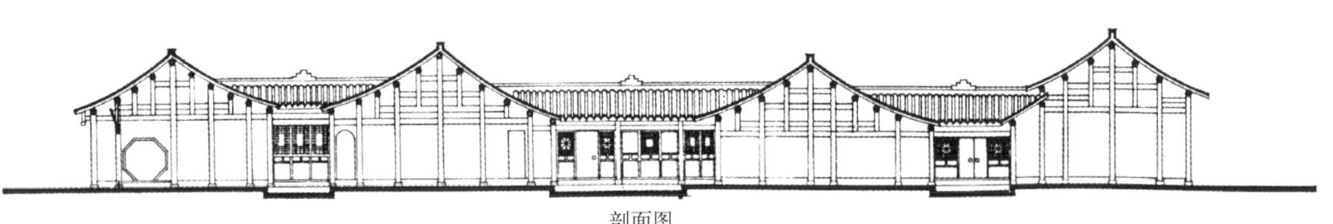
剖面图

图 6–9a 乐山沙湾镇郭沫若旧居

图 6–9b 沙湾镇郭沫若旧居大门

图 6–9f 沙湾镇郭沫若旧居后院天井

图 6–9c 沙湾镇郭沫若旧居舒朗通透的天井院

图 6–9d 沙湾镇郭沫若旧居后院花园

图 6–9e 沙湾镇郭沫若旧居后花园看绥山馆

序列空间延伸，前后长约 70 米。中间仅以木板壁做照壁式隔断，天井呈横向纵向交替变化，使如此窄而深长的条形空间隔而不断，逐次递进，层次对比丰富。临街三间作店铺，前天井横长方形，周围布置账房、客厅等房间，横梁上挂“汾阳世第”匾额。中天井长条状，两厢为下辈卧室。后天井又呈横长方形，布置祖堂、主人卧室、书斋等。既满足家居生活功能要求，又不单调杂乱。

中部左侧扩出一面向后花园的小三合院，设家塾绥山馆，以对面绥山风景佳美得名，为郭沫若幼年启蒙受教之处。花园面积很大，侧有敞厅三大间，周围有山有水，环境优美，十分幽静。厨厕杂屋靠侧布置另辟边门进出。整个平面空间前部虽较对称严谨，但中后部却自由灵活布局，前窄后宽，门面不大，但内中别有天地，宅园天井有开有合，居家安静闲适。所谓的“环境育人”，这样的清雅舒朗的生活空间环境确是对于人的身心成长有着潜移默化的影响和陶冶性情的作用。

第三节　川东及三峡民居

一、山地特征

川东及三峡地区主要包括重庆市和广安地区，及达州部分地区，其地形地貌比川北、川西等其他地区更为复杂多样，具有更加突出的山地特征，大江大河、高山深谷，陡坡峭壁，几乎布满整个地区，但是其中也夹杂不少大小不一的坝子和谷地。这与川西平原的地理环境全然不同，

图 6-10a 奉节中西合璧式民居

图 6-11b 协兴镇牌坊村邓小平故居全景

图 6-10b 云阳中西合璧式民居

图 6-11c 协兴镇牌坊村邓小平故居正房

图 6-10c 忠县带小青瓦顶的西洋楼

图 6-11d 协兴镇牌坊村邓小平故居地坝

图 6-10d 云阳云安镇洋门脸一条街

图 6-11e 广安协兴镇牌坊村邓小平故居北厢房

再加上巴蜀两地文化历史的差异性，使川东及三峡民居在四川民居中更具有强烈的山地民居特色，主要表现大概有以下几方面：

一是民居形态类型多样，变化更为不拘一格。可以说，前面概括的四川民居各种类型在本区无所不包，而且为适应多变的地形，在平面组合上更不拘泥于一定的模式，空间形态上竖向高低变化更为自由，尤其很多陡坡地段上的民居突出地反映了这一点。

二是重台重院的台院式山地四合院特别发达。川东也有一些在平坝上建造的四合院，同川西四合院一样，较为方正，对称布局，但规模上有所不及，而更多的是布置自由、形状多不规则的山地四合院，只求主体基本对称，甚至轴线也可错位。如前述的渠县流溪乡大石湾杨家院、重庆沙坪坝秦家岗周家院就是这样的实例。

三是民居多有楼房，尤其场镇民居常为二至三层，而且建筑密度较大。这是因为坡地基地面积窄小，为争取空间必须多建楼层。

四是吊脚楼普遍，形态十分丰富。特别是沿江沿溪临水的民居几乎无不筑台吊脚。乡间农宅利用坡地吊脚，上做挑楼，下为畜栏杂用，形态也很多样，创造出一种特有的川东吊脚楼风格，其高筑台、长吊脚、深出檐造型特征为他处少有。

五是一般民居具有较强的防卫性，碉楼式民居分布较多。尤其是乡间宅院多围以土墙，并在周围建造碉楼，渝东南如涪陵和酉、秀、黔、彭一带偏远山区多建有碉楼民居。

六是受“洋风”影响，不同程度的“中西合璧”式民居及其装饰手法较为流行。特别是沿江码头文化较早受到西方文化的浸染，一些民居在柱头、屋檐、栏杆、门楼等处模仿西方古典柱式和巴洛克等西洋式样并结合乡土变体做法，以为时尚。在一些三峡场镇或乡间庄园都有不少所谓“洋式”门脸，或“洋房子”，其中装饰花样色彩丰富的,有的乡间把这部分所谓的新式样叫做“花房子”，成为传统乡土民居的“喜剧性插曲”（图6–10）。 上述川东及三峡民居的这些典型的地域特征在山地民居中具有独特的代表性。

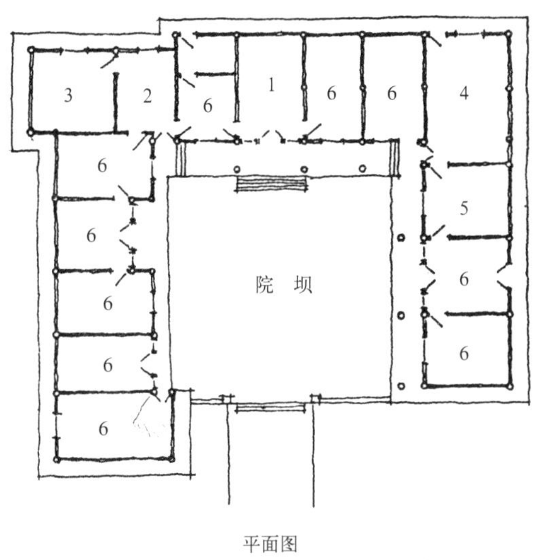

1. 堂屋　2. 饭厅　3. 厨房　4. 粉房　5. 农具　6. 居室

图 6–11a　广安协兴镇牌坊村邓小平故居

二、广安三合院农宅

位于广安县协兴镇牌坊村的邓小平故居是普通三合院农宅的典型实例。该宅建于清末，坐东朝西，建筑面积700余平方米，周围有竹林树木环绕，宅前有一大水塘，其宅旁原还有另外二个农家小院，构成一个几户聚居的小组团。这种小聚落形式在盆地内一些缓丘地段较为常见（图6–11）。

该宅中轴对称，一正两厢为其基本的布局。正房三间左右带长短不等的偏房，左为粉房，右为饭堂、厨房。前出檐廊宽约2.5米。正中为堂屋，

图 6-11f 协兴镇牌坊村邓小平故居前水塘及远山

图 6-11g 协兴镇牌坊村邓小平故居卧室

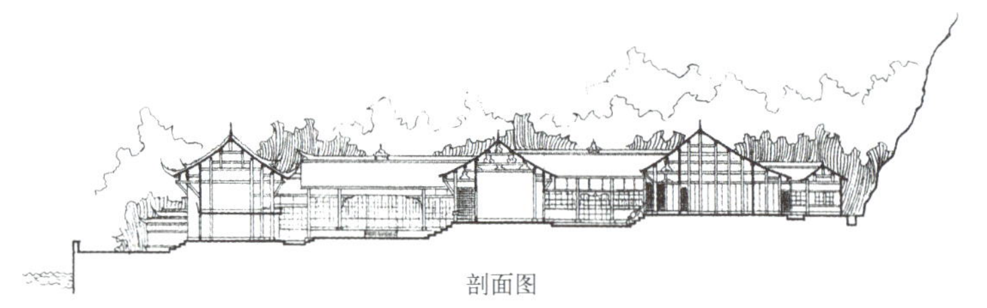

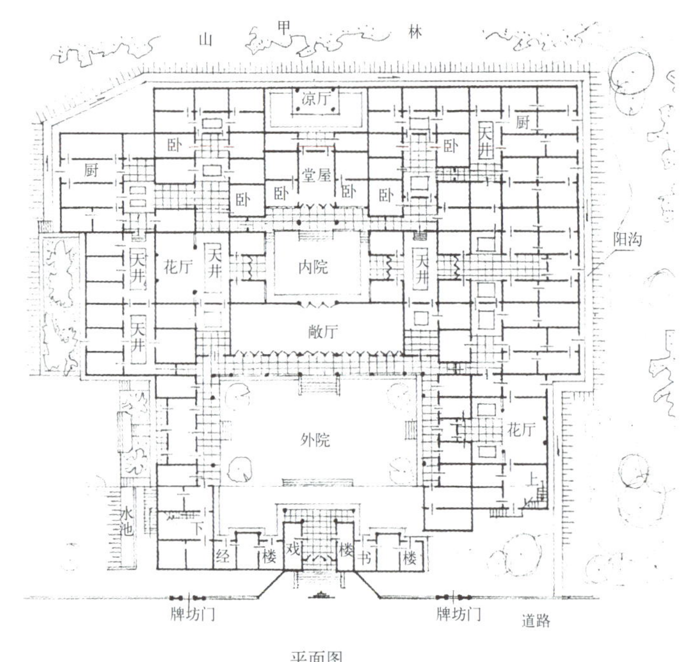

图 6-12a 合川狮滩镇凉水井李家大院平面、剖面图

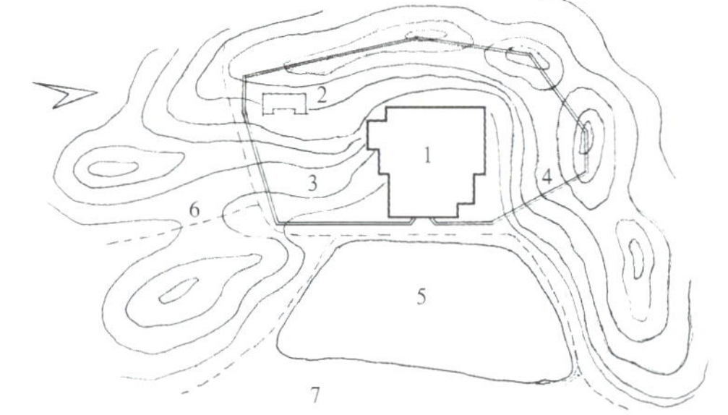

图 6-12b 合川狮滩镇凉水井李家大院总平面图

两侧为居室。在大体对称格局下，两厢做法略有不同。左厢房三间出檐廊，同正房檐廊相连。右厢房五间，其中一间退出燕窝空间，以与其他檐廊空间相呼应，也显示此间作为客堂的地位，同时体现出一正两厢空间在对称中有变化对比的某种均衡性。正房坐于较高台基上，五柱七架穿斗木结构，檐高约 4 米，在宽阔方正的院坝中显得庄重高敞。

整个建筑朴素无华，以木板壁做墙裙，部分为石板墙裙，上部为竹编夹泥墙粉白。屋面小青瓦悬山顶，屋脊中花叠瓦，两端出鳌尖，简洁大方，造型及装饰都是川内乡间农舍最通常的做法。

从开口三合院中轴线向外望，越过水塘外大片农田，视线开阔，正对远处一脉山丘中间一高起冈峦，整个院落空间同周围环境竹林树丛绿化及农田融成一片，清新舒朗，体现了开口三合院更具有环境亲和力的空间特质。这种三合院是川东乡村最为乐见的民居形式。

三、合川大型台院

目前已知的川东大型重台重院组群规模最大的是合川狮滩镇凉水井李家大院。该宅建于清代，选址在一周围有 8 个冈峦围合的缓坡上，背负冈丘，坐西朝东，前有一长方状大水塘，东向开阔，远处片片稻田，一派田园风光，被当地乡民认为是一块风水宝地（图 6-12）。

该宅布局宏大，较为规整，前窄后宽，从纵深方向层层拓展。在轴线配置及房间安排上，尽

图 6-12c 狮滩镇凉水井李家大院东侧三滴水牌楼门

图 6-12e 狮滩镇凉水井李家大院俯视后院与天井

管大的格局仍然是中轴对称手法，但该宅自有特色，与上述各例四合院都有不同。整个大院东西纵深 70 余米，南北横宽前约 40 米，后约 80 米，占地面积 6000 平方米，建筑面积 3500 平方米，有房屋 130 余间，3 个大院 17 个天井，宅院后部与两侧为花园，建有花阁、碉楼、水池等，四周山坡及园林均围以土墙，占地近 30 余亩。

该宅大门处理别致，为壮声势，一排 9 间三楼连建。中轴线上为高大的三间戏楼，围墙上八字照壁形成入口。左右分别为书楼和经楼各三间。从架空戏楼下部进入前院。平时大门关闭，重要活动方打开，两侧另设有牌坊式门以供日常出入。

图 6-12d 狮滩镇凉水井李家大院前院俯视

中路布局为四进三台三院，随纵深渐次升高，庭院空间渐次收小。外院特别宽大，犹如北方大四合院院落，三面设宽大檐廊又显出南方风格。二进大格扇敞厅五间全部拉通，空间宏敞，形象华贵气派。以此中路内又分出左右两支路轴线，形成中为内庭院，两侧为串联式天井的中路第二层次的对称格局。内院是主院，呈“明三暗四厢六间”的变体布置。庭院方正宽敞，堂屋前设檐廊，有“四厅相向”的空间旨意。后院实为一天井庭院，设一开敞凉厅，作为主人的一个精巧的后花园，打破最后为祖堂的家祠制度做法。整个中路布局严谨而大气。

左路为一连串六个天井及大进深横屋十八间的布局。前部有厢楼、男花厅，后部为卧室、厨灶及各类杂务、仓贮、佣人房屋，设侧门出入。天井构成方式多与敞厅结合，形成四周通透的“亭子天井”空间。右路前部为花园水池，后部为串联式天井加横屋十间布局，设女花厅等，为女眷住地。

整个建筑组群组合严谨有序，交通组织四通八达，联系方便，作为中介过渡的廊檐空间发达，不出户外可走遍全宅。但又层层相套，有隔有连，保证相对的家庭私密性。建筑两侧及后部全为山林式园林绿化，环境十分宁静优美。宅周沿边设置大阳沟排水，以条石精心砌筑，宽半米深1米左右，从右侧起坡绕房屋外围一圈出至前面大水塘。该宅的结构及门窗等装饰做法和建筑质量都堪称精工优良，尤其是前院大厅五间连通的大格扇做法，在川东民居中实不多见。

四、巫山大昌古城宅院

大昌古城距巫山县水路120里，位于大宁河北岸冲积扇小平原上，其下游即为著名的大宁河小三峡（图6–13）。古城四周群山环绕，在大宁河河谷之中，田畴片片，绿丛点点，阡陌纵横，屋舍俨然，被人喻为“世外桃源”。其选址北依白云头，南对军架山，西门过西坝对岗家岭，东门过东坝对核桃山，地势北高南低，东、西、南三面环水，实为典型精致的山间风水宝地。古城已有1700多年历史，曾长期为县治所在，向为兵家必争之战略要地。古城原占地约4.3万多平方米，平面近似圆形，弯曲的十字街布局，现存东西街218米，西北街152米。设东、西、南城门三座，而无北门。街道走向与城门偏转一定角度，曲折蜿蜒。古城北部多为会馆寺庙衙署，南部为居民里坊，有220多户人家。民居多为四合院，为清代所建。因古城在三峡库区水位淹没线以下，现已整体搬迁另址保护。其中解放街90号温家大院是大昌古城具有代表性的民居建筑（图6–14）。

温家大院建于清代早期，坐西向东，二重四合院落，前店后宅式。温家大院主要特点是平面布局二进院落中轴明显转折错位。入口门屋面阔三间，一楼一底。明间为大门通道，两次间为铺面。该宅前半部分及前院天井呈梯形状，正厅中轴向

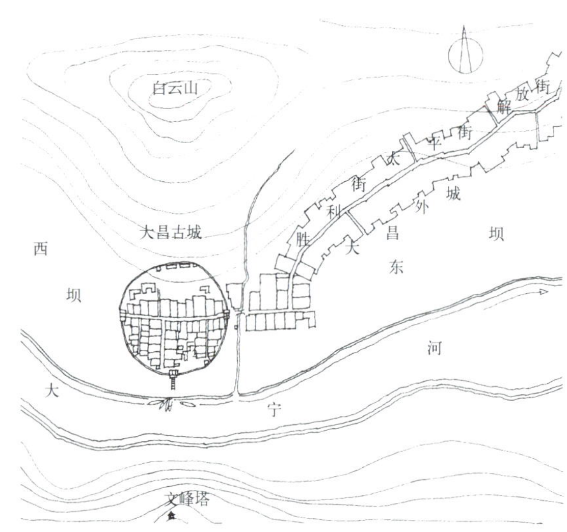

图6–13a 巫山县大昌镇古城总平面图

图6–13b 巫山大昌镇古城南城门

图6–14a 大昌镇解放街90号温家大院临街立面

图6–14b 大昌镇解放街90号温家大院封火墙

北偏折 5° 左右，并将正厅与右次间皆辟为大进深敞厅，以同天井空间相融，缓冲了空间转折的突兀。后半部分及后院天井均较方正。正厅后设三关六扇屏门，平时关闭，由两旁侧门出入。屏门后二进庭院天井,即为内宅。正如古籍所云 :“户牖之间谓扆,其内谓之家。”后堂三间,中为祖堂,亦为敞厅式，左右次间及两厢均为住房。

温家大院这种曲折变化灵活布局的不规则平面组合形式，并不是因地形条件限制而引起，而是与大昌古城的布局有密切的关系。因古城在山间所占平地面积较小，为避免因城小易被洞穿，同时也利于防守，古城道路作弯弧形布局。三座城门正东、正西、正南设置，街道走向并不正对城门，而是偏离 5° ~ 10° 。于是临街的宅院前面建筑顺街道走向，后面院落天井则依城门走向或垂直或平行进行相应的灵活变化布局，以使宅院与古城在风格上协调一致。这样的规划构思特色是很少见的。

在艺术手法上温家大院临街立面为重檐，出檐较深。硬山屋面，出五花封火墙，造型优美，前后院亦用空斗砖墙相隔，具有很强的防火意识。木构以穿斗与抬梁相结合，明间为抬梁式，次间为穿斗式。门屋为九架梁，正门和后堂为十一架梁，均为“彻上露明造”，各梁架节点均施简洁雕饰。二重院内梁枋及门窗撑弓木雕精美。

温家大院及整个大昌古城的地域建筑风格特点，于常规中有破格，于自然中有巧思，其独特的风水环境和民居与古城的谐和，反映了川人机敏灵巧的匠意秉性。

五、川江吊脚楼

川东的吊脚楼以重庆和川江沿线的场镇分布最为广泛，最富特色。在重庆沿长江、嘉陵江二江四岸，几乎临江边都有各种不同形态的吊脚楼。在渝中半岛市区内望龙门、千厮门、临江门一带，从江边到山顶吊脚楼层层叠叠成片布满山坡。有的沿山崖成排立于峭壁之上，有的附壁耸立与悬崖比高。如重庆望龙门外的吊脚楼，多为二至三

图 6-14c 大昌镇解放街 90 号温家大院天井

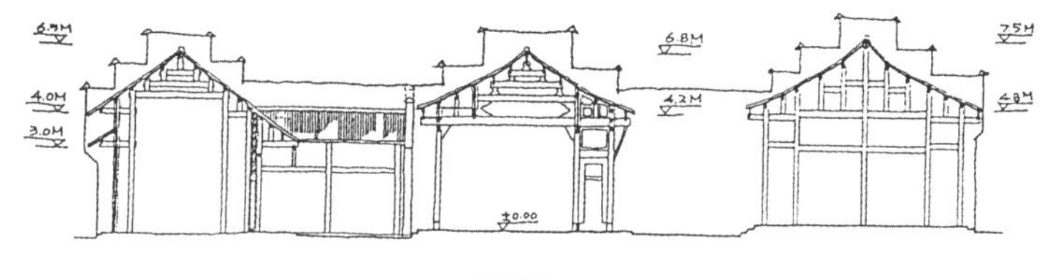

剖面图

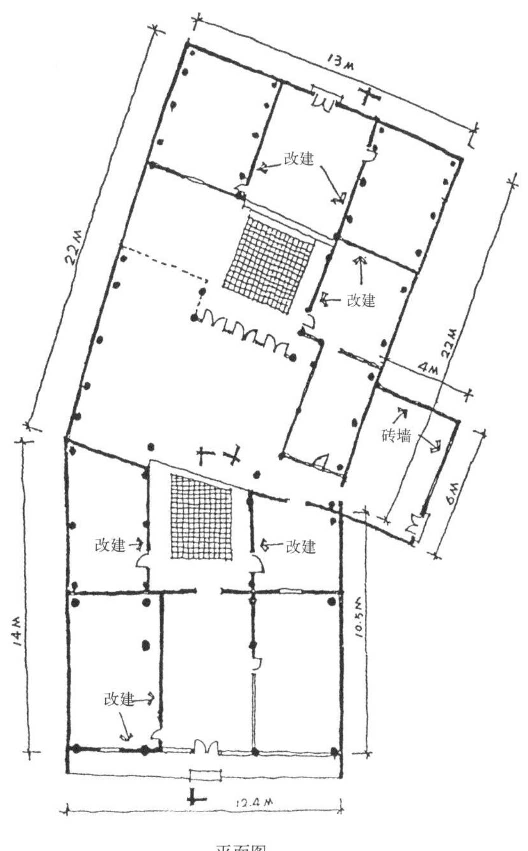

平面图

图 6-14d 巫山大昌镇古城解放街 90 号温家大院平面图

层竹木捆绑结构的联排式，楼层或挑廊层层出挑，木板壁或竹编芦席墙围护，小青瓦或油毡屋面，吊脚纤细，立柱与斜撑相互连接，轻盈而又惊险。有的江边吊脚楼及挑楼依附崖壁，竹木捆绑连接作为承重柱，楼高可达四至五层，且逐层出挑，最高一层，可悬挑达 3 米以上，似乎头重脚轻，但仍十分牢固（图 6–15）。

后期为省木材，也有用砖柱代替木柱做吊脚的，如重庆若瑟堂巷某宅，高达五层，三层以下用砖柱吊脚，上两层为木柱承重，墙壁采用竹编夹泥抹灰墙。这些吊脚楼材料都十分简易轻便，平面功能也较单纯，但对于下层民众却能解决当时的居住问题，而建筑风格形象却表现出强烈的独有的地域特色。其中有不少建筑经验可供现代建筑创作借鉴（图 6–16）。

川江一带的吊脚楼在平面空间组合上又与重庆吊脚楼不同，有的有着更高的建筑质量和较完善的使用功能。如忠县㽏井场赵联云宅是一处较大型的四合院组合吊脚楼。该宅建于清末，位于长江支流沙溪河临河陡岩上。该宅最大特点是，将公共空间与私人宅院空间通过多体量巧妙组合，充分利用地形，争取空间，创造出独具个性

图 6–15a 重庆市区望龙门外五层吊脚楼

图 6–15b 重庆市区临江门附崖吊脚楼

图 6–15c 重庆市区望龙门外陡坎上多层挑楼

图 6–16a 重庆市区若瑟堂巷某宅

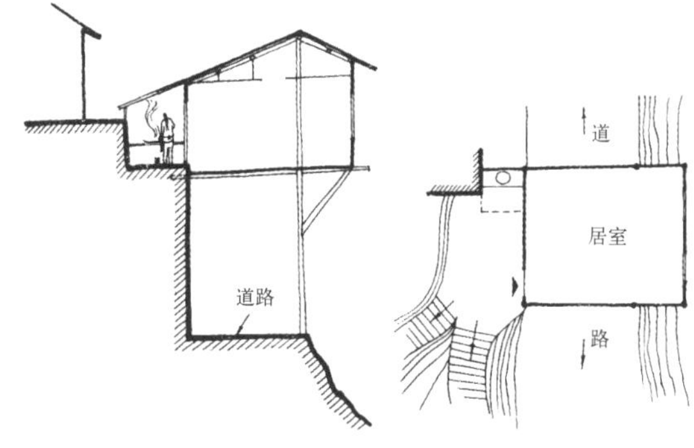

图 6–16c 重庆市区下飞仙宫某宅过街楼

图 6–16b 重庆市区望龙门外捆绑结构吊脚楼

图 6–16d 重庆市区临江门吊脚楼

特色的吊脚楼空间形态和山地建筑艺术形象（图6–17）。

赵宅分两大部分，前面临坎店铺和后面二进台院，一条石板街穿心而过将其一分为二，但又通过短街两端架起过街楼将其有机结合。为呼应这种结合，在宅院大门内又做一个双坡亭子天井，其大门牌坊面做成硬山山面状，使这公共的街道空间纳入到整个宅院中间，成为不可分割的有机组成，使两大部分连同过街楼共同构成一个完美的整体。这种构思和手法正如四川某些场镇将街道穿过会馆戏楼广场，使会馆与场镇合二为一，有异曲同工之妙。与此同时，这种处理手法也造就了店宅式民居一种独特的穿心店类型。

此外，店铺部分平面简单，为一长方形，内分隔三大间，但形象生动别致，有高吊脚与大筑台的对比，有墙面木构架板壁与石墙对比，有空间虚实明暗对比，有前后高差错落的对比，有过街楼与宅院墙形态的对比，如此等等。周围悬崖峭壁绿树翠竹，青石板路蜿蜒起伏，使这一组四合院吊脚楼空间形态和建筑造型既独特别致，又与环境十分谐和，实为一幅“峡江山庄”图景。

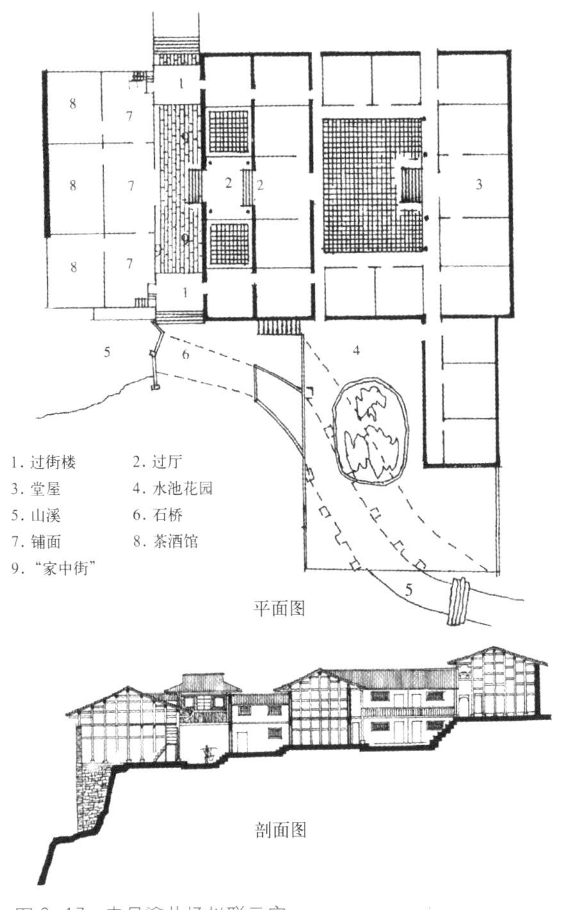

图 6–17a 忠县㽏井场赵联云宅

图 6–17b 㽏井场赵联云宅鸟瞰

民居作为土生土长的文化，其价值在于它是特定条件下的特定产物，典型环境中的典型作品，是从所在地形环境中自然生长出来，与周围环境紧密“嵌合”在一起，具有不可复制和无可替代的原创特征，是真正独一无二的作品。类似于赵宅的许多川江吊脚楼民居都证明了这一点。

第四节　川南民居

一、共性与差异

川南地区主要包括宜宾、泸州及安宁河谷凉山州西昌地区。此区与云南、贵州接壤，靠近云贵高原北麓，地形复杂多山。川南地区远离四川腹地，又有长江阻隔，以前交通多有不便，民居及场镇多集中在古商道沿线，与川内民居有许多共性，也有较大差异，而与云南贵州的民居有更多的互影响。此区民居主要特点：

一是因气候炎热多雨，有不少廊坊式场镇，如宜宾越波场、大渡河安顺场等，民居多注意采取通风除湿纳凉措施及相应的构造做法。

二是因山区较为贫困，普通乡间农宅更为分散，而较大型宅院多为大户人家的庄园聚居类型。

三是为求安全防卫，普遍采用土石墙或土坯墙围合封闭并建有各种碉楼。尤其安宁河谷一带，因地处民族混居地区，一般的汉族民居常多集中形成村落或寨堡式聚居，且不论贫富，几乎家家都有土碉之设。

四是民居的形制做法与贵州、云南的民居有较多类似之处，特别是西昌、会理一带的民居不

图 6–17c 㽏井场赵联云宅过街楼

少喜采用云南的三坊一照壁形式或一颗印形式。

五是由于地处几省交界的偏远之区，住宅制度更为松懈，会理有些民居甚至出现“僭越”使用斗栱的少见做法。

六是川南一些山区较为偏远闭塞，交通不便，比较贫困，尚有少数岩居形式存在，也体现了某种因地制宜的地方特色。

二、江安大型庄园

川南地区现存最大的地主庄园要数泸州江安县夕佳山黄氏庄园（图 6–18）。该宅初建于明，扩建于清，现建筑多为清代建筑。宅主黄氏家族由江夏世第黄应江自明末万历年间从湖北移民入川于此选建宅园。其先祖曾为宫廷御医高官，因世代书香门第至第九代孙黄中美为清光绪恩科举人。该宅历经十代人经营扩建，在规模质量、环境品质和文化精神的追求下日臻踵华完善。该庄园占地 15000 平方米，建筑面积 3300 多平方米，有客厅、居室、私塾、书院、佛堂、戏台、琴房、西洋房、绣楼、作坊、粮库、马房、碉楼及花园等各类房间 120 多间。其规模宏大，布局规整，环境优美，实为不可多得的民居典例。其建筑个性特色表现主要有以下诸方面。

第一，聚落选址“倒风水”环境的经营。该宅选址在长江南岸夕佳山台地上，一反常规取坐南朝北，面对大江前方开阔，众多小冈峦奔腾起伏成为对景，其余三面群山拱卫，取“千人拱手，万宝来朝”寓意。夕佳山原名锡嘉山，为该宅靠山，其山形状似螃蟹，周围小山犹如幼蟹，有“群蟹寻母，吉祥归潮”的诗境。宅之前地势低平，辟椭圆形大堰塘，集纳自然排水，喻为“聚宝盆”财源不断。特别是龙脉背山大量人工培植风水林，种植桢楠达 800 余亩，参天古木郁郁葱葱，芳香远播，生机盎然，吸引万千只鹭鸟（属国家珍稀鸟类）来此栖居。每年“三八”节来，中秋节后去，渐渐成为名胜。现已辟为国家级的鹭鸟保护公园。

这种环境格局为典型的风水模式，但其风水轴朝向却非传统的南向，而是反其道而行之，呈

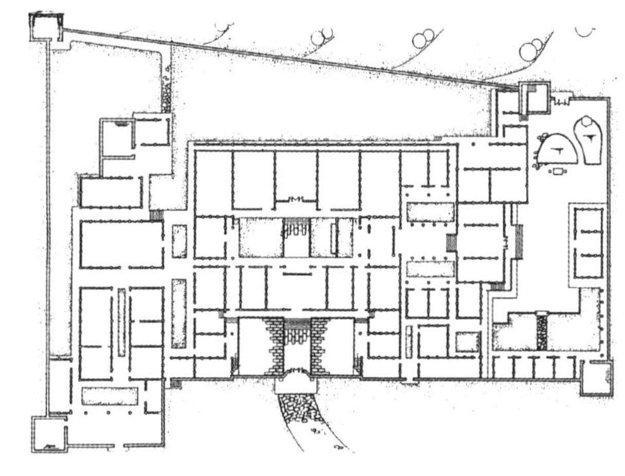

平面图

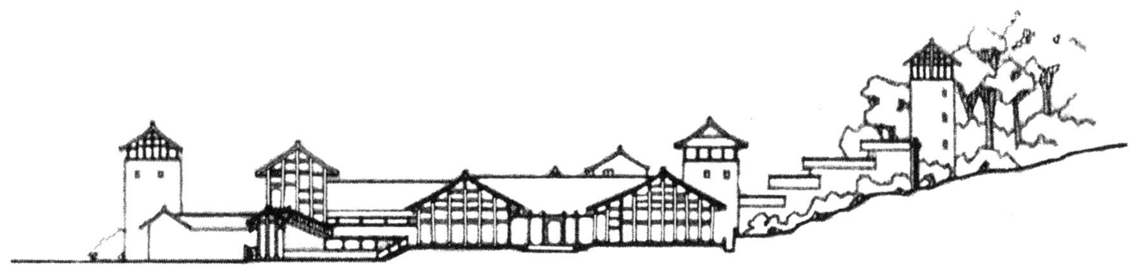

剖面图

图 6–18a 江安夕佳山黄氏庄园

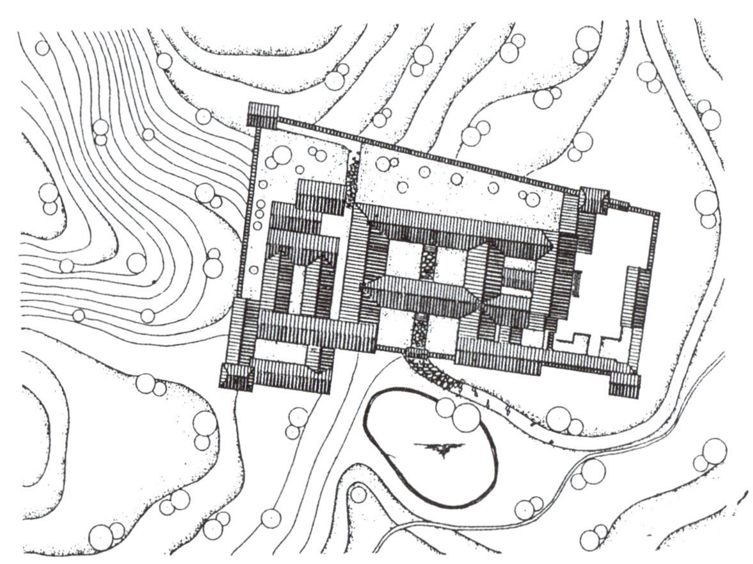

图 6-18b 夕佳山黄氏庄园总平面图

图 6-18c 夕佳山黄氏庄园庭院内景

图 6-18d 夕佳山黄氏庄园前面水塘

北向的“倒风水”，似有追先祖孝忠京师之意，可见其选址初衷的苦心。但在客观上房屋北向夏季尤显阴凉，此地主导风向为偏北风，更利于通风去湿，加上宅园周围良好的生态环境，的确是绝佳的宜居之地。

第二，住宅形制打破常规横向展开，布局因山就势，功能分区明确。一般的大型宅院多为重台重院纵深式布局。但黄宅恰恰相反，以横向轴线往两翼伸展布局为主，对大型院落组群来说这也是十分少见的。

整个地势南高北低，东高西低，条形台地在平面空间组合上因山就势。该宅分为三大部分，中段为全宅主体部分，以纵向主轴线分二台布置二进院落。前为三合院，后为四合院，分列过厅、堂屋主体建筑，主院为主人所居。左段沿横轴线向西延伸，并以天井展开布置花厅、工字厅、戏台、琴房、佛堂、书院、私塾等用房，为日常生活娱乐、读书及接待贵客之处。右段沿横轴向东延伸同样以天井展开布置下客厅、绣楼、仓贮、作坊、车马房及厨杂等用房，为晚辈和佣人居住及生产性活动区。五个不同的客厅分置，各有所用。左右两段各另设侧门，既出入便利，又显尊卑秩序。宅门前有宽大场坝，其余三面依山辟有东园、西园及后园，四角高低错落筑有碉楼。全宅各部分功能清晰，井然有序，使用方便，安全舒适。

第三，庭院空间组合丰富，自由灵活，情趣怡然。该宅规模虽大，但近十个大小形状各异的庭院天井加以分化组合，既不失礼教宗法秩序和伦理观念，又有园林式的空间意趣，不同功能性质的内外空间变化生动。如中段主体部分是作为全宅核心的礼教空间，较为严谨。前院为闭口三合院，特别宽阔，木构悬山式门楼居中设置。后院略小，呈扁方形，为横轴所在。堂屋出燕窝，厢房出檐廊，阶沿出挑檐加撑弓，尤显宽敞。庭院空间尺度亲切而又宁静庄重。与之形成对比的西段庭园空间最富家居生活情趣，也是全宅最精彩最活泼生动的地方。有漏花隔断的工字厅，带有挂落装修的“亭子天井”和戏台，还有名为“怡园”的西花园，设假山、水池、花厅、琴房等，植有各色花草，一株 200 多年的古黄角兰树尤负盛名。其余庭院均植花木，加上大面积的后花园，

图 6-18e 夕佳山黄氏庄园前院

图 6-18f 夕佳山黄氏庄园前院厢楼

图 6-18g 夕佳山黄氏庄园内院

图 6-18h 夕佳山黄氏庄园天井

整个宅院实为一处具川南特色的私家园林。

第四，建筑环境形象与装饰艺术富于人文精神。黄宅因世代书香门第，在这方面表现更为突出。建筑造型横向展开，围墙低平，依山势逐级

图 6-18i 夕佳山黄氏庄园连廊与小戏台

图 6-18j 夕佳山黄氏庄园碉楼

升高，全景一览无余，木构穿斗，青瓦白墙，屋顶错落，简洁明快。建筑装饰虽精雕细刻，但不求富丽堂皇，大多色彩素雅朴实。前厅挑檐的撑弓是重点装饰部位，采用镂空圆雕手法，刻有“蝙蝠含金箍”、“野鹿衔灵芝”、“松鹤益延年”、“狮子滚绣球”等图案，寓“福禄寿喜”之吉祥如意。堂屋门窗格扇木雕图案以“渔樵耕读”为主题，并以同宗民族英雄黄道世（南明兵部尚书）统军抗敌的大型木雕为供奉，以彰显民族英雄精神教化后人。尤其怡园假山上植有百年的参天古榕与高大棕树同生共长，喻“中庸”之道处世哲学，成为一大奇观。不少对联匾额内容也多是为人处世之类的家训人生格言，使整个宅园处处浸润着养心怡性的文化内涵。现在该宅已被列为四川民俗博物馆。

三、宜宾天井店宅

川内主要支干流向南汇于川江，川南沿川江一线，为盆地海拔最低，其夏季气候炎热程度尤

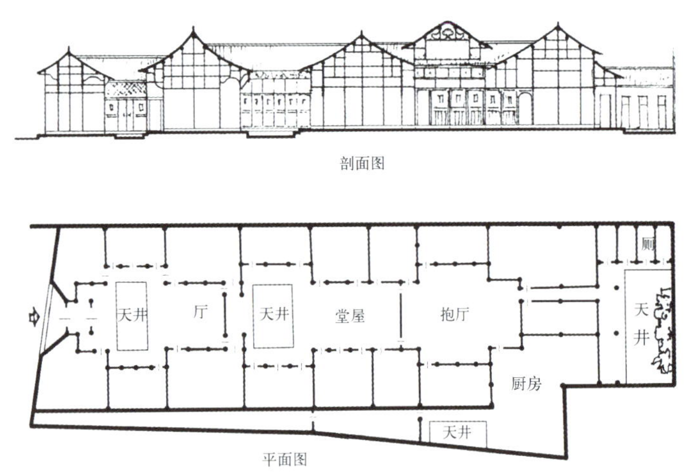

图 6-19　宜宾寇英街 18 号某宅抱厅

图 6-20a　西昌安宁河谷地区民居组团及风水树

图 6-20b　西昌安宁河谷地区碉楼民居

图 6-20c　西昌安宁河谷地区土墙民居

图 6-20d　西昌川兴乡三合院土墙民居

甚。因此川南民居在防晒躲荫通风方面采取了各种各样的做法，其中一个最为有效的解决办法是加建天井抱厅。宜宾寇英街 18 号宅就是一个这样的实例（图 6-19）。该宅为清代建筑，前部为店铺客栈，后部为居住。以大三开间中轴纵深四进多天井布局。从八字大门进入前厅，有一屏门如照壁分隔空间，平时从两侧门进出。其后串联天井四个，最后从敞院天井出厦廊，设假山花木成为后花园。最特别的是在第三个天井院位置作“抱厅”处理，即加盖一卷棚式屋顶，高出四周屋面，可通风采光，又有很强的抽气功能，当地称为“亭子”或“干天井”。此处四面围合的房间均后退一至二步架，形成一个大敞厅，空间显得特别宽大高敞，光线充足。同时这里也是全宅装饰最为考究的地方。因其前厅、过厅和堂屋均为敞厅，从大门到抱厅长长的空间形成一道风巷，气流齐聚抱厅上升排出。因此在夏季这里穿堂风一直不断，犹如天然空调，凉风悠悠，闷热全无。这里经常摆满了躺椅茶具，是全宅纳凉消暑的好地方。到冬天，抱厅上方的窗户适当关闭，又可保暖透气。现代建筑中的所谓的“四季厅”手法实际上就是这类民居中“抱厅”的理念。

四、西昌一颗印住宅

西昌近郊的川兴坝子的汉族多聚居的村落，民居多土房瓦顶，几乎每家都有土碉楼，整个村

图 6–20e 西昌安宁河谷地区碉楼民居组团

子土碉林立。其中高山铺是一个汉族聚居的寨堡式大村落，位于一山冈台地上，数十户人家，多条街巷，四周民居建在如城墙一般的高高陡坎上，并连接高大的土石寨墙，入口设石券拱寨门。民居形制采用类似云南一颗印形式，多是用块石、土坯或青砖砌筑的混合结构（图 6–20）。

如高山铺陈宅，其平面布局为两颗印组合，中轴对称纵深叠加。前天井院横向，为三间二耳十四间，楼层较高。后天井院纵向，为三间二耳十六间格局，楼层较低。过厅前后开敞，堂屋设三关六扇格门。六部木梯前、中、后各对称设置，楼下布置客厅、书房、账房、正房等，楼上多为居室。宅后置花园，宅右附小天井院，设厨杂及佣人居住。立面突出八字形悬山式门屋，全部木穿斗抬梁硬山顶，外墙均封以斗子墙，有很强的封闭性。但两院前后均出厦廊，并有大面积后花园，内部空间较开敞舒朗。因两院均为楼层，在强烈日照下天井院有较多的阴影，可减少夏季辐射热量，居住较为舒适（图 6–21）。

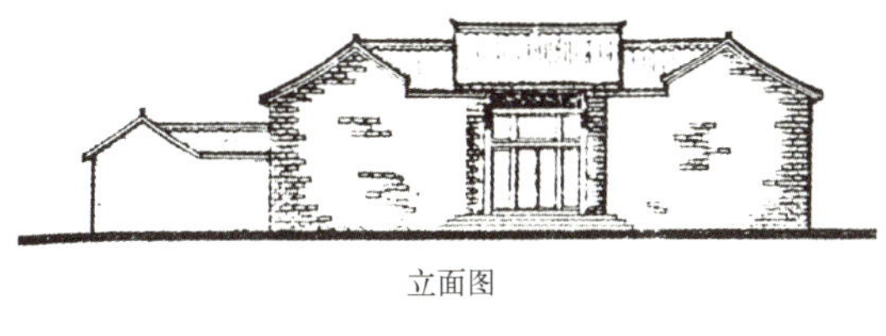

立面图

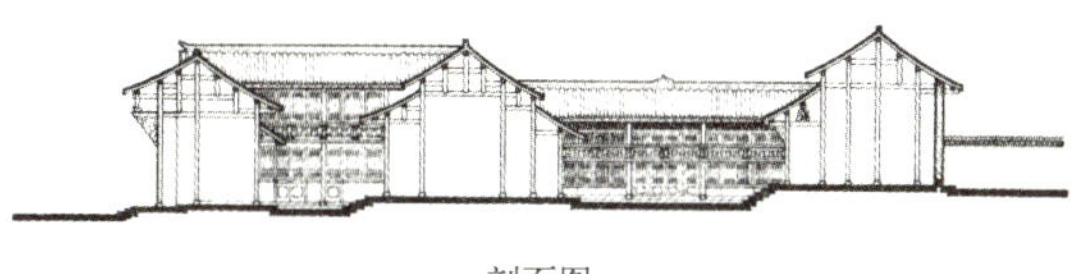

剖面图

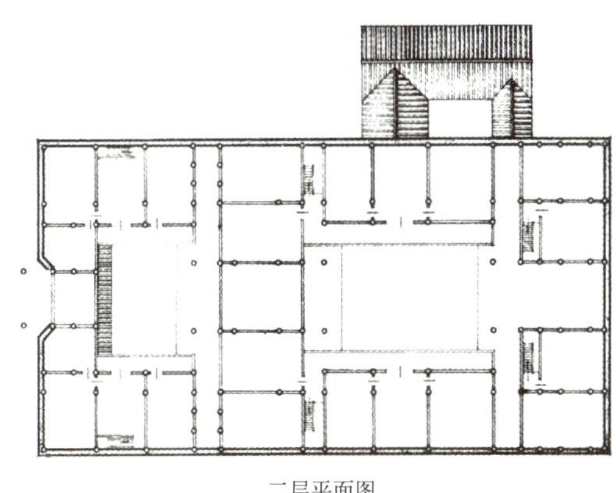

二层平面图

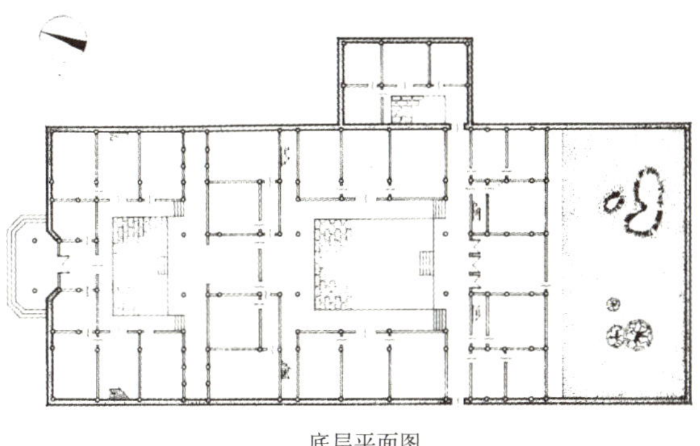

底层平面图

图 6–21a 西昌川兴区高山铺村陈宅

五、会理前店后宅

会理古城始建于西汉元鼎六年（前 111 年），已有 2000 多年历史，为“川滇门户”，隔江与云南楚雄州相望。现古城保留有不少明清古建筑民居，其风格形制与云南相互影响。尤为可贵的是尚存一些明代民居，这在四川地区是较难得

图 6–21b 西昌川兴区高山铺村寨门

图 6–21c 西昌川兴区高山铺村土墙民居

的。如会理城关科甲巷胡乾湘宅，建筑面积 900 平方米，大部为明代所建，至今保存完好，有的结构构造细部做法表现出明代建筑传统特征（图 6–22）。

该宅临街设有店铺，布局规整，三进四合院落由两部分组成。前部为三大间中轴对称，呈长方形纵向扩展，设方形天井，门厅及堂屋均为敞厅，面对天井，十分通透。后堂设楼梯并紧接后部横向天井庭院，另辟侧巷通往后花园。前后并不严格对称，轴线上主体建筑均有楼层。

该宅其明代民居特征主要表现在后院构造做法上。其天井前后房屋出厦廊，而非列柱檐廊，与左右厢房形成“四檐平”式天井。所谓“厦廊”，即是在主体建筑上做重檐，其下层檐又叫“披檐”，犹如偏厦，以此覆盖阶沿走道。这种做法在此区颇为流行，是一种较古老的构造做法，在盆地内已不多见。尤其令人注目的是该“四檐平”出檐悬挑采用了斗栱构造形制。作为一般民居是不允许使用斗拱的，这完全是一种“逾制”的做法，十分罕见。斗栱为出二跳插栱，第一跳下为雀替状雄大弧形三角撑栱，上托大斗一只，斗上横置大替木以支承檩枋。第二跳无斗，直接置小替木承照面枋，其上再出雄大三幅云耍头。这些做法较为古老，但又不拘法式，似有宋制之遗意。此组斗栱雄大，雕饰不多，简洁有力，尽管比例有欠协调，但在低矮的檐下格外华贵显要。

类似的插栱做法在其他明清会理民居中也有多种不同形式，其他一些构造做法如屋坡较为平缓，正脊两端有明显生起等也是明代以前建筑的特征。这些都反映出会理民居在四川民居中独自的地域特色。

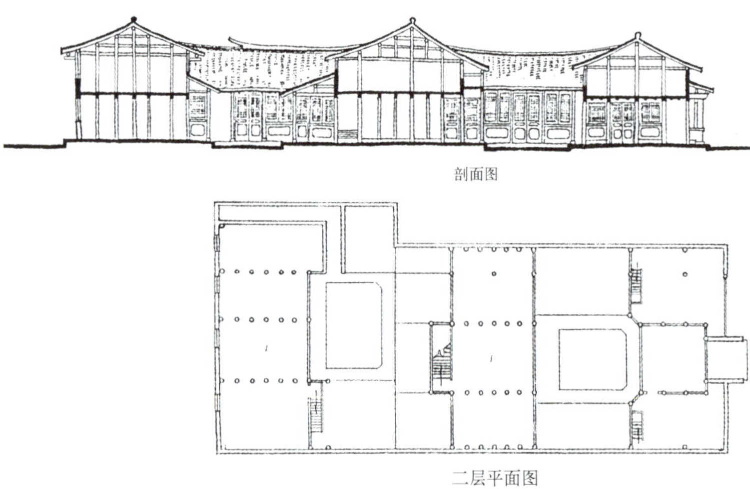

1. 大门 2. 过厅 3. 堂屋
4. 后堂 5. 横厅 6. 卧室
7. 店铺 8. 厨房 9. 厕所
10. 杂用间 11. 庭院
12. 后花园

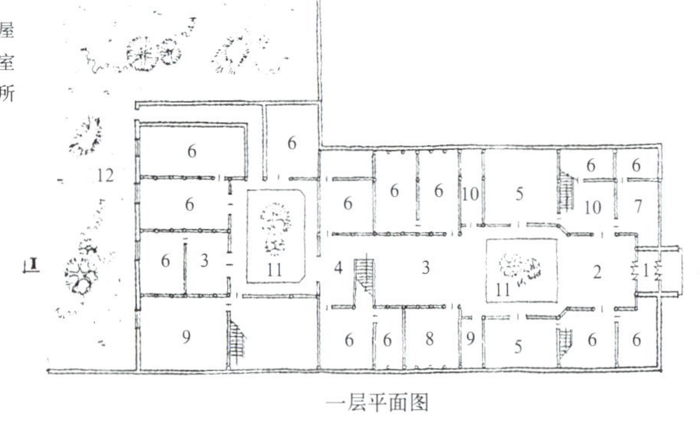

图 6–22a 会理城关镇科甲巷胡乾湘宅

第五节 四川客家民居

一、分布与特点

四川是我国七大客家人聚居省之一，据不完全统计，约有客家人 250 万，至今仍有 150 余万能操一定程度的客家话。他们绝大多数是清初以来广东、福建、江西一带“湖广填四川”入川的移民后裔。在这次移民大潮中，湖广人占第一位，客家人占第二位。

四川客家人在分布上形成大分散、小集中的特点。他们主要聚居在 30 多个县市的平坝、丘陵和山区，并形成客家方言岛 38 个，有所谓“土广东”之称。大致可分五个客家聚居片区：一是成都平原周边浅丘地带，特别是“东山区”最为集中，即成都附近的龙泉山、邛崃山交界一带，

图 6–22b 会理城关镇科甲巷胡乾湘宅大门

图 6–22c 会理城关镇科甲巷胡乾湘宅屋面

如金堂、新都、成都的龙泉驿区等；二是川中沱江流域丘陵地区如简阳、资阳、资中、内江、隆昌、荣县等；三是川北川东山区的仪陇、大竹、广安一带；四是川南及川东巴县、涪陵、綦江等地；五是川西南西昌、会理地区有少量分布[2]。

客家人聚族而居的习俗及原住民居形态在向外移民的传播中，既顽强地企图保留原有制度，但也不可避免要入乡随俗在新的移民地与其他人群的交往中有所演变。

由于社会历史关系和建筑现象的演变的复杂性，这些客家聚居区客家人居住情况也是错综复杂的，给客家民居的研究和确认带来相当的难度。一方面，因为客家人住的房屋并不都具有原乡客家民居的特征，而非客家人住的房屋也可能具有

图 6–22d 会理城关镇科甲巷胡乾湘宅斗栱挑檐

某种客家民居特征。另一方面，原乡客家民居随移民引入川内后发生的演变不追根溯源，也难以判定。大致可以确认的是，具有明显客家民居特征，且为客家人世代所居者，无论在聚居区或其他地方，均可认为是客家民居。在“客家文化”热兴盛之时，这是一个值得深入研究的课题。赣南、闽西、粤东粤北三个地区是客家民系的“大本营”。以广东客家民居为例，其主要特征：一是以堂屋为核心空间形成一堂屋、二堂屋、三堂屋以及加横屋的堂横屋，有双堂一横、双堂双横、双堂四横以及三堂二横、三堂四横等多种平面形制，还有一种是较简单的“杠屋”；二是具有集居性和防御功能的围垅屋、枕头屋和土围楼（图 6–23）。这些特征在四川客家民居中都有所表现，但均有所淡化，而聚族而居的现象基本消失，家族土围屋也大为简化变更。

但是，“二堂屋”形式并非客家民居所专有，云南一颗印也有这样的特点。四川民居核心院落明三方院，也有上下两个堂屋的布局，甚至同样可以发展到三堂屋，形成大门前厅后室再加上中下三厅的“多厅串”院落组合。这在广东客家民居及江西天井式民居中都有类似的情况。可见它们都是相互影响的，只不过四川民居的“主院范本”形制在空间形态上变得更加宽敞，组合变化上变得更加自由而独具一格。其实，“二堂屋”

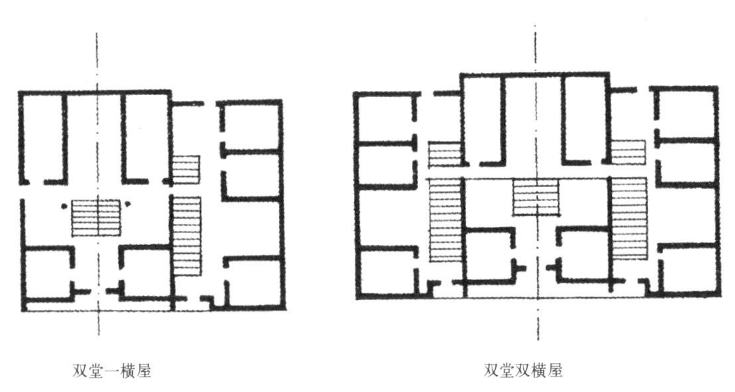

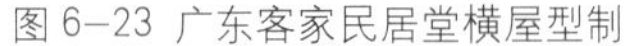

图 6-23 广东客家民居堂横屋型制

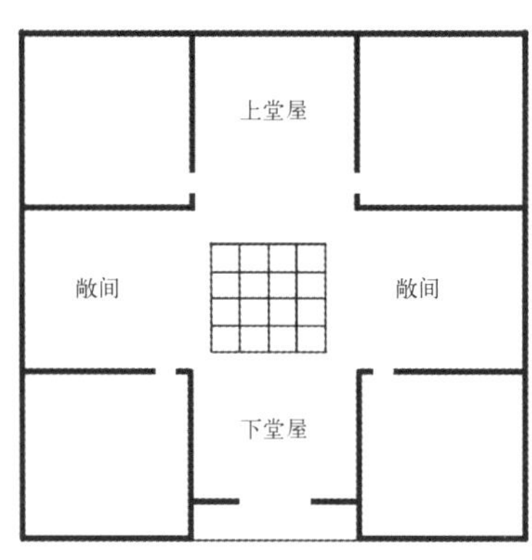

图 6-24 四川客家民居硬八间与二堂屋

图 6-25a 武隆刘汉农宅

图 6-25b 武隆刘汉农宅外观

这种院落，基本形制就是中原北方地区古代很早就有的“门堂制度”。随着移民活动等社会变迁将其衍播到各地。作为具有多种文化成分的四川民居，其主院形制“明三方院”很可能就是吸取各地民居特点以适应本地区环境条件而形成的。

在成都附近的“东山区”，如龙泉驿一带，向简阳、隆昌、荣县延伸的客家人居住较多的地方，多有“二堂屋”客家民居分布，俗称“硬八间”，即除了天井外有八个房间，其中包括作门厅的下堂屋和作祖堂的上堂屋。稍简单者为“一堂屋”，也称“假六间”，即无下堂屋，将天井充作一间屋（图 6-24）。这些形式在西昌、会理的客家人也多有使用。堂屋多少根据经济实力及家口人数而定。杠屋的形式在川北地区如仪陇、巴中、大竹、广安等地较多，如仪陇的丁维汉宅、大竹的周家院子等。土楼围屋碉楼式客家民居在川东、川南的山区则有广泛分布，如涪陵武隆、南川泸州一带。尤其涪陵客家土楼分布尤多，虽然在土楼体量、规模上大为减小，多为方形或不规则平面，并与院落结合，但客家土楼强烈的防御意识仍然保留得十分突出。如涪陵石龙井陈万宝宅和明家乡瞿久畴宅、宜宾李场乡“顽伯山居”、纳溪绍坝刘氏庄园及武隆刘汉农宅等都有这样的特征（图 6-25）。

二、成都客家洛带古镇

成都镇东郊龙泉驿区有号称客家“东山五场”之一的洛带古镇，又名“镇子场”，背靠龙泉山，黄家河绕镇而过，宛如玉带，亦有风水意象（图 6-26）。该镇历史悠久，宋代已有镇的建制。但在清代大移民中，为来自广东梅县、兴宁、五华等县的客家人所重建。现在居民 2.3 万人，近九成为粤籍客家，无论老少都可操流利客家话，是规模较大的客家聚居地，誉为“西部第一客家古镇”。

该镇一街七巷，主街长近千米，宽 8 米，呈

图 6–26a 成都龙泉驿客家古镇洛带镇

图 6–26b 成都龙泉驿洛带镇正街

图 6–26c 成都龙泉驿洛带镇梯廊

自由盘曲的“龙形街”，东西走向，由平坝渐至缓坡而上，临街一般为楼房，有的高达四层，街景变化丰富，尤其镇场口建高大城楼式大门。镇上建有广东会馆、江西会馆、湖广会馆、川北会馆等四大会馆。尤以广东会馆最为著名，总面积达 3310 平方米，殿宇高大，华丽堂皇，封火墙尤为壮观，为典型的广东风格。镇上巫氏大夫第为清早期所建，原集多进宅院、祠堂、园林于一体，现仅存主体院落，部分保存完好。其周边土筑墙体厚达约二尺，表现出客家民居浓厚的防卫意识。现该镇全面保护修复，已批准为第四批国家级历史文化名镇。

三、成都东山二堂屋农舍

具有类似广东客家民居“二堂屋”形制特点的“硬八间”客家屋在成都东郊乡间浅丘地区随处可见（图 6–27）。在龙泉驿区金龙乡类似的瓦顶客家民居至今还保存不少，如金龙乡陈宅（图 6–28），立面造型主要表现是将两厢房突出山花屋顶长短坡，高于下堂屋屋面，正中为院门，外观对称而活泼。这是这个地区客家二堂屋与周围其他农宅不同的典型形象特征。另如龙泉驿区西河乡钟宅老屋（图 6–29），其平面中轴对称，略呈长方形，围绕天井布置八间屋，呈四敞堂相向布局，即面向天井的四个房间均为敞口式，此式亦为广东客家民居特色之一，同时也相应扩大了天井与厢房的使用功能。正中设门，下堂屋即门厅较小，上堂屋为祖堂较大。对于大多数普通农宅来讲，这样的形式较为经济适用。另一特色是该宅采用瓦顶草顶相结合的方式，二堂屋显示正面形象用瓦顶，两厢房则用草顶，形成有趣的强烈对比，表现出突出的地方个性。一方面是因为成都坝子稻草麦草取之不尽，经济实惠，另一方面确也耐久实用，冬暖夏凉。同时，草顶制作十分讲究，要光洁平整厚实，檐边剪裁整齐，脊饰束扎有节，美观大方。故川西坝子的草房为人称道，并不逊于瓦房（图 6–30）。

图 6-26d 成都龙泉驿洛带镇字库塔

图 6-26e 成都龙泉驿洛带镇广东会馆

图 6–27a 成都龙泉驿浅丘地区客家村落环境

图 6–27b 成都龙泉驿金龙乡客家民居组团

图 6–28a 成都龙泉驿金龙乡客家陈宅

图 6–29b 成都龙泉驿西河乡钟宅

图 6–28b 客家陈宅上堂屋

图 6–30 成都坝子的茅草房

图 6–28c 客家陈宅天井及下堂屋

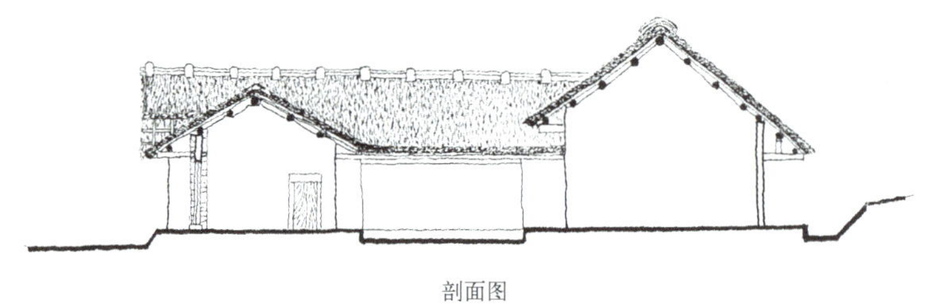

图 6–29a 成都龙泉驿西河乡钟宅

四、涪陵客家土楼

四川的碉楼式民居在川东川南相当普遍，非客家人也大量建造，但其围合程度和防御功能都不及客家土楼碉房。虽然四川的客家土楼没有广东客家围楼那么宏伟，但其封闭严密和高大厚实并不逊色，尤以涪陵地区的方形角楼为最。这种形式在粤北粤东为多，当地称为“四角楼”或“四点金”，江西则叫“土围子”。它们之间的承续关系至为明显。涪陵明家乡双石村的瞿久畴宅是一个典型实例（图 6–31）。

瞿氏土楼建于清末民初，坐东朝西，平面方形，边长 25m，土墙高 10 米，厚近 1 米，楼高三层，总面积 1400 平方米，小青瓦屋顶。平面布局四角建碉房，靠围墙为一圈宽约 3 米的外回廊，利于防守活动，内设天井水池，再环绕一圈内回廊。西面正中开设大门，东面附建通长偏厦。底层全

图 6-31a 涪陵明家乡瞿久畴宅外观

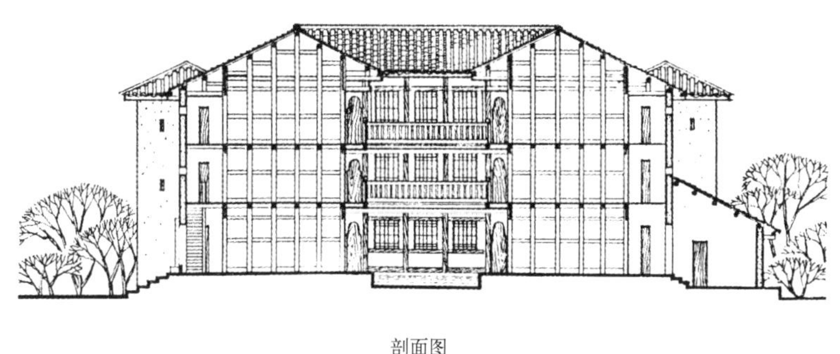

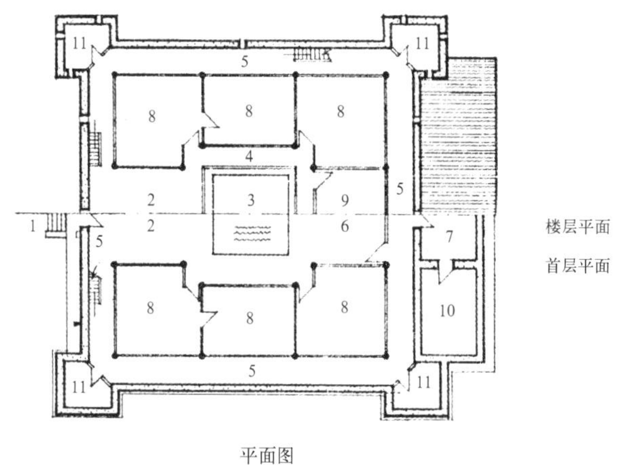

图 6-31b 涪陵明家乡瞿久畴宅

图 6-31c 涪陵明家乡瞿久畴宅碉楼

封闭，上两层仅开小窗采光。土楼各层设有枪眼，整个土楼各部分设计目的都是为构筑一个完美的防御体系。

土楼内部为粗壮的木穿斗构架，并与围护土墙紧密咬合形成整体。内中水池之设主要用于防火，也备不时饮用之需，平常用水另凿水井。该土楼高大稳固，布局平战结合，考虑周密。后在西侧又添建一四合院，使用更为完善。惜土楼内因改为粮仓有部分变动。这座客家土楼是目前现存的四川土楼中最大的一处。

注释：

[1] 孙晓芬编著．明清的江西湖广人与四川、成都：四川大学出版社，2005，403.

[2] 孙晓芬编著．四川的客家人与客家文化．成都：四川大学出版社，2000.21.

第七章　建筑空间环境景观

第一节　建筑空间组织

四川民居虽有各种不同的平面形制规式，但并不因此受到约束，而是根据环境条件随宜自由变化。为利于家居与公共活动的需要，尤以多天井重台重院山地四合院为典型，在适应气候和地形时以灵活多样的手法，营造出不同于南北四合院的别致的生活空间环境，在建筑空间组织的主从与序列，开敞与封闭，组合与划分，过渡与转折，连通与隔断等方面有着鲜明的空间特色。

一、主从与序列

民居三合头四合头院落无论简单的或是复杂的，也无论纵向延伸或是横向扩展，在空间组合上都表现出十分明确的主从关系和空间序列。主从关系集中体现在轴线、院落和内外空间的区别上。

在轴线确定上，不论纵深有几路，横向有几列，必以纵向正位中路为主轴线，其主要的厅堂房间一定安排在该轴线上，即或整体以横向展开的宅院也不例外。这是传统“择中”观念的反映。

在院落组织上，常是突出堂屋所在的院落为主体院落的地位。它不一定是全宅最大的院落，但以此为核心空间来统率或控制其他从属的院落空间。这是一个供房主人居住的主要生活起居院落，但更为重要的是，它是家族精神的礼制空间，其堂屋有神龛之设，供有“天地君亲师”的神圣牌位。这也是中国民居文化的共同特点。但四川民居在处理这一主体庭院空间时，对其庄重严肃的空间氛围抹上了更多的较为轻松活跃与舒朗的色彩，常在庭院的三面或四面出周围廊，或添建抱厅卷棚之类，使空间通透而舒适。

在多进大型四合院组群中，堂屋的功能有所分化，所以主体院落的确定也有变化。在二重厅制度和三重厅制度中，作为正房的堂屋将一些对外接待宾客、礼仪公共活动的功能赋予了正厅，使正厅采用抬梁式结构以扩大空间，装饰精丽宏敞，显示门庭气派，同时也增加了功能容量，表现出了正厅院落的重要性，所以显得比堂屋院落更为宽大。在大型宅院空间划分组合上，常以正厅区别内外，即对外的公共性和对内的私密性以此为分界。此时堂屋成为内宅后厅，主要用于房主起居，非尊贵客人不得入内。堂屋还可把祭祀功能分化出去，在其后另设祖堂。尽管堂屋作为全宅核心精神礼制空间的地位没有改变，但在作

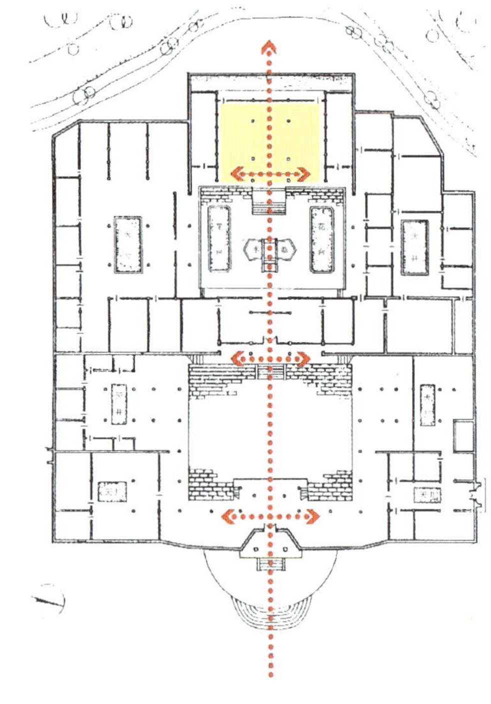

图 7–1a　蓬溪城关镇罗都复宅平面空间纵向序列平面示意

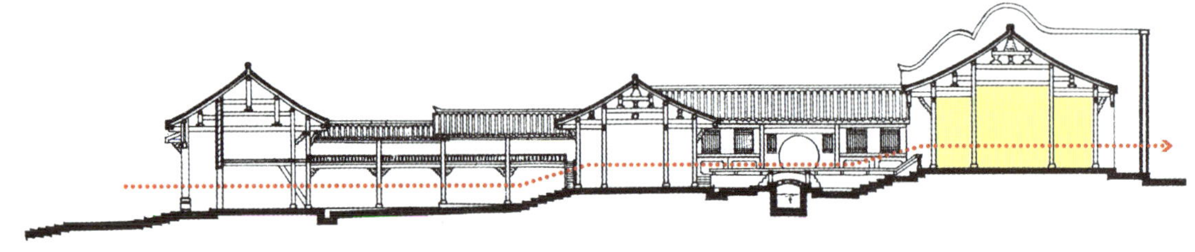

图 7–1b　蓬溪城关镇罗都复宅平面空间纵向序列剖面示意

为控制院落群体的主院空间在四合院组合关系上就呈现出多种布局的变化，主体建筑和主院空间可能仍在正房堂屋，也可能在强调对外作用的正厅，这些皆随房主的使用意图而有不同的定位，从而表现出四川大型四合院组群丰富多样的变化。

在内外空间的区别上，空间的主从还表现在以中厅或正厅的对外公共活动空间和内宅私密空间的划分上，即所谓“前堂后室”制度。以前面较大的院落空间为主，作为接待宾客、举行婚丧嫁娶和节庆礼仪活动的场所，显示一家的气派与地位。这些空间常占据颇大的面积，而真正用于家居的空间，常服从于它，占的面积反而较小。

空间序列关系反映了空间层次的变化，在大型宅院中表现明显，主从关系决定了序列走向，特别是多进重台重院，以头道朝门、门厅、二道朝门、轿厅（下厅、前厅）、正厅（中厅、中堂）、堂屋（正房、上厅、后厅）、祖堂（后堂、后室），直至后院后房、后花园，层层推进，递次变化，形态各异，并随地形逐步抬升，使台院空间在竖向上显得生动活泼。在空间层次上突出“纵深意识”是空间序列的一大特色，越往纵深，空间越收缩，私密性越强，所谓“庭院深深深几许”、“侯门深似海”为其真实写照。由此，可以明显看出前后院落空间组织井井有条、规整有序、主次明确、循序渐进的空间特征（图 7–1）。

二、开敞与封闭

院落式空间形态最直接的表征是空间的开与合，如三合头的开口院和闭口院，给人的直观感受是完全不同的。这种开敞与封闭的处理又分好几种不同性质和不同层次的开合关系，而每一个层次之间的关系表现出封闭中有开敞，开敞中有封闭的层级相对性空间特征。

第一个层次是，在宏观上整个宅院以院墙或房屋外墙围合成外观封闭的空间环境，但院落内部却是以各种开放的庭院天井交织组成十分开敞的内部空间环境。

第二个层次是，在这个内部环境中院落天井少则几个、十几个，多则几十个，相互又有院中套院，院中穿套天井等层次组合。每一个小院落相对于大宅院来说，它是封闭的，也是相对独立的，而它内部庭院空间本身又是开敞的。这是便于大家族分配小家庭以及主人与佣仆之分的各种不同的生活需要。

第三个层次是，在同一院落中，四面围合除了为门窗板壁或墙面封闭的房间外，房屋空间形态更多的是开敞空间和半敞空间，有的出檐廊，有的设敞厅，有的为过厅，使内部家居环境既是围合的，又是通透开敞的。尤其是正厅、堂屋或后堂，大多为敞口厅式处理。有的厅堂设活动可装拆的格扇，必要时全部取下，即成为敞厅、敞堂或穿堂。至于“四厅相向”的穿堂，更是使庭院或天井全方位地敞开与其他院落空间交织相融。所谓“敞堂”是指向庭院一方不设门窗或隔断，完全敞口，有的仅在后部设两侧开边门的板壁。所谓“穿堂”则为前后全部敞开打通为走道，或仅设一屏风式隔断，挡一下视线。

第四个层次是，对一些特别窄长或面积很小的天井，采取开设花墙漏窗，或减少隔断等尽量令其通敞，以改善小空间的封闭环境。一些串联式天井空间实际上都是由一系列的开敞空间以隔而不断的手法处理，形成开合连续的空间形态。

总的来说，四川民居的空间形态是以开敞为主，封闭为辅，这种空间特征是与所处的气候条件环境相适应的（图 7–2）。

图 7–2a　半开敞的檐廊空间

图 7–2b 开敞的过厅

图 7–2c 空间通透的敞堂回廊

图 7–2d 小中见大的天井空间

三、组合与划分

虽然川内把院落都通称为天井，如指某某大院有“四十八天井”，是包含所有院落空间在内，但实际上院落可分为三大类。一类是面积较大，形状较方正规整的院子，又称“院坝”；另一类是面积稍小，方形或扁方形的庭院；再一类是条形天井或小院天井漏角天井。它们大小形状的组合分隔与居住使用功能都有十分密切的关系。

院落的组合是围绕并烘托主院空间的功能要求来展开的。在院落关系上，除了主院外，还有附院、跨院、套院、侧院、偏院、别院等称呼，反映了相互的组合关系。地位次要而附着于主院者为附院，左右相邻者为跨院，院中有院或大院派生小院为套院，边路轴线或从属于主要院落者为侧院，远离主要轴线在不重要位置附属的小院称偏院，与院落组群相联系而不甚密切者为别院。

庭院天井与厅堂房屋的组合方式一般有四种。一是套进式，即由大到小，一个院落套一个院落，逐次递进形成多进院落组合，主要厅堂的前后都有庭院天井，前大后小。二是围合式，即天井四周由厅堂围合，有前后为敞口厅，或四面均为敞口厅，即成“四厅相向”格局。三是串联式，若干小天井或条形天井列为一串直接组合到一起，太长的窄长天井可用隔断划分为几个段落，是一种天井横屋的组合形式。四是松散式，特别是在院落组群的边缘，结合地形环境条件，房屋自由以间扩张，围合成大小形状不一的小院落或两厢七长八短的不规则的开口三合院或闭口三合院（图 7–3）。

院落天井的划分在山地四合院中也十分灵活。由于院落构成因地而异，有的院子太长或太大，有的天井过于狭长，不甚美观，也欠实用，因此需要进行空间的分隔。一般有多种处理方式，有的是以垂花门式木门楼加矮墙，或用牌坊式照壁作分隔，如前例巴中李本善宅、平昌于伟斋宅。有的直接用高围墙隔断，设门洞相通，如西昌马湘如宅。在成都地区还有一种用称作蜈蚣架子的木扉来作院子隔断的。所谓蜈蚣架是一种带小瓦顶的木柱门楼墙壁，轻巧实用美观（图 7–4）。[1] 更为讲究的分隔法是使用工字形连廊，即在扁长的天井中加建一双坡顶廊道，隔成两个小天井，整个天井平面成为一个工字形，连廊作重点装饰的处理，有的下安木栏杆美人靠，上设格子花罩等，当地人常把这种连廊叫作亭子，这种天井也称之为“亭子天井”，既分隔了空间，又增添了审美情趣（图 7–5）。

图 7-3a 四厅相向的开敞庭院

图 7-3b 通敞明亮的庭院

图 7-3c 檐廊相对的横向庭院

图 7-4 成都四合院中的蜈蚣架子

图 7-5a 工字形平面的亭子天井

图 7-5b 江安夕佳山黄氏庄园的亭子天井

图 7-5c 重庆龙兴镇刘宅气楼式亭子天井

四、过渡与转折

室内外空间的过渡主要是指檐廊这类半开敞空间，也是一种半户外空间，即所谓具中介性质的“灰空间”。在使用功能和观感上这种空间有许多优越性。在炎热多雨的气候条件下，家居日常生活大多并不在室内度过，而是更喜欢在半开敞的半户外空间活动。卧房主要用于晚上睡觉，白天在卧房停留活动的时间较少，所以四川民居中卧房所占的面积并不多。这种宽大的檐廊通透舒朗美观，在视野和心理上给家居带来亲切平和及畅达的环境感受，而在实用上既可挡阳遮雨，又利于通风采光，而且有较宽敞的活动场地，不论是在此休息摆龙门阵做家务，或是进行一些纺纱养蚕、晾晒粮食物品等生产活动都十分方便，甚至在酷热的夏天夜晚摆上竹板凉床，纳凉睡觉也在这里。所以，一般民居几乎没有不设檐廊的，有的宅院，甚至把这种檐廊空间作为全宅中心来布局，如前述实例广汉花市街25号张晓熙大院。十分明显，具有丰富发达、多种形式的檐廊中介过渡空间，是四川民居院落内部空间的主要形态（图7–6）。

通常在正房、正厅或花厅前都有檐廊，有的宽达三至四个步架，更为讲究的将檐廊上空做卷棚，檐柱间有花牙子、挂落之类装饰，显得气派华丽。简易的至少在当心间堂屋退进一步架做檐廊，其余各间虽不做廊，但都有较大的出檐，至少挑出1米以上，并有较宽的阶沿，给人感觉也

图 7–6a 檐廊空间与庭院空间的融合

图 7–6b 檐廊空间装饰

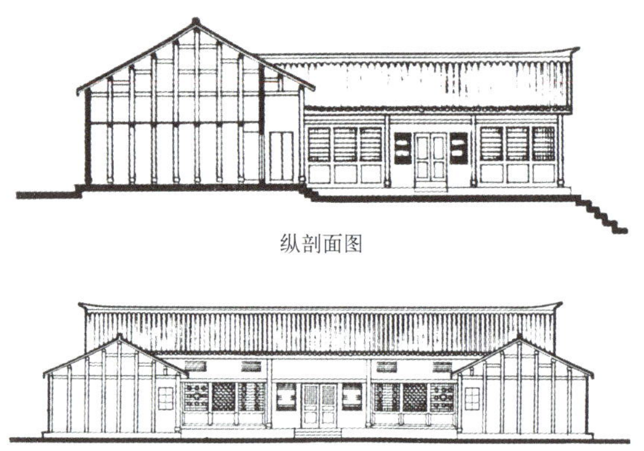

纵剖面图

横剖面图

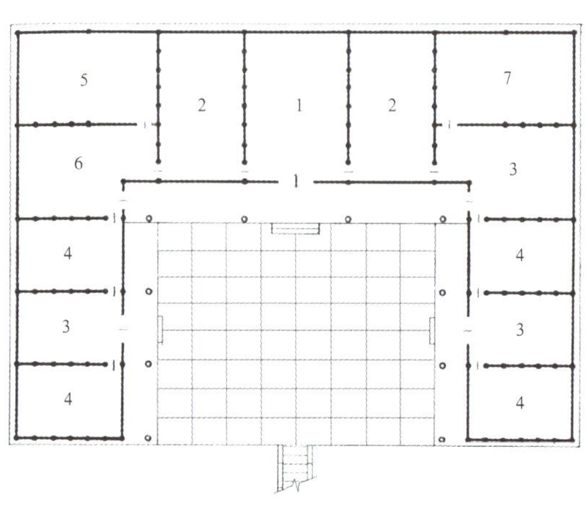

平面图

1. 堂屋 2. 主居 3. 侧堂 4. 次居 5. 储藏 6. 厨房 7. 猪圈

图 7–7a 达县罗江乡张爱萍故居

图 7-7b 张爱萍故居厢楼出高檐廊

图 7-7d 达县罗江乡张爱萍故居

图 7-7c 张爱萍故居高敞的檐廊

图 7-8a 眉山三苏祠木假山堂走马回廊

图 7-8b 走马转角楼尺度亲切的庭院

有半开敞空间的意味。此外，连同两侧厢房三面出檐廊的形式也较为常见，有的三合头三面檐廊甚至高达两层，如达县罗江乡张爱萍故居（图 7-7）。最完善华贵的形式是四面出檐廊的走马廊，也称回廊或周围廊，但这种规格不是普通人家所能采用的，它是社会地位、经济实力的象征，非大夫第或绅粮大户宅院不为。因此，檐廊空间的规格和处理又成了民居房屋等级的一种标志，被赋予了某种社会和文化上的意义（图 7-8）。

抱厅凉厅作为过渡中介空间的一种形态，也很有独自的地方特色。有三种建筑形式在四川都称作“抱厅”。第一种是在天井上方架设可通气采光的顶盖，即“气楼”，此处空间由室外空间

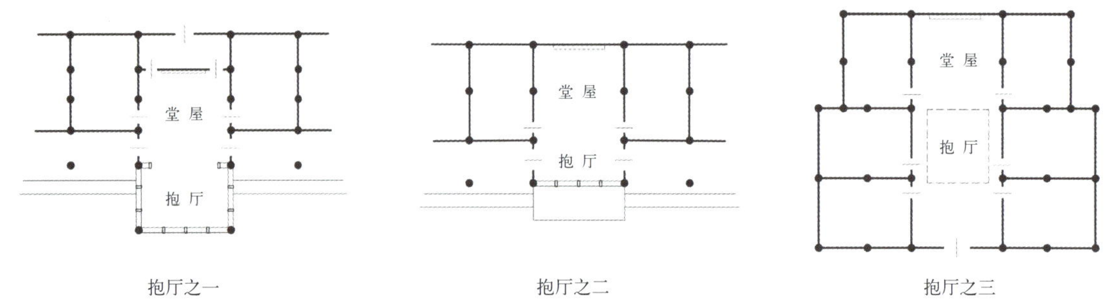

图 7–9 四合院堂屋抱厅形式

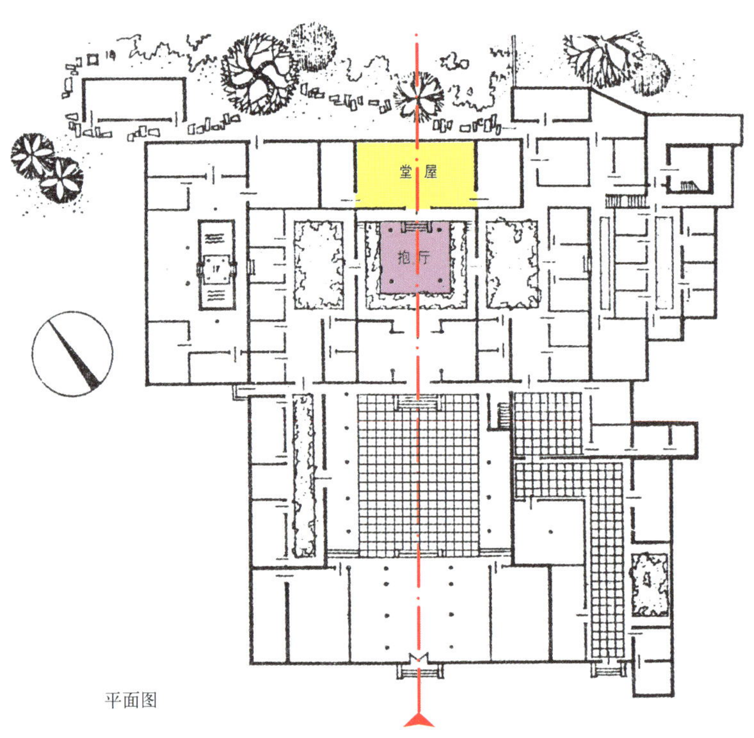

图 7–10a 江津凤场乡王开云宅内院中的抱厅

图 7–10b 江津凤场乡王开云宅透视

转化成了竖向的半户外空间，受到人们的喜爱，川东、川南一带多称为“凉厅子”或“凉亭”，也叫“抱厅”。它常同敞口厅结合，形成一个特殊的大开敞而又半封闭的家居环境空间，常成为全宅的主要活动中心（图 7–9）。第二种是在堂屋的前檐柱间设装饰花窗格扇，在两侧金柱各开门与檐廊相通以供出入。在庭院中使堂屋凸显，很有装饰效果，而堂屋的内部空间显得既敞亮，又别具一格。第三种是在堂屋或正厅前向庭院突出一大间，多为方形，建一通透的或有格扇的亭状或抱厦状建筑，也称为“抱厅”，成为庭院中华丽的建筑。如江津凤场乡王开云宅，又称为“会龙庄”，建于清末，规模庞大，占地约 2 万平方米，有 12 个庭院天井。其二进院落以隔墙分为三个天井院，在中轴线上较大者为核心院落，紧接正房建一方形四敞抱厅，使这一区空间环境别有趣味，虽无檐廊，但亦有同样的通透作用（图 7–10）。

空间的转折主要是针对轴线空间序列的布局而言。尤其是起主要控制作用的纵向轴线，因地形条件或总平面不对称格局的需要，可以作顺其自然的转折错位处理，避免了完全对称直视的呆板，增加了住宅布局的灵活性与活泼性。空间转折的部位发生在大门处较为多见。当大门不能位于中轴线上时，则可从侧向入门，大门中线与正厅中线垂直相交。有的虽正面开门，但大门中线与正厅中线错开一段距离，进入大门后空间也发生横向的转折。还有的因风水关系，大门开设为“斜门歪道”，空间转折变化更为活泼，也带来许多意想不到的观赏效果和有趣的空间环境感受。在各进院落或天井的组合上，也有不同的转折空

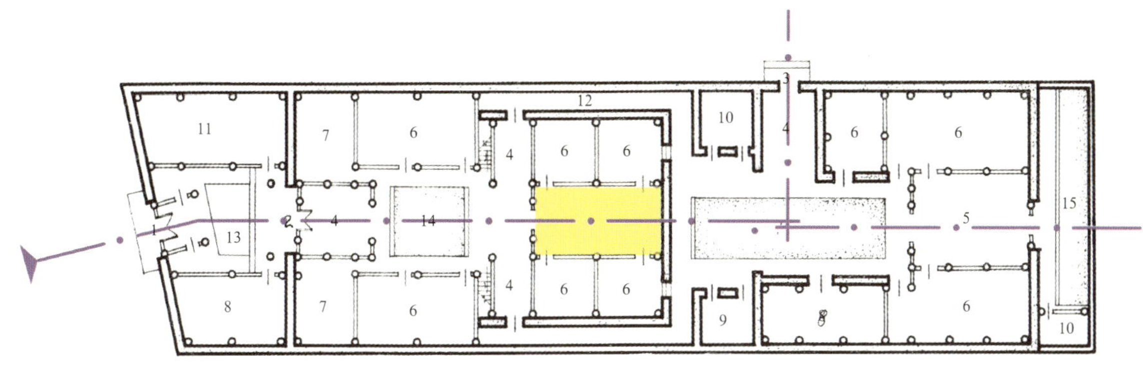

图 7-11a 西昌城关马湘如宅平面轴线的转折

间处理，或前后厅堂错位，或院落形状呈不规则形状，如前述大昌古城温家大院即为典型一例。又如西昌城关马湘如宅，大门入口及前院轴线与后部纵轴发生明显转折，是路房关系的一种斜交处理手法（图 7–11）。

发生在横向轴线上的空间转折就更为自由普遍，完全因地制宜，以布局合理、节省地皮为原则，并不强求对位关系，特别是为了家居的私密性，有时将空间有意转折以避免直视的不雅。有的院落轴线转折错位十分明显，也有的错位不明显，但随每进院落的错位，到最后一进则有相当位移，甚至包括方向都有所改变，这是一种缓变的处理手法，在山地重台重院中较为常见。这些空间转折的处理也是山地院落式民居一个重要的空间特征。如涪陵石龙井乡陈万宝宅，整个建筑群以主副纵轴呈横向展开布局，设于侧向，入口路线至主轴发生 90° 转折，而且不论纵轴或横轴都因地制宜作错位转折处理，布局在严谨中有灵活与变通（图 7–12）。

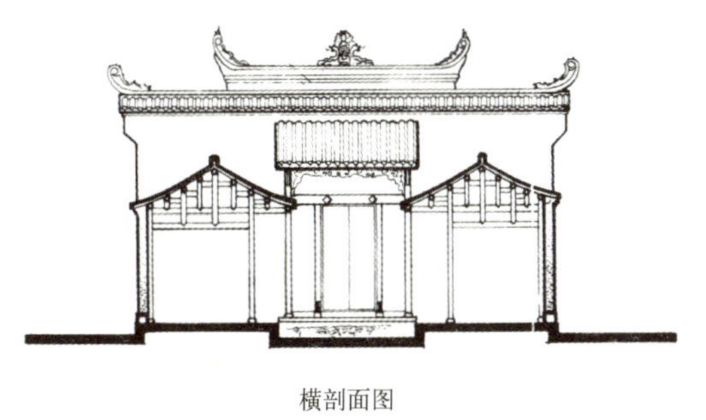

五、连通与隔断

对于院落式民居各个相对独立封闭的庭院天井来说，要使全宅成为一个有机统一的整体，相互间的交通联系至为重要。各种不同性质的空间，既要连通，又要隔而不断，才能保证生活使用的便利，满足各项家居功能的要求。四川民居交通空间组织的最大特点是院落天井廊道系统纵横交织，回环往复，四通八达，晴不顶烈日，雨不湿脚鞋，可走遍全宅各个角落，即所谓“全天候院落交通网络体系”。而且这些交通廊道也是气流穿堂风的通道，十分利于宅院空气的流通。如成都崇庆城关杨遇春宅，该宅建于清代，为大夫第

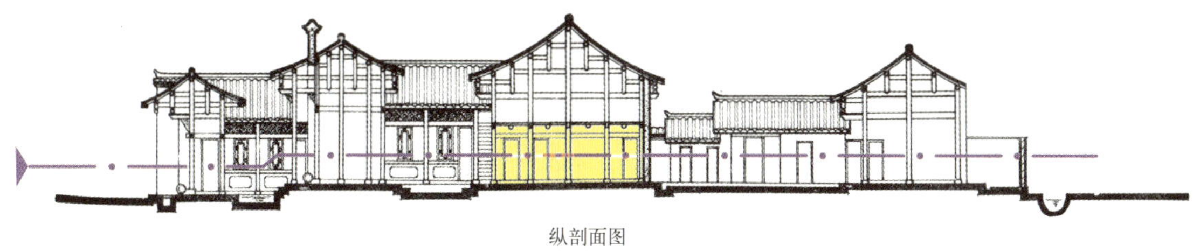

图 7-11b 西昌城关马湘如宅横、纵剖面

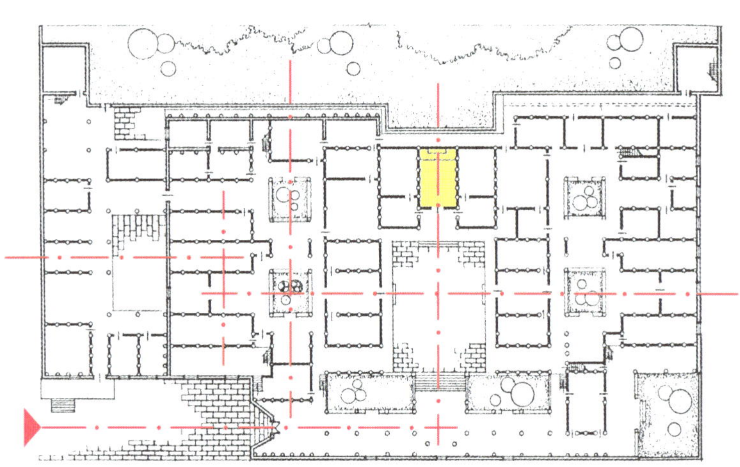
图 7–12a 涪陵石龙井乡陈万宝宅平面及纵横轴线转折分析

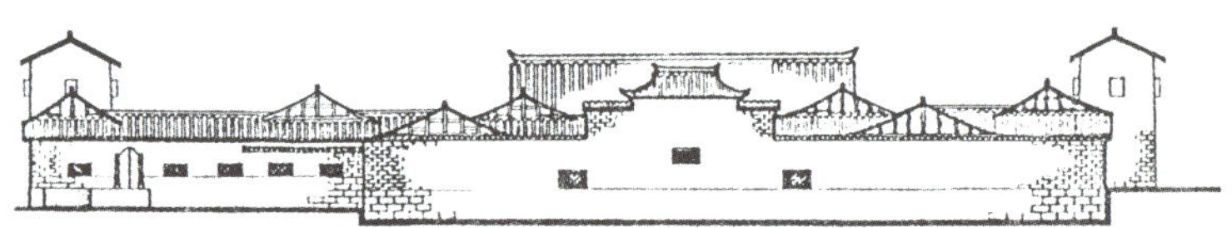
立面图

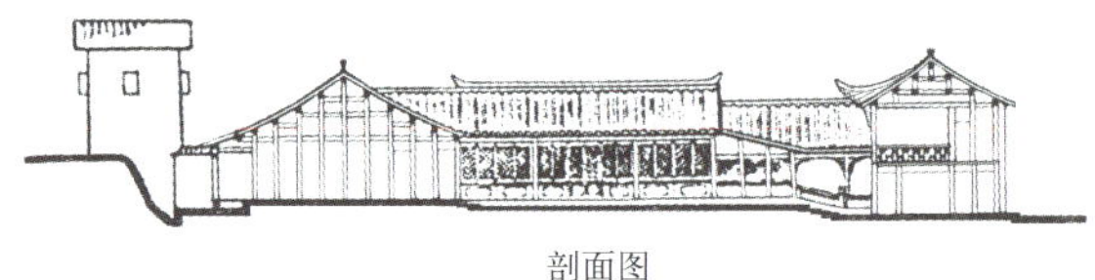
剖面图

图 7–12b 石龙井乡陈万宝宅立面、剖面图

图 7–12c 石龙井陈万宝宅入口院坝及大门

图 7–12d 石龙井乡陈万宝宅正厅

图 7–12e 石龙井乡陈万宝宅戏楼

图 7–12f 石龙井乡陈万宝宅右耳房天井

府邸，在多重交错的院落中，从大门进去，可在阶沿、檐廊、敞厅的循环路线中通至各处，四通八达，回环往复，完全不用穿行露天的院坝或天井（图 7–13）。

交通组织顺应庭院天井的组合形态有多种方式。一是以纵向和横向的廊道或阶沿为主干，穿通各主要院落，形成连通的网络骨架，即“纵向转折，横向拉通”的组织方式。纵向上除了沿轴

图 7-12g 石龙井乡陈万宝宅下厅及戏楼

图 7-12h 石龙井乡陈万宝宅庭院

图 7-12i 石龙井乡陈万宝宅碉楼

线需经过露天院坝的道路外，更重要的是组织沿房屋周边的通道，依每进院落收缩呈分段转折由前至后；而在横向上更多的是在各院正房前以长走廊拉直贯通，所以整个宅院的横向联系尤其便捷。二是每个庭院四周房屋组合多呈亚字形平面，互不连属，但在庭院四角都可辟通道相互连接起来。三是大量利用穿堂、过厅、连廊及各式敞厅形成更为开敞的交通空间，便于各种活动交通联系。四是除了檐廊和内廊为主要走道形式外，还有宽大的阶沿作为较为经济方便的交通方式，阶沿又叫作檐坎，使用较为普遍，有的宽阶沿甚至可达 1.5 米以上。五是建筑扩展的串联式天井或条形天井基本上是一种巷道式组合方式，更易于组织到整个交通网络中去。

交通空间的隔断除了使用功能要求外，较多的是为了观感上的需要，但一般都要求隔而不断，隔连相随。隔断方式主要有屏风、格扇、漏花窗、照壁、洞门以及一些装饰小品设施等等。在一些庭院及花园中也有采用绿化盆栽、假山水池或矮墙、木栅、竹篱等作为视觉上的隔断，又为环境空间增色不少。至于室内空间隔断主要是在一些较大的厅堂如花厅、经楼、书房、佛堂等处，多用竹木屏风、博古架，木装修或用竹编草编帘子及布幔等作为隔断（图 7-14）。

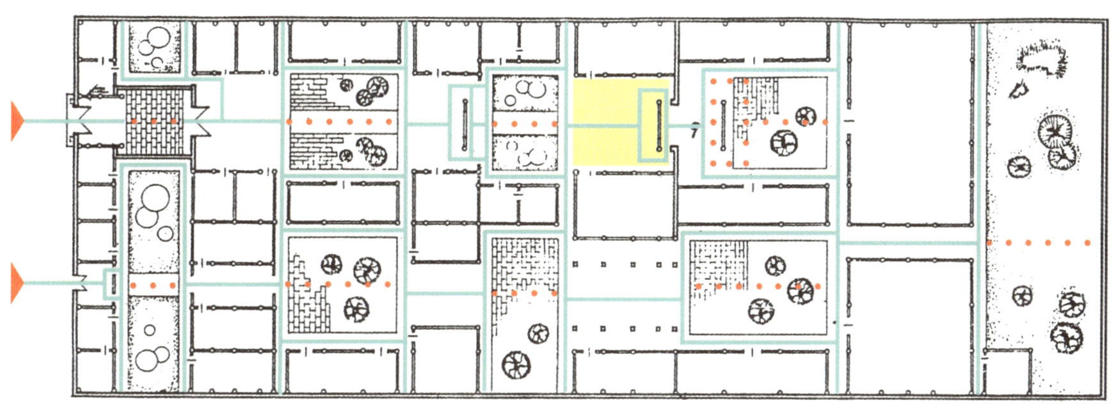
图 7-13a 成都崇庆杨遇春宅平面及交通路线分析

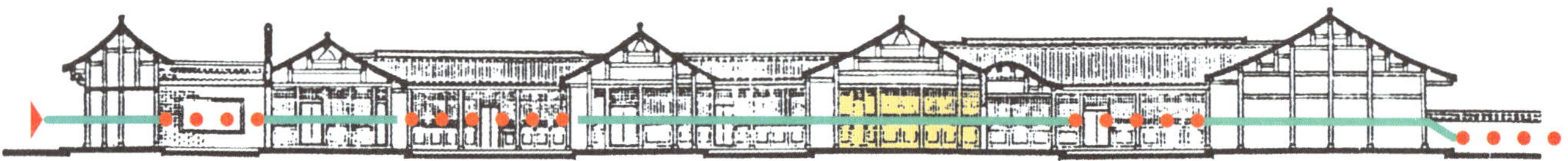

图 7-13b 成都崇庆杨遇春宅剖面图

图 7-13c 成都崇庆杨遇春宅立面图

图 7-13f 崇庆杨遇春宅屋面

图 7-13d 崇庆杨遇春宅入口

图 7-13g 杨遇春宅横向穿通的长走道

图 7-13e 崇庆杨遇春宅天井

图 7-14a 三关六扇可拆卸格门的庭院空间

图 7-14b 用圆门分隔天井庭院空间

图 7-14c 用砖牌楼分隔庭院空间

图 7-14d 以连檐与绿化分隔空间

图 7-14e 用小连檐划分的"停丧天井"

第二节　建筑环境的适应

山地环境和高温热环境是四川民居所处环境的两大主要表现。在长期的适应中，根据当时的经济技术水平，如何利用地形，争取空间，改善条件，减轻湿热气候带来的不良影响，各式民居创造了不少巧妙的处理手法，积累了丰富的建筑经验，同时也造就了四川民居独有的地域特色。

一、山地营建十八法

在山地环境条件下，四川民居结合地势，利用地形，争取空间，匠心独运，无所不巧，手法灵活多样，富于创造，可以概括为以下六类三式十八种手法：台、挑、吊；坡、拖、梭；转、跨、架；靠、跌、爬；退、让、钻；错、分、联，亦可称为“山地营建十八法”。

1. 台、挑、吊

台，即筑台。当基地受到坡地限制不足时，为拓展台地，采用毛石或条石砌筑堡坎或挡土墙，形成较大台面，可直接作为地基在上面建房，也可作为院坝等场地使用。在坡度较大，甚至陡峭的地段，形成高大筑台，特别壮观。坡度较缓时，采取半挖半填的方式，土石方量基本平衡，十分经济。有的顺坡开出数个台地或分层筑台，一台一院或二院，成为常见的山地四合院重台重院组合类型。有的利用不规则台地形成各种小院坝或边角小台地建偏厦等附属建筑也别具特色。

挑，即悬挑。也叫出挑，包括挑檐、挑廊、挑厢和挑楼。利用穿枋出挑，争取更多使用空间是在基地狭小的情况下最为常见的手法。可以有多种形式的挑法，产生不同的空间效果。一种是出大挑檐或大披檐，遮盖走道空间。另一种是挑出外廊，建筑的正面、山面都可出挑廊，有的四面走马廊全为悬挑。有的二层楼面挑出成为挑厢。还有一种悬挑更为特别，即从地脚枋开始整层全部挑出成为挑楼，有的甚至多层楼逐层出挑，整个房屋成了一座大挑楼。

吊，即吊脚。在陡坡地段或临坎峭壁处，利用穿斗木柱凌空吊下支撑房屋，可达四五层，俗称吊脚楼或吊楼。吊脚下部空间有的或可作杂贮、畜栏之用。随地形坡面高低起伏吊脚柱落在基石上，可长短不一，基地原生态地貌不受破坏。吊脚柱多用木或竹材，也有用砖柱作吊脚。吊脚常与筑台悬挑相结合，以争取更多的空间。有的吊脚“悬虚构屋”达到令人不可思议的程度，高踞悬崖峭壁之上。吊脚之长似乎头重脚轻，一阵清风都可吹走。如江津白沙镇川江陡崖上木吊脚仅露明部分高达 10 余米，有的砖吊脚高达 20 余米，令人称奇，如此长吊脚的吊法大概要算川内之最了（图 7–15）。

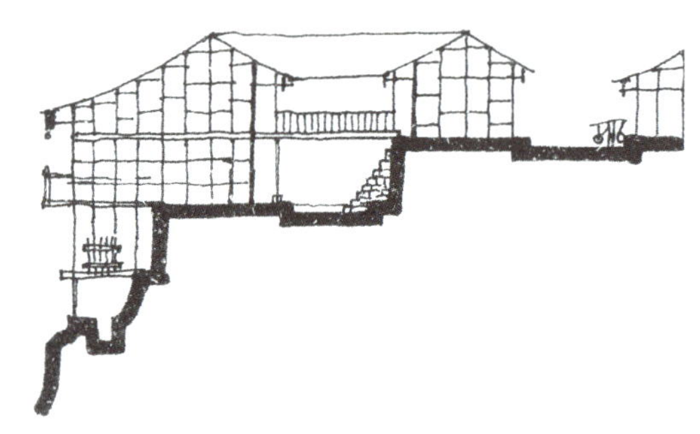

图 7–15a 筑台与吊脚

图 7–15b 沿河坡地吊脚楼

图 7–15c 坡地上的高大筑台

图 7–15d 适应地形的民居形态组合

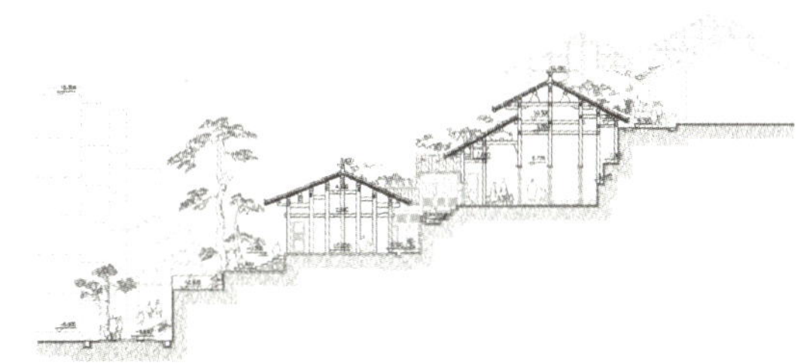

图 7–15e 建筑造型与山地地形的关系

图 7–15f 江津白沙镇川江陡坎上的木柱长吊脚

图 7–15g 江津白沙镇川江悬崖上的砖柱长吊脚

2. 坡、拖、梭

坡，即坡厢。也就是位于坡地上的厢房结合地形的处理。在三合院或四合院布置于缓坡地段时，垂直于等高线的厢房做成“天平地不平”的形式，称为“坡厢”。“天平”指坡厢处于同一屋顶下，“地不平”指坡厢地坪标高处理不同。一种情况是指厢房室内地坪按间分台，以台阶联系，另一种情况是室内地坪同一标高，而外部院坝地坪顺坡斜下，厢房台基不等高。

拖，即拖厢。厢房较长可以分几段顺坡筑台，一间一台或几间一台，好似一段拖着一段，每段屋顶和地坪都不同标高，有的层层下拖若干间。也可以各间地坪标高相同，而前段屋顶高度逐级低下，这种“牛喝水”拖法也称为拖厢。

梭，即梭厢。将屋面拉得很长叫“梭檐”，带梭檐的厢房则称“梭厢”。一般厢房常做长短檐，前檐高短后檐低长，且随分台顺坡将屋面梭下。有的厢房也可以沿垂直等高线方向做单坡顶，随分间筑台屋面顺坡而下。梭的手法还可用于正房或偏厦。正房进深较大，有时也做成长短檐，后

图 7–16a 顺坡梭下的长拖檐

图 7–16b 山地顺坡梭下分层入口

檐可梭下几近人高。偏厦的单坡顶同样可以随坡分台成梭檐（图 7–16）。

3. 转、跨、架

转，即围转。在地形较复杂的地段，特别是在盘山坡道的拐弯处布置房屋，常呈不规则扇形以围绕转变的方式分台建造，而不是简单垂直或平行等高线布置。这是山地营建特别灵活别致的处理手法。

跨，即跨越。在地形有下凹或水面、溪涧等不宜做地基之处，或在过往道路的上空争取空间建房，则可采取跨越方式，将房屋横跨其上，如枕河的茶楼、跨溪的磨房、临街的过街楼等。

架，即架空。此种方式与吊脚相似，区别在于吊脚楼是半楼半地，房屋一部分还依托台地而建，另一部分呈楼面悬吊而下，是半干栏方式，而架空为全干栏，整幢房屋由支柱层架托支撑，如戏楼，底层全然架空用于通行（图 7–17）。

4. 靠、跌、爬

靠，即靠山。也称附崖，建筑紧贴山体崖壁，横枋插入崖体嵌牢，房屋及楼面略微内倾，或层层内敛，整幢建筑似乎靠在崖壁上，所以也称附崖式建筑。

跌，即下跌。房屋建在陡崖上端，以上部平

图 7–17 架空的挑廊过街楼

图 7-18a 潼南大佛寺靠崖建筑

图 7-18b 重庆望龙门外爬山式房屋

地入口，楼层从上往下逐次下跌，其下部为吊楼或筑台。

爬，即上爬。房屋以下部平地入口，楼层沿坡层层上爬，有的沿石阶梯两侧逐台布置房屋，由下爬至高处（图 7-18）。

5. 退、让、钻

退，即后退。山地房屋基地窄小且不规则，多有山崖巨石陡坎阻挡，布置房屋不求规整，不求紧迫，而是因势赋形，随宜而治，宜方则方，宜曲则曲，宜进则进，宜退则退，不过分改造地形原状。所谓“后退一步天地宽”，“以歪就歪”，即对环境条件采取灵活变通的处理。前有陡崖可退后留出院坝，后有高坡可退出一段空间以策安全。有些大型宅院也不追求完整对称方正，尤其后部及两侧多随地形条件呈较自由的进退处理。

让，即让出。有的基址台地本可全部用于建房，但有名木大树或山石水面，房屋布置则有意让其保留，反而成为居住环境一大特色。有时为多种生活功能的综合考虑，也可主动让出一部分空间，不全为房屋所占用，如让出边角零星小台地作为生活小院或半户外厨灶场地。在一些场镇房屋布置密集的地段，房屋互让，交错穿插，形成变化十分丰富的邻里环境空间。有的房屋讲求不“犯冲”的风水关系，实际上也反映了一种为求得环境和谐的避让原则。

钻，即钻进。利用岩洞空间建房，或将其作为生活居住环境的一部分，与房屋空间结合使用，犹如“别有洞天”。岩居方式在山区也曾流行。现在还有少数人家保持这种居住方式。另外一种“钻入”手法则是因台地较高，房屋前长台阶设置的巧妙处理就是将其直接伸入房屋内部空间再沿梯道而上，形成十分特别的入口形式（图 7-19）。

6. 错、分、联

错，即错开。为适应各种不规则的地形，房屋布置及组合关系在平面上可前后左右错开，在竖向空间上可高低上下错开。有时台地边界不齐，房屋以错开手法随曲合方，或以方补缺。

分，即分化。房屋可随地形条件和环境空间状况，化整为零，化大为小，以分散机动的手法使平面自如伸缩，小体量组合更为灵活。在竖向空间处理上，可分层入口，可设天桥、坡道、台阶或附梯等，分别以多种方式化解垂直交通难题。

图 7–19a 山门长梯道"钻入"室内

图 7–19b 岩居进洞吊脚楼

联，即联通。鉴于山地聚落的自由性和松散性，不论宅院组群或场镇聚落，为加强相互间的联系，采用各种生动活泼、因地制宜的联系方式，以形成有机组合的整体，如各种梯道、盘山小径、檐廊、桥涵、走道、过街楼等。特别值得一提的是利用小青瓦屋面来联结整个建筑组群是别出心裁的手法。无论多么庞大复杂自由变化的多天井重台重院，它们的屋顶总是尽量相互沟通连成一片（图 7–20）。

图 7–20a 川江码头错落有致的吊脚楼

图 7–20b 前后错的高吊脚

二、湿热气候环境的改善

四川盆地是一个高湿热气候区，“闷热”一直是影响居住环境的大问题。处理好遮阳防晒隔热、通风透气纳凉、防潮除湿排水三个主要方面是改善人居环境的关键。

1. 遮阳防晒隔热

1）争取有利朝向

夏天烈日炎炎，日照时间长，如何避免更多日照，首先要考虑房屋朝向问题。虽然川内因山地地形选择理想朝向不太容易，加上秋冬阴雾天气多，故对朝向无过多要求，但一般来说，只要有条件还是争取较好的南向或东向，而且尽量避免西晒。而最佳的方向是东南向，其主要房间在一天中受日照相对要少，而且下午之后更多处于阴影之中，较少受日晒。在川中川南一带低谷地区为免除日照之苦追求夏日更多的阴凉，也有不

图 7-21a 街巷上空连接两对檐的大披檐

图 7-21c 大披檐廊坊街

图 7-21b 楼房前的采光披檐

图 7-21d 三层楼房出腰檐山面出眉檐

少民居采取北向或东北向，使大部分主要房间变成北屋。

2）采用廊坊式形制

场镇民居聚落较为密集，为了防晒遮阳共同的利益，集体采取统一的廊坊式通檐廊的建筑形制，形成统一的建筑风格，具有最大的遮阳通风效果。在以前房屋产权私有的社会环境下，要做到这样统一规划，统一建造，是很不容易的，证明了这种建筑制度确实非常适合炎热多雨的气候条件，为广大民众喜爱而普遍接受，所以有各式各样类似的廊式街、骑楼街、大披檐通廊得以流行各地（图 7-21）。

3）大量使用宽檐和檐廊

遮阳最直接有效的构造措施是加大房屋出檐，既可防晒，形成大片阴影面积，又可防雨，保护墙面。一般四川民居房屋出檐都较宽大，包括悬山顶出挑常在 1 米以上，有的挑枋出檐甚至超过 1.5 米以上。还可在墙面上加设挑廊或挑檐、腰檐、眉檐等防止西晒。檐廊的使用更是较普遍的做法，可以使建筑组群产生更大面积的阴凉空间，最大限度地减少阳光的直晒。檐廊的形式也很多，如门斗凹廊、敞廊、前檐廊、三面廊、内

图 7-22a 临街下店上宅楼房出大宽檐

图 7-22b 小街上的大撑檐

图 7-22c 重庆丰盛镇街巷大斜撑加大挑檐

外回廊、跑马楼廊等（图 7-22）。

4）加大建筑密度，增高房屋内空

房屋布置密集交错，可以相互遮挡，减少阳光照射，增加阴影面积。在大型宅院组合中，除了个别主要院落较大外，其他为尺度较小的庭院，多数房屋以多天井密集组合方式，而且多为南北向条形天井，使不少房间常处于阴影覆盖之中。有的宅院以高大封火墙分隔院落，也会投下更多的阴影。此外，适度提高房屋内空间，也是减少热辐射的一种举措。一般主要厅堂、过厅的内部空间为露明梁架较为高敞，利于散热。其他房间则多建阁楼层，既可有效隔热，也可用于贮藏（图 7-23）。

2．通风透气纳凉

1）利用气候小环境，迎纳主导风向

受民居选址风水观念的影响和实践经验的总结，绝大多数民居不论是一般农宅或大型宅院多选址在三面围合一面开敞的背山面水地理环境中。这种环境多有小气候特征。在这种山洼处易形成负压，常有山风从前方敞开处吹来，建筑面向开敞一面正好通纳这股气流，使之吹遍全宅。

图 7-23 密集的房屋增加阴影

这正是建筑应当同周围自然环境相结合，才能营造出良好人居环境的前提条件（图 7–24）。

2）营造开敞空间，组织穿堂风

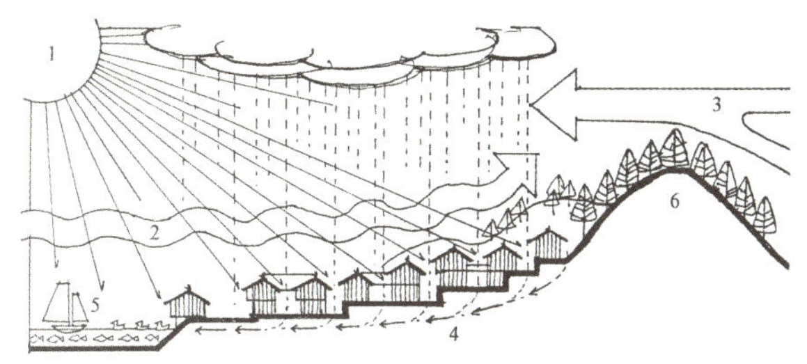

1. 擁有充分日照　2.迎納主導風向　3.阻挡北方寒流
4. 利于排水除污　5.方便生活用水　6.植被生態良好

图 7–24a 背山面水的小气候环境

图 7–25a 院落中的风巷

图 7–25b 开敞的条形天井组织穿堂风

图 7–24b 迎风向阳的山凼民居

图 7–24c 四面围合的山间民居小组团

炎热的气候必然要求建筑更加通透，开敞空间特别发达。在房屋使用功能的安排上，常将一些主要厅堂和处于纵横轴线重要通道上的房间辟为敞口厅或穿堂，如堂屋、正厅、花厅、过厅及一些家务、生产活动场所等都可开敞。有的天井院四面房间全部敞开，如“四厅相向”的敞口院。有的正厅的全部格扇不但是通透的，而且必要时可悉数拆下成为敞厅。总之，尽可能打通所有能开敞的空间，使穿堂风无所阻挡。与时同时，檐廊、走道及巷道等组成的交通网络也是气流的通道，有如“风巷”的作用，同各处的开敞空间融在一起，室内外空间空气的交换、回环、进出十分畅通（图 7–25）。

3）采取多种方式加强“抽气”功能

川内盆地相对其他地区气流较为稳定，大风较少，不似北方平原地区常年多风，东南沿海常有台风，除了积极迎纳山风之外，还注意增强房屋主动排气抽风的功能。如抱厅、气楼一类富有创意的建筑形式，集抽风、采光、防晒、遮雨多种功能于一身，又扩大了室内使用空间，是一种十分成功的处理手法。小口天井和窄长夹巷式天井有很好的抽风作用，所以大型宅院常采用多天井的形制，特别是二三层楼房带楼井的有更佳的抽风效果。有的在屋后与围墙间设扁长小口天井，或仅留 1 米左右宽的抽风口；有的建筑类型如一颗印天井院、竹筒式店宅、城镇中联排式小天井院都是利用小天井院的这种优越性来解决住居的通风、透气和采光要求（图7–26）。

图7–26a 通风良好的小楼井院

图7–26c 高大封火墙下的抽风天井

图7–26b 抽气效果良好的小口天井

图7–26d 抽风的小天井

三、防潮除湿排水

天气闷热，同空气潮湿有密切关系，除了通风能带走部分潮气之外，还须注意防潮，减少地面含水，加强房屋透气除湿，尽快排走雨水，不产生积水，在这些方面有各种做法和构造措施。

为了防止雨水和地面湿气上蹿，使木柱和板壁受潮，一般都有较高的台基或较宽的阶沿，木柱和地脚枋置于条石基础上。主要的房间如卧室、书房有的铺以架空的木地板隔潮，并在基脚石上开凿有排潮气的孔洞。小青瓦屋面为冷摊铺盖，十分轻薄，有许多小缝隙，有很好的透气功能，也利于翻盖检修，一般湿热的空间上升至屋顶空间，极容易透出排走。屋面还开有猫耳洞、老虎窗之类用于通风除湿（图7–27）。起围护作用的竹编夹泥墙被称为“可呼吸的墙”，不但轻便经济，而且有很强的吸潮透气作用，可以调节室内空气的湿度，把过重的潮气“蒸发”出室外。这种墙壁围合的房间，在梅雨季节室内地坪和墙壁可避免结露（图7–28）。

为了利于室外雨水排除，在房屋选址时就注意到地势要中高外低，后高前低。一般宅院都有

图 7-27 小青瓦屋面上的老虎窗

图 7-28 与木构架色彩对比的套白竹编夹泥墙

图 7-29 四水归堂的天井口

较通畅的排水系统。不少三合院或四合院常常正房台基较高，或连带两厢位于高的台基上，院坝呈下沉状。一般院坝多铺以青石板，走水较快，并设有阴沟地漏，“四水归堂”就是将庭院四面屋坡排下的雨水集于院坝内，通过阴沟系统，利用后高前低的地势排到宅前的堰塘中去（图 7-29）。大型宅院常在前面掘有堰塘泮池之类，虽名为风水之需，实则多为集纳雨水或生活污水之用。宅外周围排水多用明沟，或称“阳沟”，常绕宅院外围后部及两侧，以条石砌筑通长地沟，既宽且深，有一定坡度，可以迅速排走房屋和四周地面汇集的雨水，而且还可起到防蛇虫鼠害的作用。此外，宅院各处还打有水井，一则用于生活用水，兼备防火，同时也利于降低地下水位，保持基地地面干燥，减少潮气。

第三节 建筑绿化与景观造型

一、建筑环境绿化

四川盆地气候温和湿润，一年四季山青水绿，有着优美的自然环境。坐落其间的民居不论城乡都十分注重内外环境绿化生态的培植与营建。所谓一幢民宅，从小型独幢式到大型宅院，绝不仅仅指房舍建筑本身，而是包括四周的林木、山石、塘堰、菜圃、果园等全部人居环境（图 7-30）。

在城镇聚落中，大多利用庭院种植树木花草，

图 7-30 重庆潼南双江镇杨宅庭院空间的绿化

可以有绿荫避暑降温，又美化了生活环境。尤其正厅前庭院较大，常植芭蕉、蜡梅、花红、石榴等较雅致贵重的树种，或葡萄一类藤蔓植物搭成凉棚，或贴墙砌花台、修水池，设鱼缸。后院设有亭阁桥池及假山之类。种竹也极为普遍。有条件者还尽量开辟专门的小花园，以增加生活情趣，大体有两种布局方式。一是在宅前将院坝改为花园，形成前庭的绿化空间，使一进门便感受到宅院的美好环境以彰显门面。如成都西四道街14号宅，四周围墙封闭，主要房屋为五开间出三间檐廊及横长天井布局，前临街为长短檐木门楼，二者之间则为大面积花园，占地甚至超过房屋面积（图7-31）。二是在宅后设花园，其好处是环境幽静，便于游赏休闲娱乐，场镇民居宅院中拥有后花园的较多。如通江县城关南街164号白家院，三开间小天井院临街民居，前部围绕天井房间布置十分紧凑，后部设置较大后花园，约有整个宅院一半的占地面积，成为居家生活环境重要的组成部分（图7-32）。这些例子说明虽然城镇房屋用地密集，并不宽裕，但还辟出较大面积作花园绿地，反映出对建筑绿化和生态环境的重视。

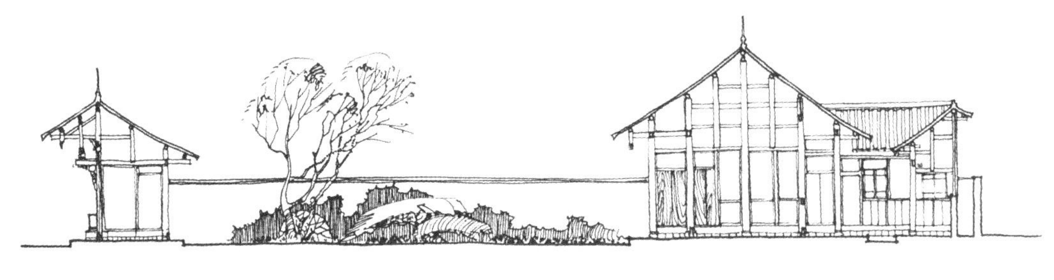

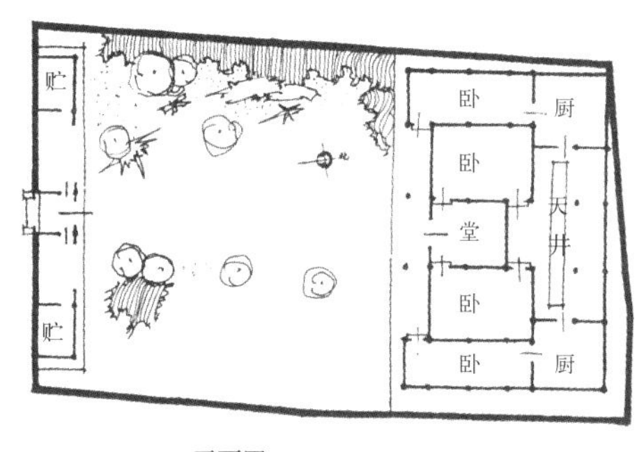

图7-31 成都西四道街14号某宅

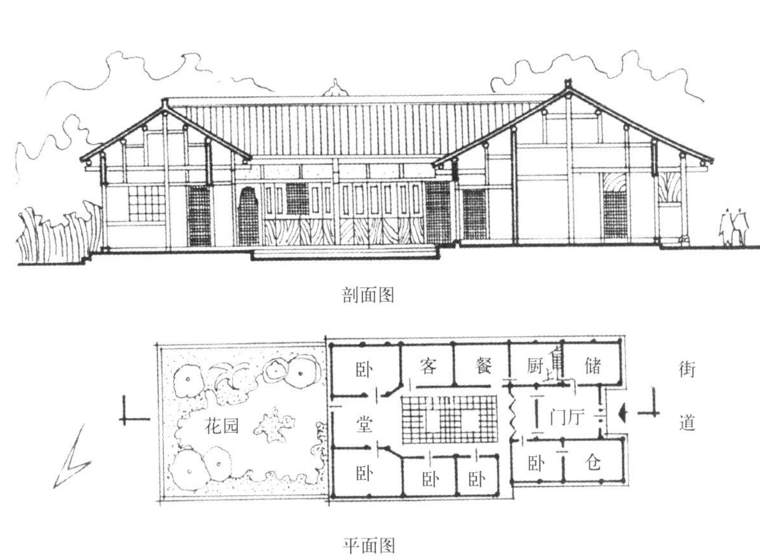

图7-32 通江城关镇南街164号白家院

除了民居院落和花园，一些公共建筑如寺庙会馆等都有古木参天的林盘，如成都老城及附近的文殊院、昭觉寺、武侯祠、杜甫草堂、青羊宫、大慈寺、二仙庵等，都有可观的寺庙园林绿化。城镇及大片民居都掩映在遍布全城的绿荫之中，各种鸟类与民居共处，的确是鸟语花香，空气清新，“花重锦官城”，整个城镇的人居环境是十分优美的。

在广大乡间，民居的绿化环境紧密结合周围的地势地貌和田园菜地，不论单家独户或院落组团，都类似川西坝子的林盘小院，有自成一体的绿化小环境。在盆地丘陵一带，除了山丘岗峦层层梯田坡地外，只要看到附近有一处茂林修竹，必定是掩围着一家民居所在。多数农宅房前屋后大片种植竹林环绕作“风水林”，周围菜地间植果木，路边坎下多有黄桷树等高大植株作“风水树”，常成为民居环境一大景观（图 7–33）。有的宅院将周围环境与园林经营相结合，种植果木花草，置有花架、假山、水池之类，有一定绿化格调品位，还赋予某种“山庄”或“花园”的雅号。所以川内民居除了用某某院子来称呼民居，也有用某某花园来作称呼的，如彭山县江口镇的“陈家花园”（图 7–34）。该园主人陈希虞是四川辛亥革命先驱。据刘致平先生早年调查川西民居时对江口镇陈家花园有详细的描写记载，宅为民国初年修建，“有三合头房一所，背着山峰，面向远峦，周围种些奇花异草，山上种些果树、菜蔬等，……有山石林泉的乐趣，……陈宅山居修置园圃亭榭，正是这种早年花园类型之一，是很可贵的实例”。[2]

又如达县西外乡马河沟坎上李冰如宅，雅号“云水山房凤鲤居”。李冰如系达县老一辈教育家平民诗人。该宅背倚凤凰山，坐北朝向，选址在三面陡坎坡地的小山头上。两条小溪在东边汇合后环绕小山头在前面流过，侧有瀑布石盘水潭，前有小石桥横跨沟涧，两岸树木灌丛浓密，一派山溪风景。该宅平面呈曲尺形，从东侧石梯坎拾级而上。房舍简朴无华，小青瓦悬山顶附偏厦，但前面花园及周围环境绿化却很丰富有趣。宅前除一长方形地坝外皆为花园。中间部分柏树围成的方形小园，置有鱼缸假山，东侧为不规则花圃，设有花架及石桌石凳等，崖坎边有高大浓荫的黄桷树及皂角树半掩石梯。从下往上看，在房檐下立“云水山房”诗壁一通。西侧前山嘴处，建一诗碑及六角亭一座，名“凤鲤亭”。该小花园面积不大，不但种植有牡丹、芍药、海棠、月季、

图 7–33c 竹林中的邛崃平乐镇花楸村李家大院

图 7–33a 川东山区农宅绿化环境与农田关系

图 7–33b 乡村农宅组团的绿化环境

桂花、紫薇、蜡梅、棕竹等花草灌丛，还有桃、李、梨、杏、樱桃、石榴、柑橙、柚子、葡萄等果树，

图 7–34 彭山江口镇陈家花园

以及桑树、香椿、梧桐、苦楝、杨槐等多种树木。宅四周全为竹林围绕，宅后筑以土墙，外面坡地及坎下皆为菜园。整个绿化环境优美清静，亲切宜人，各种鸟类燕子时来栖息，确是鸟语花香般的园林，当时被誉为“达县小公园”（图 7–35）。

至于大户人家的庄园和宅院，其花园及园林设施更是占地广大，亭台戏楼花池诸项齐备。特别是川西一带的宅园式民居历来十分发达，对于推动巴蜀园林的产生和发展有很大的影响。惜不少大型宅园破坏严重，历年毁损遗留极少。前例江安夕佳山黄宅的“怡园”，已是幸存为数不多的实例，还有广汉张宅的“叙伦园”，成都双栅子街朱宅的“余园”、南府街周道台府、犀浦陈举人府以及泸州纳溪陶文模宅，乐山贺宗田宅等

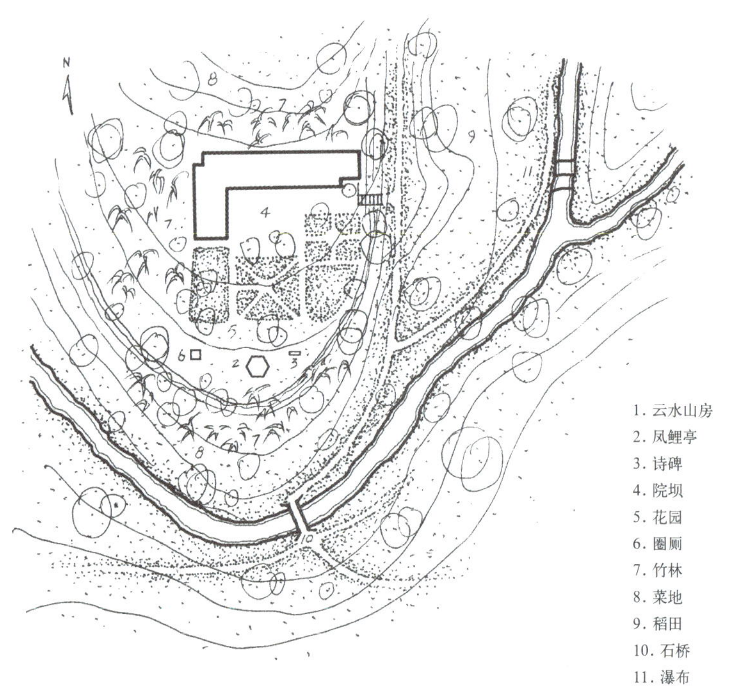

图 7–35a 达县西外乡马河沟坎上李冰如宅“云水山房凤鲤居”

图 7–35b 达县西外乡李冰如宅“云水山房凤鲤居”石梯坎

大宅都有较大的花园。

这里还值得一提的是川西的一些文人纪念性园林，它们大多在城镇边缘或近郊，是城镇绿化环境的重要组成部分，而且很多原本都是居住的宅园，是由具有民居性质的私家园林逐渐演变发展而来。尽管在后来的营建中不再具有居住的功能，而以纪念历史文化名人的祠馆为主，但在绿化环境的作用方面可以看到对城镇人居环境所产生的影响。如新繁东湖，为唐代名相李德裕所创，历代有所增益，又名“卫公东湖”，乃纪念李卫公的园林，直至清末，都为文人学士州县官府经营修建。园中以湖面瑞莲池为主，环湖布置怀李堂、瑞莲阁、青白江楼等建筑。这些园林建筑虽为清代重建，总体布局未失原有根基，几乎都有川西民居的风格。“园林易得，古树难求”，东湖园林因历史悠久，参天乔木较多，相传李卫公手植古柏遗迹犹在。现园按唐时依据，以楠柏为主，蔚为大观，颇有“高林巨树，垂葛悬藤”之古风。该园被园林史学界视为全国少有的“唐代园林”遗存之一，可谓巴蜀园林代表。不似皇家园林以栋宇辉煌气派取胜，江南园林以厅堂舫榭堆山叠石取胜，岭南园林以精巧玲珑装饰繁华取胜，巴蜀园林是以质朴野趣自然飘逸意境幽远见长。诸如杜甫草堂、新都桂湖、崇庆罨画池、邛崃文君井与古瓮园等均莫不如是，共同形成巴蜀园林与四川民居共生共荣源远流长的地域特色。由此可知，从民居到园林，足见建筑绿化生态对建筑发展的重大推动作用（图 7–36）。

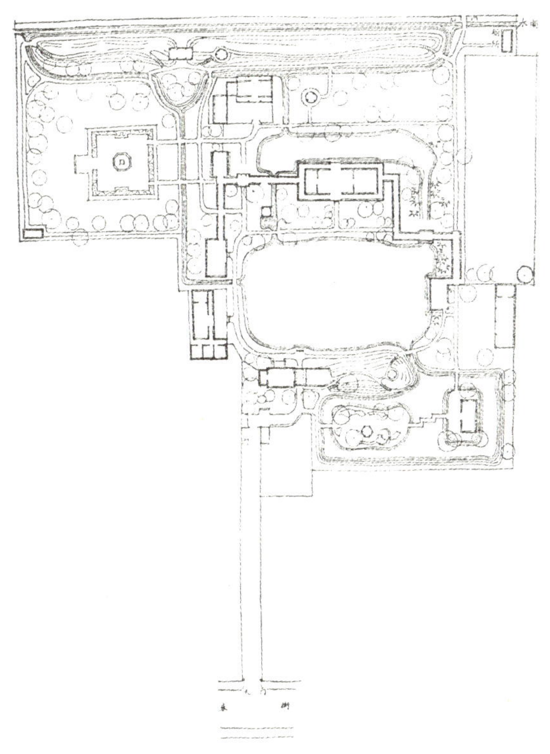

图 7–36a 新繁东湖园林总平面

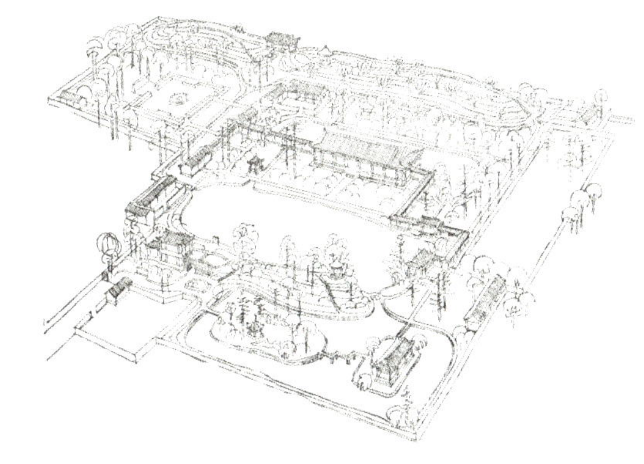

图 7–36b 成都新繁东湖园林鸟瞰

图 7–36c 成都新繁东湖园林瑞莲池

二、建筑景观造型

1. 外观造型特征

川内民居的外观因各地建造材料及平面空间组合方式的不同有着多种多样的形式，并无某种特定的规制式样，很难找到相同的两个立面形式。但是在这种千差万别中却又有较为统一的风貌格调。这就是在统一中求变化，又在变化中求统一，而这一切又是在长期的交流演变发展中自然而然形成的。也许这正是民居艺术造型之魅力所在。

图 7-36d 成都新繁东湖园林梅岭堆山

图 7-36e 成都新繁东湖园林梅岭山亭

图 7-36f 成都新繁东湖园林青白江楼

1）外观围合

从建筑外观上讲，主要有封闭与开放两种基本形态。一般说来，四合头院落及较大型的宅院组群都有围墙的设置，外观封闭性强，对外很少开窗，即或开设也很小，主要是为了通风兼及采光。特别是寨堡式民居，仅在上部开窗也是为了防卫瞭望。一般独幢式和三合头院落组合的民居外观是开放的，少有围墙封闭。一些不用围墙围合的四合头院落外观看起来也较开放。即或闭合口三合头，有围墙也较低矮，设栅栏竹篱一类也是通透的，房屋主体形象对外一展无遗，特别是大多数农宅及吊脚楼民居的外观造型都十分开敞而活跃，形象组合尤其多姿多彩。

2）立面处理

从立面构图处理上讲，主要有对称与非对称两种。封闭外观的正立面处理一般较为严谨庄重，且多为对称式构图。大门居于中轴线上。有些在总体上对称而局部不对称，在两侧边部略有差异变化，完全对称的较少。但在侧立面因地势高差或房屋大小高度的变化而呈现出轮廓线起伏的丰富变化，反而比正立面有着更加动人的景观造型和丰富多彩的建筑形象。

如蓬溪县罗都复宅，建于清咸丰同治年间，为二进二院多天井中轴对称布局，建筑面积约4000平方米。该宅院四面高墙封闭，正立面基本对称，尤其突出大朝门的高大悬山门楼的中心构图作用，配以两侧层层跌下的屋面，类似五滴水牌楼式样，巍峨雄壮，高墙森严，仅开漏花小窗点缀以破除单调，颇具豪门大宅气势（图 7-37）。前述重台重院诸例都有类似的立面处理手法，但

图 7-37a 蓬溪罗都复宅立面图

图 7–37b 蓬溪罗都复宅大门

其形象却又各有千秋。开放外观的立面也有作基本对称或作均衡的处理，但因其开放，并不觉对称影响了活泼的造型。如内江市椑木镇麻柳湾曾宅，横向展开的天井院，立面基本对称，三开间屋宇式大门，两翼为不对称吊脚楼组合，木穿斗构架设挑廊披檐，轻盈活跃，光影对比丰富，建筑形象十分生动（图 7–38）。

立面作非对称处理，对于开放式外观的民居来说较为多见。如前述民居类型中一字形独幢式、曲尺式、三合头及吊脚楼等大多外观都是不对称手法，造型无一雷同。有些带碉楼的民居，结合碉楼在立面处理上作非对称构图布局，但又显得均衡协调，十分灵活多样，如前例高县清潭乡鱼塘湾唐宅及邻宅。对于封闭外观作不对称立面处理的较为少见，但也有一些处理别致的，如广元市赵宅四周以屋墙封闭，只显露屋脊，以横向立面开檐门于侧，建筑造型为他处少见（图 7–39）。

3）材质表现

从材料质感上讲，不同的材质对建筑形象的艺术表现有着明显的影响。除少数官宦富户大宅外，大多数四川民居多以材质本色表现，外观简洁素静，朴实无华（图 7–40）。材质的运用大致有四种情况 ：

一是用围墙封闭，里面的木构架完全被遮掩，

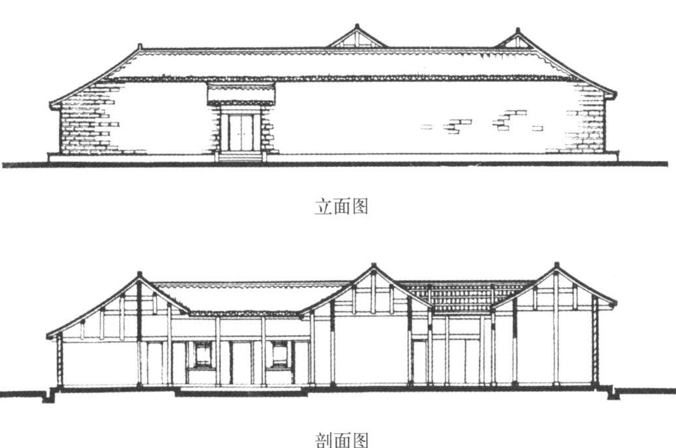

立面图

剖面图

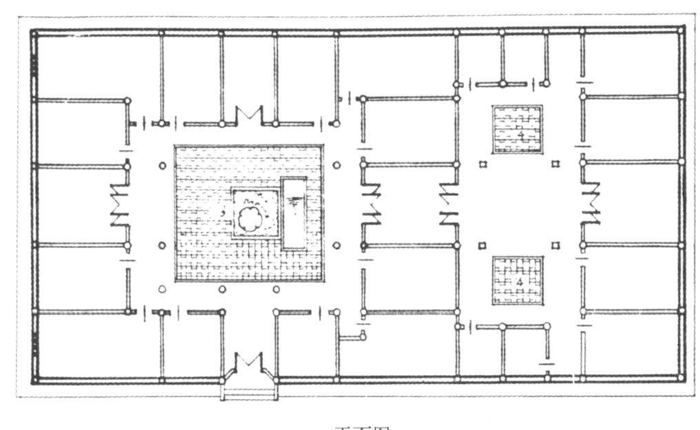

平面图

图 7–39 广元城关镇赵宅

图 7–38 内江椑木镇麻柳湾曾宅

图 7-40a 土墙民居的封闭外观

图 7-40b 川北土墙套白民居之封闭外观

图 7-40c 土石墙围合的街巷

图 7-40e 全木结构亲切的暖色质感

图 7-40d 砖木混合结构外观

外观显得厚重朴实。使用青砖斗子墙砌筑精细者是较气派的做法。山区多使用土墙石灰浆套白，屋顶小青瓦或草顶，尤显粗犷。但川西的土墙草顶，因草顶制作精良，外观是别一番感觉。

二是全木结构房屋，使用板壁或竹编夹泥墙外套白浆，在木穿斗构架分格中分外突出，木板壁呈赭红色的温暖质感，与小青瓦黛黑色对比鲜明，更加轻灵活泼，表现出较为典型的四川民居外观特征。

三是砖木或土木混合结构的民居外观，给人的感受又很不一样。有的正立面为木构装修门面，三面为砖墙或土墙，这种组合形式川北较为普遍。有的局部墙体或吊脚柱用砖，余用木构，于粗犷中见精细，轻灵中见沉稳，形式也相当丰富活泼，不拘一格。

四是竹木结构的吊脚楼式民居，材质更为轻薄，围护用薄板壁、竹编夹泥墙或芦席苇编之类，山区及川东沿江一带下层民众者多有采用。外观虽觉简易朴素，但造型千姿百态，更为自由活泼，独特泼辣，材质更具乡土气息。

4）结合地形

从与地形结合上讲，四川山地民居在外观造型上的最大特色还在于随地形的变化而富于不同的独特个性形象。这大概是几乎找不到两幢完全相同的山地民居的本质原因。因为民居在不同的环境条件下自然生成，而完全一模一样的地段基本上是没有的。由于与地形相结合的手法是因地制宜多种多样的，所以尽管有类似的平面布局形制和类似的材料结构，在巧妙匠心的运作下，建筑造型组合的变化，是名副其实的多样性自由式。正是由于各种复杂多变的地形地貌条件，造就了四川民居丰富多彩的独具个性特征不拘一格的建筑形象与景观（图 7-41）。

图 7-41c 临河陡壁上的挑楼

图 7-41a 不拘一格的山地民居造型

图 7-41d 达县城关镇州河边的高吊脚挑楼

图 7-41b 巫山大溪镇垂直等高线布局的民居造型

图 7-41e 坡地挑廊吊脚的结合

图 7-41f 悬崖上的捆绑结构吊脚楼

图 7-41h 酉阳龚滩镇河边错落交织的民居组团

图 7-41i 犹如山体中生长出来的高低错落的造型组合

图 7-41g 达县城关镇州河坎上的筑台吊楼

图 7-41j 坡地上的拖厢与偏厦

图 7–41k 坡地上山面向前垂直等高线的布局形态

图 7–42a 各具特色的小青瓦双坡屋顶

三、造型要素

1. 屋顶

在民居外观造型中，屋顶部分占有很重要的分量，具有很强的表现力。四川民居的屋顶绝大多数采用小青瓦双坡悬山式屋顶，个别较特殊的房屋如门屋、戏台、佛堂等采用歇山顶或某部分出檐做成翼角飞檐，有些花园里的亭阁及碉楼顶部也使用具装饰性的歇山顶。但川内民居屋顶形象的变化更多的在于在屋面交织穿插组合的种种复杂而生动的形态。

大型多天井宅院屋面往往联结在一起自由伸展，大小屋顶互相搭接，高低错落连成一片。主要厅堂正房屋顶高大，多天井庭院大小井口明暗对比强烈，有的马头墙穿插其间，全宅屋顶有如波浪起伏般的奇观。这种第五立面的展现在山地民居中因有登高的视点而得以充分发挥，其建筑形象的感染力甚至超过立面造型。

在穿插组合中尤以正房与厢房的交接转角部分即抹角房或称“檐偏子”的变化最为丰富，也就是屋脊接头处有很多花样做法。但从组合形式来看，大致有三种基本方式。一种是正房三间屋顶较高，抹角房一间屋顶低下，与再矮一些的厢房屋顶穿插相接；另一种是正房屋顶扩展到抹角房变成五间正房屋顶，与厢房屋顶交接；再一种是正房三间屋顶，较低的厢房的屋顶延伸至抹角房处与正房屋顶交接。但在实际的做法中交接的变化是很多的。除此之外，屋顶脊饰上的中花及两端出翘的鳌尖在屋面上高耸交错，更增加了房屋的生动感，是屋顶艺术的有力表现（图 7–42）。

图 7–42b 错落有致的屋顶组合

图 7–42c 翼角与披檐的对比

图 7-42d 大小屋顶的组接叠置

图 7-42h 山地民居正房与偏厦屋顶的组接

图 7-42e 屋顶的穿插组合

图 7-42i 正房与厢房屋顶的交接

图 7-42f 屋顶的呼应与对比

图 7-42j 涪陵龙潭镇屋面雪景

图 7-42g 不拘一格的屋顶造型

图 7-42k 逐层跌落的屋顶组合

2. 出挑

出挑包括挑廊、挑楼、挑厢、挑檐等多种悬挑做法。房屋各种出挑增加了建筑形象的立体感和动感，是建筑造型的重要手段。挑廊可以层层出挑，二层楼房上层挑出为挑厢，多层房屋挑出二层以上者为挑楼。挑檐，又称出檐，处理手法更为灵活。四川气候炎热多雨，出檐的做法十分普遍，花样也很多。根据房屋的部位和出檐的深度及方式有各种形式的出檐，如单檐、重檐、披檐、腰檐、眉檐、压檐、拖檐、长短檐等等。一般的悬山顶挑出较宽深的屋檐是为单檐。当房屋较高屋顶不足以遮盖下部墙身，则于大门上方再出一道通长屋檐，即为重檐。披檐则是指楼房底层突出的单坡屋面。腰檐通常指为保护山墙面于墙身中部挑出的小檐。窗户上部的遮檐称眉檐。围墙压顶若有砖瓦叠置出挑称为压檐。拖檐、长短檐指屋面的延伸程度不同而有不同的称谓。类似这些出挑形式，使民居造型手段大为丰富(图 7–43)。

3. 封火墙

又称风火山墙或马头墙。四川民居的封火墙形式极为丰富。因移民文化的影响，来自闽、粤、赣等省民居马头墙形式在四川普遍流行。这些地区原本就有这样的建筑传统形式，所以四川民居的封火墙融各家之长，花样翻新简洁繁复兼而有之，可以大体分为三种类型。一是直线阶梯形硬山式，简洁明快经济，为多数普通民居采用，如

图 7–43b 达县福善乡民居长短檐加长挑廊

图 7–43c 川北民居山面的小挑楼

图 7–43a 川北民居挑楼出檐

图 7–43d 川北民居长短檐加高低挑廊

图 7-43e 忠县某小镇顶层挑楼

图 7-43f 临水的挑楼

图 7-43g 层层出挑廊

图 7-43h 巴中恩阳镇临街挑楼

三滴水、五滴水个别有七滴水，最高等级可以做到十三滴水。这种形式大多受江西民居马头墙影响，也有徽派建筑的影响。但脊端翘尖不如江西式高翘鱼尾形，而是如屋脊鳌尖式样，甚为轻巧

图 7-43i 广安望渠巷挑厢

图 7-43j 合江尧坝镇下店上宅的挑楼

图 7-43k 大弯头挑枋

简练。二是曲弧式，较活泼流畅。这种式样多受福建、广东山墙影响，喜做弓形、鞍形、云形及分出五行的金、木、水、火、土等形。而且常常取一些形象的名称，如“猫拱背”、“水月弯”、“元宝脊”、“五岳朝天”等，且山墙装饰不及广式的华丽繁复。三是曲直形混合式，即封火墙上端三滴水，下端半圆形或上端三幅云形，下端直线阶梯形等，种种直线曲线结合的奇异形式，表现了川人幽默随意的喜剧情趣，同时也给建筑形象带来了十分自由生动的变化（图 7-44）。

除了上述小青瓦屋顶、出挑、封火山墙外，还有木穿斗构架、竹编夹泥白墙、长短吊脚柱等都是四川民居常见的造型要素特色。

图 7-44a 直曲两种基本的封火墙造型组合

图 7-44b 轮廓丰富的硬山屋顶组合

图 7-44c 七滴水大封火墙

图 7-44d 长寿县彭家老房子封火墙及牌坊门

图 7-44e 高大的五岳朝天

图 7-44f 直线与曲线两种封火墙的协调

图 7-44g 富于节奏感的封火墙

图 7-44h 动感强烈的“猫拱背”封火墙

图 7–44i 封火墙与挑楼的组合

图 7–44j 正房与厢房交界处的封火墙处理

图 7–44k 铜梁双江镇杨宅元宝脊封火墙

四、入口处理

在建筑立面形象中最为突出的是全宅大门，又叫头道朝门或头道龙门，简称大朝门，大户人家还要设二道朝门，又叫二道龙门。鉴于门第观念的重要性，对大门的造型和式样十分重视，常为宅院地位等级的标识（图 7–45）。大门的式样多种多样，归纳起来主要有如下数种：

1. 门斗

这是较为普通的形式，即在入口位置退进一至二个步架，形成一个凹廊，檐枋额枋略有雕饰，双扇板门，简洁朴素而又经济大方，使用较为普遍。

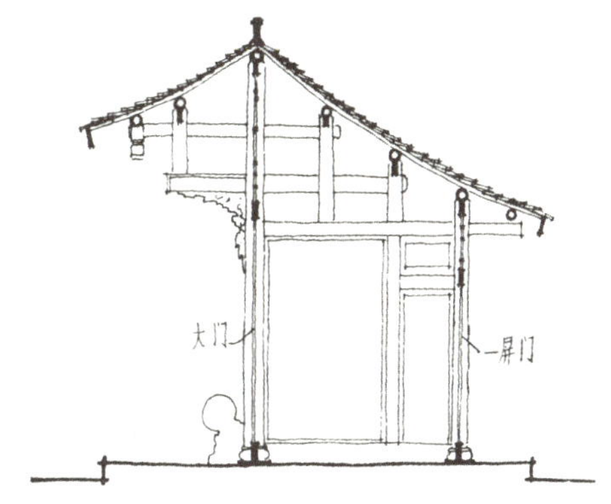

图 7–45a 成都民居院落大门及屏门剖面

图 7–45b 南充张澜故居门廊式大门

图 7–45c 重庆走马镇孙家大院壮观的牌楼门

图 7-45d 牌楼式八字朝门

图 7-45e 封火墙上三滴水侧门

图 7-45f 三楼式大门

图 7-45g 圭形石门

图 7-45h 铜梁安居镇大夫第门楼

图 7-45i 南充罗瑞卿故居院门

2. 门廊

在入口处设柱廊，可简可繁，十分灵活，大多为一间，有时同门斗相结合，更显空间通透深阔。较为气派的有三间，中间开门，左右次间施砖照壁，更有甚者设门屋五间，中三间为廊，端间设照壁或格扇。如前例广汉花街 25 号张晓熙大院大夫第，临街五间屋大门廊，三间敞廊排列前后双柱，深达四个步架，中间大门三关六扇，十分少见。整个大朝门就是一座厅堂，十分壮观气派。

3. 门楼

大门单独一间出双挑檐或有列柱为廊，但有高起的单独屋顶，多呈前高后低的长短檐形式。在外观上类似北方的垂花门，但很轻巧绮丽。有的高达两层，也甚气派。这种大门形式亦较普遍。

4. 门屋

入口下厅房三开间房屋，突出于两侧房屋或围墙，中辟为大门，大门处或为门斗状，有时侧墙做成八字墙，显得较深阔，也是一种比较讲究且有相当气派的形式。如前例南川县刘瑞庭宅大门，其门屋类似北方的三间硬山瓦顶做法，在立面上十分突出。

5. 八字朝门

类似门屋，将下厅房中开一大间为朝门。门

图 7–45j 庭院随墙石门

图 7–45k 中西合璧的院门

图 7–45l 重庆沙坪坝童家桥某宅中西合璧的大门

图 7–45m 江津白沙镇临街住宅腰门

两侧为斜八字板壁，或用砖做成八字墙，上嵌照壁图案。这种八字朝门不但门庭宽敞，而且形式活泼，有迎纳宾客之意，一般庄园或大宅院喜欢采用此式。有时还配石狮一对，以壮气势。

6. 牌坊门式

这是一种比较华丽堂皇的形式，一般民居采用这种形式，是逾制的做法。牌坊式门楼多用于寺庙会馆，即或祠堂也不可随意采用。这种形式有的在高大砖墙上贴出牌楼式样，有的直接做成四柱三檐式，有的牌楼式不用柱而用出挑屋檐的形式表现，也有的按牌楼式样用门屋跌落的形式表现。

注释：

[1] 黄忠怒．成都传统住宅及其他．建筑学报，1981 年 11 期

[2] 刘致平著．中国居住建筑简史．北京：中国建筑工业出版社，1990.172.

第八章　结构装饰与建筑特色

第一节　结构材料与构造做法

一、构架结构

四川大木作把构架称为排列或列子，其上搁檩子，正脊处的檩子称为正梁或大梁，檩上有桷子，然后铺冷摊瓦或稻草等覆盖材料。构架制作的尺寸匠作口诀有“房不离六，床不离五”的说法，即大木作尺寸尾数要压在六寸上，小木作尺寸尾数压在五寸上，方为吉利，如开间一丈一尺六寸，中柱高一丈八尺六寸等。川南及渝东南一带邻近贵州，常取“房不离八”，以八为吉数。[1]木构架列子主要有两种，一是穿斗式列子，或叫硬列子，另一种是抬梁式列子，又叫抬担式列子。民居的结构方式主要以木结构为主，其他还有多种类型，常用的有以下几类。

1. 穿斗结构

这是一种最为普遍采用的方式，施工方便，用料精省，结构紧密，整体性能和稳定性好。主柱为圆木，断面较小，看上去纤细轻快。通常一柱一檩，或隔一檩立一柱，隔檩之间用瓜柱。一般檩距为3尺许。一柱一檩即为每步架立柱，柱子排列较密，称为“千柱落脚”。一般人家正房为三间五架或七架，即可用五檩七檩。大户人家有用到九檩，最大的正房用到七间十一檩。用五柱的称“五柱落脚”，用七柱的为“七柱落脚”。有的正房为五间九架，采用五柱落脚，余四柱为瓜柱，则称“五柱四”做法，或称“五柱四瓜”。柱与柱之间的联系用穿枋，一般至少三穿，根据檩数有四穿、五穿等。除此之外，柱身及柱脚也须用穿枋加强连接，柱脚处的穿，称地脚枋，设楼面的穿称楼栿或楼枕。地脚枋一般置于支承柱脚的条石基础上，称为连磉或基脚石。地脚枋除了本构架柱之间设置，在构架之间的前后檐柱下即房屋四周均要设置，如地圈梁一样可加强全部构架的整体性。二列构架之间的联系使用枋子，称为拉欠，视具体情况横向设多道。在这样的构架基础上可产生若干变化，如普通宅院正房五间七架或九架带前廊或后廊，若出双步廊即二个步架，又称三架廊子，可达2.5米左右，已是较为宽敞（图8–1）。

2. 抬梁式结构

这种结构形式常不用中柱，在前后金柱或檐柱上置抬梁即过担，其上承檩挂枋欠，通常用于需拓宽空间的厅堂。抬梁最长用到五架，上为三

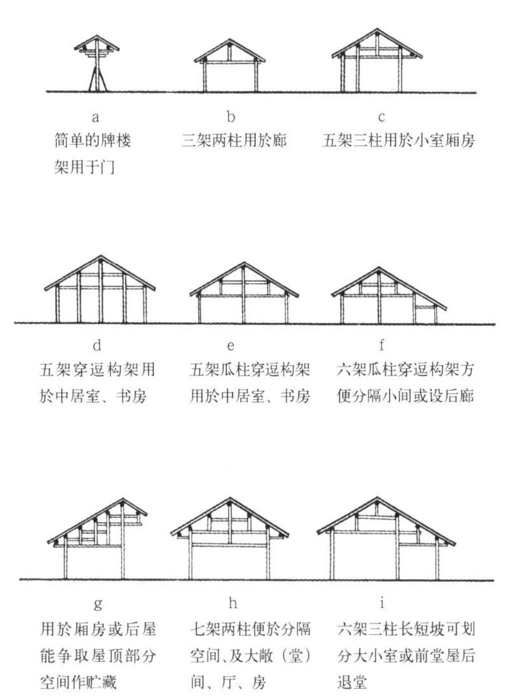

j
四架两柱卷棚作廊道
k
五架两柱卷棚作宽廊小室
l
卷棚穿逗步架结合的构架用作前敞廊、后退堂的堂屋
m
九架抬梁挑檐构架、用於厅堂大空间
n
五柱十一枍不等瓜柱的穿逗架用於大进深的正房或堂屋
o
悬挑构架作下厅上望楼
p
长短坡等瓜柱穿逗构架、短坡一面可作二层楼房，或临街铺面、下店堂上库房。
q
穿逗构架、用於做工考究的民居或公共建筑

图8–1a 木穿斗构架形式

架梁。五架梁下为加强承载力，有时附加随梁枋，不承重，称为一过担或耍担。五架梁为二过担，设随梁枋则叫一过担。五架梁上置云墩托三架梁，具装饰效果。三架梁上立瓜柱或云墩，上承脊檩，即大梁。大梁常用圆木双料，用料粗壮，下绘彩色漆饰。在做法上四川的抬梁与柱结合是梁头插入柱卯口内，柱直接承檩，不像北方梁柱接头是梁头搁置于柱头上，以梁头承檩。从受力传递来看，四川做法更为简洁明确，而且结合稳固紧密，北方做法更显美观一些。按北方大木作规范做法，有"堂屋有中柱，厅房无中柱"的制度，但四川民居不论厅房堂屋使用中柱的较多，只是有些比较讲究的厅房多用抬梁。更常见的是将抬梁式与穿斗式结合使用，既经济合理，又实用美观。有的是房屋进深大时，中间为五架梁，前后为穿斗架。有的是房屋中间各列架用抬梁式，两山用穿斗式（图 8–2）。

3. 土石结构

一般山区多因地制宜，就地取材，采用当地的砂土、石材等做墙体用以承重，其上直接搁置檩条。一般下部为石基石墙，以利防水，上部为土墙。在川北和川南有的土墙房屋和碉楼可用至百年以上。也有全部用石墙或土墙作承重和维护结构的。

4. 土木（砖木）混合结构

这种形式在一些山区丘陵地区采用较多，即把木穿斗架与土墙承重相结合。特别是带前檐廊的农宅，常是室内为土石墙结构，檐廊部分为木穿斗结构。还有的房屋中间为穿斗架，二山为土石墙，并与后檐的围护土墙连接在一起。这些都是一些经济简约的结构做法。另一种混合结构是砖木混合结构，即用砖代替土石砌墙。有的木构同封火墙相结合，有的吊脚楼以砖柱代替木柱承重，也是一种混合结构，或用长条的方形石柱代替木柱，是较为讲究的高规格做法。在后期砖木混合结构采用越来越普遍，形式也有各种变化（图 8–3）。

5. 捆绑式结构

此种系采用竹结构或竹木混合的结构，尤其是经济条件较差的简易民居或吊脚楼民居采用较多。所谓捆绑式，主要是指构件的连接方式不是榫卯技术，而是用绑扎方式，即构件组合交叉搭接用竹篾条或棕绳等系紧扎牢，成为排架。因此其围护结构必须用轻质材料以减轻负荷，如竹编泥墙或芦席竹笆墙等（图 8–4）。

图 8–1b 穿斗构架与中柱

图 8–2 抬梁式构架形式

二、围护结构

1. 石墙

1）条石墙

四川把条石称为"连二石"，分小连二和大连二。小连二石大约 60 × 30 × 30 厘米，大连二石约 80 × 30 × 30 厘米。这种条石砌筑的墙有干码和灰浆湿砌两种做法。石材表面进行精加工，錾出整齐的各式纹路，四周剔平线脚，是比较美

图 8–3 砖木混合结构的吊脚楼

图 8-4 竹木捆绑式吊脚楼

图 8-5 富有地方特色质感的红砂石墙

图 8-6 连二石墙及石檐压顶

观的做法。未加工或粗加工的为毛石墙。川西一带有种土红色砂质岩，砌出的石墙很有特色（图 8-5）。

2）乱石墙

用形状不规则大小不一的石块砌筑的墙叫乱石墙或溜子墙。可以勾缝，使石块形状突显，也可以做缝出线脚如虎皮纹，也叫虎皮墙，是较讲究的一种做法。

3）卵石墙

用河边的鹅卵石，川人叫“河石宝”来砌石墙，有特别的艺术表现力。但砌这种卵石墙，要保证结实而又美观要有相当的技术水平。

4）石柱石板壁

有的地方出产青石，用开出的板材做石墙，是一种较昂贵讲究的做法，常与石柱结合使用镶嵌其中，有的石柱高达二层以上（图 8-6）。

2. 砖墙

这种墙使用的青砖为青灰色，砖的尺寸变化很多，一般约 3×6×9 寸或 2×4×8 寸，常用作山墙、封火墙、前后檐墙或金柱墙、腰墙以及围墙，多做成空斗墙，或称斗子墙。这种墙将砖竖砌成盒斗状，中空填以碎砖杂土之类。砌法有一斗一眠、三斗一眠或五斗一眠，即每隔三个或五个砖盒斗铺一层横摆的砖以加强整体稳定性，盒斗砌法有高矮斗、盒盒斗、马槽斗等多种形式。照壁墙常为实砌，不用斗。空斗墙除了作围护墙，有的在山墙或封火墙处也作为承重墙。这种墙坚固耐用，有的厚达一尺多，高至二层以上。砖墙视需要也有花式砌法，砌出各形图案，也可表面粉灰刷白（图 8-7）。

3. 土墙

土墙分为两种，即夯土墙和土坯墙。夯土墙又称为版筑墙、桩土墙，即用模型板以土夯筑而成。土分三类：一类是鹅石子、砂土、石灰三合土，一类是砂土、石灰，一类是砂土、碎砖、瓦碴。为加强连接的整体性，每版之中加铺竹筋或木骨。土坯制作内掺稻草之类可防裂增加强度（图 8-8）。

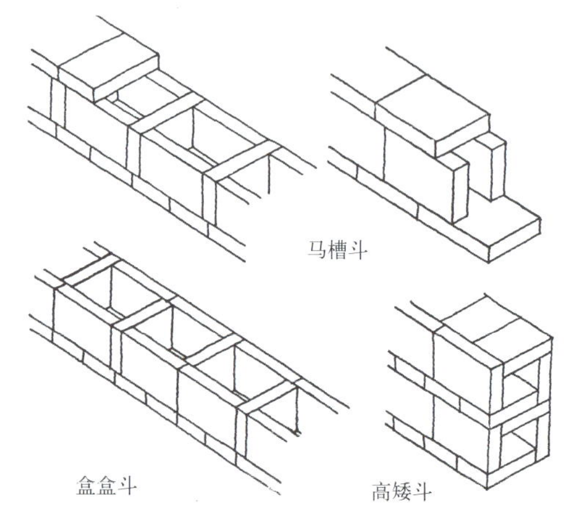

图 8-7a 空斗墙砌法

4. 板壁墙

即在木柱枋之间镶嵌木板做隔断墙壁，又叫装板或板壁，是一种比较规范的做法，可出各种线脚框边形成图案性的装饰。特别在堂屋或花厅装饰要求较高的地方，多做成木板壁。明清民居早期的木板壁用料粗大，有的拼板厚达 1 寸，长近 1 丈十分坚固耐用（图 8–9）。

图 8–7b 空斗墙砌筑的房屋

图 8–8 西昌川兴区高山铺村石墙与土坯墙

5. 竹编夹泥墙

在普通人家特别在乡间这是最常用的墙壁，有很多优越性，价廉物美。一般做法是将墙壁的柱枋分隔成二三尺见方的格框，在里面用竹条编织嵌固，然后以泥灰双面粉平套白，轻薄透气美观，又不易开裂，因竹片坚硬又会响动，既可防鼠又可防贼。竹子在四川遍地皆是，来源十分丰富便宜（图 8–10）。

三、屋顶结构

四川民居的木构房屋的屋顶轻盈灵动，除了使用小青瓦和大出檐的原因外，同它的屋面坡度做法有很大关系。四川匠人将屋坡举折做法叫分水，即檐柱至中柱的水平距离若为十尺，举高一尺叫一分水，举高五尺叫五分水，一般悬山屋顶多为五分水（26° 34′），也就是房屋构架高跨比 1 ∶ 4，高的有做到六分水，低的也有做到三分水的，也未漏雨。

屋面常做成内凹的略微平滑的曲线，侧面轮廓优雅流畅，具体做法是略将檐柱抬高数寸，使出檐的屋面上扬，既方便排雨，又利于采光。正房屋面常做成长短坡，前檐高于后檐，有时也将前檐步架略微缩短，相对柱就自可加高，以显示正房高昂的立面形象。此外，两山的木构架略高，

图 8–9 合江尧坝镇周家院大门两侧敦厚的木墙壁装修

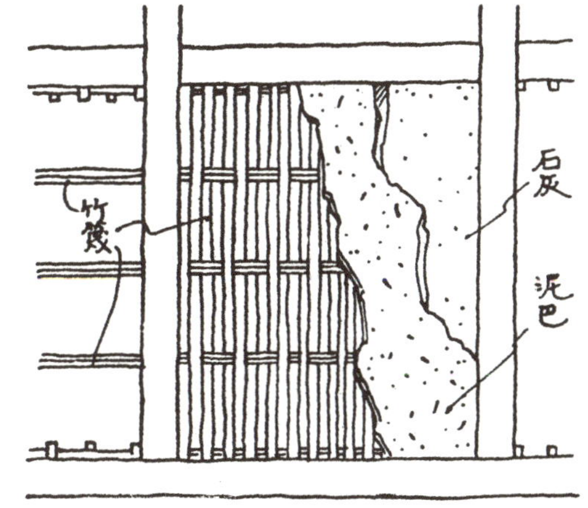

图 8–10a 竹编夹泥墙构造做法

图 8–10b 竹编夹泥墙局部

令屋脊呈生起曲线，同时以东为上，有“青龙抬头，白虎低头”的禁忌做法，即房右山生起不能高于左山，右路厢房高度不能超过左厢房。整个屋面坡度较为平缓，屋面曲线柔和舒展优美（图8–11）。

草顶的做法十分有趣，虽然有简陋之感，但也表现乡民的乐生态度，一般先是在檩上用竹竿代替桷子顺屋面铺排，竹竿径一二寸，间距2尺左右，用篾条绑扎于檩上，再横排竹竿成方形竹框架，在框架内横扎宽篾条数根，这样形成屋面的网状结构。然后开始从下往上铺设稻草，厚约半尺，铺到脊上扎成束把，可以扎出许多装饰花样。草顶表面压紧平实，檐口剪边整齐美观（图8–12）。

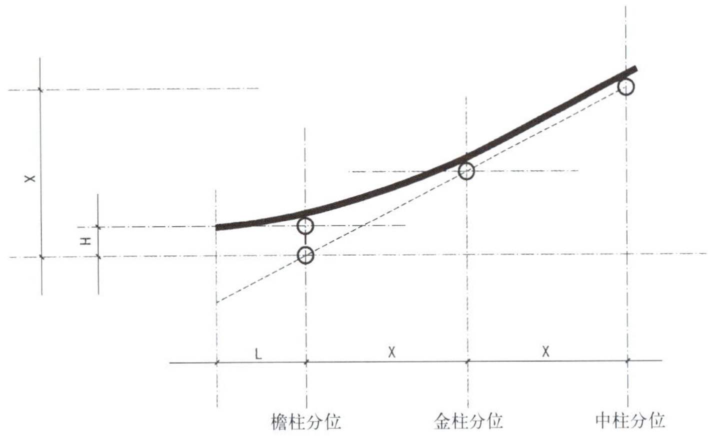

图8–11 屋面坡度曲线举高与举折（五分水）

图8–12 茅草房的做法

四、出檐结构

屋檐出挑做法挑出深远是四川民居独特的构造方式。有两种出檐类型，一是悬挑出檐，二是转角出檐。

1. 悬挑出檐

悬挑出檐的出挑方式从受力构造看可分软挑和硬挑。软挑类似于插栱，早在2000多年前的汉代画像砖上就有这种做法的表现。所谓软挑就是从檐柱挑出扁枋，后尾压在一过担之下，受力如杠杆原理。软挑一般出挑不大，通常一步架，连檐口伸出，可达四五尺（图8–13）。硬挑是利用通长的穿枋出挑，变化方式种类很多，可达三四十种，从出挑数量和长度看主要可分四种（图8–14）。

1）单挑出檐

自檐柱到檐檩挑出一步架，挑枋前头较大往上翘，后尾插入金柱，挑头上有时加吊墩或吊瓜作为装饰。

2）双挑出檐

采用双层挑枋，出挑二步架，深度可达六七尺，常用于大门及厢房的出檐，少用于正房。若正房要出檐这样的深度，多采用单挑出檐再加檐廊的做法，显得空间通透而庄重。双挑又有双挑吊墩和双挑坐墩两种。吊墩，又称吊瓜，即在立撑垂下部分雕刻纹饰图案如瓜状。坐墩，即在挑枋上坐置带雕饰的方形云墩或小斗。

3）三挑出檐

为求得更大的出檐而下部空间又不便做檐廊列柱的，可采用三层挑枋出挑三个步架，深度更可至4米。为加强支承力有的在最下一层挑增加贴角木或雀替。挑枋常利用木材弯曲形状，拱弯

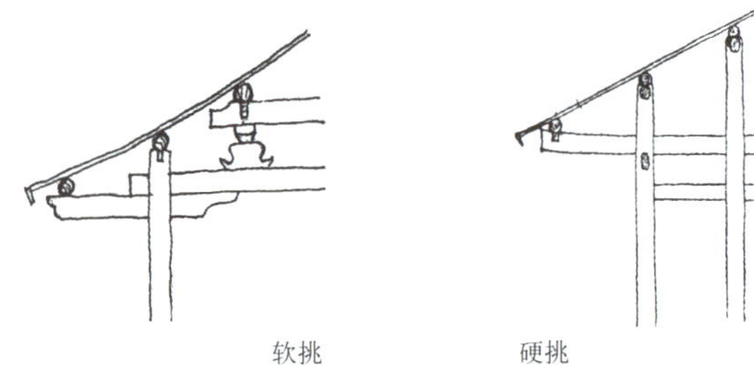

图8–13 软挑与硬挑出檐结构做法

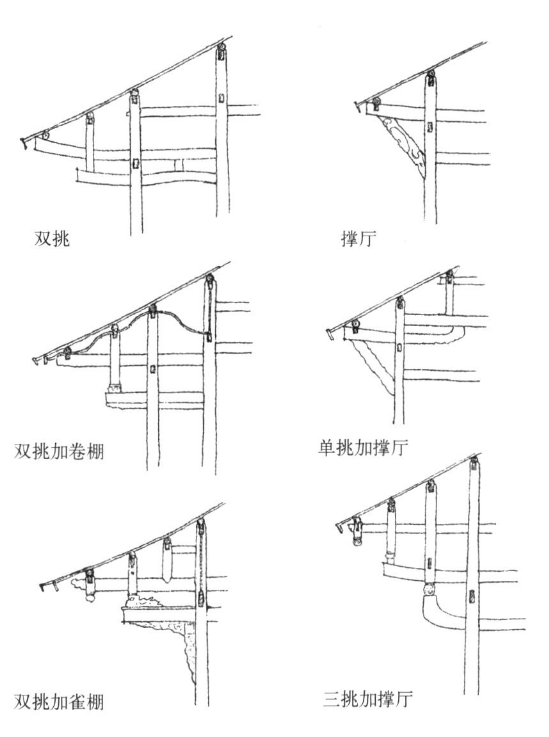

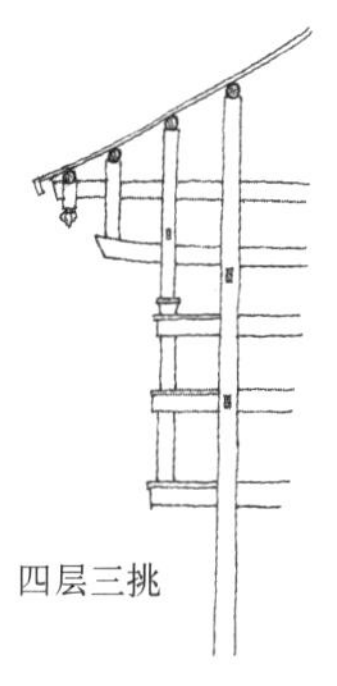

图 8–14a 硬挑出檐结构形式

图 8–14b 出双挑带坐瓜

图 8–14c 四层双挑大宽檐

向上，有的挑枋选料呈大刀状，大头朝外，向上弯出，粗犷有力。有的出挑深远，为加强支撑力，还将挑枋以下的穿枋伸出，再立短柱，形成多达四层的组合挑。

4）撑弓出挑

在挑枋下增加一斜撑，称为撑弓或撑拱，使之形成三角形结构形式，有更大的支承力，可以出挑更深。撑弓有板状与柱状两种。为装饰常将撑弓贴金漆画雕饰，花样繁多，甚至透雕山水人物故事等。后期一些镂空雕刻，异常精细，有的工饰繁复有加，使撑弓失去具有受力作用的意义。但因撑弓正斜面很易于观瞻，所以常当作正面装饰的重点部分，成为一大装饰特征。

2. 转角出檐

转角出檐即翼角出挑，四川做法与北方做法有很大的不同。通常是挑出爪把子（老角梁），其上斜立爪尖子，又叫立爪（子角梁）。为支持其稳定性，于两侧夹持顺弯的虾须木，长约三步架连接于挑檐檩上，再在其上平行铺设椽子，而不似北方的放射状铺法。这种方式有宋以前古代做法的遗意（图 8–15）。

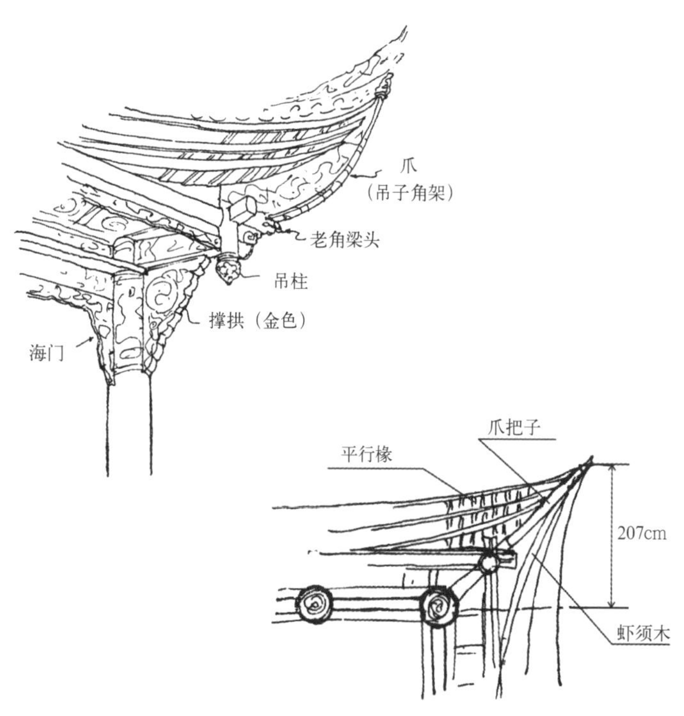

图 8–15a 翼角出檐仰视及透视

图 8-15b 翼角出檐仰视

图 8-15c 翼角出檐斜撑雕饰

第二节 装修与装饰艺术

四川民居的细部装修与装饰风格除了少数富豪大夫第宅院追求华艳气派外，大多数较为清淡素雅，简洁大方，通常在个别重点部分略加雕饰彩绘，其余不事繁琐，而是结合材料功能施以适当美观化的处理。相比较而言，川中成渝地区的建筑装修装饰工艺制作水平较高，艺术风格趋于柔丽考究。

一、装修重点部位

1. 门及格扇

宅院大门既是立面的主要表现形式，又是装修装饰的重点部位，除了上一章谈到的各种大门基本形式外，在装修艺术处理上比较隆重讲究的做法是设平直或八字形的内外照壁，门两侧安设抱鼓石，有的更立石狮一对气派犹如王府。大门挑枋、额枋施以彩绘，门簪刻吉祥图案，或乾坤卦象符号。大门双扇画有门神图像，甚至用沥粉贴金施绘、气势非凡。

门的式样可分为板门、格门、三关六扇门、屏门等式样。板门又叫五路锦一面镜形式，或鼓皮式，即单扇或双扇门的正面门板为光平如镜的素面，背面露出门框五六路，是最简洁而普通的做法。

格门，又称格扇门、格子门，即用门边及门档装成五路锦式（即清式六抹格扇），上部为窗心，下部做格板，每间可分四扇或六扇。格门的窗心图案十分丰富，不可胜收。窗的式样也十分多样，如格子窗、圆窗、菱形窗等，腰板和裙板也有精致的浮雕图案。

三关六扇门，多用于正堂和花厅的前面，即将面宽分为三部分，中间为双扇板门，左右为两对格门，板门与格门中间安门枋。平时开板门出入，必要时才开格门。这些门都可灵活装拆，需要时可全部卸下。此种形式的门为四川民居所特有，使用十分普遍，为北方等地区少见。

屏门，这种门主要用于朝门或正厅，以隔内外，但平时不用，而在屏门旁边左右另设较小的折门出入。屏门和折门常配套设置，均为板门式样，仅比例高瘦，工艺较讲究，拼缝精细，光净如洗，油饰黑漆锃亮庄重，精致而雅素。

另外，值得一提的是半截门，类似栅栏，这种门在场镇临街住宅中附设于大门上，多为直棂式门，高度为大门一半左右，多为双扇，平时关上，主要防止家畜或外人闯入，虽形式简易，也很有装饰性的生活情趣（图 8–16）。

2. 窗

窗的种类花样很多，是民居装修艺术中表现最集中、最丰富、最生动的部位。它的艺术表现形式同采光通风功能紧密结合。在当时条件下很少用玻璃，而是用薄的白纸或绫绸糊窗，所以窗棂较密，有些不能开启的窗，通风采光性能较差，但色彩对比鲜明，花格案突出，生动有趣。有的

图 8–16a 各种门饰做法

图 8–16d 格门裙板雕饰

图 8–16b 三关六扇格门

图 8–16e 格门格扇花饰

图 8–16c 四扇格门

图 8–16f 前厅具有防卫功能的大板门

图 8–16g 三关六扇板门小院

窗采用白云母薄片贴窗花格，既为装饰又兼透光，但造价不菲，是一种贵重考究的做法。

普通民居中的木窗常分为风窗、开扇窗、提窗副窗、卡卡窗等多种。

所谓风窗，即檐枋和照面枋之间的横披窗，多为固定的格子形，用较粗大的木条子做成各种不同的格花图案，主要用于需要加强通风的厅堂。

开扇窗即槛窗，下有槛墙，可为砖，也可为板壁，厢房多用。窗的做法类似格门，窗心和下段平盘、裙板都可装拆，取下后，房间即为敞口厅。

提窗副窗类似北方支摘窗，多用于卧室、书房等日常生活起居要求较高的房间。窗分两段，

冰裂纹　灯笼锦　龟背锦　龟背锦格心

如意锦　如意锦　灯笼锦　如意锦

灯笼锦　灯笼锦　灯笼锦　灯笼锦

图 8–17a 各种窗饰做法

上段高可支撑开启，下段低约尺许为固定扇。这种窗使用较为普遍。

所谓卡卡窗，多用于正堂厅房左右次间，尺寸较大，做法及花格装饰都较精致，是门窗装修装饰水平具有代表性的部位。这种窗一般不开启，卡紧在枋子上，故以名之。但也可在窗侧安横轴如中悬窗，可上下翻转开闭，又叫“翻天印”窗。

窗的装饰艺术表现主要在窗心的花饰和图案，如直棂、回字、万字、井口字、冰纹、豆腐块、冬瓜圈、步步锦、角菱花等等，有的还雕刻花心，嵌于格子节点处，更显华艳，如蝙蝠、寿桃、梅花等，花样之繁多，题材之丰富，工艺之精细，不可胜数。有的甚至将窗心扩大占到整个板壁的一半以上或整个壁面均做成窗心式样，变成落地大窗，十分堂皇瑰丽（图 8–17）。

图 8–17b 开扇槛窗花饰

图 8–17c 宜宾李庄镇精美独特的窗饰

图 8–17d 窗格灯笼锦与冰裂纹花饰

图 8–17e 窗格龟背纹花饰

图 8–17f 各种“翻天印”窗花饰

图 8–17g 各种圆窗花饰

图 8–18 雀替与挂落彩绘

图 8–19 南溪李庄营造学社旧址小青瓦檐口连续弧圈灰塑装饰

3. 隔断、花牙、挂落

室内隔断多为固定式的木板壁装修，分格做工精细，可有嵌花或花格图案等装饰，也可做成博古架式，多用于厅堂、书房、佛堂、经楼等处。活动的隔断可采用各式屏风或柜式家具之类。有的厅堂用屏风等隔成前后两个厅，称“鸳鸯厅”。

空间的分隔一般是隔而不断、隔通相随的处理方式，如用花牙子、花罩、挂落等装修手法。花牙子位于梁柱交接处，与雀替不同，纯粹为装饰构件，无结构受力作用。花牙子形式多样，自由纤细空灵。挂落是上部花牙子左右连成一片的形式，也叫天官罩或花罩。有的花牙子组合演变成上下左右贯通的落地罩。花罩有圆形、方形、曲线形等。这些花罩的图案多为动植物形象或几何纹样，题材丰富生动，是木雕艺术的重点表现部位（图 8–18）。

4. 外檐装修

一般民宅外檐装修十分简单，常在檐口板上略加连续刻花图案，或将下缘做波纹状。檐口瓦头滴水以白灰封口，形成自然连续的弧圈波浪线饰，十分醒目大方。比较讲究的是在檐柱及额枋间施雀替或花牙子等装饰（图 8–19）。

撑弓是四川民居外檐装修中常采用的重点装饰，上施各种图案精工细雕，不少喜作镂空的透雕，尤其是在撑弓上施红黑色油彩涂金雕饰，更为华丽（图 8–20）。最为考究的是在正堂花厅檐廊中采用卷棚装修，卷棚深褐色或红色的弧形格条与浅灰白色底子对比明显（图 8–21）。此外，檐廊的额枋、雀替及梁枋等处施以彩画漆作，廊内有的还设木石栏杆、栏板或美人靠等，高雅别致，成为全宅艺术空间处理的重点所在（图 8–22、图 8–23）。

5. 家具陈设

室内家具陈设布置对室内空间具有举足轻重的影响，特别是堂屋花厅等重要场所，家具式样

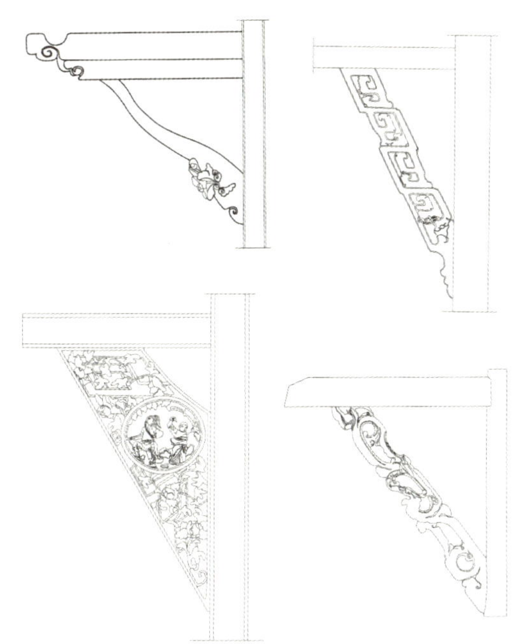

图 8–20a 各种撑弓装饰

图 8–20b 雀替式撑弓

与布置十分重要。虽然一般桌、案、椅、几等多为清代家具，但也有线条十分简洁，断面细巧的

图 8–20c 斜撑雕饰

图 8–20d 撑弓木雕装饰

类似明代风格的家具，做工也相当精良。

大户人家常用的太师椅，木料上乘，庄重大方，雕饰厚重，椅心多安设大理石板，取图案自然生动为上品。在堂屋中神龛和条案是很重要的陈设，有的神龛附着于后壁之上，有的神龛单独设置，可高达五六米，雕饰繁复，金碧辉煌。此外，床也是一种重要的家具，有的大型柜式木床，如同小房间一样，层层镂空雕刻，花饰丰富，甚至涂金粉彩，十分豪华，完全是一件制作精美的工艺品（图 8–24）。

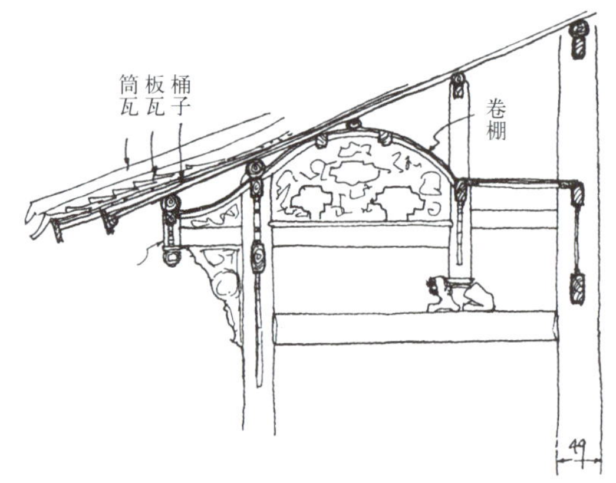

图 8–21a 卷棚构造做法

图 8–21b 卷棚装饰

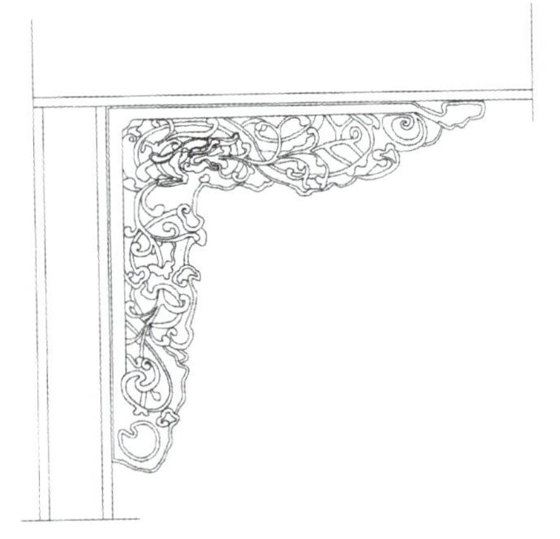

图 8–22a 雀替装饰

图 8–22b 雀替与撑弓彩绘

图 8–22c 雀替与柱头雕饰

二、装饰细部处理

1. 照壁

照壁也称影壁，起着围合空间、遮挡视线的实际功能，但同时也赋予它显示门庭、趋吉避邪的精神功能，因此常作为宅前重点装饰的主要建筑小品设施。一般有三种形式：一是在宅前大门对面独立设置，与大门围成一门前小广场空间；二是在大门两侧墙上设置；三是在宅门后单独设置或墙上设置。照壁做法通常是下部为基座，有

图 8–23 空花石栏板

图 8–24a 高大的透雕涂金彩饰神龛

图 8–24b 雕花涂金彩饰木床

图 8–25a 大照壁与砖雕

的基座为石须弥座形式或石刻线脚雕饰。上部为砖砌，中为壁心，常有砖雕图案，寓意吉祥富贵。照壁顶部做砖檐压顶形式，也有丰富的砖雕饰。在民居装饰中照壁占有相当重要的地位。既生动活泼又稳重大方，工艺制作都较精良（图 8–25）。

2. 屋顶脊饰

屋脊上的各种装饰在民居外观上是十分引人注目的地方，屋顶艺术表现力的生动性很大程度上有赖于脊饰的装饰作用，这也是四川民居地方特色的重要体现之处。屋脊通常做法用小青瓦堆砌，有的斜置密排，有的砌成空花瓦脊，也有用青砖叠砌出线脚，叫作空花砖漫花筒子脊。还有一种用泥灰塑脊，表面贴碎瓷片，甚至拼出图形。至脊两端起鳌头或鳌尖，又称翘头或老鹰头，使

图 8–25b 精美的照壁砖雕

图 8–25c 仿木斗栱砖雕照壁

图 8–26a 川西民居的通花屋脊

图 8–26b 民居屋顶中花装饰

图 8–26c 瓦垒中花

图 8–26d 瓦砌金钱眼中花空筒子脊

屋脊呈一舒展缓起的微曲线，简练美观富有气韵，尤其在屋顶转角处彼此穿插错落，十分生动。屋脊的正中常做中花，也称腰花。有的简洁，以三叠瓦砌成。有的则塑成高耸的山形空花图饰，贴蓝白相间的瓷片，十分亮丽别致，在房屋的天际轮廓线上，增添不少活跃气氛，富于强烈的造型和装饰效果（图 8–26）。

硬山屋顶的封火墙也有脊饰，各种形状不管是直线或曲线的压顶做成类似屋脊的形式。有的

图 8–26e 小青瓦灰塑鳌尖

图 8–27c 江津白沙镇桓侯宫十三滴水封火墙

灰塑各种空花图形，有的做成小瓦顶脊。在脊端处也有各种形状的翘头或鳌尖，其花样不逊于屋面脊饰。在房屋形象上高大的封火墙的装饰艺术效果是十分突出的（图 8–27）。

3. 梁枋斗栱

四川民居的梁枋装饰不多，一般木穿斗架基本不施装饰，仅在梁枋穿插连接的组合上作一些工艺上较为美观平顺的处理，如合理利用弯头挑枋弓形穿枋的形状等，也使之具有某种装饰色彩。对于抬梁式梁枋组合则有意识作一些装饰艺术的细部处理，如瓜柱下做出如花篮状或其他形状的吊瓜。承托梁架的坐墩做成三幅云图形线脚的云墩或其他各种形状。在卷棚、撑弓、各种花罩挂落等处的梁枋装饰多用彩绘油漆等做法。此外，正梁通常要进行一定程度的装饰，较华贵的做法是漆红帖金描彩绘，题上择吉建房日期（图 8–28）。

图 8–27d 江津白沙镇封火墙砖檐彩画

图 8–27a 各式封火墙图案装饰

图 8–27b 封火墙丰富多彩的形态与装饰

民居中施斗栱装饰的极少，目前只在川西南会理县发现有幸存的明代住宅局部采用了斗栱挑檐。但也有不少清代民居在出檐结构中常喜欢采用平盘斗或小斗作瓜柱垫头，使挑枋具有某种装饰美感（图 8–29）。

4. 栏杆

木栏杆常用于正厅或敞厅左右间及廊子的两侧。栏杆形式多为木条拼成各种花样，另有一种用圆形直棂，旋出各种西洋瓶式花纹，叫签子栏

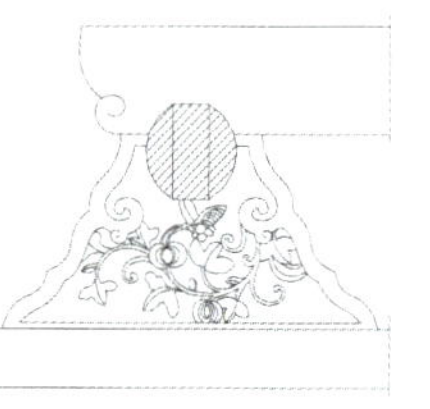

图 8–28a 各种坐墩装饰

图 8–28b 梁坊彩饰

图 8–28c 南充张澜旧居梁枋彩饰

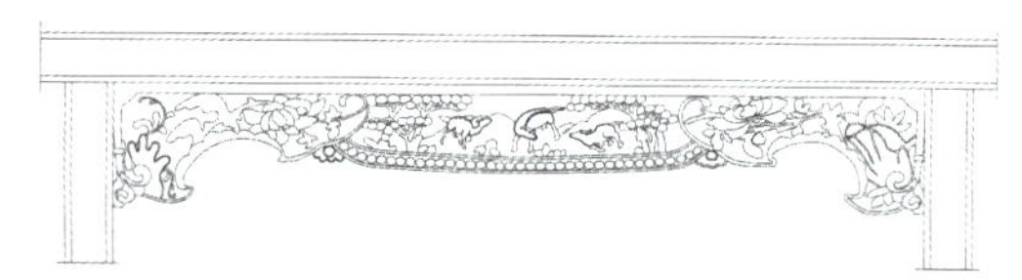

图 8–29a 额枋装饰

图 8–29b 会理明代住宅檐口挑枋类似斗栱的木雕装饰

图 8–30 穿廊内的美人靠

杆，为清末从沿海一带传入。较为华丽的栏杆是栏凳，即坐凳加曲木靠背，叫美人靠或飞来椅栏杆。石栏杆做法是用条石横置于小石柱上，简单朴素。讲究的做石栏板，施以线刻，也可有复杂的图案雕饰。有的乡间民宅或吊脚楼采用竹栏杆，用粗细竹竿绑扎而成，与当地民居形式相协调，风味确也独特（图 8–30）。

5. 柱础

柱础又名礤墩，一般为木柱的基础，有许多不同的形状和雕饰。多为鼓形、扁鼓形、覆莲形，也有方形、六角形、八角形等，甚至把柱础雕成狮、象或麒麟等动物形象，将木柱驮于背上。礤墩又分齐礤和盘礤。一般礤石为齐礤。在礤石上加六方形或圆形平盘石为盘礤。为加强防潮礤礅往后有加高的发展趋势。为安设地脚枋，有的礤礅侧面开卯口，或另凸出两块做成槽状，这种形式叫耳礤。礤礅的雕饰图案十分丰富，花草动植物及

图 8–31a 各式柱础之一

图 8–31d 各式柱础之四

图 8–31b 各式柱础之二

图 8–31e 各式柱础之五

图 8–31c 各式柱础之三

人物故事形象题材广泛。有的宅院各种式样的柱础多达十几种。承载穿斗构架的柱础用条石做成连续的地脚石，叫做连磉，有时外露部分也做成磉墩的形式（图 8–31）。

6、漏花窗

在民居庭院或宅园中常有一些隔断墙做成漏花窗形式，不但使空间既分隔又相联系，而且增加了活跃的园林气氛。漏花窗有砖砌空花，瓦叠图形，也有用陶瓷或琉璃件拼装。漏花图案十分多样寓意祥瑞，甚至有的用汉字拐拐、篆字纹等，以突出表现地方的装饰趣味（图 8–32）。

7. 对联匾额

民居的装饰艺术手法不仅以各种图形来表现，而且还充分发挥文字书法艺术来强化建筑艺术的感染力，建筑上的匾额对联就是其中之一。

图 8-32 福禄寿喜漏花隔断

图 8-33a 合江夕佳山黄氏庄园中厅匾额与对联

图 8-33b 合江尧坝镇周公馆内厅的匾额

如有的堂屋花厅额枋上挂有堂名，柱楹上刻有诗词名句，大门上有大夫第名号，宅园入口处有题名等等。这些对联匾额题名，文字精练优美，意境风韵高远，令居住环境更赏心悦目增添生活情趣。尤其是一些书香门第或殷实人家，注重家训格言，雅致淡泊，更透墨香，如宜宾某宅有门联："齐家有道惟修已，处世无奇但率真"，"事理通达心平气和，品节贤明德性坚定"。这些对联不仅表现了四川民居的教化作用和人文精神，而且也是民居装饰艺术的一种特殊表现手法（图 8-33）。

三、装饰工艺特征

装饰艺术的工艺通常包括木石砖"三雕"，灰陶泥"三塑"，"瓷贴"和油漆彩画等诸项。这些雕饰彩画不仅图案丰富多样，而且内容题材广泛，寓意吉祥美好，表达了对理想生活的企求和乐观风趣的人生态度。除少数较为繁复艳丽之外，大多数具有素描的艺术特征，色彩较为节制，尺度宜人，比例和谐，构图协调，质朴而不粗俗，精细而不矫揉。动物多为龙、凤、鹿、马、狮、麒麟、蝙蝠、鸳鸯、孔雀、喜鹊、鲤鱼等，植物多为松、竹、梅、桃、灵芝、莲花、水仙、牡丹、菊花、兰草、石榴及各类卷草、花卉等，用品多为琴、棋、书、画、笔、墨、砚、扇、如意及"暗八仙"等，文字多用福、禄、寿、喜、万等，人物故事多为三国人物、梁祝化蝶、伯牙弹琴、二十四孝、八仙过海、神话传说、戏曲故事及"渔樵耕读"等，大多都为当时民间喜闻乐见的艺术形式，是地方民俗文化和中华传统优秀文化精神的体现。

1. 木雕

民居主要为木构体系，利用这种材质，结合构件的使用功能进行适当的雕饰艺术处理，使材料性能、结构受力作用与装饰艺术三者有机统一，是民居木雕工艺的基本要求和重要特征。

木雕的手法种类很多，主要有线刻、浅浮雕、深浮雕、嵌雕、透雕、镂空雕等几种。

线刻是最简单的，是一种平面层次的雕刻，

并不求立体感。按图形剔凿出深浅不一的线脚，有的地方也刻旋出某种立体的感觉。这种雕刻法最讲究的是刀法流畅，线条沉稳有力，双线或三线均匀工整，要成为上品也非易事。

浅浮雕是使用最为广泛的雕刻方法，即在板材上雕琢出有立体感的凸凹层次，特别是在裙板、屏门、栏板等大面积雕刻上多用。

深浮雕也称高浮雕，是在浅浮雕基础上加深层次，常刻出至少有三个层次感的画面，使雕刻的物象有呼之欲出的感觉。这是一种工艺要求高的技法，多在额枋、梁面、栏板、雀替等处施用。

嵌雕，是一种特殊的木雕技法。方法是在底板上刻出图案后，须重点加以表现的地方刻出凹槽，然后另刻出嵌件，嵌件有的为木质，也有的为玉质、金属等其他材料，将之镶嵌入槽，形成立体感很强的画面，如有的窗棂格上嵌花心等。有的不用镶嵌，而用粘贴的方法，称为贴雕。如雅安上里古镇某民居窗心板的一幅姜太公钓鱼图，其钓竿和钓线用另外一种颜色的木件进行嵌雕和贴雕，工艺精湛细巧，历百年不脱不散，实为少见。

透雕，也称通雕。将深浮雕更发展一步，使材件刻通，造成玲珑剔透的感觉，也就是从正面一直可以雕刻至背面，成为完全的立体的雕刻。

镂空雕，是透雕最极致的一种雕法，即在雕件的侧背及中空等各面更为全方位的雕刻，有的透空甚至有好几个层次，整个物件完全成了一件纯粹的工艺品，特别是一些花罩、撑弓常用此法，以至有的构件基本丧失了结构支撑的受力功能，仅有装饰作用（图 8–34）。

图 8–34 木构件浅浮雕

2. 石雕

石雕多施于民居建筑的台基、石栏板、柱础、门槛、阶沿、踏步以及鱼缸、石梁柱、石牌坊等处。石雕技法类别与木雕相类。如线雕，即线刻，在素平的石面上按图形錾刻线条，再进一步隐雕，即宋《营造法式》石作雕刻制度中的压地稳起，使图案薄薄地凸现出来，有点类似寿山石镌刻的所谓“薄意山水”。使花纹图案更具立体层次的是减地平钑式的浅浮雕和剔地起突的高浮雕，这是在石面上使用最多的雕法，能使石刻图像的空间表现力在石面背景上得到最大的发挥，并与建筑物取得更紧密的结合。一般石栏板、柱础、台基大都采用这种工艺手法。表现题材的独立作品则用圆雕，如将石件雕成狮、象等，成为单独的建筑小品摆设。有些建筑构件如石栏板望柱上的雕饰，有些动物形象柱础，也常使用圆雕手法（图 8–35）。

图 8–35a 大门石抱鼓

图 8–35b 石牌坊圆雕

图 8–35c 石刻圆雕

图 8–35d 石鱼缸雕饰

3. 砖雕

川内民居一般使用砖雕较少，所施用的重点部位多在照壁、门额、门框、檐部及封火山墙的墀头等处。根据图样对青砖采用锯、刻、磨、钻、

图 8–35e 合江尧坝石牌坊生动的石狮

图 8–35f 石门头卷花字雕饰

剔等方法进行加工，再拼装砌筑。砖雕技法类型如浅浮雕、深浮雕等与石雕基本相似，但砖雕的工艺制作较为复杂精细，技术难度大，对匠师手艺水平要求较高，所以多在会馆寺庙中采用。川中较有代表性的砖雕艺术作品有阆中古城巴巴寺的大照壁（图 8–36）。

4. 灰塑、陶塑、泥塑

所谓灰陶泥“三塑”意指这类民居装饰工艺是通过湿作业的方法来实现的，在制作中其装饰艺术的表现在很大程度上取决于匠师自身的手艺及艺术素养，尤其是传统技艺的传承水平。在这一点上与砖雕制作有些相似，不像木雕和石雕花纹图案造型可以有事先拓描的图样。

灰塑是使用最广泛也是十分经济适用的装饰手法，其原材料取得较易，操作亦极便利。灰膏的制作主要是将白灰和砂按需要的比例制成砂浆即膏泥，再加入草纸筋成为纸筋灰，加入稻草、

图 8–36 砖雕图案

图 8–37a 中西合璧式民居入口灰塑装饰

图 8–37b 江津塘河镇某宅砖柱上的灰塑大白菜装饰

棉絮、麻丝等成为麻刀灰，调入各色矿物颜料即可使用。灰塑装饰可用于壁塑，即在墙壁上塑出有浅浮雕一样的装饰图画，但更多的是在各类脊饰上采用，做出各色各样具有漏空而立体感很强色泽艳丽的图形。里面的骨筋使用铜线或铁丝盘弯成图形，然后分层塑裹，粘结材料多使用糯米汁、红糖、鸡蛋清等，制作精良的屋脊灰塑甚至百年不坏。

陶塑是如同烧制青砖一样制作陶土塑件经烧制成建筑装饰构件，然后用粘结料砌筑而成，大多用于脊饰、漏墙、栏杆、花坛等处。但一般普通民居较少采用陶塑，主要是花费较为昂贵。

泥塑则是价廉方便的一种手法。所谓泥塑同灰塑相类，只不过用粘性较好的红粘土加入少量石灰、砂制成膏料，内中适当加入草筋之类材料防止开裂，多用于墙面上的壁塑装饰图案或塑像（图 8–37）。

5. 瓷贴

采用瓷器碎片作为主要装饰材料，这种装饰手法称为瓷贴、瓷片贴或嵌瓷。广东也有类似的做法，多在潮汕沿海地区使用。但在四川这种瓷贴装饰却应用十分普遍，不仅多用于脊饰，而且广泛用于民居的许多部位，包括一些粉灰线脚都可用瓷贴来装饰加工，甚至一些字体采用瓷片镶嵌凸显，十分醒目，如成都杜甫草堂的花径影壁上“草堂”两个大字就是用瓷贴做出来的，有强烈鲜艳的装饰效果。一般工艺上是同灰塑相结合，在基本成型的图案表面嵌入各色瓷片，常用青、白、蓝等色彩的瓷片，有青花瓷冰裂纹的装饰风格。其特有的活泼趣味美观大方，兼之工本低廉，雅俗皆宜，深受民众喜爱，故而瓷贴装饰成了四川民居装饰艺术主要地域特色表现之一（图8–38）。

6. 油漆彩绘

四川盛产桐油，民居木构则多以木材本色施以熟桐油二道罩面。这不似装饰，但胜似装饰。因为透明的桐油不仅能保护木材，而且暴露美观的木纹，有天然去雕饰之美，很有别一番装饰特色。四川多漆树，生产的土漆黑色，漆后油光发亮。一些大户人家大门多用黑漆涂饰，显高贵庄重。彩画喜用红花黑底描金彩画，多用于梁枋、撑弓、雀替等构件以及大门、正堂、卷棚、花厅等重点部位（图8–39）。

图 8–38a 瓷贴的翼角屋脊

图 8–38b 杜甫草堂瓷贴

图 8–38c 脊饰瓷贴

图 8–39 合江夕佳山黄氏庄园光亮的黑漆板门

第三节 建筑特色

传统民居是时代的产物，莫不深刻地记录着时代的印记。过去小农经济的农业文明社会所特有的耕读文化、思想意识、社会观念和审美情趣都对居住建筑产生极其重要的影响，同时也要受到当时生产力发展水平和技术经济条件的种种制约。四川民居多为清代建筑，近代以来虽有外来文化和社会发展的各种影响，而发生若干变化，但从建筑本质来讲，仍承续着传统建筑体系的脉络。不论何种社会阶层使用着怎样不同形制的民居，都是在有限的财力物力条件下尽可能地适应自然社会环境来解决如何适宜居住的问题，在长期的营建实践中，积累了丰富的经验，创造了许多富于地域特色的优秀处理手法。尤其是中下层大众的民居力图以最经济节省的方式获取最有效的居住空间和理想人居环境。这是尤为值得研究和借鉴的。对这些营建经验加以概括，四川民居的建筑特色可有如下数端：

一、谐和环境，布局灵活

四川得天独厚，山川秀丽，林木丰盛，终年着绿，环境生态优美。民居聚落不论平原、丘陵、山地、河谷等自然环境条件如何变化，皆一切因地、因时、因材、因人制宜，选择宜居环境，适应所处环境，改造不利环境，无论城市、场镇、村落、宅院、群组或单家独户，都注重相地选址和绿化生态环境的营造，力求与周围的自然环境相协调融合，达到共生共荣共乐的目的，充分体现了人与自然相互依存的人居环境观，以及“天人合一”的择居自然观和环境观。这成为民居建筑营建的基本理念和指导原则。

首先，反映在建筑选址讲求风水环境的追求上，相地作为营建房宅的第一步，就是考虑如何先谐和环境。小至民宅村落，大至场镇城市，规划建设无不以风水为本。尽管风水观念中有某种封建迷信色彩，但实则假言于风水，追求的根本乃是一种趋吉避害的理想住居育人环境，其中不乏生活实践经验的总结和科学合理成分。这是一种人居大环境观。居住建筑仅有内部小环境，而没有外部良好的人居大环境是极不完善的。

同时不论何种民居类型平面布局均依山就势，十分灵活，虽有轴线控制，也变通自如，弯折不拘，扩展随宜，尽量与周围自然环境融洽契合。房屋建设过程中也尽量不破坏原生态自然山川环境面貌，努力保护环境生态，与房屋周围自然环境相得益彰，而不是大挖大填，乱伐林木。与此同时，还有意识地培植经营民居内外空间的绿化环境，除了庭院及花园，还包括周围的林木、山石、塘堰、菜地、果园等，甚至不少场镇和地名就是用绿化特征和山水环境特色来命名的，如柏林场、大树湾、黄桷垭等，所以很多农舍宅院场镇风光十分优美，充满诗情画意，所谓“诗意的栖居”，亦不过如此（图 8-40）。

图 8-40a 山水之间的江津塘河古镇

图 8-40b 嵌合于自然环境中的合江福宝古镇

图 8-40c 水与绿化形成良好的生态环境

图 8-40d 与周围自然环境融为一体的乡村民居

图 8-40e 雅安上里古镇良好的生态环境

图 8-40f 林木掩映的临水聚落

图 8-41a 山地民居结合地形的丰富造型

图 8-41b 风格粗犷活泼的巴山民居

图 8-41c 田园中简约明快的川东民居

二、巧用地形，造型活泼

四川山地民居一个鲜明的地域特色就是善于适应地形，利用地形，最大可能地争取空间，充分发挥木穿斗结构的机动灵活性和经济简便性，因地制宜，就地取材，因材施用，造型生动活泼，体现出极其强烈的山地意识。

如前述的“山地营建十八法”，各种手法都不拘一格，极为灵活，实际运用，还远不止此，诸多手法在民居上也是综合的运用。每一种利用地形的手法不仅伴随使用空间的拓展，相应经济合理性得到提高，而且建筑空间与环境的自由变化，建筑造型和景观形象的生动表现，无不尽在其中。这些都是历代匠师和乡民山地营建丰富实践的积累和勤劳智慧的结晶。

正因为如此，所以我们说，民居是融于自然环境的有机组成部分，是镶嵌在山川大地上最美丽的生活图景，是从大地自然土生土长出来的“有根的建筑”，是富于“情感的建筑”，是“有机建筑”理念的真正代表（图 8-41）。

三、适应气候，空间开敞

因势利导，适应气候条件，创造多种经济适宜手法，不断改善人居环境，是民居的共同追求。不同地域的不同气候环境条件都对各地民居产生巨大的影响，从而使之表现出不同的建筑面貌，形成不同的建筑风格特征。与此同时，为适应各自的气候条件，创造了种种相应的处理手法和经

图 8-41d 山地民居的丰富天际轮廓线

图 8-41e 体型组合生动活泼的民居

验，从中可以深入了解，民居变化发展的原因和规律，得到有益的启示。

四川民居地处高湿热气候区，建筑如何适应这种特殊的气候条件是一个关系到居住环境质量和生活品质的重要问题。因此，长期营建经验使四川民居从建筑布局、建筑形式、空间处理到构造做法等方面无不体现出南方建筑开敞通透轻巧的风貌。许多适应气候的成熟手法，不仅经济适宜，简便易行，而且逐渐形成传统制度和建筑形制，大大提高了住宅的舒适度，有效地改善了家居生活质量。

在城镇聚落形态上，最突出的创造是普遍采用的适应本地气候特征的廊坊式、凉厅式街坊制度，并形成场镇统一的建筑风格。在民居平面类型上，主要以山地重台庭院加多天井为基本特色，各种形态大小的天井数量多少成了民居规模和宅院社会地位的重要标志。在建筑空间处理上，开敞和半开敞空间特别发达，变化尤其丰富自由。在结构构造上，遮阳、隔热、防晒、防雨、防潮等各种做法实用便利，经济合理又顺其自然，如此等等。至于民居绿化环境和小气候环境的改善，更有与众不同的林盘风水树风水林等经营特色，夏可防暑降温，冬可保暖防寒。因此，不仅房屋内部居住环境，而且宅院外部人居环境都因格外重视而取得良好的改善（图 8-42）。

图 8-42a 邛崃平乐花楸村徐家大院院坝与走马廊

图 8-42b 三步架半开敞的檐廊空间

四、礼仪有序，和乐亲情

在传统宗法制度下形成的四合院形制民居必然会受到家族伦理观念的浸染。从某种意义上说，四合院就是中华传统文化伦理解说的具象模型，院落空间的社会性质就是一种伦理空间。从这个角度来说，除去它的社会内容，四合院形制民居建筑是建筑史上最为成功最为成熟的建筑类型。此点即为中式院落民居与西式院落民居最根本的分野之处。《黄帝宅经》云："夫宅者，乃是阴阳之枢纽，人伦之轨模。"其意是住宅建筑是介于天地之间阴阳平衡合德之气聚集交汇的场所，是人类家庭生活伦理规范的空间模式。这句话，前者反映了住宅的自然属性，后者反映了住宅的社会属性。这是住宅的哲学定义，可谓在建筑学上独树一帜。四川民居四合院不论宅院组群大小，甚至包括其他非四合院类型在功能安排及房间平面空间关系的组合上，无不以上述伦理思想作为指导原则。

讲求家庭的尊卑等级秩序是伦理的重要表现，而伦理首要的是讲一个"礼"字。《礼记》有，"礼别异，卑尊有分，上下有等，谓之礼。"从供奉"天地君亲师"牌位的大礼到分别家庭长幼辈份的正礼均在四合院布局安排中有秩序地表现出来。礼仪规范还反映在各种公共活动和日常生活当中。礼仪要求甚至成了设计的规范。正是因为重礼仪之故，在住宅中用于礼仪活动的面积大大超过了用于居住的面积。正厅及堂屋主院落是主要的礼仪空间，当盛大的典庆活动不敷应用时，还可扩及敞厅檐廊等空间，将活动的门窗取下，可使内外空间连成一片。对外接待不同身份宾客也有不同礼仪空间的安排。一般客人前院倒座可以便谈，尊贵客人可入中院，两厢或跨院有客厅相待，还有男女各自的花厅之别，至为密友更有内室后花厅后花园伺候。这些礼仪要求使院落形态组合更为丰富多样。

"正"的规范也属礼仪的要求，孔子就有"席不正不坐"的规矩。在民居四合院布局中不论如何灵活变通，对主要的或核心的部分务必求正，而且位于显要之处。争取中轴对称格局也是求正的表现。四合院组群有主有从，有中心有围合，才能成为统一协调的整体。因此，有正房、正堂、正厅，有主院落空间等重要场所，成为设计安排和功能作用的重点。不仅其形状尽量方正，而且空间格调也求其清新宁静，以达到"清静以为天下正"（老子语）的境界。 由此也可以理解中式民居院落有较多绿化而没有西式院落设喷泉、立雕像那样的花哨场面。

虽有上面所说伦理讲礼的严肃一面，与此同时它还有充满和乐亲情、极富家居人情味的一面。所谓"天伦之乐"，四合院中追求"四世同堂"是传统家庭大团圆的理想。即或有"别财异居，人大分家"的习俗，也求聚在一起，可以互助互帮，相邻为伴。在一个大家庭中，尊长爱幼，相敬如宾，孝悌亲情，慎终追远，供奉先人。撇开宗法观念消极的一面，这些人类应有的品质美德集中体现在中华传统精神文明最充满生活情趣的四合院里，是四合院最有效地培育了这种家庭亲情和基本的社会伦理道德情操。生活在这样的大院里，人际交往和小家庭的邻里交往都十分方便，和乐精神空间无处不在。如何在现代住宅里遗传一点四合院家居的人情味和浓醇和谐的生活气息以及人文精神，的确是值得借鉴参考的（图 8-43）。

五、兼收并蓄，多元融合

从四川民居发展史可以看到，民居建筑作为古代巴蜀建筑文化的一部分同样源远流长。虽四川盆地封闭，但民居文化却不是在一个完全封闭孤立的建筑文化背景下演变发展的。在历史上古代巴蜀建筑文化同北方中原建筑文化和周围地区的建筑文化紧密联系，不断交流融合，相互促进影响。自秦汉以来，四川历史人文代有演变，不断有新因素加入，其中历代移民活动有重大影响。秦治巴蜀，大量北方秦人入川。三国时代刘备、诸葛亮主蜀，至唐又有玄宗僖宗避乱蜀中，不少北方中原人氏留籍。尤其明清的两次"湖广填四

图 8-43a 堂屋神龛装饰布置

图 8-43b 大门对联体现的家训格言

川”，大量南方诸省及北方等移民入川定居垦荒经商，四川的移民文化渐成主流。一方面各省文化和老四川土著文化相互兼收并蓄，取长补短，交融发展。另一方面各种文化因素多元并存，使省内不同移民地区表现出各自从原住地带来的不同特色，所谓“五方杂处，俗尚各从其乡”。来自五湖四海的“客户”在传播自身建房技术和制度的同时，根据对新环境的适应也不断吸取别人的经验，在融合交汇中呈现出多元交织共趋一体，逐渐发展形成新的四川民居建筑文化。这是一个长期而复杂的建筑文化现象及其融合过程。如四川同乡会馆特别发达，原因也是在此。而会馆建筑又与民居关系颇深，相互影响。从本质上讲，会馆就是放大了的民居，有些风格也来自民居。有的山地寺庙也受民居影响，采用民居形式，如峨眉山、青城山的不少寺庙具有民居风格，亦庙亦居，全然似民居山庄院落。

川内各地区民居各具风采，除自然因素影响外，人文历史因素影响颇巨。四川民居建筑虽一直没有断绝同北方中原地区包括北方官式建筑的联系，但在封建社会末期，伴随移民受南方建筑影响较大。川北近陕西汉中、渭南，民居兼具川陕厚重朴实风格特征。川东南及川南的廊坊式场镇和抱厅敞厅天井院以及类似骑楼的做法，又与两湖民居及广东民居等南方民居有某种传承关系。一些客家民居的形制如三堂两横、土围碉楼等做法也有不小的影响。这些地区气候也与广东相似，建筑形式无须经过大的改造，便因袭过去的做法，但又结合四川的地形、气候、材质等条件的不同，发挥四川传统的穿斗架、夹泥墙、小青瓦、大出檐、长吊脚、高筑台等原有地方特色，相互结合，呈现出别具一格的建筑形象和气质。

至于近代以来，西方文化势力侵入带来的种种建筑影响，也并未完全照抄照搬或完全拒绝，而是择其善者而用之，并巧妙地结合到自己的建筑形式中去，虽为“中西合璧”，也是中学为体，西学为用，有所借鉴创新，“土洋结合”，风趣可爱，在外来文化式样中渗透着深情的乡土气息。

此外，四川山地四周还有许多少数民族居住，历史上的民族融合演变也必然会产生影响投射到民居建筑文化上来。川西阿坝、甘孜藏族羌族地区、凉山彝族地区、川东南和川南的土家族苗族地区，都有自己的独特住居文化，如藏族的“碉房”，羌族的“邛笼”，彝族的板房，土家族的吊脚楼等，在与汉民族民居的交流中，都有不同程度的相互影响，形成四川民居多元融合并存的生动局面（图 8-44）。

图 8–44 自贡张家花房子

六、不拘法式，风格独特

在封建社会时代，四川远离北方统治中心，加之山川阻隔，环境封闭，北方正统建筑法式影响多力所不逮，而四川民居作为民间乡土建筑受封建专制思想的限制束缚较少，所以多有“僭纵逾制”之举，不拘法式，不落常套，灵活多变。在长时期的多元融合中逐渐形成风韵独到、自成一系的地方特色。如同独特的四川方言一样，具有浓郁的泼辣、幽默、率真的“川味”风格。其造物处世态度之超然，犹如成都宝光寺一对联云：“世外人法无定法，然后知非法法也；天下事了犹未了，何妨以不了了之。”同时又因各地区复杂多变的自然地理条件和历史人文背景表现出意趣各个不同的地域特征。正是这种统一中求变化，变化中求创新，使四川民居异彩纷呈，风格独特。

总的来说，四川民居的美学风格及建筑个性特色可以集中概括为薄透、轻灵、秀雅、朴素、飘逸这五大基本特点。

薄透，主要指民居的空间围合手法与效果。民居房屋的屋顶多为小青瓦冷摊覆盖，墙多为木板壁竹编夹泥墙，甚至芦席竹笆墙都是薄而透气的。居住空间以敞厅、檐廊、庭院等开敞通透空间为主。整个建筑氛围轻松舒朗，没有压抑沉重之感。

轻灵，这是基本的建筑造型手法。轻盈的建筑形象，灵动的建筑组合，灵巧的地形利用，灵活的构造做法以及大开敞，宽出檐，多层挑，斜撑弓等造型要素都给人以举重若轻的洒脱。四川民居川人多有描述，“青瓦出檐长，穿斗白粉墙，悬崖伸吊脚，外挑跑马廊”。尤其是悬山屋顶曲线姿态舒展潇洒，薄薄的黛黑色瓦顶加上通花屋脊和生动的翘尖，轻盈明快风格油然而生。

秀雅，不论单家独院或多天井台院，在所处自然山水环抱中，与青山绿水和谐协调，充满灵秀之气。建筑用材绝少粗笨，建筑装饰绝少堆砌，建筑体量绝少厚重。尺度小巧宜人，空间亲切有趣。特别是乡间山区的农宅，或独户小院，或三五户组团，或几个小院，若即若离，错落有致，侧畔小桥流水，竹林浓荫围绕，石板路蜿蜒在田野之上，吊脚楼悬挂于山谷之中，更感民风朴实醇厚，乡情亲切。宅院花园也是清新秀丽，不事华艳，加上匾额题对，充满温文尔雅的耕读文化氛围。

朴素，更多地反映在装修装饰和地方材料的应用上。四川民居大多就地取材，巧为搭配，以突出材料本色质感为自然美表现。木构民居多为天然本色，黛黑色小青瓦，红棕色木框架，对比纯白色夹泥墙，在绿色林丛中，十分恬淡活泼明快。有的房舍台基阶沿采用当地产的红砂石，完全同周围山石大地环境混生交织。山区土房草顶更是朴实的山居。一般装饰较为节制，多为本色油饰，少有过分的雕梁画栋，彩绘图案用色也以淡雅为主，仅在个别重点施金涂赤。在风貌上，不少小场镇或沿溪傍河，或依山临水，远看都似一幅水墨淡彩抒就的山水乡居图画。

飘逸，这是对四川民居美学风格上一种艺术审美的品位。中国地大物博，建筑文化各地都有自己的艺术个性，南北有差异，东西各不同。北方多王侯气，江南多书卷气，岭南多商绅气，西北多豪侠气，西南多飘逸气。这飘逸气大多与道家思想有关，所谓仙风道骨者，道家即崇尚飘逸。具道家风范的大诗人李白诗云：“蜀国多仙山，峨眉邈难匹。”飘逸气多与仙山有关。道家精神多蕴藏于民间，而“川味”大体也含有飘逸、洒脱、质朴的品格。这大概与道教源于四川，而四川又多仙山之故有关。四川民居植根于大地，融合于自然，建筑形象轻快灵动，在山水间皆可入画。这种民居风格反过来又影响到山地寺庙，如峨眉山、青城山许多寺庙道观都采取民居构建做法，亦庙亦居，亦庄亦谐，具山庄风情，与周围的自然环境和民居风格相谐调呼应，亲切宜人，朝山拜佛与住宿休养两相称便，为游人香客津津乐道（图 8-45）。

除上述共性外，川内各地区因地域差异又各有侧重的表现，如川东更多俊俏灵巧，川南更多通透开敞，川西更多平和素雅，川北更多敦实粗犷，川中更多精细秀丽。在风格统一共性中表现不同地域的乡土建筑文化的个性，这正是优秀的传统民居的可贵之处。与此同时，四川民居的美学风格和艺术特色也从民居建筑文化的角度反映了川民不怕吃苦、勤劳能干的聪明才智和乐观诙谐、机敏大胆、率真泼辣的地方性格，以及巴蜀传统建筑文化不断传承与开放的品格特征。

图 8-45a 峨眉山民居外观

图 8-45b 峨眉山洪椿坪具有民居风格的寺庙

图 8-45c 具有民居风格的峨眉山寺庙纯阳殿入口

在形象风格上有学者对北京四合院以书法来进行比拟，认为王府“官式建筑犹如堂而皇之的楷书，江南民居好似轻盈奔放的行草，北京四合院则更接近于古朴的汉隶”[2]，倘若如此，那么四川民居便是那挥洒不拘的狂草了。

注释：

[1] 李先逵．干栏式苗居建筑．北京：中国建筑工业出版社，2005.74.

[2] 陆翔，王其明著．北京四合院．北京：中国建筑工业出版社，1996.66.

第九章　四川藏族民居

第一节 聚落环境与分布

一、自然环境与聚落分布

四川藏族民居主要分布于阿坝和甘孜两个民族自治州，人口122万，这两个州的面积约24万平方公里，占了全省面积的一半左右。该地区为青藏高原的一部分，地广人稀，山高谷深，天寒地冻，气候多变，风多雨少，日照长，且为地震多发地带。两州地势北高南低，岷山、邛崃山、大雪山、阿鲁里山等山脉呈北南走向，形成岷江、大渡河、雅砻江、金沙江等河流及其支流黑水河、梭磨河、鲜水河、理塘河等的南北向河谷。整个海拔平均4000米左右，而河谷高差大多在3000米左右。

这些高山深谷森林密布，有丰富的木材资源。高山草甸地区主要分布在阿坝州北部和甘孜州东北，是大片的草原牧区。在马尔康、丹巴、理塘等地以南的河谷有一些不大的冲积平原，较为湿润肥沃，是主要的农牧业区。这些地方有较多的人口居住，形成大小不一的城镇村寨聚落，其他的聚落一般也多沿河谷分布。同时，这种南北纵向分布又与东西横向的川藏茶马古道相结合，沿茶马古道，城镇村寨聚落也有不少的分布，如泸定、康定、道孚、炉霍、甘孜、理塘、巴塘等地主要交通线及其邻近都是藏寨聚落较集中的地方。

二、自然人文条件对藏居的影响

1．地方材料

由于高原气候寒冷的影响，建筑防寒保温是首先要考虑的问题。所以一般藏族民居多为石碉房结构，有很厚的石墙及土覆的屋盖。在建筑材料上都是就地取材，大部分地区如折多山一带多片麻岩，丹巴、马尔康一带多片岩，其他地区多变质页岩、灰绝岩等，都可以用于砌筑石墙。河谷地区的泥炭土、黄土，粘结性及强度都很好，用作夯筑墙，铺屋面楼面，也是极好的材料。草甸地区可用草甸砖或草甸皮来砌墙防雨。森林资源除大量灌木外，还有松、柏、杉、桦、白杨、青杠等乔木，是很好的建筑用材。在藏族民居上除了门窗用材外，支柱梁枋板壁等不少部分需用木材。

2．气候因素

除了天气严寒影响房屋功能围护结构做法需要防寒保暖外，藏族民居还注意发挥日照长的优势充分利用太阳能，建筑为争取更多日照大多朝南，屋顶设置晒台。在房屋布局及造型上有不少处理手法和经验。此外，风多雨少对建筑处理要求也不相同。一般此区北部多西北风，南部多偏南风，以冬春两季为多，而且多大风，甚至六级至八级以上的大风。因此建筑的选址、朝向、开窗等都必须加以考虑。降水量少是该区气候一大主要特点，全年平均600～700毫米，基本上集中在夏季，所以民居大多为土泥平顶。

3．地震因素

甘孜、阿坝两州地质构造属于活动断裂带，是地震多发区。早在汉代就有地震的记载，至今2000多年发生大地震四五十次，近百年大地震都有十余次，因此藏居积累了不少抗震的经验，在结构构造做法上采取了种种可能的防震措施。

4．社会人文习俗

传统藏族民居是在长期的农奴社会政教合一制度下形成的，建筑形制和布局都表现出半奴隶半封建和宗教影响的特点。与此同时，在同汉族、羌族、彝族的相互交流共处中，又吸收融汇了互相的经验长处，表现出汉藏结合的特点。

在生活习俗方面，为了防寒取暖，几乎全年都要在室内生火，设置锅庄（火塘），日夜不息，同时兼煮食熬茶。因此一般人家常卧室厨房共处一室，全家合住。牲畜牛羊等多圈养在碉房底层。在房屋布局和设施装修等方面，不同的阶层住房都有自己的特点。

藏传佛教喇嘛教是每个家庭的信仰，在房屋中必须有相应的宗教空间及设施，一般住宅都有经堂供案。住宅前面立大经幡，屋顶、墙角有“嘛

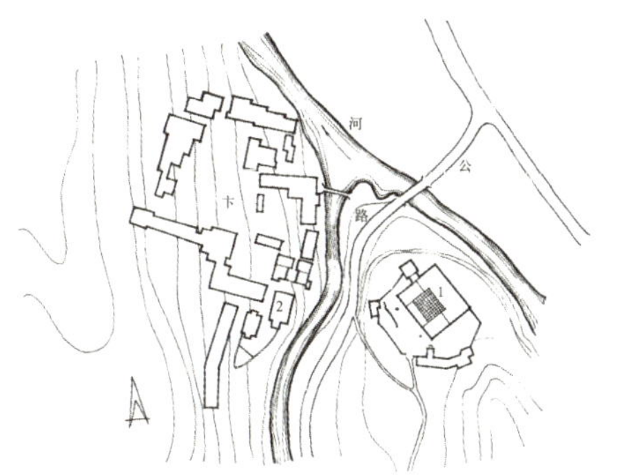

图 9-1a 马尔康卓克基寨总平面

图 9-1b 卓克基官寨及周围的藏居

图 9-1c 卓克基官寨对面的藏居

呢堆”，顶层墙头有焚烟孔等，这些设施在藏居中占有重要位置。至于土司、领主及寺庙大喇嘛等上层人物的住宅更要设置大经堂、佛殿及喇嘛专用房间等。

三、寨落选址及形态

藏族民居自然村寨大多只十几户至几十户，个别多者有上百户，三五户的仅是一个组团，分布选址必靠近农牧耕地草场附近。凡有土司住地，称为“官寨”。如阿坝州的马尔康官寨、卓克基官寨，甘孜州的孔萨官寨、白利官寨，官寨周围则有不少农奴的住宅群落。凡处于交通要冲之地，清代曾设台、站、府、县的地方，便形成城镇。

除此之外，在聚落具体定位选址上，依山傍水，视线良好，避风向阳为重要原则，即将房屋选在能够挡风，又能有较多日照的山麓、山洼之处，特别是重山围合前方向阳的小盆地台地。如甘孜城位于雅砻江支流磨房沟西边山头的南麓，理塘城四山围合，康定城在雅拉河与折多河交汇处。

一般的藏寨房屋多自由散置，各户朝向基本一致，疏密不定，缓坡平行等高线布置，陡坡垂直等高线布置，均依地势，不拘定法，显得十分松散。寨子周围常有小寺庙、白塔、转经房，嘛呢堆、经幡等。有大型寺庙或官寨，一般住宅都要朝向它们表示崇敬。如马尔康卓克基寨，建在南北向小河的两岸山的南麓，以朝东朝南向阳为主，官寨建在东岸台地上，东北西南向，视野良好。西岸寺庙及农牧民房屋朝向前排均向着官寨，其余则多朝南。各家房屋之间有疏有密，呈较自由分散的状态（图 9-1）。

有的藏寨分布在湿润的河谷地区，有着良好的植被和生态环境，风格独特、造型别致的藏居大小不一的组团错落有致地散布在绿树丛间，构成色彩绚丽、对比丰富的生动聚落图景，恍若香格里拉般的人间仙境，丹巴一带的不少藏寨都以这样的美妙环境吸引着外来游人接踵而至（图 9-2）。

图 9-2a 阿坝州丹巴县嘉绒藏寨的自然环境

图 9-2b 房屋布置密集的藏寨

第二节 住宅类型与特点

一、牧民住宅

在阿坝、甘孜两州北部的若尔盖上阿坝、壤塘、色达等地为高原草地牧区，藏族牧民大多过着逐水草而居的游牧生活，使用可拆卸的活动帐篷，到了冬天才住进固定的“冬居”住宅。

1. 帐房

帐房即帐篷，篷为牛毛织成，可张收，形状为四折两坡顶，直接罩覆在地上，再在四周用斜撑拉牛毛绳撑开。帐房平面近正方形，房边长 4 ~ 7 米，高 3 米。帐篷内用两根木柱支撑，短边设门，帐顶脊处开长方形天窗采光，透气排烟，有活动遮盖护幕。帐篷接地四周用草甸砖砌矮土墙，高约 50 公分，掩住幕脚挡风。中设火塘取暖煮食，周围铺羊皮毯坐卧。一般帐篷拆卸卷叠用一头牦牛即可运走（图 9–3）。

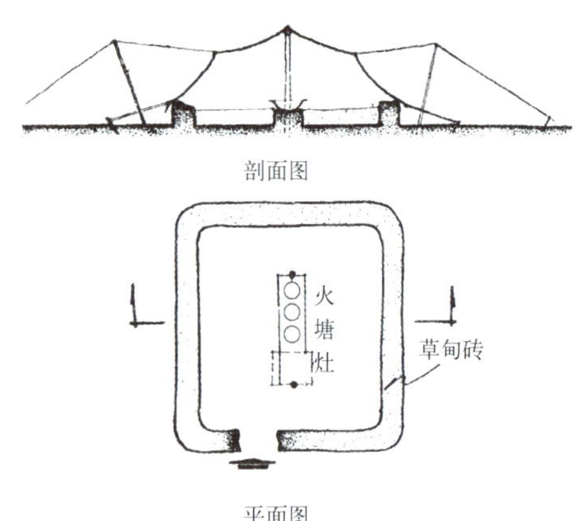

图 9–3a 藏族牧民帐房

图 9–3b 藏族牧民帐房

2. 冬居

冬居为牧民在冬季休牧时的临时住所，平面简单，长方形或横方形，厚土墙封闭，有的内设小天井或院子。主室中设有火塘，周围住人。在主室后部有的设佛台和念经处。屋顶多为平顶，也有做成平缓屋顶的。屋外用石墙或草甸、木栅做牲畜圈栏。如阿坝刷经寺牧民昂等其的冬居为平顶式，色隆的冬居为坡顶式（图 9–4、图 9–5）。

3. 驮运牧民住宅

驮运牧民为牧民中较富裕者，多住一楼一底的楼房，平面功能内容比一般冬居要复杂，常有堆货的仓棚及宽大院子，有的甚至发展成为客栈。

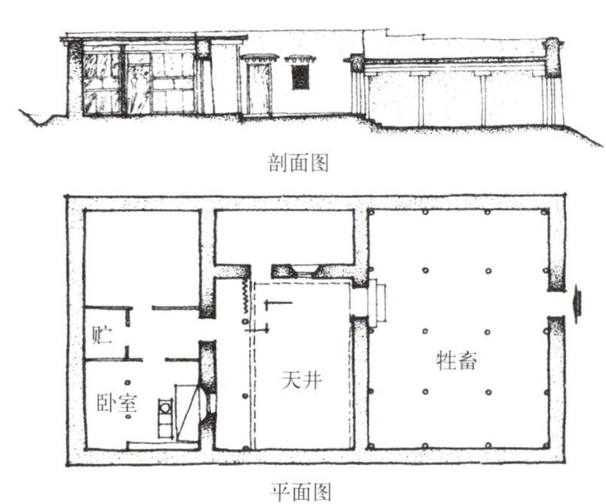

图 9–4 阿坝刷经寺牧民昂等其冬居

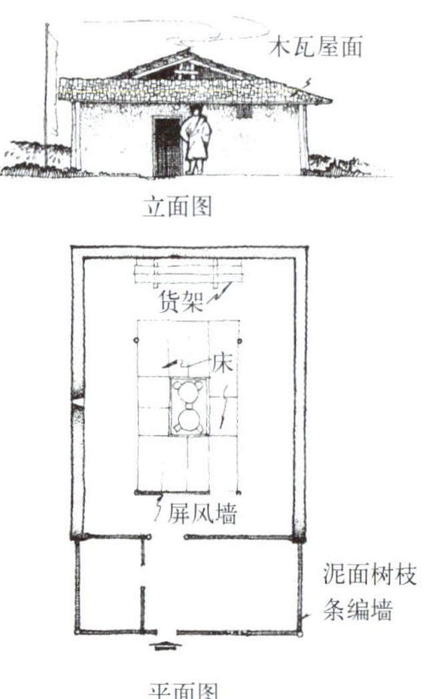

图 9–5 阿坝刷经寺牧民色隆冬居

如理塘县驮运牧民阿洛住宅为两层楼房，下为畜圈，上住人，有主室和多个卧室，四周围以土墙仓棚隔出横竖两个小条形天井（图 9–6）。

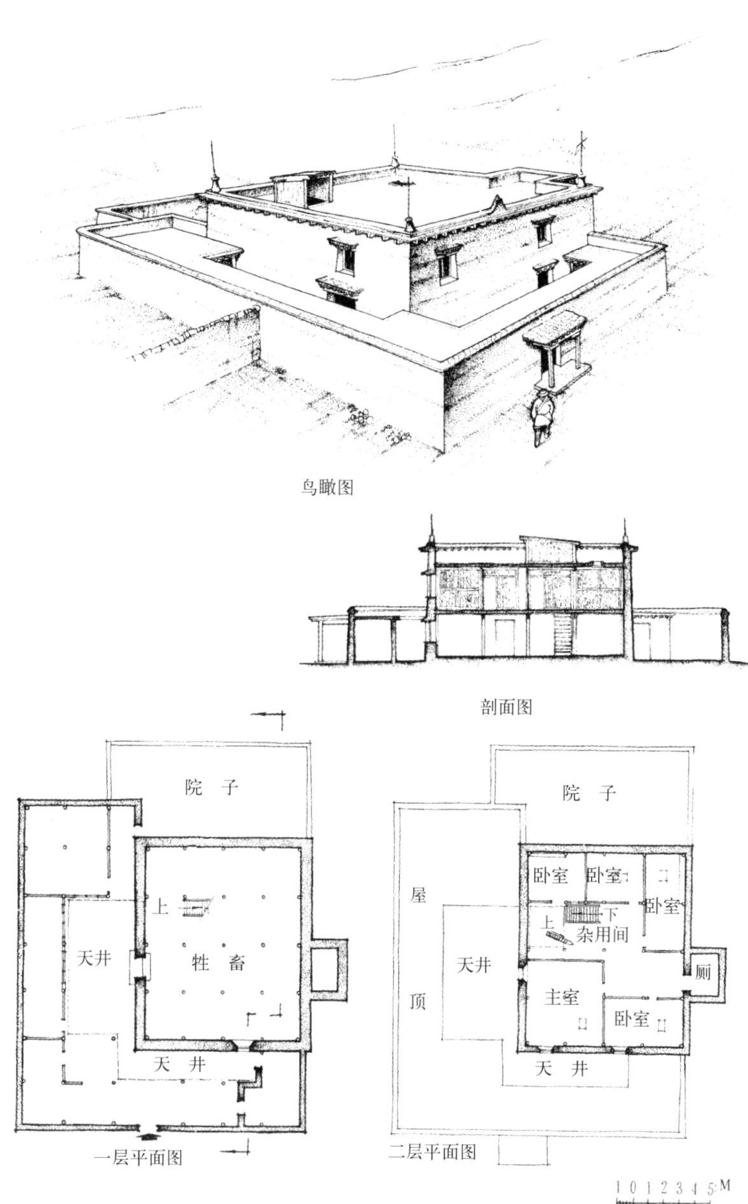

图 9–6 理塘县驮运牧民阿洛宅

二、农民住宅

典型的藏居，常称为“碉房”，有的地方也称为“庄房”。大多为普通农民居住，所有墙体均为乱石或片石砌筑，以石墙和木梁柱承重，也有一些为夯土版筑墙的。多为平顶，少数局部采用坡顶。碉房藏居主要特点有以下几方面：

1．造型独特

碉房外观封闭厚重，粗犷敦实。一般多为三层，阿坝州的马尔康、黑水等地有些高达四至五层。形体较为方正，呈多体量错落台状组合。墙体有较明显收分，墙顶角部有翘头的做法，窗户包以梯形宽边装饰，朝南向有大面积板壁及各种挑楼、挑廊。这些都成为藏居明显的造型特征。

2．功能分层

根据生产生活的需要，按居住功能划分，每层有不同的安排。底层为牲畜圈房及草料贮藏等用房，为防卫外墙多不开窗，只设气洞。二、三层用于住人和日常起居生活及经堂等，二层以冬室为主，三层以夏室为主。顶层为经堂、喇嘛房、晒坝等。一般晒坝在前向阳，经堂在后。晒坝是碉房重要部分，可用于打晒粮食等生产活动及休息家务，冬可纳阳，同时兼作瞭望防卫。

3．主室形制

农民住房的生活层以主室为中心来组织平面。主室又称“茶房”，藏语叫“嘉康”，是全宅活动中心，相当于汉族民居的堂屋，并兼厨房。平时起居活动如休息、睡眠、熬茶、煮食、待客等都在这里。有的也并入经堂，一室多用。一般面积 30 ~ 40 平方米，中设大火塘，又称“锅庄”。火塘上方开设天窗排气，有类似帐房天窗遗意。阿坝州主室多为一大间，甘孜州主室多为四至六小间，主室一般在前后布置客室、贮藏等小房间，以及敞间、梯井、柴房、杂用房等。

4．经堂宗教空间

藏族笃信喇嘛教，经堂作为宗教空间在藏居碉房中是必不可少的，一般设在最高处屋顶层。经堂旁边常有喇嘛室，都是住宅中最神圣庄严的地方。在甘孜州，有的小型住宅将经堂并入主室设置，顶层只有生产用的敞间。此外，宗教信仰的一些设施如经幡、嘛呢堆等在室外及室内都有多少不等的设置。

5．灵活的小空间

梯井、敞间、走廊、挑廊、厕所等小空间是碉房中最活跃的部分。梯井常与敞间、走廊等连通组合在一起。梯井不大，设独木梯上下。独木

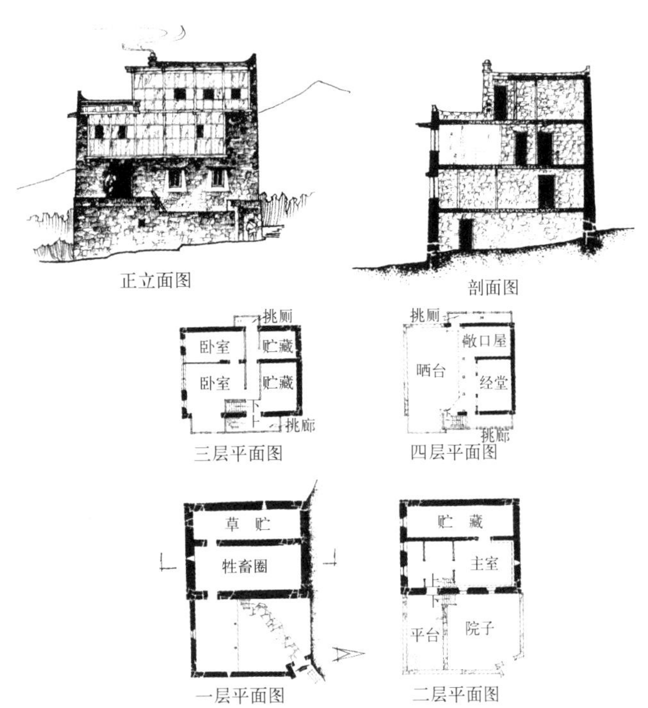

图 9–7a 马尔康三家寨各多来宅

图 9–7b 马尔康三家寨各多来宅透视

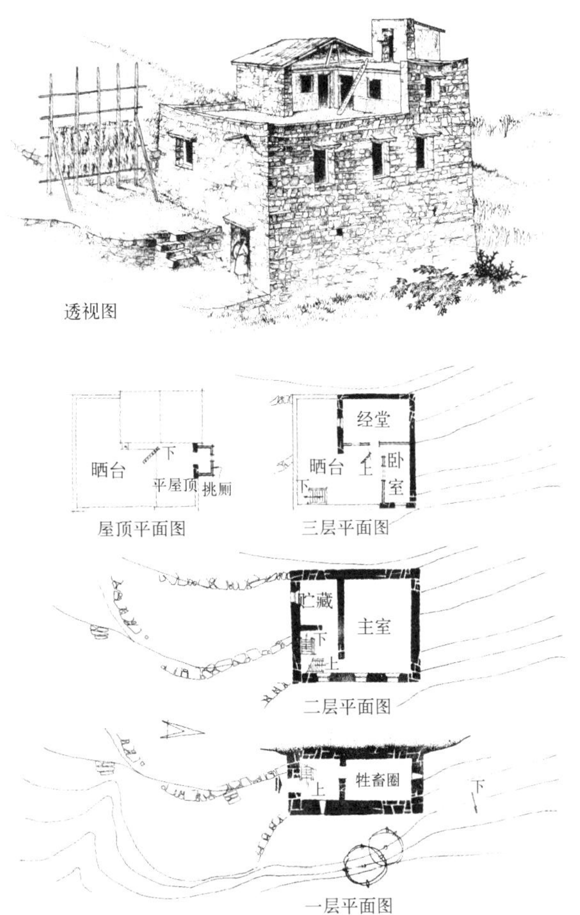

图 9–8 黑水县山板姑寨莱翁宅

梯为圆木上掏挖出踏步，很陡，可搬动。较缓的板梯只有头人、土司可以使用。甘孜州西部的碉房多喜采用天井，走廊围绕天井，有的天井逐层放大，下层屋顶便成阳台或露廊，内部院落空间更显开敞。尤为生动活泼的处理是木板壁及长挑廊，多设于主室南向一侧，同石墙面形成强烈的对比。十分别致的是厕所的设置，多为木架板壁一小间悬挑于室外，上下层错开粪便直落地面，因天寒而无臭味，虽不雅，但却丰富了造型。

如马尔康三家寨各多来住宅，建于一缓坡上，东向，主体四层，前围有一院子及敞棚，于角部开斜院门进入。底层为畜圈和草料贮藏间，在院角设板梯上屋顶。二层为主室及贮藏间。三层为卧室、贮藏间，并于东向出长挑廊，西向悬挑厕间，中以走廊相连。顶层南向为晒台，北侧设经堂敞屋，前为檐廊四小间。东西方向随三层连为挑廊与厕所。整个功能布局与建筑形象结合十分自然而合理，建筑内容与形式高度和谐统一（图 9–7）。

黑水县山板姑寨莱翁住宅是结合地形分层筑台形成碉房的例子。碉房三层，其底层跌半层于下台为畜圈，二层为主室，三层为晒台、经堂，

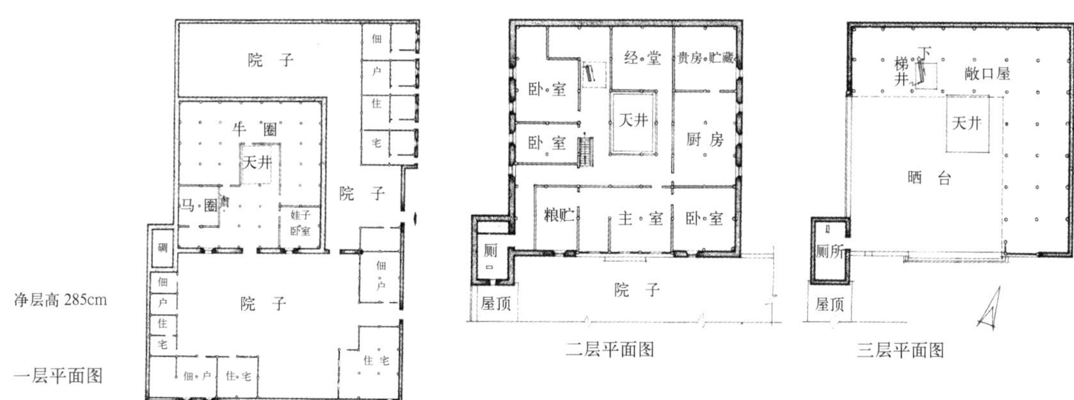

图 9–9a 道孚县城郊米申芝宅平面图

图 9–9b 道孚县城郊米申芝宅透视

图 9–9c 道孚县城郊米申芝宅外观

经堂上覆坡顶。最奇特的是将挑厕置于屋顶最高处，专设独木梯而上。这类结合地形分台建造的碉房较为普遍（图 9–8）。

道孚县城郊米申芝住宅是较富者设中心天井土碉房的例子。围绕主体三层的碉房布置前后院子，供佃户居住使用。主体碉房朝南。入口院门设于东侧，门后有一小院。底层为牛马圈，天井为楼井从底层贯通到屋顶。二层为主要居住层，围绕天井布置各个房间。天井周围是一圈回廊。主室朝南，经堂在北，另设厨房及卧室。三层有宽大的晒台及敞口屋。厕所另建一小碉附于角部，反而起到了立面造型均衡的作用。碉房大门及主室三连窗上覆雨搭，成为立面主要装饰。碉房以土筑墙围合，与石碉相比，显得柔丽精致（图 9–9）。

三、城镇居民住宅

阿坝和甘孜州的城镇住宅，有少数受汉族影响采用汉式坡顶，绝大多数仍为藏族碉房体系。平面空间布局组合基本同农宅相似，只不过底层因临街不作为畜圈而设为店面对外营业，后部为仓库账房，若还有牲畜则移至后院。

如巴塘县城关慈低那摩店宅，临街设三间店面，前摆柜台，一间辟门及梯间通上下内外。为解决大进深，中设楼井，围绕天井布置账房仓贮。二层在天井周围布置房间，主室临街面。顶层仅晒台和敞口屋（图 9–10）。

更窄的店宅为两间式，一间为店面，一间为门道。如巴塘县城关甘荣祥宅，整个平面狭长。底层一间店面，前为开敞式柜台，后为账房仓库。另一间既是楼梯间，又是至后院的通道。二层为卧室、厨房及库房，另开设梯井口上屋顶晒台。

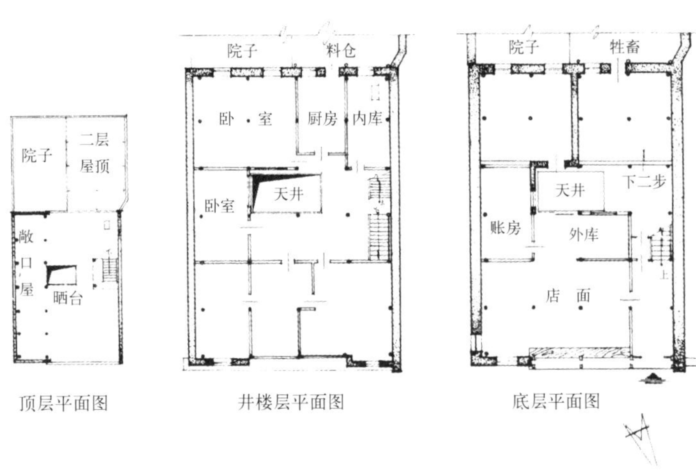

图 9–10a 巴塘县城关慈低那摩宅

图 9–10b 巴塘县城关慈低那摩宅立面

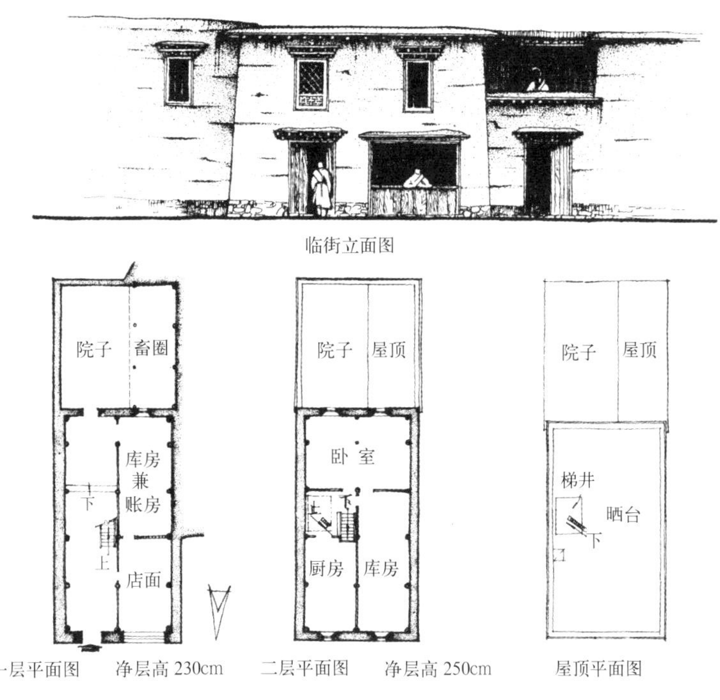

图 9–11 巴塘县城关甘荣祥宅（前店后宅）

立面处理十分简洁大方，仅门窗出藏式短檐（图 9–11）。

四、官寨住宅

“官寨”是人们对土司头人住宅的称呼。土司是自元代以来封建王朝对少数民族头领封的世袭官职。土司官寨既是民族上层人物居住的地方，也是他们从事经商、管理和宗教活动的场所。

一般官寨住宅都是规模庞大的碉房组群，一般高达四五层，十分坚固高大。其平面多为长方形或正方形，平面空间组合方式大多以天井、院子为中心组织各部分功能安排。一般底层住乌拉差民、奴隶娃子，设仓贮、柴房、马厩等用房。二层为经堂、佛殿以及喇嘛、下人等卧室。三层为公堂、管理用房及头人管家客人等卧室。四层为土司一家及管家贵宾等居住。五层为卫队随从等住房。其中以土司住房和经堂佛殿最为富丽宏大。

官寨周围常修建高大碉楼，四周还有许多农奴的住宅，拱卫朝向官寨，形成较大的藏寨聚落。

阿坝马尔康卓克基官寨是比较典型的大型官寨（图 9–12）。因该宅土司年轻时在汉族地区受教育，接受汉族文化，所以官寨形制某些地方受汉式建筑影响，但总体上仍是藏居建筑体系。如采用中轴对称手法，大门设于立面正中，高大经堂位于北面，前低后高，北屋做山面向前坡顶，两厢亦为坡顶，以示尊贵。因据土司规定，不经批准不得建坡屋顶。整个建筑形象森严壁垒，坚固壮观，但又富于变化，尤其汉藏结合坡顶表现较为生动（图 9–13）。

该宅平面宽 42 米，深 34 米，西南朝向，高五层，中间为 20×12 米的天井，周为回廊。底层门厅敞开，其余房间均住奴隶。二层三面为房间，一面为敞廊，住行商客人等。三层仍三面为房间，一面为露台，住管家及眷属等。四层是主要层，中轴后端为经堂，外挑转经廊，余为主人卧室及其附属用房。五层仍为主人用房。另附建专门的防卫碉楼于西侧。整个布局功能分层十分明确。

甘孜州孔萨官寨与阿坝州的官寨相比又有不同的特色（图 9–14）。该宅平面为日字形，面宽 38 米，纵长 60 米，南北朝向，分前后二院，前院院小，天井大，后院是主体，设楼井。周围以土墙，底层厚达近 2 米，逐层收分，高五层达 19

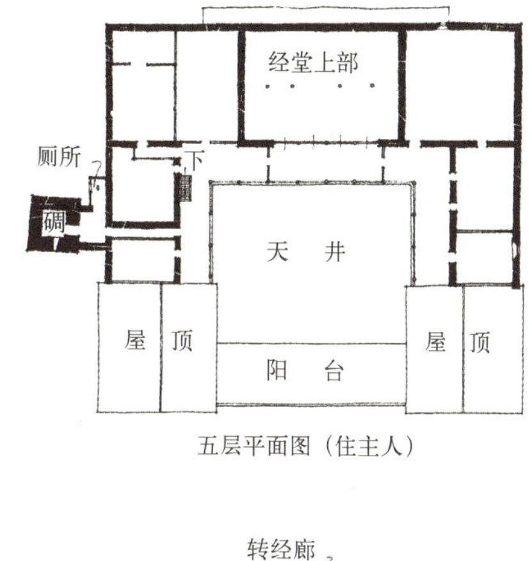

五层平面图（住主人）

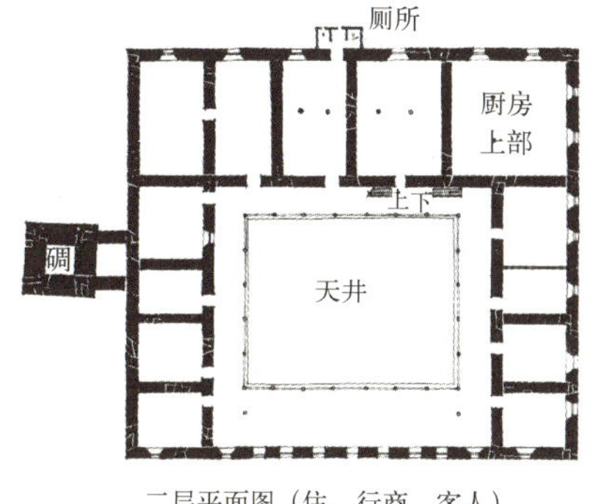

二层平面图（住、行商、客人）

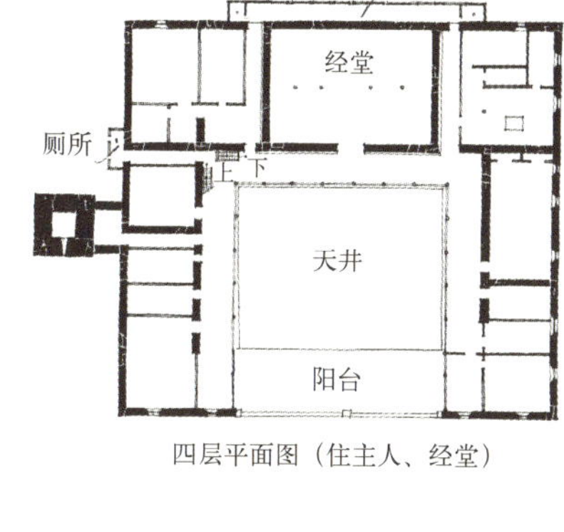

四层平面图（住主人、经堂）

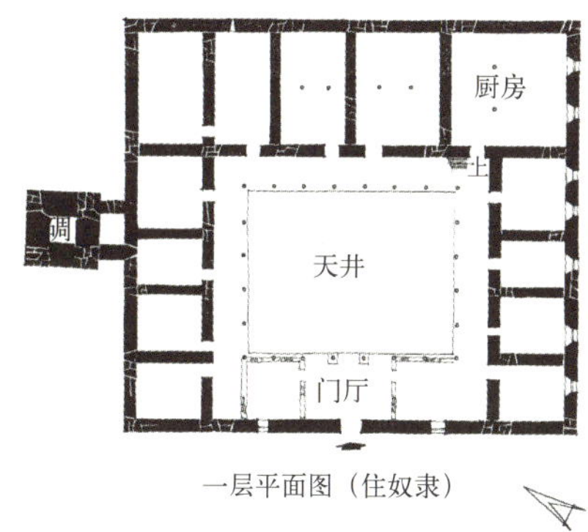

一层平面图（住奴隶）

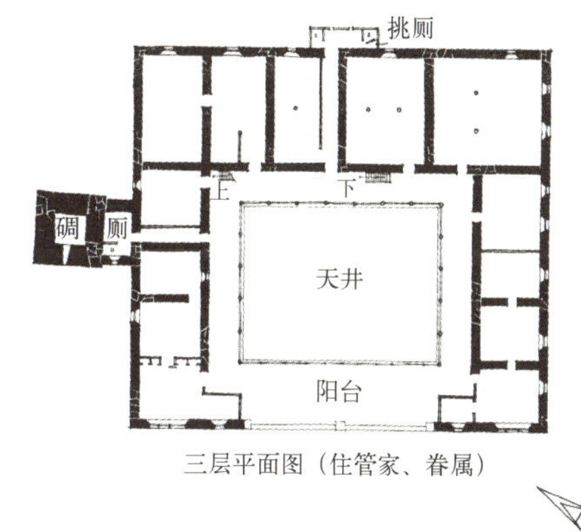

三层平面图（住管家、眷属）

图 9–12a 阿坝马尔康卓克基官寨平面图

图 9–12b 阿坝马尔康卓克基官寨立面图

图 9–13 阿坝马尔康卓克基官寨外观

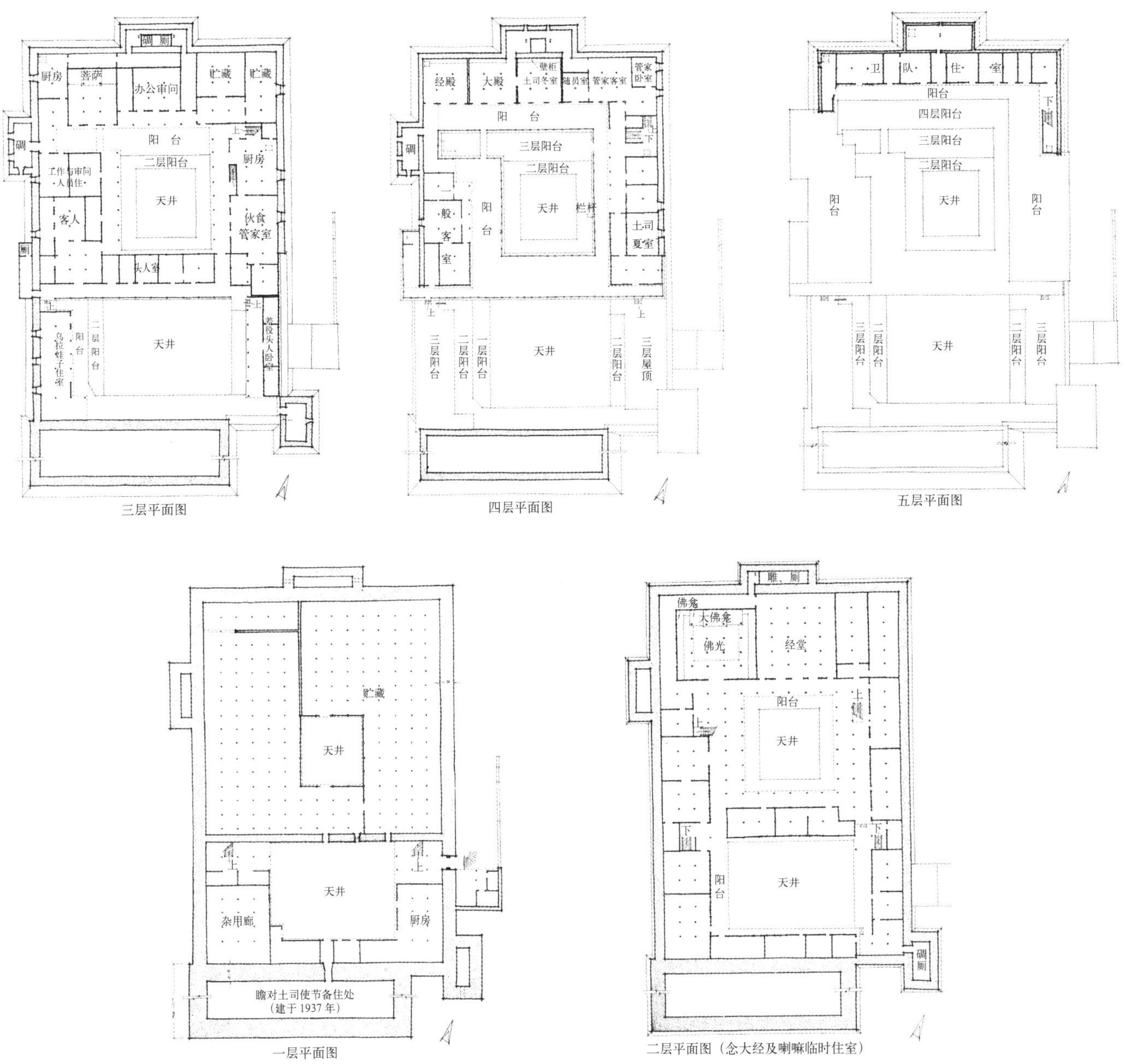

图 9—14a 甘孜州孔萨官寨平面图

米。底层大门设于东墙南端，前院为一般乌拉娃子及喇嘛用的大厨房和畜圈，内院为仓贮。二层为念经及喇嘛住房。北向设有经堂及佛堂，楼井为大面积敞廊。三层前院为家奴、娃子住房，后院为公堂、管家、头人、客人卧室及小厨房、贮藏间等。五层只在北向一侧有房间，为卫队住房。各层间以活动板梯相通，紧急时可抽掉，使前后院及上下层间互不相通，便于防卫。另在东、西、北三个方向均附设碉楼。

整个官寨筑以高大土墙，内部以木梁柱承重，用井干式墙、板壁墙分隔。楼面是在泥楼面上铺拼花地板，梁柱及室内壁柜施以雕饰，并以彩画油漆沥粉贴金，极尽豪华。

五、喇嘛住宅

喇嘛住宅在藏族住宅中占有相当大的比例，在寺庙内建有大片喇嘛住宅连同殿宇俨然如同一座城市。大多数一般喇嘛住宅同城镇居民住宅一样，相互毗连，多为一楼一底，少数为三层，而上层喇嘛住宅如活佛住宅功能及布局类同于

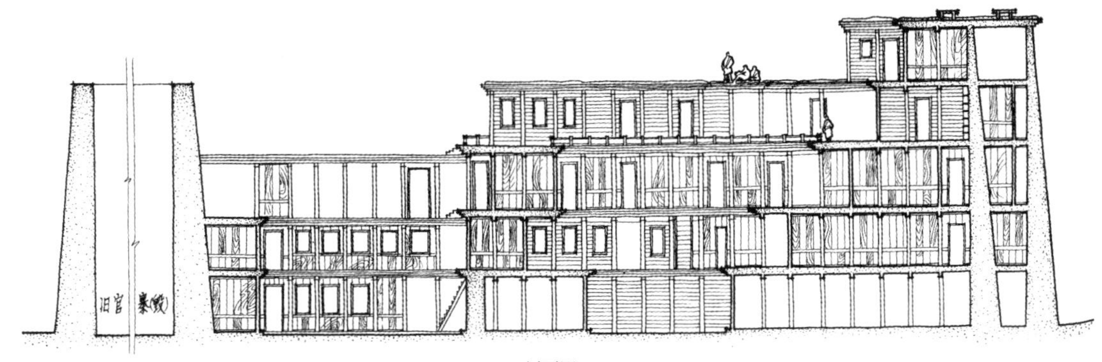

剖面图

图 9-14b 甘孜州孔萨官寨剖面

图 9-14c 甘孜州孔萨官寨东立面

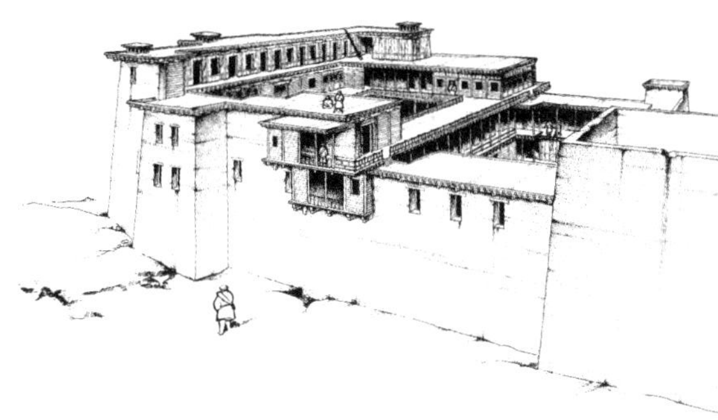

图 9-14d 甘孜州孔萨官寨鸟瞰

图 9-14e 甘孜州孔萨官寨内院

官寨。

如理塘县长青春科耳寺喇嘛住宅，平面长方形，一大一小两间，土筑两层碉房，收分明显。底层为贮藏间及牲畜圈，二层大间为主室与储藏间，小间后部为经堂，前为阳台。外观因此而显出敦实齐整中略有变化，后部附设突出小碉兼作厕所。

有的寺庙一般下层喇嘛则为联排式平房住宅，功能布局更为简单。如甘孜寺在台地上分层建联排式住房，每层屋顶则是上层的阳台，使用方便又节省地皮（图 9-15）。

上层喇嘛住宅，如理塘县长青春科耳寺香根活佛住宅建于三层台地上。前后二院夹一大院坝各据一台地。前院一层为杂务及差役住房。后院中为楼井，底层为贮藏与马厩用房，二层围绕天井布置房间，北向为经堂，余为管家及其子女等用房及议事房、贮藏间、厨房，以走廊连通。三层北向一排房屋为活佛居室等用房，前为大面积晒台。总的来看，活佛所使用的面积并不大，多

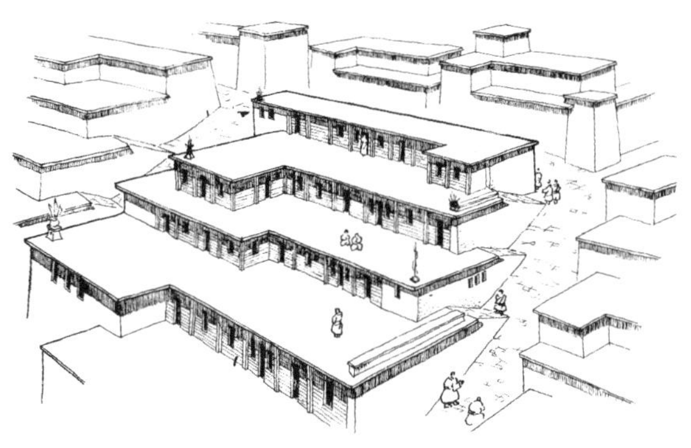

图 9-15 甘孜寺喇嘛住宅

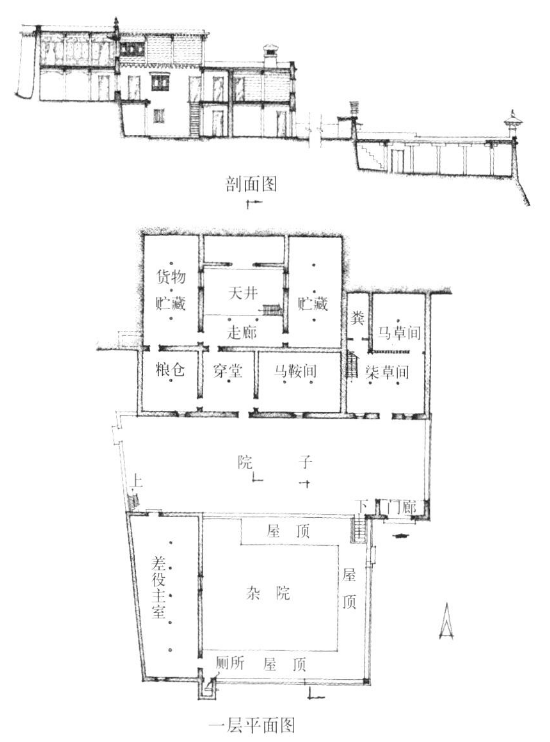

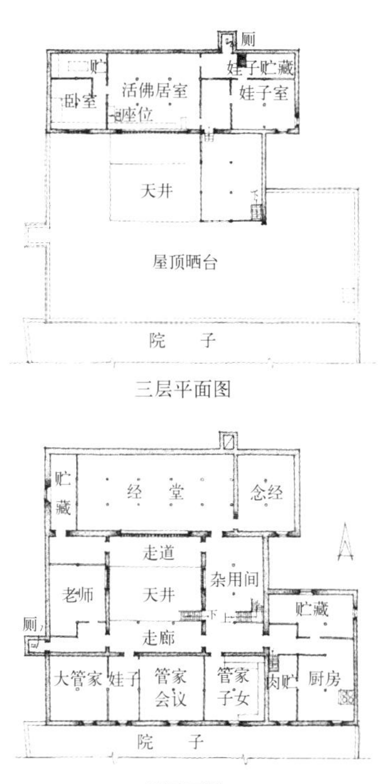

图 9-16a 理塘县长青春科耳寺香根活佛住宅

图 9-16b 理塘县长青春科耳寺香根活佛住宅外观

数房间为管家一家人居住使用，以及念经、办事、贮货等用。此外，还有附属的花园以增添休闲的生活情趣（图 9-16）。

第三节 结构构造与装修装饰

一、结构技术

1. 承重墙结构

阿坝州的藏居多为石墙承重结构体系。室内不用柱子，所有的墙不论是承重墙或围护墙，墙厚 1 米左右，均连接在一起，整体性强。因此，房间划分较为简单，平面类型较为单一。

2. 梁柱承重结构

甘孜州多为这种结构类型，不论住宅官寨或寺庙，都是如此。土墙或石墙仅为外部围护墙并稳定梁柱结构。室内以木柱间距 2.3 米方格柱网承托梁坊、椽子支撑楼面或屋面。柱高一般 2.2 米左右，分隔间墙可以灵活设置，多用木板壁或半圆木井干壁，故上下层之间不必对齐（图 9-17）。

3. 防震与稳定

一般藏居碉房少则二三层，多则四五层，有的甚至高达 30 米以上，所以稳定及其防震十分重要，在当时条件下藏居积累了不少经验。

墙身的稳定，一是从基脚起与墙身一体开始收分，基脚一般较宽厚，下部收分多，降低整体重心；二是砌墙四角加生起，即边高中低，形成墙身的向心挤压力；三是内外墙连砌并加设墙筋，起拉接整体作用，墙身中每隔 1m 加衽木条一道。版筑土墙则采取斜面搭接增加结合力度。此外，有的采用井干墙做法较利于抗震。

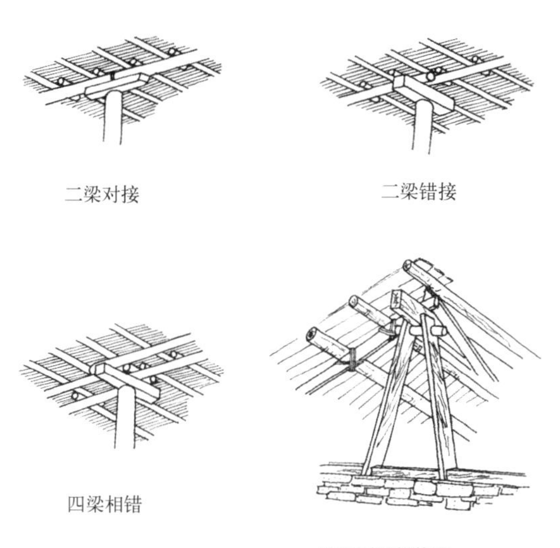

图 9–17 藏居梁柱结构做法

图 9–18a 藏居主室装修之一

图 9–18b 藏居主室装修之二

二、构造装修

1. 主室装修与陈设

藏居室内空间民族特色主要表现在主室的装修与家具布置上，主室作为一个多功能房间，各种陈设较多，安放设置有一定格局。甘孜州住宅的主室常在东西墙安炉灶火盆，其他墙面则设落地壁架，顺墙铺床垫，窗间墙上安壁橱，整个室内大都沿墙布置。阿坝州有所不同，一般不设炉灶，而于室中设火塘，周拦以石块，中间放铁三足架锅庄，少用床榻、矮桌，多围绕火塘铺地毯席地坐卧（图 9–18）。

2. 门窗

藏居大门及房间门一般以板门为主，与汉式略似。土司住宅的主要房门安装隔扇门，上为糊纸的花格窗，下为雕花装饰板。只有经堂、佛殿的大门有较华丽的装饰，如各种线脚、连续花饰，并施油漆彩画，安铜门钹等（图 9–19）。

窗户依位置可分天窗、外侧窗和内窗。天窗主要用于顶层房间采光，在屋顶上开方形小口，边长 25 厘米左右，孔边安拦泥板，略高于屋面，有石片或木板作盖板以防雨雪。外侧窗分两种：一种是在石墙或土墙上安窗，窗洞外小内大，以利纳阳和瞭望，窗分两层，外层为固定窗框，内层为双扇木板窗。窗口的两侧及

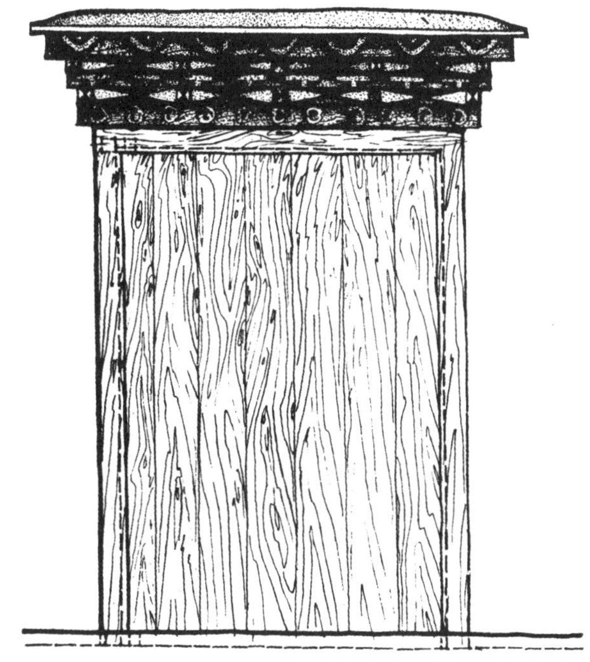

图 9–19 藏居大门装修

下边用白灰涂成梯形宽边装饰，即有特色的“藏式窗”。另一种是在木墙壁上安木窗，多用于主室南向一面。窗扇多为花格窗，尤以经堂的花窗形式较为多样（图9–20）。内窗为院子里面向天井的窗，一般面积较大，多为格子窗，花格纹饰仿汉式做法，根据花饰繁简可知房主的身份与地位（图9–21）。

3. 雨搭檐口

一般外墙上的窗多有雨搭，具有装饰作用，成为藏居立面造型的一大特征。构造做法与屋顶檐口相同，从窗过梁上出纵横枋二至四层，逐层挑出，上盖石片一层。较讲究的用红、蓝、黑、白等色施彩，成为重点装饰部位（图9–22）。

檐口一般出檐廊较短，约30～40厘米，主要为保护墙头，做法是将屋顶楣栅伸出，上置横枋，再叠置“飞缘”一层。多数外墙较为简便均做女儿墙压顶，排水集中于晒台，置木排水槽出水（图9–23）。

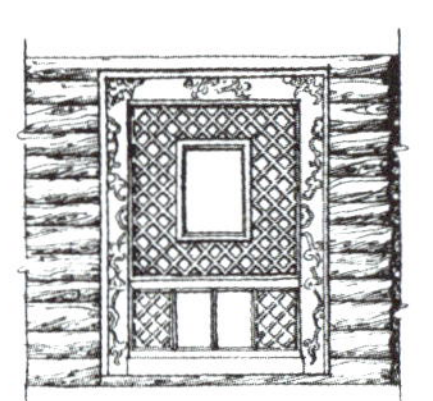

道孚麻倾翁宅经堂之窗（内木拉板）

巴塘某宅之窗

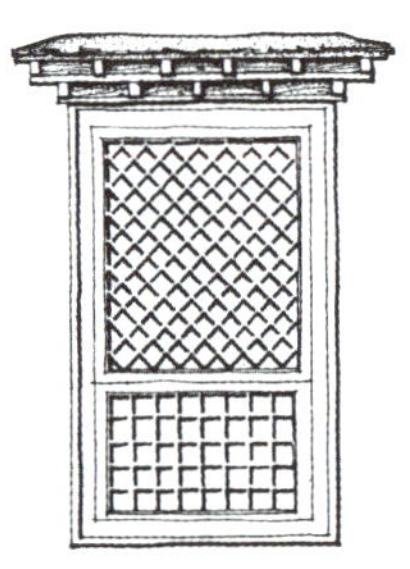

巴塘嘉错宅之窗

图9–20a 藏居窗户装修

图9–20b 色彩鲜艳强烈的藏式窗

图9–20c 藏居窗户和雨搭

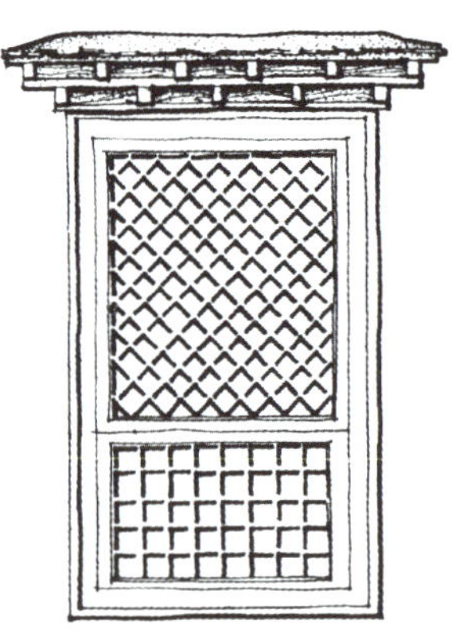

图9–21 藏居内窗装修

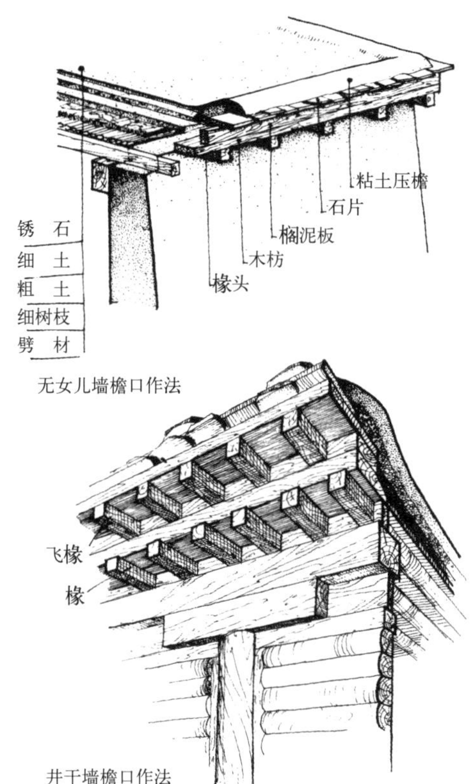

图 9–22 藏居檐口构造

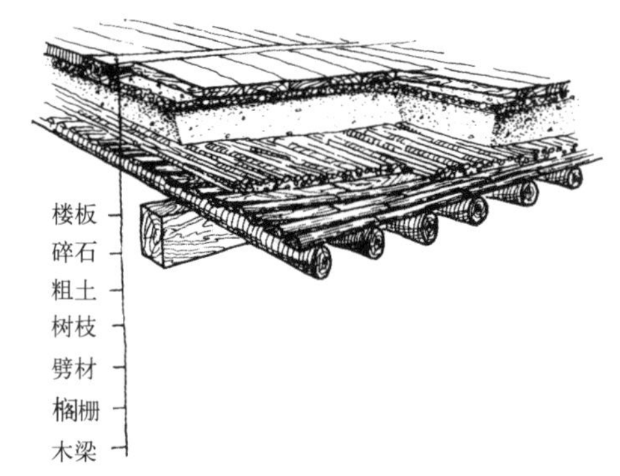

图 9–24 藏居楼面构造

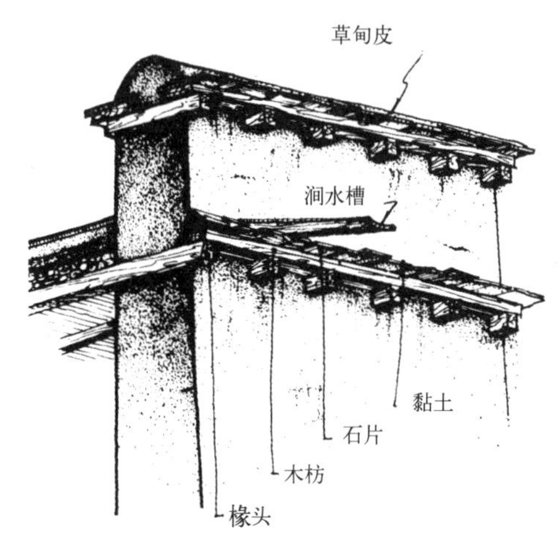

图 9–23 藏居檐口排水槽

图 9–25 藏居挑楼挑廊挑厕

4. 楼面屋面

因该区雨水较少，气候干燥，故楼面及屋面多就地取材，用粗细树枝、泥土铺成泥楼和泥屋顶，具有很好的保温防寒效果。只有主室和经堂较为特殊，在泥楼面上再铺设拼花硬木地板，显得豪华气派。(图 9–24)。

5. 挑楼、挑廊、挑台、挑厕

大量采用出挑的方式，争取更多的居住空间，是藏居普遍的手法。一般多在主要居住层出挑廊，或在侧面，或在正面。有时尤其是在顶层再出挑楼或挑台，层层出挑，与挑廊连成一片，有的甚至挑出 3 米以上，而使用挑厕更是非常独特的

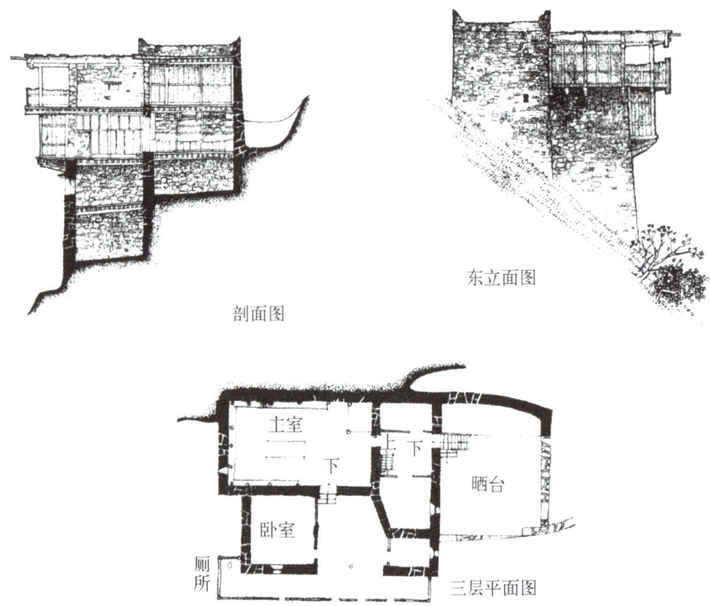

图 9-26a 藏居某宅结合地形争取空间

图 9-26b 陡坡上的藏居

图 9-26c 山坡地环境中的藏居

方式（图 9-25)。这些大面积的木构悬挑不仅同生活使用要求紧密联系在一起，而且是建筑造型十分重要的构图要素，大面积木板壁同大块石墙形成强烈的对比，既活泼生动，又粗犷有力（图 9-26)。

6. 利用地形，融汇环境

尽管藏居大多为承重墙及梁柱结构体系，但同样能依靠分层错层的筑台方式来巧妙地利用坡地地形。根据基地的情况，变化调整组合的体量，就地取材，形成与基岩共生的石砌碉房（图 9-27)。

强烈的墙体收分，使碉房稳固地嵌合在所处的山地自然环境中，加上向外悬挑的楼廊和屋顶起伏变化的角墩，使藏居碉房显得沉稳厚重而又别致生动，尤其房屋及周围的嘛呢堆、经幡等的设置，更加凸显了藏居融汇于环境的浓厚的民族风格和地域特色（图 9-28)。

图 9-27a 藏居及周围的环境

图 9-27b 藏居及经幡

图 9–27c 丹巴藏居及碉楼

图 9–28a 藏居的绿化环境

图 9–28b 丹巴嘉绒藏寨错落有致的藏居与环境

第十章　四川羌族民居

第一节 羌寨环境与分布

一、寨落自然人文环境

羌族人口有30万，基本上都聚居于四川省西北岷江上游阿坝藏族羌族自治州的汶川、茂县、理县和松潘、黑水、平武等县，以及北川羌族自治县一带高原地区，境内群山环绕，森林茂密，河流溪谷密布。高山海拔4000米以上，河谷一带海拔也在1500米左右。气候呈垂直分布，高山寒冷，河谷温和，冬寒夏凉，昼夜温差较大。全年降雨量400～1300毫米，南多北少，河谷地带虽为农牧业地区，但较为干旱。此区地处龙门山断裂带，是地震频发地区。2008年汶川发生里氏8级大地震，造成巨大损失与破坏。这些自然环境因素，对羌族民居寨子有着显著的影响。

羌族是一个古老的民族，为远古华夏族的组成部分，原广泛分布在西北各地，殷商时期主要活跃在河湟地区，后逐渐南迁，秦汉以后迁至岷江上游一带定居下来，延续至今成为我国唯一的保持古羌文化最为纯正的羌族聚居区。

羌族以农牧业为主要经济形式，在高高的山上修筑层层梯田，开发河谷发展农业生产。与汉族文化相互交流影响较深，通用汉语汉字，多数使用汉姓。有些宗教信仰也受汉文化影响，如贴门神秦琼、尉迟恭或神荼、郁垒画像，受风水文化影响，在宅旁等处立雕刻兽头的石柱“泰山石敢当”。在寨子内筹建汉式寺庙，信仰佛教、道教等。但羌族更多的是本民族的泛神拜物信仰，如白石神、角角神、羊神、山神、火神、水神、中柱神等。这些生活习俗和信仰在羌寨羌居中都有鲜明的反映。羌族人民不畏强暴，抵抗外侮，很有反抗精神，族人团结友爱，喜聚族而居，对外有很强的防卫意识，每个寨子几乎都有十分高大巍峨的石碉楼，形状各异，坚固雄伟，成为奇观。

二、寨落选址分布

除了汶川、茂县、理县、北川县城位于主要交通线上外，大多数羌寨多沿岷江干流与支流黑水河、杂谷脑河及其大大小小的溪流河谷地区分布。在河谷中又分谷地、半山腰和高半山的垂直分布三种情况。一般河谷底部有冲积扇平坝和缓坡，土地较为肥沃，水源充足，交通便利，自然成为寨落首选之地，如羌锋寨、桃坪寨、曲谷寨、郭竹铺寨等，但对于安全防卫又有不利因素，故有一部分羌寨即上山筑寨，在半山腰有耕地的台地并有险可据，形成大小不一的寨落。这样，既利于生产、生活，又有安全防卫的保障，如亚朱笃寨、纳普寨、布瓦寨、龙溪寨等。位于高半山的羌寨大多是较为古老的羌寨，这里距主要交通线较远，山地陡峭难上，凭险据守居高临下，对外防御条件有利，同时距山顶较近，有草地可供放牧农耕。所以越是深山，越是高山，保存的古羌习俗文化就越是典型纯正，如河西寨、和坪寨、瓦寺土司官寨，黑虎寨等。

一般羌寨规模大小不一，大的寨落三五十户，以至上百户，小的十几户到二十户，甚至有七八

图10–1a 汶川县羌族萝卜寨全景

户的组团小寨。多以附近农耕地的多少、集中与否等生产环境条件所决定，只有少数因交通商贸集市而形成的寨子，如茂县的沟口寨。此外，影响具体选址的另一个重要因素就是朝向。为了争取更多的阳光，必须在向阳的坡面或没有遮挡的山头上，使房屋布置朝南或朝东，同时尽量面向前方视线较为开阔之处，和面对东方日出占据“阳山”，即在河谷向东方的坡面上，也有不少位于四周开敞的山头上或较宽阔的半山台地上，如号称第一羌寨的汶川萝卜寨即盘踞在河谷岸侧一高地的山顶上。该寨均为土筑平顶民居，数百户密集布局，是羌族历史悠久的古寨之一，被评为第四批国家级历史文化名村，可惜在2008年汶川大地震中遭到极大破坏（图10–1）。

图10–1b　汶川龙溪寨位于半山台地上

三、寨落形态与空间环境

1．羌寨构成形态

总的来讲，羌族寨落无论大小，都是在选定的地址聚居住户由少到多，由小到大逐渐发展起来的，事先并无一定规划，同其他很多少数民族村寨一样是一种自由灵活随机生长自发形成的。但这当中并非是杂乱无章，而是有一种客观的规律在主观营建选择中自然而然地起着支配协调的作用，使寨落形态同所处的自然环境达成一种和谐与融洽，从中反映出一定的平面空间结构关系。由此，可以大体上把羌寨概略地分为以下三种基本的形态类型。

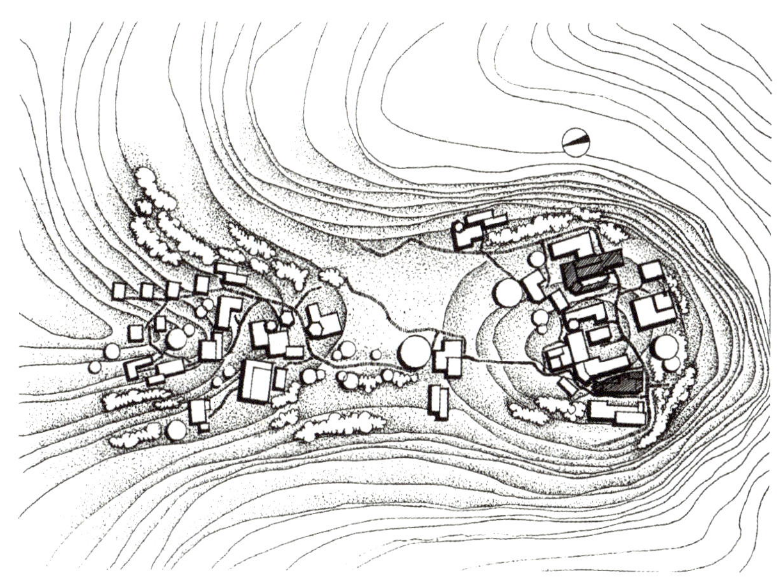

图10–2a　茂县三龙乡河心坝寨总平面

一是自由散置式。这种方式是指寨内房屋各自依据基地条件随宜布置，互相之间少有制约或连属，有的甚至朝向都并不强求一致。寨内道路完全随地势自由伸展，如树枝状通向各家各户。寨内空间环境疏密不一，依山地竖向态势变化无常，但这样反而使寨子房屋错落有致。如茂县三龙乡河心坝寨，沿山脊两个小台地形成两个组团，各组团的房屋有的垂直等高线，有的平行等高线呈松散式自由组合在一起，有的地方密集，有的地方疏离，有的几户相连，有的单家独户。寨内的主干道弯曲自由，并不成为街巷，而是为实际

图10–2b　茂县三龙乡河心坝寨全景

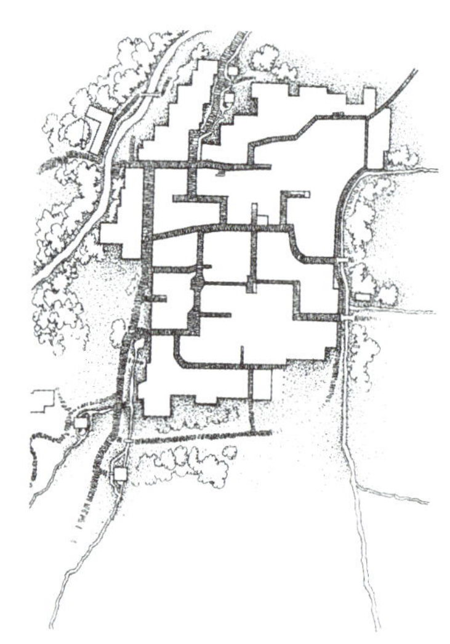

图 10-3a 理县桃坪寨总平面

图 10-3b 理县桃坪寨后山

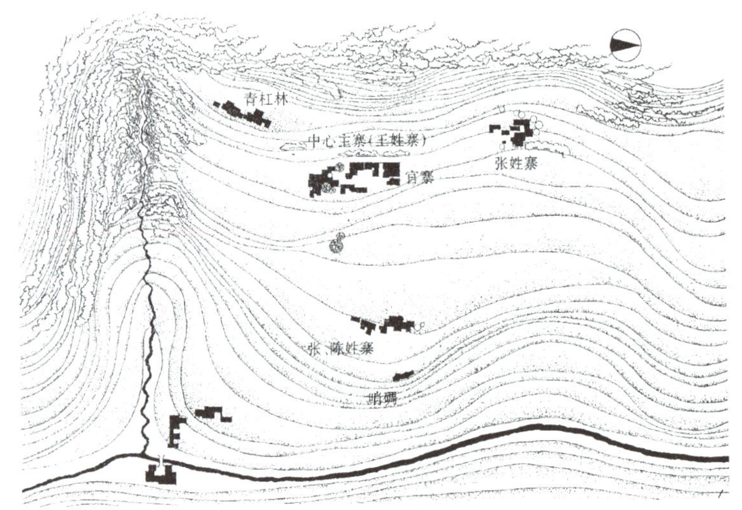

图 10-4 茂县河西寨总平面

图 10-5a 茂县黑虎寨上下寨

需要方便联系而自然形成（图 10–2）。

二是街巷组合式。不少羌寨在自由松散的基础上逐渐发展成一种有明显街巷意识的寨落组合形态。有的就类似汉族场镇的集市街巷，但实际上是有街无市，临街也许有个别的店铺摊位，但并没有集市交易。一般常有一条主街式的干道穿过全寨并设寨口。较大的羌寨街巷四通八达，犹如棋盘式，大小曲直交织相连，宛入迷宫。如有名的理县桃坪寨（图 10–3），寨子总平面较方正，建于坡地上，寨内房屋呈密集的若干不规则块体集合，每个块体由若干户相连在一起，而块体之间便形成走向自由布局的街巷，如棋局一般，右侧主干道纵向贯通全寨，有四条弯曲转折的小巷横向分布，联系尚称便利。但初来乍到的人却可能不明就里，莫辨方向，所以这种不规则的街巷式组团布局也有利于防卫的意图在内。

三是组团结合式。有的羌寨相邻较近，以某一寨为中心，其他小寨附建于周围，形成组团式布局。有的依据地形条件，成为上下寨组团。如茂县河西寨由三个寨子组团构成，其中主寨为官寨，是该地区统治权力中心。为保卫官寨，还在周围建上左寨、上右寨，以及下寨形成统一的防御体系寨落组群（图 10–4）。黑虎寨由在山顶上有十几户人家的上寨和山麓七八户人家的下寨构成（图 10–5）。

图 10–5b 茂县黑虎寨碉楼

2. 羌寨空间环境特征

羌寨是典型的山地防御型寨堡式寨落，但又是富于浓厚民族生活风情的山乡。这一方面是由于过去历史原因羌人为求生存抵御外来压迫而造成，另一方面也是特殊的地理环境和羌族民居生活习性二者相结合所致。还未进入羌寨，远观就为它那高耸的碉楼、浑厚的村寨所吸引，进到寨内，又为它那空间环境的千变万化，民居的粗犷神秘奇异风貌所感动。从建筑群体空间艺术的角度看羌寨的民族地域特色大概有以下几点：

1）雄伟高大的碉楼成为全寨的构图中心。羌寨的碉楼几乎无寨不有，有的寨子甚至有好几座，形成碉楼群。碉楼多为石砌，也有土筑的。石砌碉楼技术高超，有的可达十几层，数十米高，平面有方形、六角、八角等形式，收分明显，造型各异，在寨子中十分醒目，民宅房屋基本上围绕碉楼而建，高低错落，在山地犹如城堡（图 10–6）。

2）复杂曲折多变的街巷空间，窄长幽深。羌寨的内部空间除了房屋之间的邻里空间外，最变幻莫测的就是街巷空间，既生动又迷离。尤其是随地形变化竖向空间尤为丰富，两侧房屋高墙夹道，各式过街楼、牌坊、寺庙、梯道、小桥等，虽是一种公共空间，有时又是民宅空间的一部分（图 10–7）。

3）房屋布置密集，屋面空间连成一片。羌寨房屋的密集程度大概是其他民居无一可比的，街巷通道又极狭窄，而民宅屋顶多为平顶。在山地组合的环境中，下层房屋的屋顶即为上屋房屋的晒台，十分利于粮食晾晒的生产活动。同时，在平屋顶上设梯架木板通行，使全寨房屋的屋面都可互通连成一片，形成空中的交通网络系统。

图 10–6a 从山上看羌寨碉楼

图 10–6b 羌寨高大的碉楼

图 10–7a 羌寨过街楼

图 10–7b 羌寨街巷

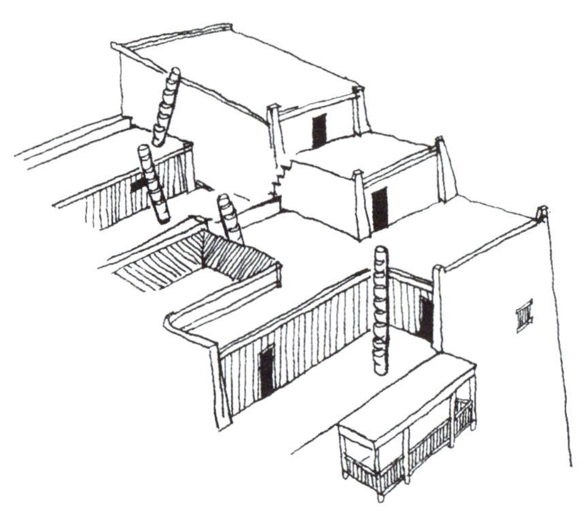
图 10–8a 羌寨的屋面空间联系

图 10–8b 理县老木卡寨屋面

这实际上也是为了使全寨能共同对付外敌的自卫需要（图 10–8）。

4）水系空间的巧妙安排和利用。羌寨选址十分重视水源，这是赖以生存的必要条件，也可供绿化培植和水磨房生产等用。除了从河溪取水，还有各种山泉引水，而且要引入各户民宅碉楼，因此寨中必有水系的组织，沟渠的布局，以及水口、水池等水空间环境的经营，成为羌寨最具生气的部分。桃坪羌寨的供水系统非常特别，全部沟渠水道都在地面之下为暗系统，十分巧妙，这在羌寨中是唯一特有的，而其他羌寨都是明沟明渠水系系统（图 10–9）。

图 10–9 羌寨的水系明渠

5）绿化环境的培植。尽管房屋密集又为石构，但因有一定数量的树木灌丛，使羌寨空间环境并不感压抑沉闷。除了寨周尽量保护植被外，在寨内结合水环境种植树木，培植绿化环境，所以不少羌寨有古木大树，掩映着古老的山寨，平添了几分亲切与活力（图 10–10）。

尤其是河谷地区的不少羌寨，如沿岷江、涪江上游及支流杂谷脑河、黑水河等分布的羌寨，布局自由的民居散布在山野绿树丛中，参差不齐、

图 10-10 桃坪羌寨的绿化环境

图 10-11 与周围自然环境融合的杨氏将军寨

高低错落的丰富变化，加上众多高耸的碉楼，使羌寨更显示出美妙神奇的动人景色和浓烈的羌风羌貌环境特征，表现出罕见的独特艺术魅力（图 10-11）。

第二节　羌居类型与特征

按其平面空间组合关系以及结合用材情况可将羌居分为如下几类：

一、邛笼屋

大多数羌族住宅用乱石砌筑，少数也有用土筑墙，在古代典籍中早有记载，名“邛笼”或“鸡笼”。《后汉书·西南夷传》：“冉駹彝者，以为汶山郡……皆依山居止，垒石为室，高者至十数丈，为邛笼。”明《蜀中广记》引《寰宇记》有：“叠石为巢以居……高二三丈者谓之鸡笼，十余丈者谓之碉，亦有板屋土屋者，自汶川以东皆有屋宇不立碉巢。”可见这种羌居形制历史之悠久。

羌族民居属土石结构体系，是典型的山地建筑，常结合坡地分层筑台，外形即成阶梯状，多为二至三层。采取功能分层方式，底层作畜圈，二层为主要居住层，设正房、卧房、灶房等，三层平顶上设“罩楼”，即靠后墙建一排廊房，是与前面晒台配套的生产用房。

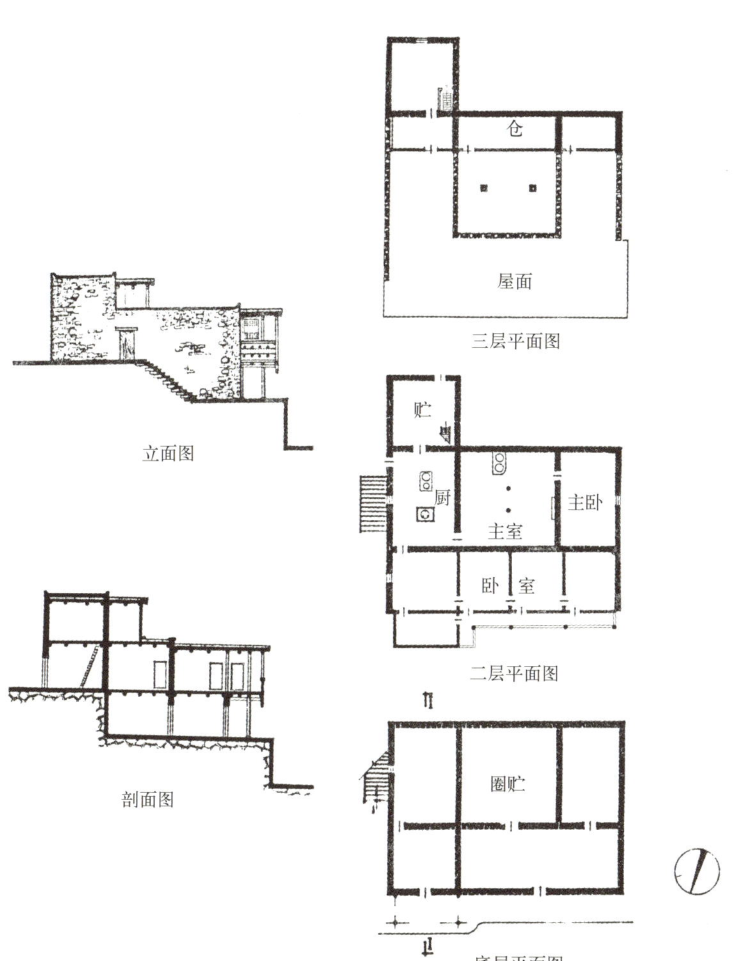

图 10-12a 茂县四龙乡何正富宅

如茂县回龙乡何正富宅，建于坡地上，分前后二台，外观三层。底层平面扁方形，用石墙分隔，后部三开间，中间特别宽大，用作牛羊圈和柴草杂物房。二层平面是主要居住层，亦分前后两部分。前部一列四间均为卧房，以木构板壁分隔，外再出挑楼及挑廊。后部相对底层间的划分，

图 10–12b 茂县四龙乡何正富宅外观

图 10–13a 石砌羌居的丰富造型

图 10–13b 造型自由活泼的河西下寨碉楼民居

中为主室，十分宽大，为日常起居之用。左为卧室，右为厨灶，并设火塘锅庄，其后接山 贮藏间。三层为大面积晒台，后部为用作仓贮的罩楼。上下联系用搬梯。整个布局依功能按层分配，简洁明确，建筑形象朴素无华，但又有出挑显得并不单调（图 10–12）。

上述实例是一种典型的形制，而在此基础上这种邛笼屋外观及内部布置因各种不同的使用要求有若干复杂多样的变化（图 10–13）。

二、坡顶板屋

所谓"板屋"一词亦是借用古籍记述的说法，实际上是指与邛笼屋的区别在于内部承重结构体系采用木穿斗构架承重，而屋面采用人字坡顶，以小青瓦或石片覆盖，外墙仍以石墙或土墙围护。其平面布局形式大体与石屋相似，只不过内部空间的划分更为灵活多样，且因是木构，有中柱崇拜的做法。此外，为生产需求，屋顶常为平坡结合，不全然用坡屋顶，以有晒台利用。这可看作是板屋同邛笼屋相结合的一种方式。至于采用坡顶木构也有后期汉式住宅影响的因素，从这个意义上说，此类型也可以认为是汉羌结合的产物。

如汶川羌锋寨汪清发宅，建于街巷转角一高台上，入口有一半呈过街楼状，下可通行。底层平面为 L 形，大门后为前厅兼灶房，主室方正宽大，布置有火塘、角角神位、鲁班神位，主室中柱位于正中，余皆为卧室，有梯通至下层露天畜圈。二层为晒台及大面积贮藏间。仅该贮藏间为小青瓦悬山顶，入口过街楼为单坡瓦顶，其平面组合及空间造型均不拘一格，活泼自由，依地势及功能要求随宜安排（图 10–14）。

三、碉楼民居

这种将碉楼与邛笼石屋相结合的民居是羌族民居最具特色、最有民族地域风格的住居形态。单独的碉楼主要功能是用于防卫瞭望，在有事时避难其中，也考虑临时可以供其居住；而碉楼民居中的碉楼不仅具有上述功能，平时也是居住功

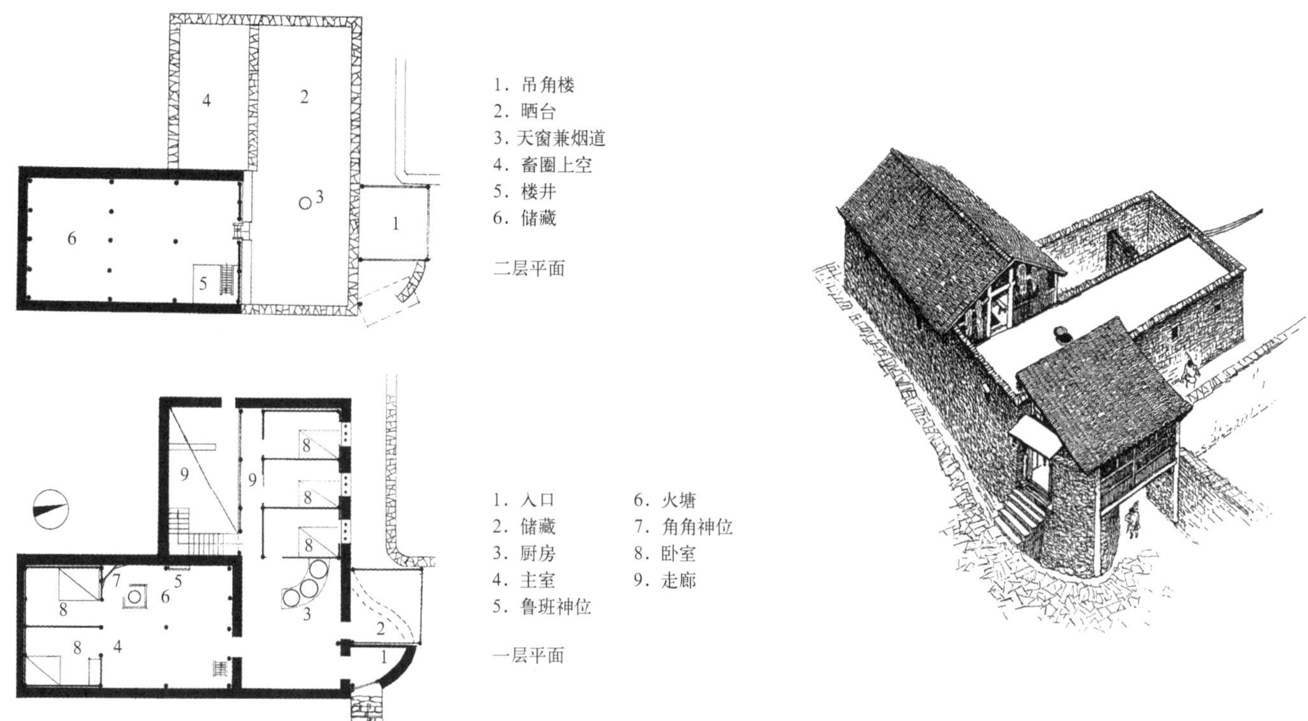

图 10–14a 汶川羌锋寨汪清发宅

图 10–14b 汶川羌锋寨汪清发宅透视

能的一部分，二者在平面空间组合上紧密地联系成一个整体。同时根据地形条件及使用方式，其有机组合的形式非常丰富多样，风采各异，应该是羌族民居文化的典型代表。

如茂县黑虎寨王宅，是在小台地上的方形碉楼组合形式，平面以主室为中心，三面围以大小不等的房间，空间以碉楼为构图中心的多体量组合。底层入口在东南方向，畜圈另于西北方向设小院出入。主室方正，设有中柱、火塘等，并与碉楼相通。二层有卧室两间及贮藏间，一边通晒台，一边通碉楼。三层即屋顶晒台，碉楼直上四层。平面空间均简单明确，但有机组合的整体高低错落、生动有力（图 10–15）。

河心坝寨杨宅，是在二阶台地上不规则平面六角形碉楼组合形式，是利用坡地上一块楔形地段建起的一座气势雄健的碉楼民居。底层在坎下，近方形，为储藏间兼入口。二层为畜圈柴草，六角形碉楼置于楔形窄面，嵌合十分自然巧妙。三层为主要层，主室宽大，对外三方视线开阔，居室设火塘、中柱，另设两间卧室，碉楼内也兼作

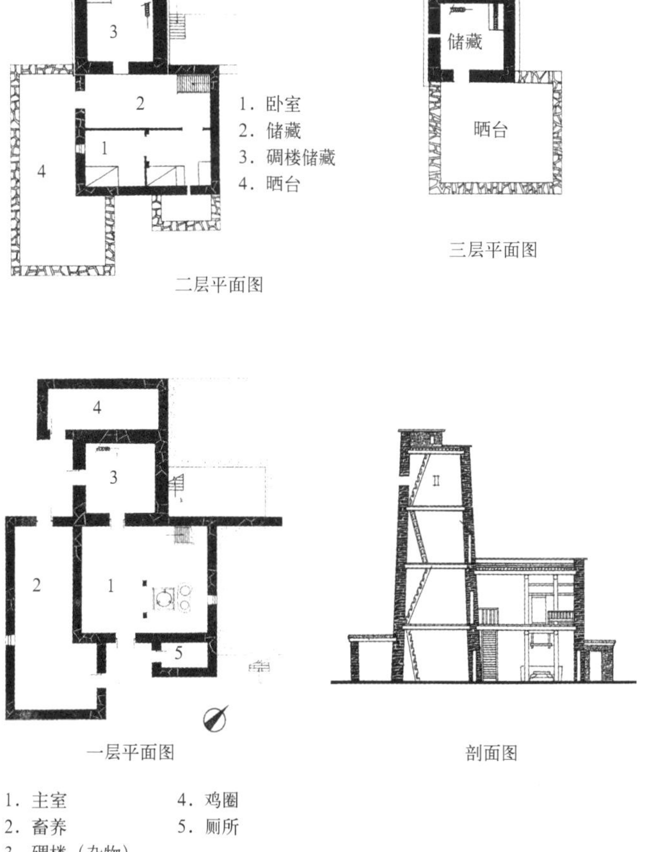

图 10–15a 茂县黑虎寨王宅

卧室。三层布置灵活，除了卧室，另辟半封闭敞廊及大小三个晒台。可以看到，尽管基地窄小，又不规则，但通过合理安排，巧妙组织，既解决了居住使用要求，又营造出别致独特的碉楼民居城堡式建筑形象（图 10–16）。

四、官寨

羌族的官寨住宅是羌居中最复杂而讲究的住宅类型，但由于历史上土司制度的演变，受汉藏文化的影响颇深。有的官寨为藏人所建，有的官寨毁损不全，现仅存三座，即茂县曲谷乡河西村王泰昌官寨、瓦寺土司官寨、理县甘堡乡藏族桑梓侯官寨。后两座均为藏人所建，但仍包含有羌文化因素。

以王泰昌官寨为例可以看到羌族官寨的特色。在总平面上此官寨位于高半山寨落组团的中心寨内，周围有上寨两个分立左右，山下有下寨及碉楼群（哨楼）形成拱卫之势。该宅坐北向南，

图 10–15b 黑虎寨王宅透视

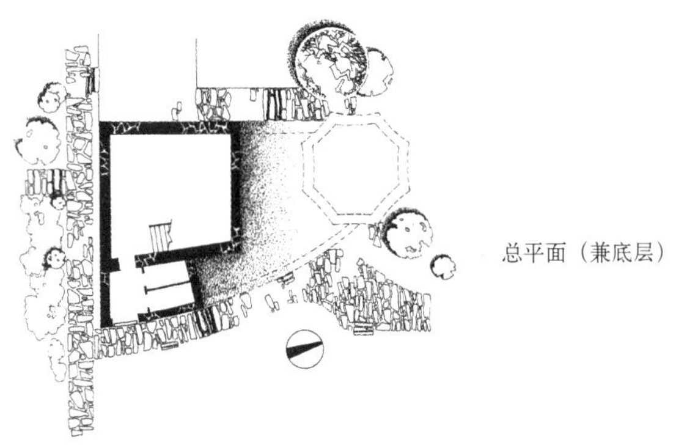

总平面（兼底层）

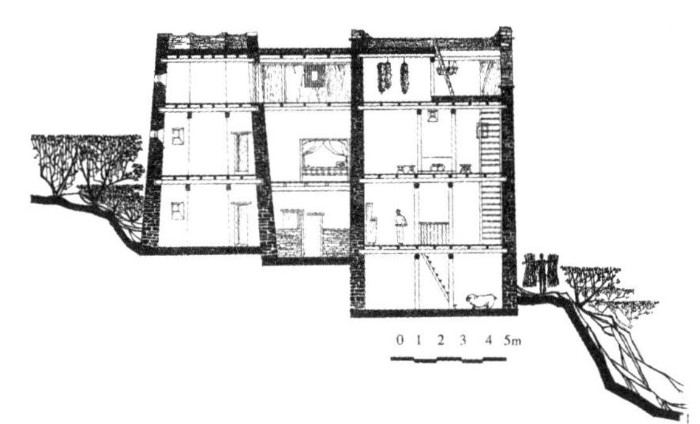

图 10–16b 茂县河心坝寨杨宅剖面图

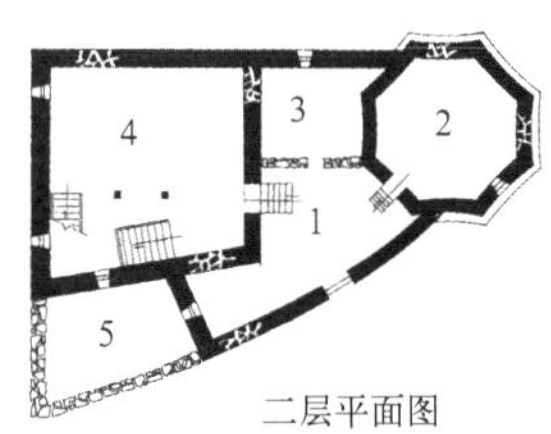

二层平面图

1. 过路屋（兼生产工具堆放）
2. 碉楼（杂物）
3. 猪圈
4. 杂物柴草
5. 厕所屋顶

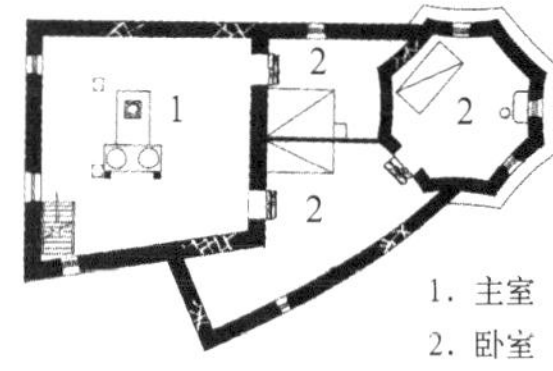

1. 主室
2. 卧室

三层平面图

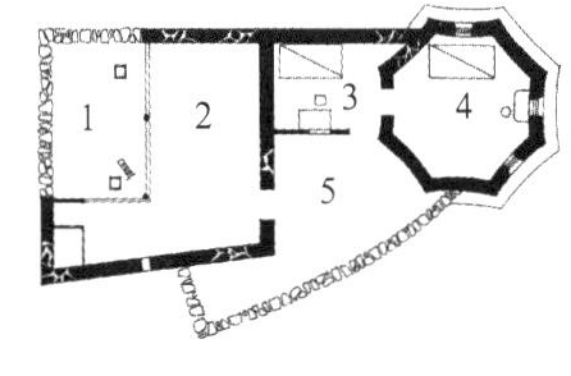

1. 有天窗的小晒台　　4. 青年书楼
2. 半封闭廊子　　5. 晒台
3. 青年卧室

四层平面图

图 10–16a 茂县河心坝寨杨宅平面图

图 10–16c 茂县河心坝寨杨宅透视

是多体量的庞大组合，高六层的邛笼石屋，建于三阶台地上，占地600平方米（图10–17）。

底层为半地下层，为畜圈。二层为主入口南向，整个平面围绕中心楼井布局。左侧为主室及议事室，右侧为卧室，后部还设有密室。三层为居住层，有卧室、书楼、绣花楼等。四层东南侧为屋顶晒台，西面及北面为房间，可以向东南纳阳，主要为卧室及贮藏间。五层收缩至西北角为

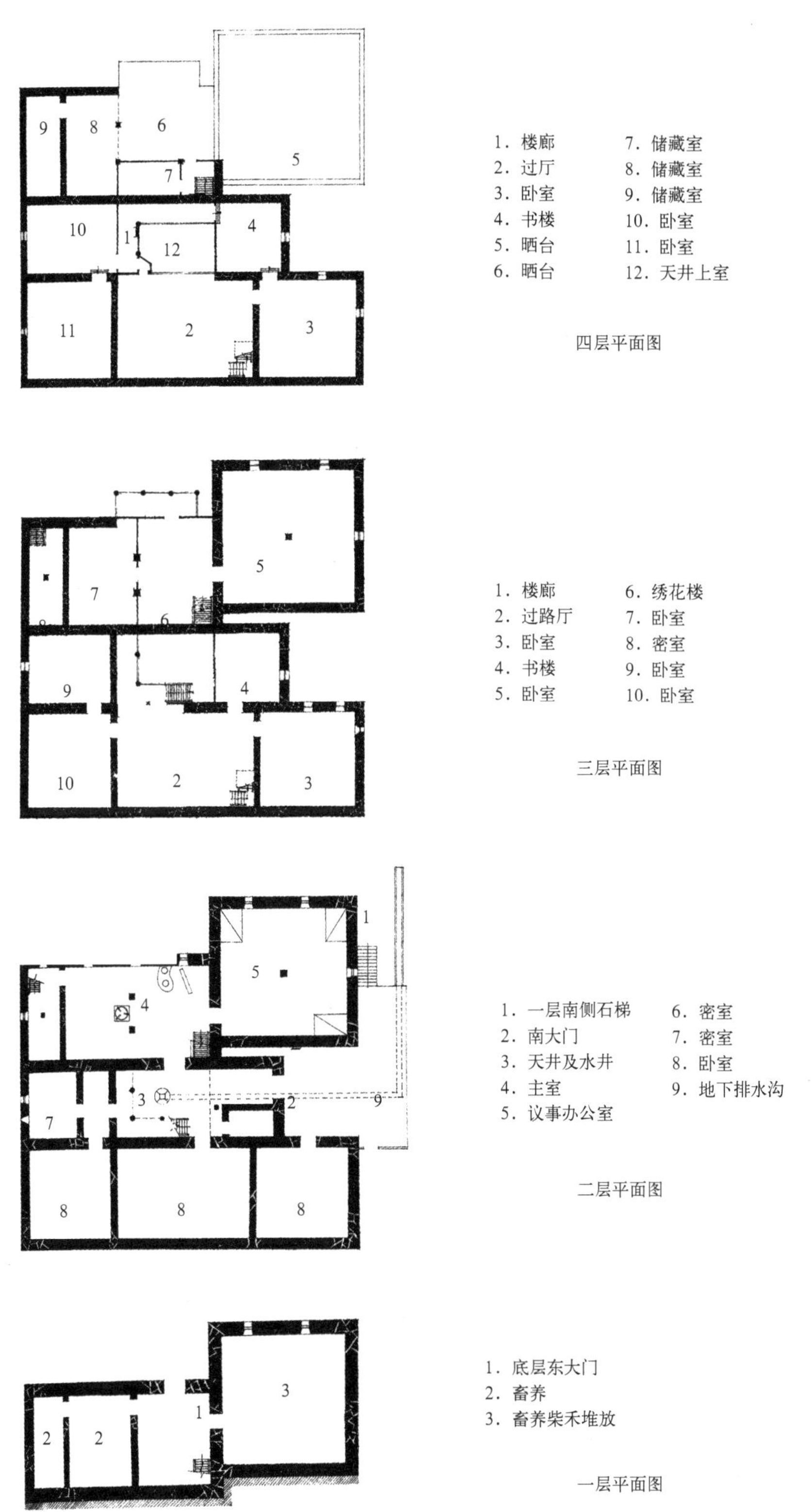

图10–17a 茂县曲各乡河西村王泰昌官寨平面图

罩楼，余为晒台。六层仅西北角部一间为贮藏间。平面方正完整，整个布局清晰而合理，结合地形高低错落，层层收台，体量虽较庞大，但造型处理仍不乏活泼，如绣花楼采用挑廊与石墙面相映成趣。外观石墙收分显著，更觉高大，庄重森严，封闭的城堡式风格凸显其官衙的气派和地位。但因立面及入口处理并不死板僵硬，大段墙面进退凹凹有所变化，在庄重中不失活泼生动。

羌族人民有很独特高超的传统建筑技术，他们不仅因地制宜，就地取材，用乱石黄土木材建造出别有风格的民居和寨落，特别是雄伟神奇的羌碉举世闻名。据载，早在2000多年前，他们就和汉族人民一起参加了作为世界文化遗产的都江堰水利工程的修建。同时他们也善于汲取汉藏建筑文化来丰富自己。一些结构构造做法，如墙体梁柱楼面结构及出檐门窗等做法都与相邻藏区

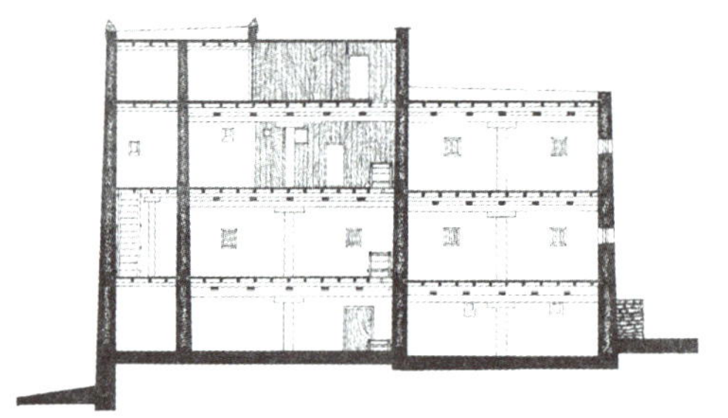

图 10–17b 茂县曲各乡河西村王泰昌官寨剖面图

图 10–17c 茂县曲各乡河西村王泰昌官寨

图 10–17d 茂县曲各乡河西村王泰昌官寨鸟瞰

图 10–18a 羌寨泰山石敢当

图 10–18b 羌族白石崇拜与羊角崇拜

的做法式样大同小异，但其中也加入了自己民族的特色，也吸收了汉式坡顶民居的手法，特别是一些宗教崇拜习俗内容的设施及装饰图案，如羊角花饰、角角神、男女保护神等神位极富民族装饰色彩（图 10–18）。

图 10–18c 羌居室内角角神及火塘

图 10–19 羌居大门装饰

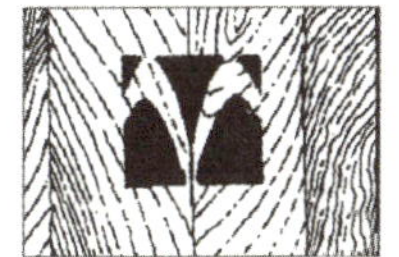

图 10–20 羌居窗户装饰

羌居大门的式样较多，均简洁大方，还喜设垂花门装饰（图 10–19），并在院墙门上置白石。窗的形式简单多样，如斗窗（小口窗）、升窗（出烟孔）、羊角窗、牛肋窗、地窗（垃圾口）、花窗等。这些门窗部位都是重点装饰之处，也是民族特色的一种表现（图 10–20）。

羌居外观厚重朴实，常将平屋顶四角部设梯形或直形短柱状神塔、上置白石，轮廓起伏别致，十分醒目（图 10–21）。土石墙与木构配合使用，常局部挑出小木楼和小木廊，均以材料质感本色表现而呈现生动的对比，在山地环境中错落有致，在高耸的碉楼统领下，的确别具民族地域特色。（图 10–22）。

图 10–21 羌居屋顶神塔

图 10–22 羌居组团与环境

第十一章　四川彝族民居

第一节　彝寨环境与分布

一、自然人文环境

彝族分布在川、滇、黔、桂等省区，四川彝族人口181万，绝大部分集中在四川西南部的凉山彝族自治州，这里是全国最大的彝族聚居区，面积约6万平方公里。该区大小凉山、小相岭、鲁南山等山系纵横，金沙江、雅砻江、安宁河、越西河等河流密布。山岭间有河谷盆地，其中最大的谷地是安宁河平原，是川内仅次于成都平原的第二大平原，人口稠密，也是该区最大的农牧业区。此区气候温和，雨量充沛，高山河谷地区气候呈垂直分布。彝族主要居住在海拔2000～3000米的山区和高半山地区，少部分居住在盆地河谷地带。高寒山区夏凉冬寒，多以畜牧业为主，安宁河、金沙江等河谷地区气候炎热，可种植水稻及亚热带作物。

彝族是一个古老的民族，亦为殷商时期华夏先民组成部分，属氐羌系统，大约在春秋战国时期从西北甘青一带向南迁徙散居在川、滇、黔地区。新中国成立前一直处于奴隶社会之下，有严格的等级制度，分为黑彝（诺，奴隶主）和白彝（曲诺，普通劳动者，阿加、呷西，奴隶）共二类四个等级。

彝族生活习俗中保留着远古时期的泛图腾崇拜，在屋中供奉主要是动植物形象，特别是祖先遗留下的动物形象，如牛角、羊角等，祭齐罗尼前神即稻草扎的五谷神，以及竹根崇拜等。同时很喜欢黑红相间的各类漆器生活用品。这些多作为一种装饰物用于生活各方面，也反映在住房营建上。

二、彝寨选址布局

彝族居住有大分散、小集中的特点。彝寨多选在高山或向阳坡地上，一般地势都较险要以利防守。高山上的村寨亦多自由松散，寨内道路自然形成，多不完善，更无系统的街巷。河谷平原地区则多聚族而居。村寨一般为十几户至几十户，少则三五户的组团，上百户的大寨极少，更多的是独户散居，也有不少彝汉杂居的村寨。大多数寨子喜面向日出的东方或背山面水的南方，常常靠近耕地或便于放牧的地方，且水源有所保障便于生活，民居多为小家庭居住，体量不大，故多顺等高线平行布置（图11–1）。

图11–1　向阳面水的彝寨“望子”

第二节　住宅类型与特点

一、住宅类型

彝族住宅大多较为简单，基本上是一字形坡顶平房，局部有些凹凸的变化，周围以栅栏、土墙等成为一个小院子。奴隶主的住宅较为复杂华丽一些。凉山彝族民居多为木拱架坡顶形式，不像云南彝族民居常采用土掌房平顶形式。按其性质和规模凉山彝族民居可分为以下三种基本类型。

1. 奴隶住宅

贫苦的阿加和呷西奴隶大多住在较原始的

"棚屋"，较为简陋。有的双坡顶用木板覆盖的，称为"黄板"屋，也叫"闪片"房（图 11–2）。也有用石板，稻草和杉皮覆盖。室内矮小阴暗，人畜同居，中设火塘锅庄，取暖煮食，终年不熄。有的内部空间稍有划分，隔出卧室（图 11–3）。

2. 普通民宅

一般的农民住宅多用土墙草顶，长方形平面一大间约 30 多平方米。沿墙布置床及家具，室中火塘偏于一侧，留出较大活动空间，有的把屋架檩条下的空间做夹层阁楼，作为贮藏间或客人住处，如喜德县李子乡某宅（图 11–4）。稍为富裕一点的农民住宅可以有更宽阔的住房。因彝族民居木构架排列，间距大约 3 米，这样可以达到五间以上。如美姑县巴甫乡某宅（图 11–5），平面长方形，共 8 间，分为三个部分，中间部分为主要空间，为客堂兼厨房，靠里一侧设锅庄，左侧部分为卧室及贮藏间，右侧为畜圈。大门靠右设置，便于人畜出入。房屋以土墙围护，木构架承重，屋面以松木板瓦覆盖。此种棚屋也称"土墙板屋"，为当地独有的形式。

3. 黑彝住宅

奴隶主的住宅除了长方形房屋之外，还有三合院、四合院等形式，外形多受汉式建筑影响，但内部布置则依当地的民族习惯。如甘洛县斯普乡某黑彝住宅（图 11–6），在方形的大围墙院内，靠院后部布置一长方形房屋，仍分为起居、卧室及杂贮三部分。中间三大间退进成凹廊，为主要起居部分，靠里设主卧室及锅庄、贮粮间。

透视

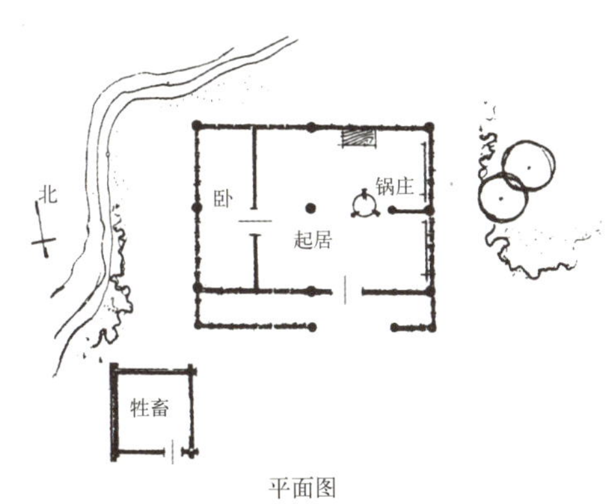

平面图

图 11–2 彝居黄板屋平面及透视

图 11–3 杉皮木板覆盖的板房彝居

透视

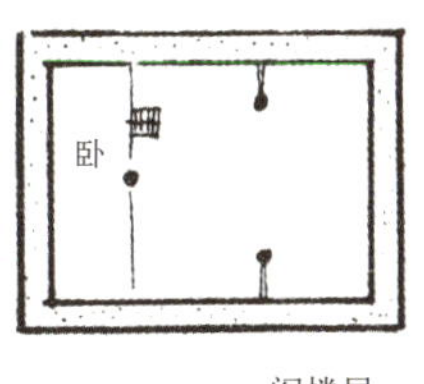

阁楼层

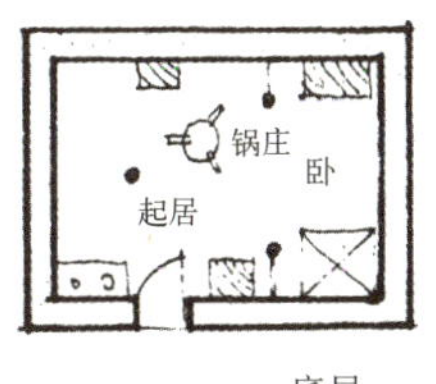

底层

平面图

图 11–4 喜德县李子乡某宅

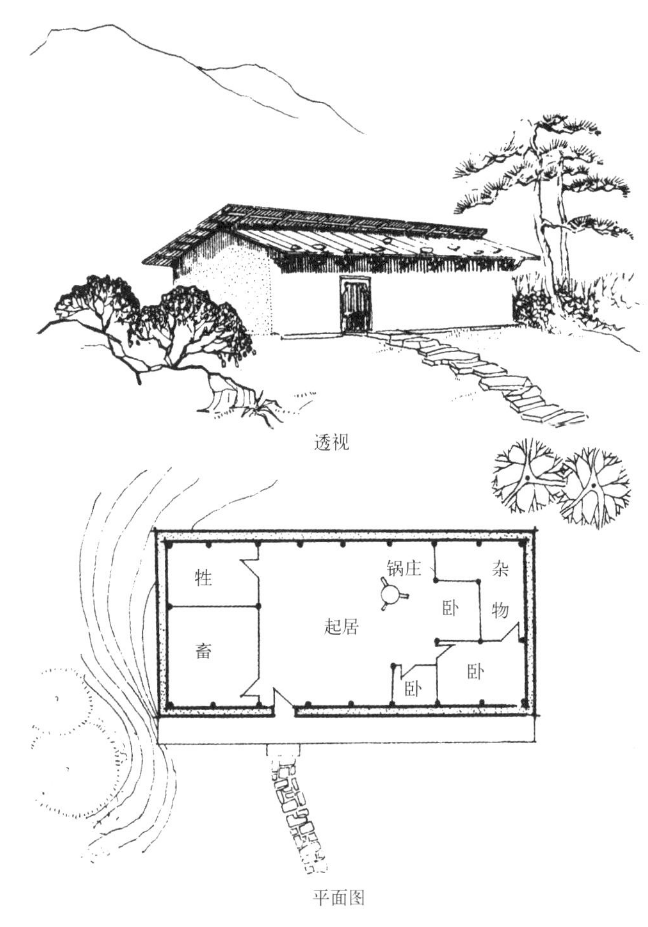

图 11–5 美姑县巴甫乡某宅

右侧为卧室，左侧为杂物间。宅门在外廊两边各开设一个。起居空间显得宽大通畅。大院门一反常规，设于屋后，院坝两侧分别设晒凉棚和畜圈，便于一些生产活动。在对角线上分设两个碉楼，整个布置简洁明了。房屋采用木穿斗构架及具有彝族风格的小青瓦双坡顶，屋脊有明显生起。

有的黑彝住宅外形仿一颗印的形式，但内部平面布局却大不一样，如美姑县巴甫乡某黑彝宅（图 11–7），以土墙围合成方形四檐平天井四合院。内部全以木构架承重和分隔。大门处退入门斗，后为门厅，两侧为畜圈，起居室在后部当心间，旁边有三间小卧室，锅庄近后墙设置。其左右两厢为客人卧室和杂物贮藏间。可以看出，后部仍为起居、卧室、贮藏三部分基本布局，但已人畜分开不处一室。天井院中设水池，四周绕以回廊，空间通畅有所变化。而且内部空间有各种彝族特有的悬挑构架，并施以雕花装饰，门窗格扇也有动植物花纹及花格装饰。在主院落周围还有高大的围墙及碉楼。

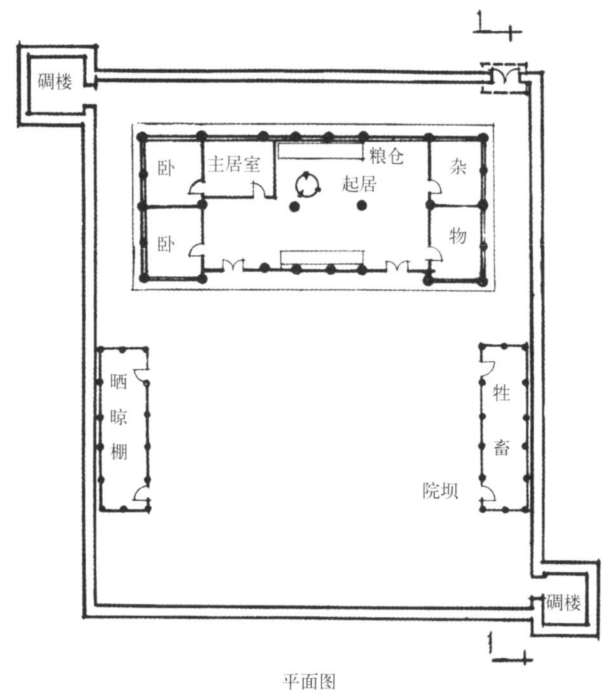

图 11–6a 甘洛县斯普乡某黑彝住宅

图 11-6b 甘洛县斯普乡某黑彝住宅透视

图 11-6c 喜德县某黑彝住宅

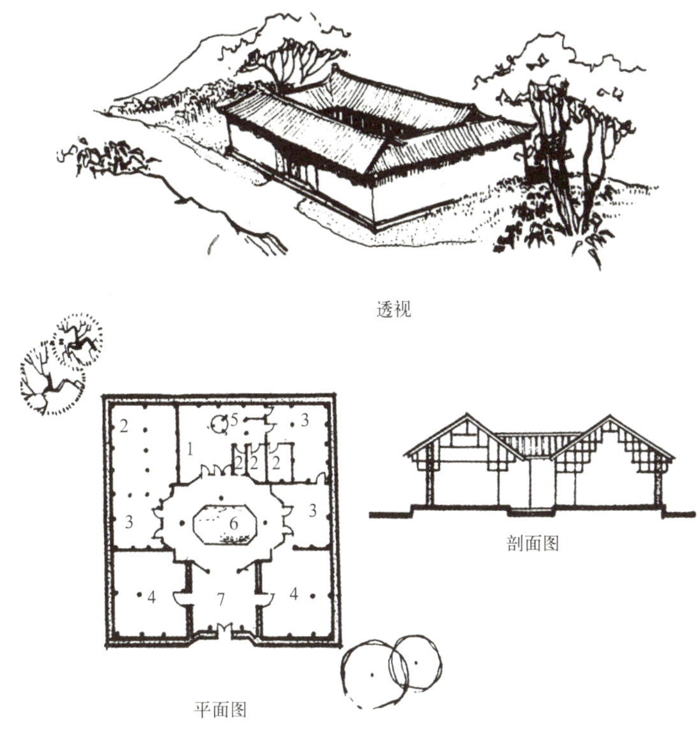

图 11-7 美姑县巴甫乡某黑彝住宅

以上几例可以看到彝族民居的几种主要的不同类型，明显反映出当时社会生活等级差别的基本特点。

二、结构构造及装饰特点

彝族住宅结构形式主要是最具民族特色的木穿斗“拱架”，在榫卯技术上是一种穿斗形式，但组合方式却别有一格。一种拱架形式是层层挑拱架，这种拱架是用杠杆原理，两侧层层向中央出挑，既加大了空间跨度，室内无支柱，又有强烈的装饰作用。在拱架出挑的挑头上及瓜柱下刻花饰、牛头或吊爪。还有一种拱架是出挑加大斜梁组合式，室内空间更显高敞，是彝族民居富有创造性的典型特征（图 11-8）。其他形式的木构架还有类似汉式木穿斗构架和抬梁式的形式，但穿枋多用于上部。屋檐出挑也常采用拱架的方式（图 11-9）。在林区的彝居也有采用井干式构架的“木罗罗”房（图 11-10）。

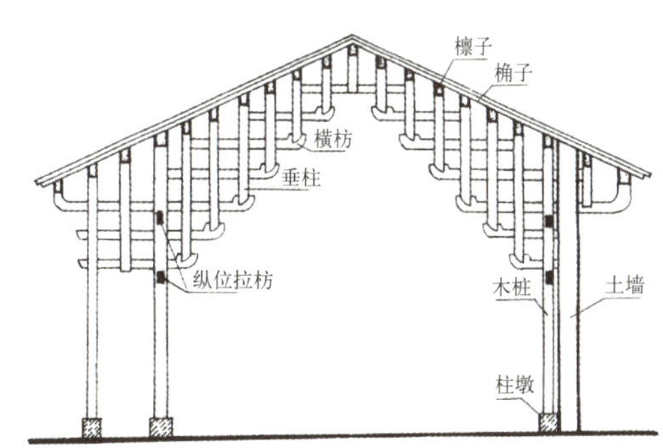

图 11-8a 彝居多层拱架

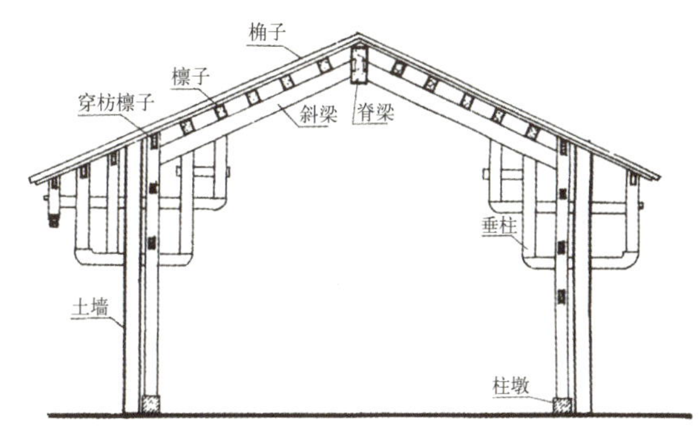

图 11-8b 彝居大斜梁拱架

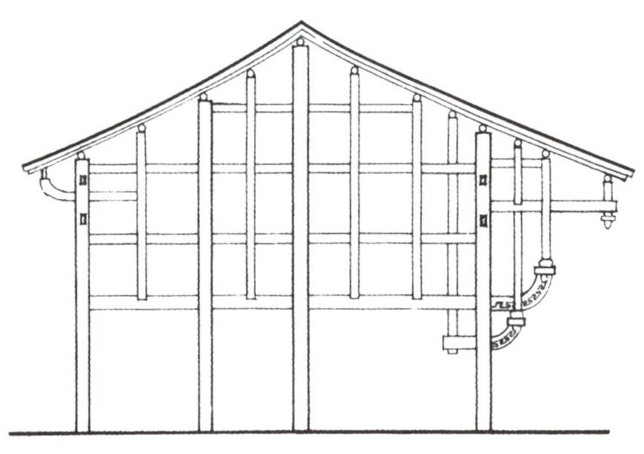
图 11-9a 彝居穿斗抬梁混合式拱架带出檐

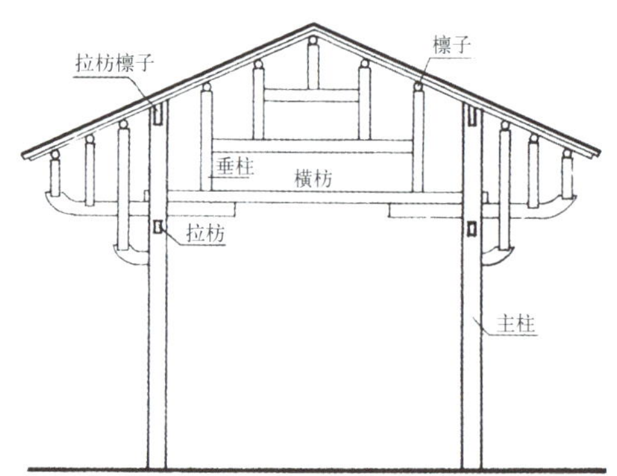

图 11-9b 彝居抬梁式拱架带出檐

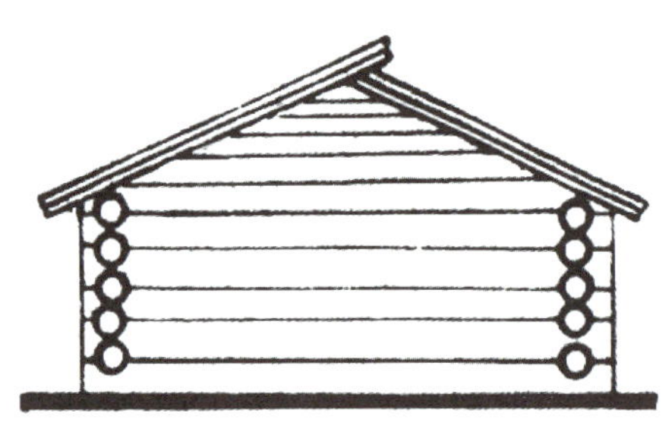
图 11-10 井干式构架（木罗罗）

图 11-11 拱架室内透视

图 11-12a 拱架出檐装饰之一

图 11–12b 拱架出檐装饰之二

图 11–12c 拱架出檐装饰之三

建筑装饰除了上述拱架的装饰外，室内一些木隔板也有简单的线脚装饰。牛羊角是彝族喜爱的装饰物，常悬挂于室内。锅庄是彝族喜爱的设施，有的用石头制成羊角状，并刻上花纹，十分别致（图 11–11）。彝族民居装饰重点主要是大门和屋檐。常在大门上刻画图案，门楣上刻日、月、花草、鸟兽等。有的地方还在门上采用太极图作装饰的。封檐板雕刻简单连续图案，屋脊中部垒瓦花饰，山面做悬鱼装饰等。廊下层层出挑，常刻以花饰和牛羊头，在外观上独具特色，有的加以黑、红、黄油漆彩绘，成为一种建筑造型特征（图 11–12）。

图 11–13 攀枝花仁和区迤沙拉村彝居

此外，需要指出的是，除了上述彝族传统民居形式之外，在民族混居的地区，也有不少采用瓦坡屋顶形式的住居方式，在风格形态和使用方式上与云南北部丽江、大理地区的汉族、纳西族、白族等民族的民居类似、如攀枝花仁和区迤沙拉彝村就是其中的典型代表（图 11–13）。

第十二章　四川土家族民居

第一节　聚落环境与分布

一、自然人文环境

四川土家族有142万人，主要分布于川渝东南的石柱、酉阳、秀山、黔江、彭水等五个自治县，与湘、鄂、黔等省相邻，与整个五陵山区及贵州的土家族连成一片。该区地处偏远，为数省交界地区。因有长江阻隔，加之山地丘陵地形复杂多变，河溪密布，以前交通多有不便。

该区山地以中山、低山为主，兼有丘陵、山原及坝子。山脉多呈东北西南走向，有方斗山、七曜山、广沿盖、炭山盖、毛坝盖等山系横贯，有长江、乌江干流及其郁江、阿蓬江、曜河水系和流向湖南的酉水、梅江、龙潭河等水系，既峡谷深幽，山势险峻，又夹杂平原河谷，其中以秀山坝子为最大。本区气候温和，多雨润湿，树木繁茂，物产丰富。

在历史上土家族源可追溯到殷周时期的巴人“廪君”部落，后从清江流域扩展至五陵山区，再西迁进入渝东南地区与其他少数民族一起以“濮人”见诸史籍。新中国成立后于1956年被国家确认为独立的民族。这个地区以前也是川盐外销的重要古道所经之处，是四川东南与湖南、贵州相联系的主要途径。在这里以土家族、苗族为主，生活着十几个民族，长期互相交流相融，并较多受到汉文化的影响，但他们仍保留着本民族的文化特点和风俗习惯，如摆手舞、“西兰卡普”土家织锦、过赶年、哭嫁等。其居住文化除采用类似汉族农宅的三合院、四合院外，还有类似苗族的吊脚半边楼，但却又与汉式、苗式木构民居有很大差别，表现出自己民族的特殊做法与风格。

二、村寨选址与分布

除城镇聚落外，土家族村寨基本上是广泛分布于山区，以大分散小集中的组团式聚族而居，常是一姓一寨，一山一寨。同一个村落的农户，既不像汉族农宅多为单家独户的自由散居，也不像其他少数民族如苗族、侗族那样全部都聚居在一个寨子里，而是在相邻不远的范围内散落着若干个大小不一的组团，每个组团各户房屋也呈松散自由的布置，可以独幢，可以毗联，但大体朝向基本一致，并同周围的田园、山林交错相融在一起。

这样的组团布局方式选址多根据周围耕地的情况，可选在山巅、山腰或依山傍水的溪河之畔，同时也考虑到安全自卫，择险而居。有的受汉式民居影响，也讲求风水相地。房屋布置随宜，多结合地形，顺其自然，大体朝向以南为主，但也不强求。组团内道路随地势自由弯曲，如树枝状通向各户（图12–1、图12–2）。

第二节　住宅类型与建筑特点

土家族人住房主要以木穿斗小青瓦屋为主，也有土墙砖木混合结构的房屋和茅草房，因财力物力因地制宜选择不同的形式。房屋的平面布局和使用要求，尤其是以堂屋为中心来组织房间的功能安排，与汉族农宅较为相似。按平面空间组合形态大体可分为以下四种类型。

图12–1　土家山寨组团式散居

图 12-2 土家聚落环境与农田

一、座子屋

土家人把一字形三开间的单幢房屋称为座子屋，也就是小家庭使用的正房。当心间较宽为堂屋。左右次间为卧室，称“人间”或称耳房。房屋常加大进深将堂屋和次间都分为前后两间。堂屋后隔出的小间实际为一过道约 1.5 米左右，称“后道”或“道房”。次间以中柱分前后两小间，前作客室，后为主人卧室，有的作为厨灶或贮藏间。堂屋为全宅起居中心，后壁设神龛，供“天地国亲师”牌位。土家人的堂屋按老习俗常不设门，仅以高门槛区分内外，在空间上与檐下走廊融成一片，使家务活动更为方便。因气候较炎热，不设大门也利于室内通风散热。

因山区冬天寒冷，需要取暖，仍有设火塘的习惯，一般多设于前次间和后道房。火塘一般就地挖 1 米见方的坑，周拦以石条，有木地板者，则使用木架铁火盆。

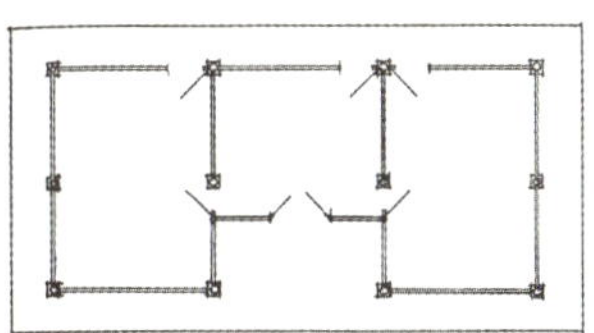

平面图（三柱四拱）

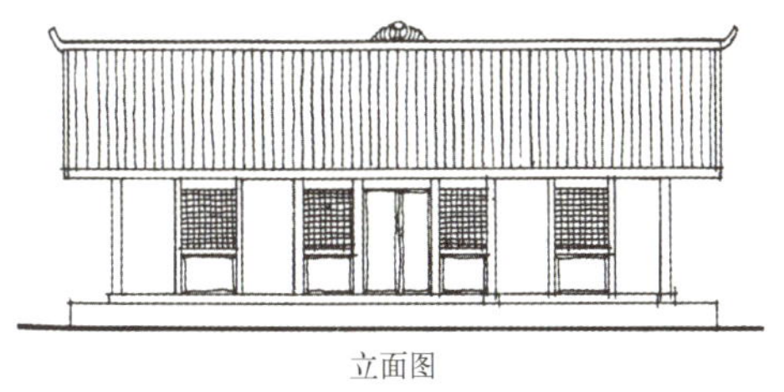

立面图

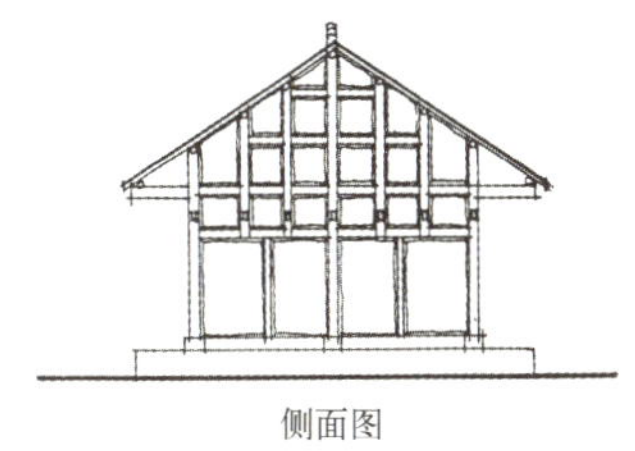

侧面图

图 12-3 土家座子屋“吞口木房”

座子屋是土家住宅的基本模式，可有五间、七间、九间的，在此基础上有若干变化，类似汉族普通住房。如堂屋退进一步架有门斗的，称为“吞口木房”（图 12-3）；在前面设列柱形成檐廊的，称“亮柱木房”（图 12-4）；若一侧端间凸出的，则称为“一头转马屁股”（图 12-5）；若伸出更多，则演变为厢房，平面变成 L 形。座子屋两侧山墙，还可加偏厦，后部也可加披檐，以扩大进深甚至成为后廊等等。

堂屋多为露明造，次间常设阁层，称“板楼”，

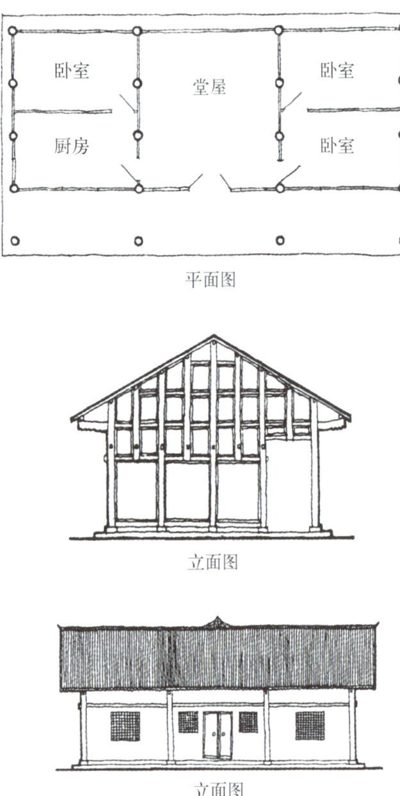

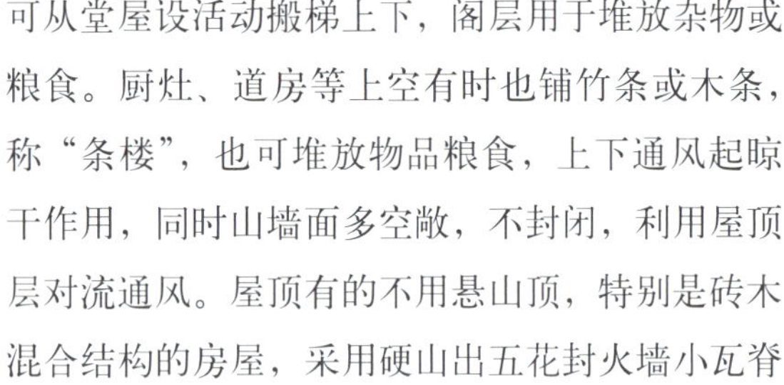

图 12-4 土家三开间"亮柱木房"

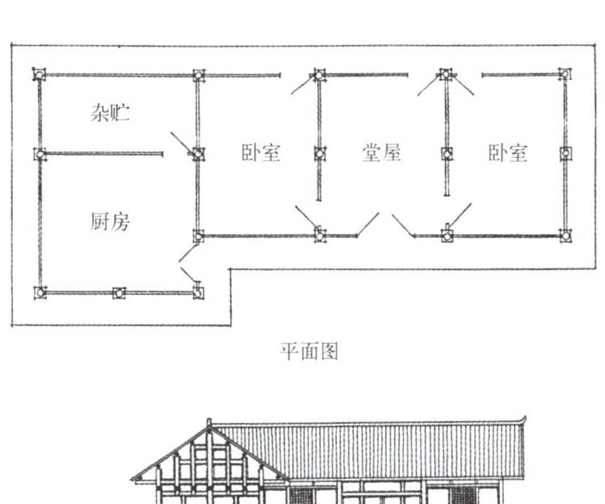

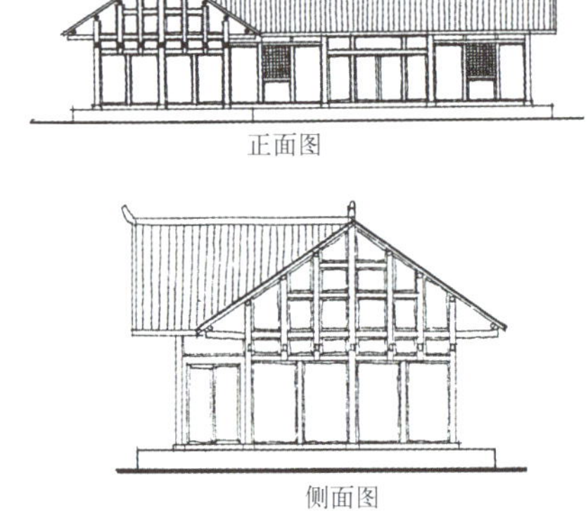

图 12-5 土家"一头转马屁股房"

可从堂屋设活动搬梯上下，阁层用于堆放杂物或粮食。厨灶、道房等上空有时也铺竹条或木条，称"条楼"，也可堆放物品粮食，上下通风起晾干作用，同时山墙面多空敞，不封闭，利用屋顶层对流通风。屋顶有的不用悬山顶，特别是砖木混合结构的房屋，采用硬山出五花封火墙小瓦脊压顶，也颇具地方乡土风味（图 12-6）土木混合结构的房屋，大多仍采用木穿斗构架，围护结构用夯土墙，有的木构土楼甚至可达二至三层（图 12-7）。

为扩大使用面积，座子屋还喜设外挑廊，有的还将板楼挑出至屋檐下，加栏杆与外挑廊对应，

图 12-6 硬山屋顶的组合

外观就像二层一样（图 12–8）。

二、三合院

座子屋加两厢即成三合院。两厢可长可短，间数也可不相等，布局相当灵活。土家三合院的厢房布局与正房组合更为简单直接，将厢房一列几间紧贴正房平面上不交错搭接，所以没有像汉族民居三合院抹角房那样与正房有各种复杂的交接方式。有的厢房常做成二层，外加挑廊或挑厢。

如秀山某宅（图 12–9），三合院平面方正，正房三间，出前廊，左右厢各四间，完全对称布局。有宽大的院坝，木构架小青瓦顶形象简洁朴素。采取三合院组合布局是土家族农宅最普遍的形式（图 12–10），适于在山地顺等高线平行布置，而两厢可垂直等高线布置，较好地利用了山地地形（图 12–11、图 12–12）。加上平面组合弹性

图 12–7 高达三层的土墙瓦顶

图 12–8 座子屋挑楼

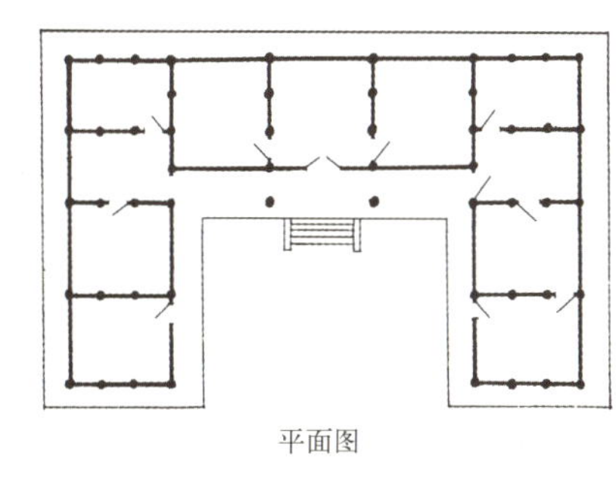

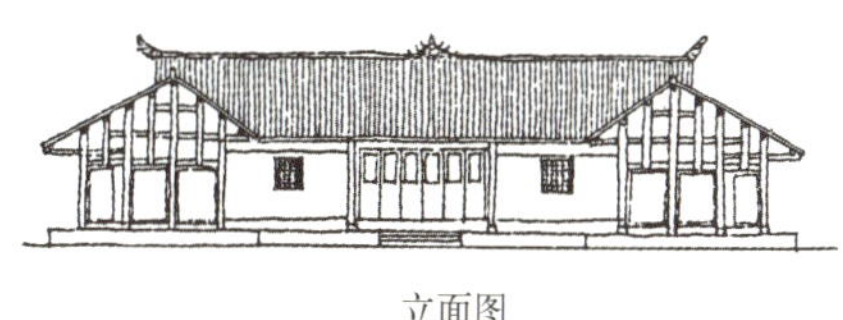

图 12–9 秀山某宅三合院

图 12–10 坡地三合院组群

图 12–11 厢楼的长挑廊

图 12–12 坡地上的三合院

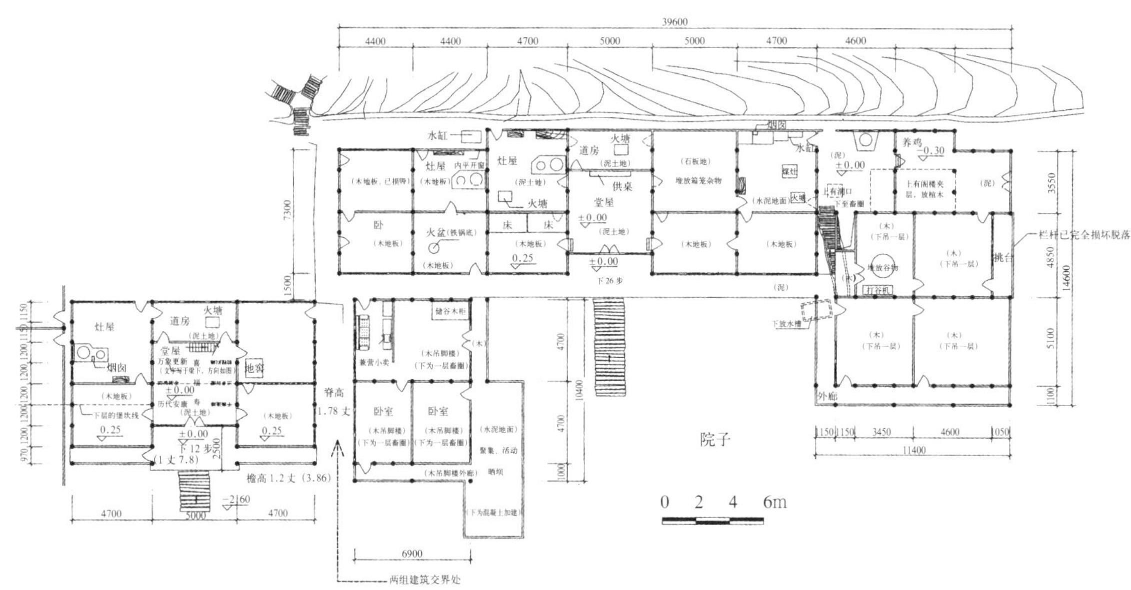

图 12-13 黔江后坝乡李家大院总平面图

伸缩，十分灵活，所以有的三合院若干户组接在一起形成规模很大的组群。如黔江县后坝乡李家大院，横向扩展达 12 间 60 米长，以中间的座子屋为中心，左右扩出各两间，左侧出大进深厢房，右侧出小进深厢房，并又连接出另一座子屋。在组合上前后错落，并设置长短不一的外挑廊，显示出丰富多变的平面空间形态（图 12–13）。

三、四合院

土家四合院的平面形式和立面形象大体上与汉族民居相似，有的也叫“一颗印”，所不同的是土家院落木构架排列较为规整，纵横错位少，特别是四角的转角处柱网交错少，因而空间组合较单纯，施工也较便捷。形象上在屋檐角部多有翼角翘尖的做法。如土家某宅四合院（图 12–14、图 12–15）面宽五开间，纵深亦五开间，基本方正。入口为吞口形式，即门斗，大门三关六扇，进门后为敞厅，也称下厅。堂屋称上厅，退进一步架形成凹廊。院内为横长天井，两侧为厢房，从前至后各五间，但在天井露明只一间，虽类似川内“明三暗四厢六间”的布局，但分隔划分及构架布置很不相同，较为整齐划一，组合交错变化较少。立面外观上这种院落民居显得庄重严谨，因便于通风，门窗开设较大较多，无封

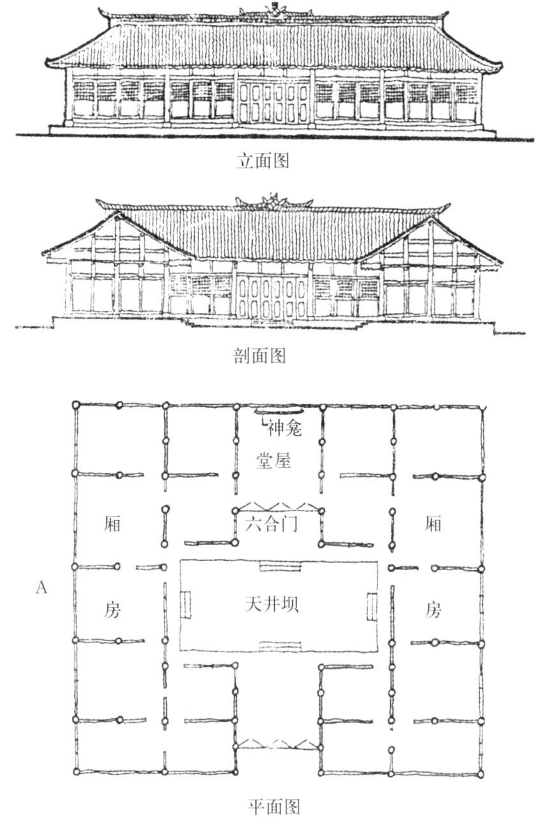

图 12–14 酉阳土家某宅四合院

闭压抑之感。屋面常用小翘檐，灰塑或瓦垒的脊饰丰富，整体形象也较活泼。

四、吊脚楼

吊脚楼是土家住宅结合坡地利用空间最富于

图 12-15 酉阳土家某宅四合院院门

图 12-17 厢楼多为吊脚楼

图 12-16 富有特色翼角飞檐

图 12-18 垂直于等高线的吊脚楼

民族地域特色的形式，尤其是吊脚楼形式组合与其他民族如苗族、侗族或汉族的吊脚楼有很大差异。土家族的吊脚楼主要是厢楼，下为吊脚，中设挑廊，上为歇山翼角顶为其典型的民居形象（图12-16）。这种吊脚楼在三合院布局中将两厢垂直等高线布置，即结合地形自然形成楼层，从而向下吊一层或二层，外观上下层是空敞的支柱层，上部房屋是板壁围合的房间。一般吊脚底层为畜圈、厕所或杂物堆放空间（图 12-17）。楼层多为女儿闺房，所以常在外设挑廊，甚至三面连廊，称为“转千子”，或“走马转角楼”，是土家姑娘刺绣、对歌、玩耍的地方，也是最富活力和民族风情的半户外空间（图 12-18）。在建筑造型上，漏空的花栏杆连续不断，有的设美人靠栏凳，挑檐柱下各式吊爪成为装饰重点部位。吊脚楼上下空间虚实对比，形象突出（图 12-19）。尤其屋顶喜做成歇山顶翼角翘尖，大挑枋采用大头弯木自然弯曲向上，大弯头挑枋出檐深大有力，生动活泼。所以此处吊脚楼是土家民居最有民族特色和艺术表现力的地方（图 12-20）。

土家吊脚楼适应地形的灵活性与采用木穿斗

图 12-19 独具一格的厢楼长吊脚

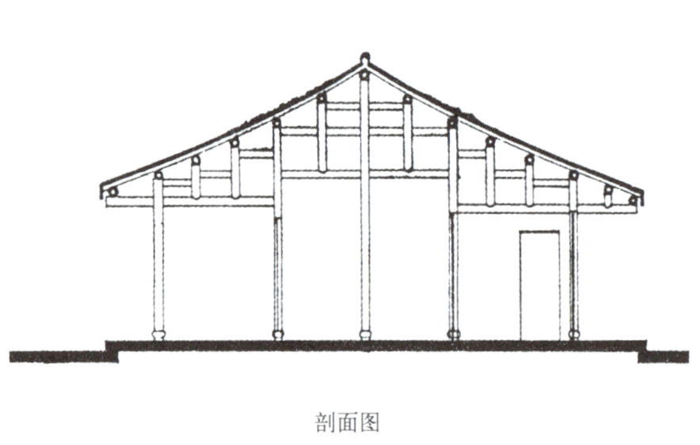

图 12-21 土家民居木构架（五柱六骑）

图 12-20 出檐牛角挑

图 12-22 土家具有典型特征的翼角挑楼

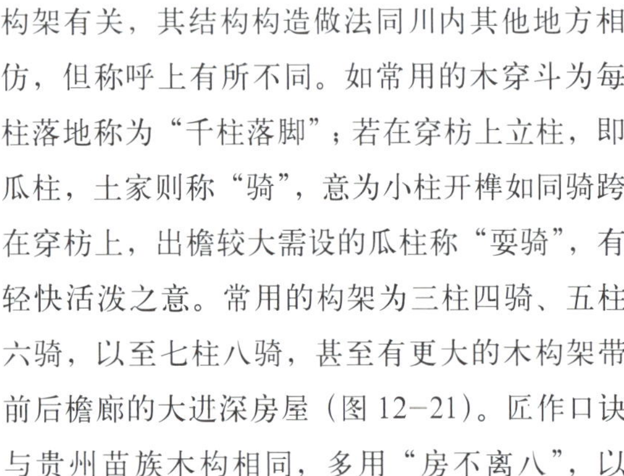

构架有关，其结构构造做法同川内其他地方相仿，但称呼上有所不同。如常用的木穿斗为每柱落地称为“千柱落脚”；若在穿枋上立柱，即瓜柱，土家则称“骑”，意为小柱开榫如同骑跨在穿枋上，出檐较大需设的瓜柱称“耍骑”，有轻快活泼之意。常用的构架为三柱四骑、五柱六骑，以至七柱八骑，甚至有更大的木构架带前后檐廊的大进深房屋（图 12-21）。匠作口诀与贵州苗族木构相同，多用“房不离八”，以用尺尾数压在八上为吉，尤其讲究中柱高一丈八八或二丈零八等。

土家族住宅不论何种形式，整体风格极为质朴无华，建筑装饰不论吊楼、挑廊、门窗雕饰及檐口、屋脊、翼角等重点部位，都极其简洁大方（图 12-22）。村寨群体组合或个体房屋建筑都尊重环境，结合地形，因地制宜，就地取材，与周围青山绿水自然环境相融相映，使土家山寨的民族风情表现浓郁而质朴清纯（图 12-23、图 12-24）。

图 12–23 与周围自然环境相融的土家木楼

图 12–24 具有良好的生态环境的土家村寨

第十三章　民居建筑文化保护与传承

第一节 保护与规划

一、提升对传统民居建筑文化价值的再认识

尽管这些年来，由于申报世界文化遗产热和发展旅游业等的积极推动，人们对建筑文化遗产包括城乡民居建筑文化的价值认识有所提高，对20世纪旧城改造运动中大量盲目拆毁历史街区四合院和城镇传统民居的错误做法有了一定程度的反思，对于保护优秀传统民居建筑文化遗产的意识有所增强，但从指导思想上同时代对我们的要求相比还有很大的差距，还需要进一步端正对文化遗产保护的指导思想，进一步提升对传统建筑文化价值的再认识。实际上，在经济建设大潮冲击下，在城镇化进程加速发展时期，在城镇建筑和新农村建设过程中，仍然有不少优秀的民居建筑文化遗产在不断遭到破坏和拆毁，造成这种不可再生的文化资源的永远缺失和遗憾。2008年初，住房和城乡建设部和国家文物局等部门在无锡开会针对乡镇农村发出了要打好乡土建筑最后一场保卫战的呼吁。2008年7月1日,国家发布了《历史文化名城名镇名村保护条例》并开始实施，但模糊观念和错误做法并未完全得到纠正，真正落实条例原则精神还有大量的工作要不懈努力去做。

四川民居建筑文化遗产的保护工作在这样的形势下，也正在走着一条艰辛的道路。但应当说，这些年来，保护传承弘扬优秀传统文化遗产的事业正得到各级领导主管部门和社会民众以及专业人士的重视，取得了显著的成效和进步。2005年全国首批批准的10个国家级历史文化名镇名村中，重庆地区就占了3个。截至2008年已有的共4批全国历史文化名镇名村共251个，四川省和重庆市就占30个，名列全国前茅，此外，还有一大批省市级历史文化名镇名村。四川省和重庆市有关政府主管部门制定了有关对历史文化名城名镇名村进行保护的法律法规，对优秀的传统民居建筑纳入了立法保护的范围。同时还成立了相应的社团机构、专家队伍参与到保护行列中来。如四川省由建设厅、文化厅、旅游局和文联等联合发起组织成立了四川省古镇文化保护协会，重庆市成立了历史文化名城名镇名村专家指导委员会，直接参与到每一项具体的保护项目工作中去，发挥了积极的主导作用，特别是在三峡库区需要保护的城镇民居建筑从调查、测绘到制定各项保护措施，尤其是异地保护搬迁大昌古城、龚滩古镇等方面做了大量工作。

国际古迹遗址理事会（ICOMOS）1999年在墨西哥通过的《关于乡土建筑文化遗产的宪章》中指出：“乡土建筑遗产在人类的情感和自豪中占有重要地位。它已经被公认为是有特征和有魅力的社会产物。……它是一个社会文化的基本表现，是社会和它所处地区关系的基本表现，同时也是世界文化多样性的表现”。[1]之所以强调要对民居建筑文化价值再认识，就是要从文化价值、历史价值、艺术价值等多方面和文化遗产不可再生资源的高度去认识，真正明确保护的目的和意义，防止在所谓保护的旗号下，为追求经济效益的开发或旅游的需要，乱加改造，把真正原汁原味的优秀民居建筑搞得面目皆非，新旧难分，或过分的商业化现代化，把真古董修成了假古董、伪古董。只有真正明白，不是简单地为保护而保护，也不是单纯为了经济价值开发旅游去保护，才能正确处理保护与发展的关系，正确处理经济与文化的关系，才能真正杜绝或减少所谓建设性破坏和保护性破坏，尽可能多地保留住文化遗产的有价值的信息，留住历史集体记忆的文化之根，对文化遗产进行真正的科学的保护。

二、正确理解保护原则标准

参照学习国外建筑文化遗产保护经验和一系列国际文化遗产保护公约制度，特别是1964年《威尼斯宪章》、1972年联合国《世界遗产公约》、1977年《马丘比丘遗章》、1987年《保护历史城镇与城区华盛顿宪章》等国际通行文献精神，强调要进一步明确对优秀传统建筑文化保护的一系

列原则与标准，并加以正确深刻理解十分重要。这些原则标准在我国颁布的有关名城名镇名村保护条例也都有体现。其中最重要的有以下几项：

1. 原真性原则

对文化遗产保护的原真性原则是《威尼斯宪章》首先提出的。在1999年通过的国际《关于乡土建筑遗产的宪章》中特别强调对乡土建筑及村落要尊重其文化价值和传统特色的基本原则，除了对各级文物保护单位应按《文物法》执行外，对历史建筑、历史街区和历史文化名镇名村也应按上述原则进行保护，要尽量展示建筑历史的真实性，尤其是外部风貌与环境应原汁原味地予以保护。对内部空间使用的改造也应尊重原有格局风格，对不同的对象加以不同的处理。对原真性各个历史阶段的确认也应有客观的合理分析，要有真实的依据，切忌生造杜撰，防止滥用假古董仿真。要正确处理文化遗产保护与人居环境改善二者的关系，不要以更新创造为名恣意追求非原式样的美化及用所谓传统与现代并置的时代创意来窜改原真性。

2. 整体性原则

也称完整性原则，即应有整体性保护观念，既要保护街区的传统格局、街巷肌理、历史风貌和空间尺度，还应保护其空间环境以及相互依存的自然环境与景观，包括古树、山石、水体等环境要素。要防止那种认为只要保护几处优秀文物建筑或历史建筑就行了，一般的或等级低的可以任意更换拆除不用保护的错误倾向。

3. 连续性原则

应尽量延续城市建筑文脉，尽可能保护每个不同历史发展时期的代表性建筑，以真实体现城镇聚落的文脉关系和演进的真实过程。

4. 可读性原则

要深入挖掘保护下来的传统建筑与民居的文化内涵和美学价值，充分展现其中蕴含的历史文化信息，揭示民族地域文化特色，尤其是在这些物质文化遗产中承载的非物质文化遗产的丰富内容，使之能获得社会更广泛的认知和解读，这正是保护所要求的文化遗产特色的展示性和可识别性的具体表现。

5. 可持续性原则

要使保护的物质文化遗产留传后世，永续利用，必须要有科学的保护方法，建立有效的动态保护机制，使之真实地可持续地保护下去，延年益寿，并应加强保护工作的科学管理与经营。

三、建立层级式保护体系

城镇传统聚落、历史街区和古村镇的保护，

图13-1 昭化古城整体环境与格局的保护

在技术路线上和保护规划的指导思想上，应树立层级式的保护理念，这可避免保护规划的简单化和片面化。从四川的小城镇及民居的环境特色来说，对核心保护区、协调区、控制区等不同地段可以有四个不同性质的保护层级构成相对完善的保护体系。

1. 城镇环境格局层级的保护

四川的很多的城镇，尤其是一些历史文化名镇名村从其选址到建成，都是同所在的自然山水环境分不开的，而且大多与“风水文化”有关，不少山地场镇更是这样。周围的自然山水必然是场镇内外环境不可分割的有机组成部分。因此要对场镇聚落进行保护，首先要保护好周围的山水格局及其与场镇形态之间的关系。这二者是相互依存，相互影响的，如廊坊式船形场镇、爬山式场镇、盘龙式场镇等无不如此。这些场镇形态构成的图形都是以自然环境为底景的。无论从观赏环境景观或是物质生活环境条件，对场镇内外环境的整体保护都是十分重要的，也是生态环境保护的有机组成部分（图 13-1）。

图 13-2 成都洛带镇保护完好的街巷肌理

2. 街巷布局肌理层级的保护

四川场镇的街巷布局和肌理是在长期发展过程中逐渐形成的，文化积淀深厚，传统特色十分突出，应成为主要的保护目标。这些街巷适应各地气候条件和生活习俗的不同，有多种形态和风貌，其文化特征的表现十分鲜明生动，是传统场镇与特色的集中表现。因此要特别注意街巷格局肌理以及同院落房屋布局的关系，不应随意更改和变动。街巷的空间尺度，街道与房屋的比例关系，亲切宜人，不能乱加拓宽加高。街巷的节点空间是场镇空间的华彩段，更不可任意改建乱拆，而是应当作为重点保护对象，加强其节点空间特征可读性文化内涵的展示（图 13-2、图 13-3）。

3. 景观风貌层级的保护

按文化遗产保护理论，一般历史文化名城名镇名村特别是古村镇，大多属于文化景观遗产类型，其独特的乡土文化景观价值与传统风貌特色是最直接的保护重点[2]。四川小场镇在山地自然环境中都有不少自然人文景观，特别是各具特色的“八景文化”，内容十分丰富。场镇内部环境

图 13-3 大邑新场镇对街巷肌理的保护

中的民居、会馆、寺庙、祠堂等建筑景观反映了浓郁的乡土特色，甚至包括许多环境设施、名木古树、绿化水体等生态景观，既是景观背景，本身又是一种有价值的景观，必须给以极大的重视。因此，应当建立起以保护主要标志性景观为核心内容的完整的古村镇聚落的景观风貌保护体系（图 13–4）。

4. 建筑类型层级的保护

对历史街区和小城镇的乡土建筑价值定位可以分为三种不同性质的保护对象，即文物建筑、历史建筑与普通民居建筑。前两种数量较少，按有关规定都应挂牌保护，一般说来较为重视，而对于后一种大量的普通民居的保护却常常不被重视，多遭到风貌的破坏或拆毁，造成不可弥补的损失。主要原因，一是认为一般民居价值不高，不是传统优秀民居典型代表，可以改变拆除；二是认为它们大多是危旧房，用不着保护，应拆旧换新；三是认为这些民居不适应新生活要求，要改造增加基础设施太困难，不如拆了另建仿古建筑。这是四川小城镇保护普遍存在的问题。这些都是缺乏整体保护意识和科学保护意识的错误观念。应该认识到，正是大量普通民居才形成整个乡土场镇的完整形态和风貌，它是文物建筑和历史建筑的基调和背景，一旦失去，少量的文物建筑和历史建筑只能变成孤零零的存在，其价值也大打折扣。

图 13–4a 荣昌路孔镇对城门景观的修复

图 13–4b 荣昌路孔镇对老城墙及水岸的保护

1987 年国际古迹遗址理事会（ICOMOS）通过的关于保护历史城镇与城区的《华盛顿宪章》指出："历史城区，不论大小，其中包括城市、城镇以及历史中心或居住区，也包括其自然的和人造的环境。除了它们的历史文献作用外，这些地区体现着传统的城市文化的价值。"要"鼓励对这些文化遗产的保护，无论这些文化遗产多么微不足道，都构成人类集体的记忆"[3]，因此，还必须提高认识大力宣传文化多样性保护的重要意义。

因此，对文化遗产的保护既不是原封不动，也不是推倒重来。历史街区古村镇既要保存真实完整的风貌，又要加以改造更新，改善基础设施和人居环境，既要保持民俗文化的延续性，又要满足人们享受美好现代生活的要求。这二者完全是可以统一的（图 13–5、图 13–6）。

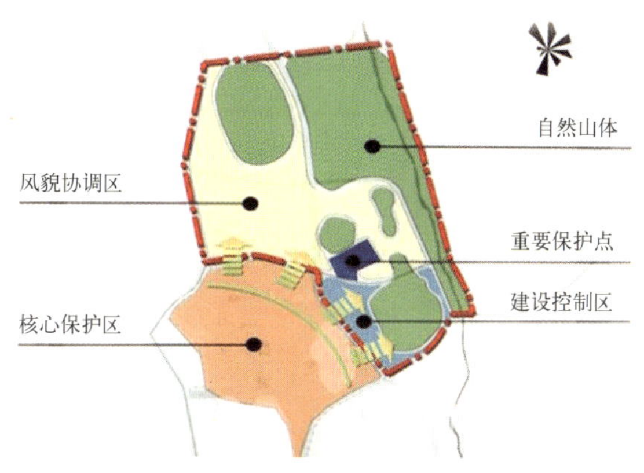

图 13–5 重庆丰盛镇保护规划的分区

图 13-6　重庆丰盛镇保护规划注重对一般民居的保护

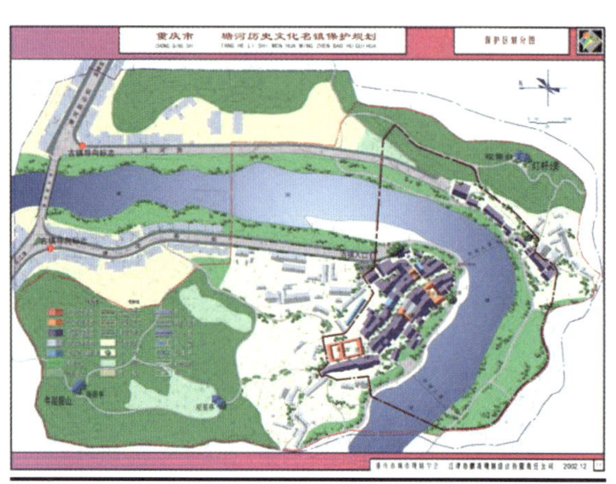

图 13-8　重庆国家级历史文化名镇塘河镇保护规划

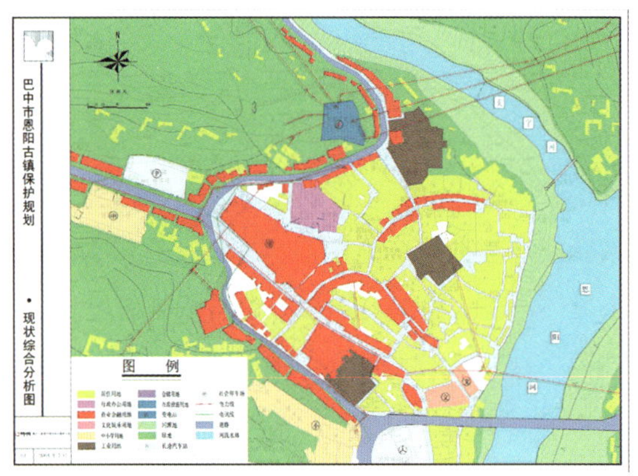

图 13-7　四川国家级历史文化名镇巴中恩阳镇保护规划

图 13-9　国家级历史文化名城阆中的整体保护

四、切实做好保护规划立法

物质文化遗产的保护要按照相应的法律法规，最终都要落实到保护规划的立法文件中去，再加以逐项实施推进。在这方面，四川名镇名村保护规划工作取得不小的进步，是应加以肯定的。凡是国家级历史文化名镇名村都作了相应的保护专题规划，省市一级的历史文化名镇名村大多数也作了相关的保护规划（图 13-7、图 13-8）。

在名城保护历史街区方面从立法建章建制到保护规划，再到落实保护工作，卓有成效的是古城阆中的保护。阆中 1986 年公布为全国历史文化名城，古城面积 1.78 平方公里。2004 年四川省人大通过了《四川省阆中古城保护条例》，实行整体性保护，并规定了古城重点保护区和建设控制区范围，制定了整治、修缮、建设、管理、合理开发利用等一系列严格保护的详细规定与措施，对阆中古城保护发挥了极大的指导作用，同时也推动了四川省小城镇及其优秀传统民居保护工作的健康发展（图 13-9）。

结合三峡库区文物保护工作的开展，对三峡地区的传统场镇及其民居的保护也给予了高度的重视，尤其对淹没线以下有重要价值的历史文化名镇采取了“异地保护，整体移置”的方针，取得了很好成效。如酉阳龚滩古镇是国家投巨资选择相似地形的新址，全部按原格局、原风貌、原样式整体搬迁重建，是全国首例带移民安置的文物建筑及传统民居风貌建筑搬迁的大规模的修复工程，具有开创性和创新性，其成功的经验具有普遍的指导意义。这些工作都是坚持按照“科学规划，严格保护，合理利用，有效管理”的指导思想，正确处理保护与利用，继承与发展的关系，既保护传承地方乡土文化特色，同时又维护

图 13–10 迁建于新址的龚滩古镇新貌

当地居民的权益，改善人居环境和生活条件（图 13–10）。

目前，关键问题是如何提高保护规划的水平，其中重要的一点是应注意在作规划之前要对保护中的问题提前作多学科可行性研究，才能避免规划工作的急就章和盲目性，才能真正作出合乎实际的高质量的有特色的保护规划。

第二节　更新与利用

一、更新与利用的意义

古村镇的保护同文物建筑的保护有很大的不同，就是它不是静态的保护，而是动态的保护。因为在古村镇中还有现代的人群在里面居住生活，而且还要增添新的基础设施和生活设施，让他们过上现代的生活。同时，为了古村镇更好地为现代社会服务，按可持续发展的原则，还要永续利用恢复再生活力，不断加以有机更新改造。这就是动态的保护，也是一种更为有效的保护。如果古村镇大量的房屋和环境没有被使用，长期闲置，就会损坏得更快，因此必须采取动态保护的技术策略。

目前四川小场镇恢复活力最直接的动因是利用市场经济恢复传统产业如手工业、农副产品加工业及其土特产品营销。此外，积极发展旅游产业，利用传统场镇风俗民情和地域乡土特色吸引游客，展示乡村风貌、“农家乐”风情，带动乡村地方经济的发展。这样的开发建设必须正确处理同保护之间的关系，对更新和利用要有正确的理解，否则便会失去动态保护的本质意义。

重庆磁器口古镇的保护与开发是一个较好的例证。古镇在保证原有房屋街巷布局风貌的原则下进行大规模整修，基础设施得到改善，原出走的住户陆续返回，并引入了不少商家进行传统餐饮、食品、手工业产品的开发，昔日冷落的古镇恢复了往日的繁华热闹和人气，每日游客络绎不绝。尽管地处大城市近郊，但古色古香的民居与古镇风情和山溪芦苇灌丛夹岸的绿化环境依然如故（图 13–11）。类似的例子还有江津中山古镇、合江尧坝古镇、双流黄龙溪古镇等，其中的尧坝古镇还成为知名的影视拍摄基地（图 13–12）。

场镇里的一些较大型的建筑院落在保持原有特色的前提下，可以改变使用性质，内部空间加以适当改造，使其具有新的功能，为今天的生活

图 13–11a 更新改造后的重庆磁器口历史街区

图 13–11b 重庆磁器口恢复活力的老街

图 13-11c 修复后的磁器口全景

图 13-12a 合江尧坝镇对名人故居王朝闻故居的保护修复

图 13-12b 合江尧坝王朝闻故居修复后的天井

图 13-13a 重庆湖广会馆修复前屋面

图 13-13b 修复后的重庆湖广会馆大殿

图 13-13c 修复后的齐安公所抱厅内景

要求服务，取得相应的经济效益，反过来支持对原有建筑的保护。重庆把当作仓库的湖广会馆全部收回，按原来清代的风格严格进行修复，改造成规模宏大的移民文化博物馆，取得很好的经济效益和社会效益（图 13-13）。阆中、合川、宜宾、自贡等地对一些有保留价值的会馆、寺庙、民居等古建筑进行适当改建后，赋予各种不同新的用途，如阆中县博物馆、合川关帝庙市场、自

图 13-13d 修复后的湖广会馆全景

贡盐业博物馆、江安夕佳山民俗博物馆、彭县老人活动中心、巴县红星茶馆等都是“旧瓶装新酒”，是老建筑更新的成功例子（图 13-14）。

二、走出认识的误区

如何正确处理保护与更新开发的关系，还存在着认识上的误区和不良倾向，没有真正按科学的保护原则来加以指导，出现不少问题，其主要表现大致有以下三个方面。

一是过度的商业化。以更新改造的名义，大建商业一条街，在指导思想上常常把经济利益摆在了第一位。把古村镇或历史街区都改成商业一条街现代铺面，灯红酒绿，广告招牌、服装饰品到处充斥，把古朴的场镇完全变成餐饮服务及商品市场，原住民大都迁走，房屋民居风貌面目全非，场镇内外环境画蛇添足增加的一些现代设施与传统特色极不协调。有的不顾四川本地习俗，到处张灯结彩，把北方风格的大红灯笼到处高高挂起，以招徕顾客，大煞风景，破坏本地特色的原有和谐景观（图 13-15）。

二是以假乱真，以“假古董”代替“真古董”。有的地方以保护民居风貌为名，不惜重金搞拆旧建新的“仿古一条街”，改变原有的院落街巷肌理尺度，任意扩大街巷宽度、房屋高度及空间环境原貌，不是把宝贵的资金用于对老房子真正的维修加固修缮上，而是把原有的古建民居当作危房乱加拆毁，而代之以仿建的变味民居式样，并美其名曰“修复”，或者在古镇内任意扩建添加新仿的民居古建。这种做法完全违背了文化遗产保护的原真性原则，同时这样的伪造也是对原老民居不可再生资源的一种极大的破坏。类似这样的现象至今还十分普遍，应当引起全社会的重视，予以制止。

三是随意添加现代元素。有的历史街区修复更新，为了强调与现代生活相结合，而把其中的现代元素当作卖点，过分添加一些现代手法设计的门面或装饰，如大玻璃窗、几何格片、空架子、花漏窗、彩玻幕墙、现代雕塑等等，把上海“新天地”里弄街区改造的一些手法不加分析区别盲目搬用到内地城镇历史街区及乡土建筑中，完全改变了四川地区古建民居的真实风貌韵味。成都宽巷子窄巷子历史街区的更新改造就有类似的现象。有的甚至嫌原有的民居式样不好看而拆掉，

图 13-14 改造成博物馆的阆中贡院考棚

图 13-15 到处“大红灯笼高高挂”的古镇

另选其他地方的被认为是“好看”的门面来替换，有的还随意加大房屋尺度，提高楼层以显气派与壮观。若作为新建的仿古旅游风情一条街这样的开发还是可以的，但对于历史街区来说，这些做法都是与历史街区古建民居文化遗产保护原真性原则和整体性原则格格不入的。在历史街区的更新中如何加入现代元素要有度的把握，要不破坏原有的风貌和空间尺度，切忌将传统文脉特色“洋化”，以至不分主次喧宾夺主（图 13–16）。

第三节 借鉴与弘扬

1999 年第 20 届世界建筑师大会发表的《北京宣言》指出，21 世纪世界建筑的发展趋势是现代建筑地域化，地域建筑现代化。地域化也就是本土化，也可称之为现代建筑的新地域主义或新文脉主义。这在很大程度上与民居建筑文化有着直接的联系。要创造有中国特色的现代建筑，也就是要中国的现代建筑本土化，而不是舶来品。因此，借鉴并弘扬中国民居建筑文化精神来丰富发展建筑创作应成为中国现代建筑本土化的必由之路。而各个地区也应从当地的地域建筑文化中汲取营养来推动本地区现代建筑的创作，才能避免“千城一面”的现象。四川民居有着丰富多彩的文化内涵，应当成为四川现代建筑创作的源泉。如何借鉴并弘扬传承四川建筑文脉，是一条艰辛的创作探索之路，现在还处于起步的时期，在这方面，大概有几种发展趋向。

一、新历史主义

也可称为新古典主义，或仿古主义，就是以传统建筑为主要蓝本，古典风味可以浓一些，也

图 13–16a 改造前的宽窄巷子

图 13–16b 改造后的宽窄巷子屋门

图 13–16c 改造后的宽窄巷子楼房

图 13–16d 改造后的宽窄巷子门楼

可淡一些，但设计手法是现代的。仿古风味浓一些的也可俗称仿古建筑。对仿古建筑，尤其是仿民居建筑不能一概排斥，其中也不乏有创新之处。真正高水平创新的新历史主义是将传统建筑文化精神与时代精神有机融合，创造出有中国文化特色的现代建筑，如西安的现代“唐风建筑”便是很值得学习的。在建筑创作中，除了在尺度上扩大，建筑形象上要重新研究组合，从形似到神似要提炼，而且在平面空间组合上，建筑结构材料技术上都要采用现代的手法。目前在这方面较多的是流行仿古一条街的做法，作为新历史主义的一种形式也有不少较好的实例。

图 13–17a 成都锦里一条街入口

图 13–17b 成都锦里一条街过街楼

如成都的“锦里”仿民居一条街，该街区邻近全国重点文物保护单位武侯祠，起着陪衬古建筑园林的作用。其街巷自然弯曲布局，溪流水系与武侯祠园林水系相通，空间尺度亲切宜人；民居房屋木穿斗风格仿川西民居特色；街巷节点空间活泼多样；绿化花木掩映环境景色优美；作为旅游开发的商业一条街颇聚人气，但又有适当的节制，整个格调风貌的把握犹如川西水乡的古镇，应当说作为仿民居的新历史主义风格是应加以肯定的（图 13–17）。类似的例子在成都还有文殊坊街区，是靠近文殊院寺庙的更新改造的仿古一条街，也有同样的协调古建筑群的效果（图 13–18）。

又如重庆渝中区洪崖洞仿山城吊脚楼民居建筑群，是在高达数十米的陡崖峭壁上建造起来的，

图 13–17c 成都锦里一条街下店上宅

图 13–18a 成都文殊坊街区的木构楼房

图 13-18b 成都文殊坊街区店铺

图 13-18c 成都文殊坊街区仿清式建筑

表现了重屋累居、层垒错落的吊脚楼形象，有一定的气势与风采。但在建筑体量及组合上过于堆砌厚重，没有原吊脚楼民居轻灵活泼的风韵，缺少与坡地绿化相结合的自然性。其内部空间交通的组织较复杂有欠通畅（图 13-19、图 13-20）。

类似的仿古一条街的开发建设在各处都有，几乎成了一种旧城改造的时尚，但其中能像成都“锦里”那样有一定品位格调的还不多。在城镇建设中为协调老城区或历史街区，采取这样的方式还是有一定的可取之处，但不宜推广成风。（图 13-21）。

图 13-19 重庆渝中区洪崖洞仿吊脚楼民居建筑群

二、新乡土主义

在建筑创作中应用建筑符号学方法提炼一些乡土民居建筑符号的元素加以融汇，来表现具有民居风格的现代作品，表达对建筑文脉的传承，这是常用的创作手法。作为一种现代流派的新乡土主义类型，一直都有不断的探索，有不少优秀的作品问世，如 20 世纪 80 年代的武夷山庄、黄山云谷山庄等。在四川近年来这样的创作也成为一种趋势。

如广安邓小平纪念馆，整个建筑横向展开，采用坡屋顶木构架民居风格，以一高耸的碑式片状长方体和三片单坡顶造型组合表达一定的构思寓意，色彩淡雅明快，尺度平和，与环境较为相宜。但不足的是欠缺川东乡村民居轻快的韵味，风格上与原邓小平故居的形象协调呼应不够，乡土气息有所削弱（图 13-22）。

类似的新乡土主义作品还有仪陇朱德纪念馆（图 13-23）、江津聂荣臻纪念馆、达州红军文物陈列馆等，以及九寨沟宾馆等一些风景名胜地区的旅游建筑，在表现民居地域特色方面都进行了有益的探索与尝试。

三、新民族主义

所谓新民族主义也是新乡土主义或新地域主

图 13–20 重庆东水门新吊脚楼风貌

图 13–21a 重庆市东水门芭蕉园吊脚楼民居改造

图 13-21b 重庆市南纪门川道拐旧区改造的传统民居风貌

图 13-21c 重庆市石板坡传统民居风貌更新改造

义的另一种突出民族特色现代化的说法，既是民族的，又是现代的。同梁思成先生在 20 世纪 50 年代提出的“中而新”的建筑思想在建筑文化本质上是一致的，只不过更加强调在少数民族地区的特殊意义。尤其是在 2008 年汶川大地震的灾后重建中如何恢复和传承民族文化精神，胡锦涛总书记要求：“不仅要做好总体规划、详细规划，还要做好单体建筑方案设计，特别是中轴线上的建筑，尤其要突出羌族特色。”温家宝总理也指出：“保护和传承羌族文化是我们的共同责任。”在新北川县城规划设计中如何建设一个具有现代羌风羌貌的新北川，成为一项重要的战略目标，使新民族主义建筑创新提升到了一个新的高度。

图 13–22a 广安邓小平纪念馆

图 13–22b 广安邓小平纪念馆入口

在灾后重建的羌族村寨中，建设了一批新羌式民居，其中较为典型的是北川吉娜羌寨。在寨落规划上，以大型火塘锅庄广场为中心，按原羌寨结合山地地形自由式布局，但道路依山就势加以拓宽，可通行机动车辆，把各户羌居连成整体，并有了现代化的水电基础设施，改善了生活生产条件。寨子象征性地建有数座碉楼成为全寨的空间环境构图中心，反映羌碉文化民族精神。新羌居以符合现代羌人生活习惯的平面空间来组织功能，在外观上仿传统羌族民居采用平屋顶多体量组合，局部突出羌居建筑符号装饰，色彩仍采用青灰石片及青砖等地方材料，只是在比例尺度上略加适当的调整，因此，在总体形象和风貌上较好地体现了传统羌居的民族风格，而在使用功能上基本满足现代生活的要求，受到羌族人民的欢迎（图 13–24）。

在北川擂鼓镇中学的重建中，采取了更多的现代设计手法，并同提炼羌族民居建筑符号相结合，抓住羌居主要文化特征，如强调平顶角部神塔白石及门窗栏杆等细部的符号意义，有较为浓厚的羌族建筑文化格调，同时又有活泼开朗大气的时代感，是较为成功的创作（图 13–25）。

在新北川县城规划和项目设计中，这样的现代羌风探索还在进行中，针对不同的地段不同的建筑对象，分别采取原汁原味，精华传承，神韵弘扬等不同浓淡的羌风羌貌的现代表达，产生了不少丰富多彩的建筑设计方案，相信今后优秀的作品一定会不断涌现（图 13–26）。

四、创造现代干栏

四川山地民居建筑的一大主要地域特色就是以多彩多姿的方式适应山地复杂的自然环境，特别是干栏式吊脚楼民居更是这方面的典型代表。这种建筑形式之所以有悠久的发展历史，使用的范围如此广泛，演变的形态如此之丰富，是有其深刻的内在的符合客观规律的原因，至今仍有强

图 13-23 仪陇朱德纪念馆

大的生命力。特别是它的木穿斗构架原理同现代框架结构体系相结合，更有着广阔的发展前景。

在目前的山地城镇建设中，对如何使建筑形态更加适应和利用山地地形的研究十分欠缺，绝大多数建筑都是搬用平原建房的办法，大肆削平山头，大挖大填土石方，山地地形地貌生态环境遭到很大破坏，城市建设成本反而大大增加，造成许多不合理的种种问题，现在是应进行深刻反思的时候。因此我们应当从四川山地环境实际情况出发，认真研究干栏吊脚楼的传统经验，在新的条件下传承弘扬适应山地环境的吊脚楼文化精神，赋予干栏建筑形态全新的意义，创造现代干

图 13-24a 北川吉娜羌寨灾后重建全景

图 13–24b 北川大禹故里新羌风大门

图 13–24c 灾后重建的北川吉娜羌寨新羌居

图 13-24d 北川吉娜羌寨新羌居小院

图 13-25a 灾后重建的北川县擂鼓中学

图 13-24e 吉娜羌寨新羌居与碉楼

图 13-25b 北川擂鼓中学宿舍楼

图 13-26a 新北川羌族文化中心方案

图 13–26b 新北川羌族民俗博物馆方案

栏，更新山城风貌，促进自然和谐的山地城镇建设。概括起来，体现吊脚楼文化精神的现代干栏创新有十大优势。

(1) 最大限度适应利用地形，不破坏原生地形地貌以及自然生态环境。

(2) 解放地面，争取更多有效使用面积。

(3) 促进建筑空间环境内外交流，扩大城市公共空间和交通空间。

(4) 打通建筑底层，拓展视觉通廊，活跃城市环境。

(5) 适应炎热多雨气候条件，提供更多遮阳避雨和休闲活动场所。

(6) 改善地区小气候环境，利于日照通风排水，除湿降温。

(7) 延伸城市绿化至建筑底层，提高山地城市绿化率，改善人居生态环境。

(8) 充分发挥框架结构的灵活性，节省基础材料，减少土石方量，降低工程成本，提高城市建设经济性。

(9) 增强城市建筑组群街区中介过渡空间联系，提高城市的整体性和有机性。

(10) 丰富建筑造型，城市空间环境通透开朗，提高城市景观艺术表现力。

上述现代干栏建筑的创新，不仅对于像重庆这样的山地城市有很强的适应性，对于像成都一类的平原城市适当地采用架空层方式来规划建设城市也大有益处。干栏建筑形态广泛适用性的历史进程早已证明了这一点。在现代城镇聚落的建设中，我们决不可轻易地抛弃它，从四川山地民居中汲取营养，传承文脉，使这一古老建筑形态，恢复再生活力，创造新时代富于山地地域特色的新干栏，弘扬吊脚楼文化精神，应该是大有作为的。虽然目前这样的建筑创作还不多，相信随着地域建筑现代化与本土化的推动和发展，会有越来越多的融汇于自然山川环境的具有巴蜀新风格的建筑与城镇出现在巴山蜀水间。

注释：

[1] 赵巍译. 时代建筑，2000 年第二期 .

[2] 张松编. 城市文化遗产保护国际宪章与国内法规选编 . 上海：同济大学出版社，2007.116.

[3] 国家文物局法制处. 国际保护文化遗产法律文件选编 . 北京：紫禁城出版社，1993.

主要参考文献

[1] 蒙默等编著．四川古代史稿[M].成都： 四川人民出版社，1989．
[2] 徐中舒．论巴蜀文化[M]．成都： 四川人民出版社，1982．
[3] 郑德坤．四川古代文化史[M]．成都：巴蜀书社，2004．
[4] 孙晓芬．四川的客家人与客家文化[M]．成都：四川大学出版社，1997．
[5] 孙晓芬．四川客家人与客家文化[M]．成都：四川大学出版社，2000．
[6] 刘致平．中国建筑类型及结构[M]．北京：中国建筑工业出版社，1987．
[7] 刘致平著.王其明增补．中国居住建筑简史[M]．北京：中国建筑工业出版社，1990．
[8] 陆元鼎主编．中国民居建筑[M]．广州：华南理工大学出版社，2003．
[9] 陆元鼎主编．中国客家民居与文化[M]．广州：华南理工大学出版社，2001．
[10] 孙大章．中国民居研究[M]．北京：中国建筑工业出版社，2004．
[11] 江道元.彝族民居[J].建筑学报，1981(11)．
[12] 叶启燊．四川藏族住宅[M]．成都：四川民族出版社，1992．
[13] 邵俊仪．重庆吊脚楼民居[J]．建筑师杂志，1981，12(9)．
[14] 何智亚．湖广会馆历史与修复研究[M]．重庆：重庆出版社.2006．
[15] 何智亚．重庆古镇[M]．重庆：重庆出版社，2002．
[16] 吴涛．巴渝历史文化名镇[M]．重庆：重庆出版社，2004．
[17] 季富政．巴蜀城镇与民居[M]．成都：西南交通大学出版社，2000．
[18] 季富政．三峡古典场镇[M]．成都：西南交通大学出版社，2007．
[19] 季富政．中国羌族建筑[M]．成都：西南交通大学出版社，2000．
[20] 四川省建设委员会等编．四川民居[M]．成都：四川人民出版社，1996．
[21] 李先逵．古代巴蜀建筑的文化品格[J]．建筑学报，1995，(3)．
[22] 李先逵主编.中国传统民居与文化.第五辑[M]．北京：中国建筑工业出版社，1997．

后　　记

经过半年多的紧张写作，四川民居手稿虽然如期交出，算是了却多年来的夙愿，但脑海里依然萦绕着巴山蜀水间幢幢房舍，欲说还休，意犹未尽，似乎还有若干四川民居的精蕴没有完全发掘表达出来。一方面是限于篇幅和时间，另一方面也是由于巴蜀地域广大，历史悠久，文化多元，涵盖丰厚，拙笔难以尽书。况且调研涉猎有限，资料收集不全，可能还有不少精彩的实物例证未被发现而难免遗漏，加上主观见闻阅历粗疏，实为囿于一家之言。特别是鉴于四川民居不拘成法，逾制而颇多创建，其平面空间组合及营建做法各异其趣，要作出客观合理的经验总结和价值评判，很重要一点就是要切实了解其时其地其当事者的真实状况以及来龙去脉。但由于传统民居历年来损毁严重，现存的虽幸免于难，但又诸多不全或历经若干变迁改换，而使用者也多易其主，所言无法备详。种种原因使民居调研资料廓清准确尚难，故而所发议论只能述其大要，误谬不实之词望识者谅察。

民居建筑文化是社会历史综合因素的产物。本书主要从建筑规划学专业角度去解说，并力图兼及文化学、社会学、民族学、民俗学等多学科去研究分析。其本意尽量避免以偏概全一叶障目，尤其处理手法优劣的评述，须顾及历史环境条件持相对而言的客观态度，以求其参考借鉴的合理性与科学性。

本书采用的一些黑白图片资料，均是20世纪70年代末80年代初笔者拍摄的真实写照，其中的民居实例可能多已不复存在。有的线图也是用的20世纪60年代或80年代绘的老图资料，亦有保留当时历史资料真实性的意思。同时，本书也引用了主要参考文献中的一些图照资料及研究成果，在这里表示诚挚的谢意。

此外，为本书提供图片和有关资料的有中国建筑西南设计研究院冯明才院长，西南交通大学季富政教授，重庆市历史文化名城专家指导委员会何智亚主任，重庆市文物局吴涛总工程师，重庆市规划局总工办许东风副主任。在资料整理过程中，北京建筑工程学院业祖润教授及其工作室的杨长城、刘志杰、张董超、王莹等同志，还有张晓群、李凌波、陈璐、李守涌、徐加佳、夏回春、夏彤等同志都给予了大力的支持和帮助，在此一并表示衷心的感谢。

特别值得一提的是，笔者在从事民居研究和四川民居调研工作中，一直得到母亲李万霜先生的关心和支持。她老人家一向热爱乡土文化和传统民居文化，经常给予教诲和鼓励。谨以此书献给我敬爱的母亲，并以此作为对老人的永恒纪念。

作者简介

李先逵，教授，男，汉族，1944年8月出生，四川达州人。1966年毕业于重庆建筑工程学院建筑系建筑学本科专业，1982年该校建筑历史及理论专业研究生毕业，获工学硕士学位。1984～1986年赴欧洲留学。历任重庆建筑大学建筑系副系主任，校研究生部主任，图书馆馆长，副校长及建筑学教授，博士生导师，国家一级注册建筑师。原任建设部人事教育劳动司副司长，科技司司长，外事司司长。社会职务有中国城市规划学会理事，中国传统建筑园林研究会理事，中国民居学术专业委员会副主任委员，中国建筑教育协会副理事长，全国注册建筑师管委会副主任，中国联合国教科文组织全委会委员，英国土木工程师学会（ICE）资深会员，现为中国建筑学会副理事长，中国民族建筑研究会副会长。

主要业绩：主编或参编的有《中国民居建筑》、《传统民居与文化》、《土木建筑大辞典》、《建筑设计资料图集》、《干栏式苗居建筑》等专著八部。发表学术论文等70余篇，代表性论文主要有《中国建筑的哲理内涵》、《中国园林阴阳观》、《论干栏式建筑的起源与发展》、《苗族民居建筑文化特质刍议》、《西南地区干栏式建筑类型及文脉机制》、《建筑生命观探新》、《古代巴蜀建筑的文化品格》、《巴蜀古镇类型特征及其保护》、《建筑价值观与创作》、《建筑史研究与建筑现代化》、《中国山水城市的风水意蕴》、《中国民居的院落精神》、《中国建筑文化三大特色》、《历史文化名城建设的新与旧》、《当前中国城市建设现代化转型及发展趋势》、《追求新旧和谐城市文化本质特征回归》、《城市建筑文化创新与文化遗产保护》、《中国人居环境改善与进步》、《中国城市环境建设问题与对策》等。主持撰写向联合国提交的《1996～2000年人居国家报告》。主持国家自然科学基金项目《四川大足石刻保护研究》获四川省科技进步二等奖，高等教育改革《建筑学专业体系化改革》获国家教委高校优秀教学成果二等奖。主持设计建成川东电力影剧院等工业民用建筑工程项目多项。指导培养硕士、博士30余名。